WESTERN AESTHETICS

彭立勋
著

西方美学名著导读

華中科技大學出版社
http://www.hustp.com
中国·武汉

图书在版编目(CIP)数据

西方美学名著导读/彭立勋著.—武汉:华中科技大学出版社,2022.1
ISBN 978-7-5680-7707-1

Ⅰ.①西…　Ⅱ.①彭…　Ⅲ.①美学-通俗读物　Ⅳ.①B83-49

中国版本图书馆 CIP 数据核字(2021)第 237369 号

西方美学名著导读　　彭立勋　著

Xifang Meixue Mingzhu Daodu

总 策 划:薛　蒂　　封面设计:璞茜设计 2815932450@qq.com

策划编辑:林凤瑶　　责任校对:李　弋

责任编辑:孙　念　　责任监印:朱　玢

出版发行:华中科技大学出版社(中国·武汉)　电话:(027)81321913

武汉市东湖新技术开发区华工科技园　邮编:430223

录　　排:华中科技大学惠友文印中心

印　　刷:湖北新华印务有限公司

开　　本:710mm×1000mm　1/16

印　　张:25

字　　数:431 千字

版　　次:2022 年 1 月第 1 版第 1 次印刷

定　　价:49.80 元

华中出版

本书若有印装质量问题,请向出版社营销中心调换

全国免费服务热线:400-6679-118　竭诚为您服务

再版前言

1986年，华中科技大学（原华中工学院）出版社的徐汉明编辑约我写一本美学书。我当时正在华中师范大学中文系给本科生和研究生讲授西方美学史专题课程，手边积累了许多讲稿，于是便加工整理，写成了《西方美学名著引论》，并交给出版社。1987年该书由华中工学院出版社正式出版。1989年台湾木铎出版社曾将它再版。30多年来，这本书在一些大学美学教学中常被采用。有的院系开设美学和艺术理论课程，将它列为参考书；也有的院系将它用作“西方美学名著导读”课程的教材。不少学生告诉我，他们考美学和文艺理论专业研究生时就是用这本书作备考书之一。有一次我去一个大学图书馆查阅资料，看到这本书有好多本摆在书架上。随手翻阅了一本，竟发现书页上用铅笔画上了许多线条和记号。鉴于这本书在社会上和读者中的影响，为了适应读者学习西方美学史和阅读西方美学名著的需要，我一直想对它加以修改增补，但因忙于工作和其他课题研究而搁置。现在终于有了时间，于是我便对这本书做了修改和补充。

这次对书的修改和补充主要包括以下几个方面：(1) 原书仅选择了10位美学家的美学名著进行分析和评论，固然重点非常突出，但有些美学史上重要派别的代表著作未包括进去，对20世纪以来的美学名著选择也较少。现在增选了8位美学家的名著进行评析，包括新柏拉图主义、理性主义、经验主义、实用主义、现象学、存在主义等美学派别和思潮的代表著作，从而使本书内容更全面、更具有代表性。(2) 近几十年来，我国的西方哲学史和西方美学史研究取得了许多新的成果，我对西方美学的学习和研究也有了新的认识。这次修订吸取有价值的新成果并根据自己的新认识，对原有10章的内容和文字做了一些补充和修改。(3) 删去了原书的2篇附录文章。同时，将书名改为《西方美学名著导读》。经过修改补充，全书内容更为丰富和全面，也更适合大学美学教学和广大美学爱好者学习使用。

朱光潜先生在20世纪60年代出版的《西方美学史》中曾明确指出：“美学史的基本训练要求从头到尾精读几部精选的名著。”精读一些精选的西方美学名著，是学习和研究西方美学史的最好门径。美学史上出现的重要理论、学说、概念、范畴，都包含在具有代表性的美学名著之中。只有通过精读名著，才能直接了解这些理论、学说、概念、范畴的形成过程和真正内涵，也才能对美学史有真实、正确、全面的认识。不仅学习和研究美学史要精读美学名著，学习和研究美学理论也要精读美学名著。今天的美学理论不是从天上掉下来的，也不是理论家头脑中自生的。它是在批判继承和借鉴以往美学理论和思想的基础上，经过探索和创新发展而来的。美学理论、学说、概念、范畴中都包含着历史的内容，是逻辑和历史的统一。精读历史上的一些美学名著，才能对它们的形成和含义有更深刻的认识和了解。精读名著不仅是美学史的基本训练，也是理论思维能力的基本训练。当代美学理论发展越来越多元化，不仅学派林立，而且学说繁多。对于美学基本理论问题，各个学派、各种学说的观点分歧很大。面对纷繁复杂、鱼龙混杂的美学理论，只有提高理论素养，增强理论思维能力，才能加以识别，分辨是非优劣，吸取合理的、有价值的东西。而精读名著正是提高理论素养、训练理论思维的最好途径。这也是本书一再强调学习和研究美学必须精读一些精选的美学名著的重要原因。

本书对精选的18位西方重要美学家的美学名著逐一进行了详细的分析和评论，对其中的重要理论、学说、概念、范畴等进行了深入阐释。为了突出重点，深入剖析，本书对每本名著的内容进行评述，着重分析其中有代表性、有独创性、有较大影响或有较大现实意义的论点和范畴，并力求逻辑和历史的统一。对于名著文本的阐释，既充分阐明其历史的本有的意义，也努力从今天的时代眼光对其进行新的阐发，揭示其在今天的价值。希望它能对读者学习西方美学和精读美学名著起到引导和辅助作用。

这18位美学家的名著是经过反复考量、比较才选定的。它们基本上代表了西方不同时期出现的重要美学派别和思潮，具有重要创见和重大影响，在美学历史上具有标志性、典范性意义，可以说是集中了两千多年西方美学思想的精华。在选择名著篇目时，除了我对西方美学史的认识外，也参考了朱光潜的《西方美学史》、K. E. 吉尔伯特和H. 库恩的《美学史》、门罗·C. 比尔兹利的《美学简史：从古希腊至当代》，还参考了一些西方编者的美学名著选本，如

D. 汤森编的《美学：西方传统经典读本》、E. 库珀编的《美学：经典读本》、M. 凯亨和 A. 麦斯金编的《美学：综合选集》等，力求使所选择的美学名著具有高公认度和权威性。为了方便读者查阅所选名著文本，本书中选取的美学名著引文基本上采用已有的中文译本。部分名著引文是我从英文本原著直接翻译的。

华中科技大学出版社大力支持《西方美学名著导读》的出版，薛蒂、林凤瑶、孙念三位编辑为策划、编辑此书付出了许多辛劳，在此谨表示衷心感谢！

彭立勋

2021 年 6 月

目录
Contents

绪言

这些年来，我国的美学研究取得了新的进展。美学研究的范围日益扩大，对美学基本理论问题的探讨日益深入，过去研究较少的应用美学、部门美学日益繁荣，美学研究的方法也日益走向多样化。人们学习和研究美学的兴趣持久不衰。这种情况确实令人鼓舞。但是，由于美学问题本身的复杂繁难，寻求真理需要更多的时间和更大的努力，所以，直到现在，对于美学的一些基本理论问题仍然存在着较大的分歧和争议。如何将马克思主义的基本原理创造性地应用于美学研究，建立和丰富具有中国特色的科学的美学理论体系，仍然是一个尚待解决的问题。

为了使美学理论的研究和探讨更加深入、更有成效，为了进一步建立和丰富具有中国特色的科学的美学体系，我们有许多工作要做。比如，全面地、深入地研究马克思主义创始人的美学思想，以求得到准确的、完整的理解；继续对美学基本理论问题进行创造性、创新性研究；结合变化发展的艺术和审美实践，深入研究艺术和生活的审美活动中一些新的美学问题；等等。这些都是需要努力去做的工作。但是，除此之外还有一个迫切的、重要的工作，就是要加强美学史的研究，对中国和外国的异常丰富的美学遗产作一个系统的总结。

恩格斯说："每一个时代的哲学作为分工的一个特定的领域，都具有由它的先驱者传给它而它便由此出发的特定的思想资料作为前提。"① 哲学的发展有它本身的历史继承性，必须从它的先驱者那里继承一定的思想资料作为前提和出发点，美学的发展也同样如此。马克思主义经典作家们曾经反复强调过研究过去的文化遗产的重要意义，因为"只有确切地了解人类全部发展过程所创造的文化，只有对这种文化加以改造，才能建设无产阶级的文化"②。这也完全适用于美学研究。如果我们不对过去丰富的美学思想的资料加以分析研究，吸收其中一切有价值的东西，作为我们发展新美学的借鉴，那么，美学理论的深入探讨以及建立具有中国特色的科学的美学体系的任务，就不可能完成。现在有些爱好美学的初学者缺乏系统的美学史知识，也不愿花功夫认真研读美学原著，却耗费了许多时间和精力苦思冥想，凭空杜撰出各种所谓新体系，实际上却没有多大的意义和价值。针对这种情况，强调一下学习和研究美学史和美学原著更有必要。

---

① 《马克思恩格斯选集》第4卷，人民出版社1972年版，第485页。
② 《列宁全集》第31卷，人民出版社1958年版，第254页。

美学是哲学性质的科学，其基本理论带有较强的思辨性，也比较复杂和繁难。这也许就是像美的本质是什么这类美学的根本问题至今仍然困惑着人们头脑的一个重要原因。但是，两千多年来，不同时代的思想家和美学家们对于美学的基本问题已经做过各式各样的探讨，既留下了丰富的思想资料，又留下了有益的经验和教训。如果我们能对以往的美学思想的成就、经验、教训进行认真的总结，作为我们今天进一步进行美学探讨的参考和借鉴，那么我们就可以不走或者少走弯路。比如有些问题美学史上已经得到了较好的解决，我们就不必再从头做起，而是要以前人的成果为基础继续深入研究。又如美学史上有些观点、学说，已经从理论和实际上反复证明是错误的，缺乏理论和事实根据的，我们就不必再坚持这种观点，而是要在否定这些错误观点中寻找真理。这些年来，我国美学界对美的本质和艺术问题有过许多争论，其中有一些实际上就是美学史上曾经有过的争论的继续。如果我们对美学思想史有一个更好的研究，那么美学界的许多讨论也就会更加深入和富有成效。

逻辑和历史的统一，是理性思维的重要方法，特别是建立科学理论体系的重要方法。我们要深入进行美学研究，进一步建立和丰富马克思主义的科学的美学理论体系，也必须将逻辑的东西和历史的东西统一起来。恩格斯指出，在理论思维中，“逻辑的研究方式是唯一适用的方式。但是，实际上这种方式无非是历史的研究方式。不过摆脱了历史的形式以及起扰乱作用的偶然性而已。”① 历史的东西既包括客观实在自身的历史发展过程，又包括作为对客观实在反映的人类认识的历史发展过程。逻辑的东西则是指这些历史的过程通过逻辑的方法在概念等思维形式中的概括，是历史的东西在理论思维中的再现。历史的东西是逻辑的东西的基础，逻辑的东西是由历史的东西所派生的。任何科学的理论体系的逻辑都是与科学发展的历史基本相符的。对美学理论作逻辑的研究，不能脱离美学历史的研究。美学中的各种概念、范畴，都是随着社会历史的发展，随着审美意识和艺术活动的发展，而历史地产生和形成的。即使是同一个概念、范畴，在不同的历史时期也有着不同的意义。像美、艺术等最根本的美学范畴，就是在历史发展过程中不断变化的，必须结合具体的历史条件加以考察和分析。因此，美学研究必须把逻辑的研究方式和历史的研究方式结合、统一起来。如果脱离历史研究，不以美学的历史发展作为理论研究的基

---

① 《马克思恩格斯选集》第2卷，人民出版社1972年版，第122页。

础，单纯从逻辑上抽象地进行探讨，那就会陷入抽象空洞的逻辑推理之中，不可能获得真正的科学理论成果。

在西方美学史上，把逻辑和历史统一起来，用历史观点研究美学并取得巨大成功的首先是黑格尔。恩格斯说，黑格尔不同于所有其他哲学家的一个特点，就是他的思维方式有巨大的历史感作基础。在黑格尔的《美学》中，“到处贯穿着这种宏伟的历史观，到处是历史地、在同历史的一定的（虽然是抽象地歪曲了的）联系中来处理材料的”①。无论是对于美和艺术的本质的研究，还是对艺术阶段、艺术门类的分析，黑格尔都是把它们放在一个历史的发展过程中去加以考察的。正因为如此，从内容的丰富性和研究的深刻性来讲，黑格尔在美学上的贡献都大大胜过了他的前辈。马克思对黑格尔的历史观点进行了唯物主义的根本改造，把历史作为出发点，使逻辑和历史达到了唯物辩证的统一。我们要在美学研究中贯彻这一原则，就不能忽视对于美学发展史和美学思想资料的研究。

在西方，美学作为一个独立的科学部门，虽然在18世纪中叶才出现，但是，西方美学思想的形成却是源远流长。根据历史记载，发源于公元前6世纪的古希腊奴隶制时期的美学，是西方美学思想的滥觞。在早期古希腊哲学家们的著作残篇中，就有若干论述涉及美学问题。至柏拉图和亚里士多德两人，就将古希腊美学思想发展到高峰，并对以后西方美学思想的发展产生了巨大的影响。从4世纪到13世纪，欧洲进入黑暗的中世纪，美学思想完全附属于基督教的神学，美学发展受到严重影响。但是，酝酿于13—14世纪而极盛于16世纪的文艺复兴，又将欧洲文化的发展推向了第二个高峰，美学思想在人文主义的基础上得到新的发展。出现于17世纪的法国古典主义美学和延续于17—18世纪的英国经验主义美学，是两种很有影响的美学思潮。前者和唯理论哲学及法国古典主义文艺相结合，产生了理性至上的古典主义美学法典；后者则以经验论哲学为基础，运用心理学的观点和方法，推动近代西方美学重点转向审美主体和审美经验研究。18世纪以法、德两国为中心的启蒙运动，是文艺复兴运动的继续，也是资产阶级革命的思想准备。在启蒙思想家中，有许多人都对美学和艺术有深入的研究和独到的见解，而其中最为杰出的代表则是狄德罗和莱辛。他们所提出的唯物主义美学观点和现实主义艺术理论，在当时具有极大

① 《马克思恩格斯选集》第2卷，人民出版社1972年版，第121页。

的进步意义，并为美学的发展开辟了广阔的道路。18 世纪末和 19 世纪初，德国古典美学迅速崛起，康德、歌德、席勒、黑格尔相继把美学推向新的高峰。正是通过康德和黑格尔的努力，美学才真正成为一门系统的科学。与此同时，俄国革命民主主义的美学家们也为美学的发展作出了自己独特的贡献。由此可见，从古希腊直到马克思主义产生，西方美学经历了许多历史阶段，积累了内容丰富的美学思想资料。对如此长久的西方传统美学思想进行科学的分析和系统的总结，正确评价其意义、作用和局限性，吸取其精华，扬弃其糟粕，以便对西方美学遗产真正做到批判的继承，是美学研究中一个不可忽视的重要任务。

19 世纪中叶以后，西方美学思想开始从近代美学向现代美学转变。叔本华和尼采以唯意志论为哲学基础的美学思想以及此后出现的新康德主义、新黑格尔主义的美学等，虽然在有关审美经验和艺术的个别问题上也提出了某些独特见解，但在美学的根本问题上却陷入唯心主义和反理性主义。进入 20 世纪，西方现代美学正式形成，并得到迅速发展。西方现代美学的发展和西方现代哲学、现代艺术的发展关系十分密切。尽管现代西方美学派别林立，新说层出不穷，思潮此起彼伏，呈现出多元化、复杂化的状况，但如果从它与西方现代哲学的关系来看，它的发展从整体上看仍然主要是沿着人本主义和科学主义两大思潮、两种倾向展开的。人本主义哲学思潮的特点是把人作为哲学的出发点和归宿，把人的本真的存在（生存）作为哲学研究的中心，主张揭示人的生命、本能、意志、情感等非理性或超理性的意义。表现主义美学、精神分析学美学、现象学美学、存在主义美学以及法兰克福学派的社会批判美学等，无不受到人本主义思潮的影响。科学主义哲学思潮的特点是强调哲学与科学的联系，以自然科学的原则和方法来研究世界，要求研究的客观性和精确性。自然主义美学、实用主义美学、分析美学、格式塔心理学美学、结构主义美学等都受到科学主义的影响。哲学基础、思维方式和研究方法的变化，推动西方现代美学摆脱和超越传统美学，走上一条不同的发展道路。形形色色的西方现代美学内容复杂，可以说是泥沙俱下。对此，我们必须有一个科学的认识，采取正确的态度。一概排斥、简单否定，固然是不对的；一味吹捧、盲目崇拜也是错误的。简单否定和盲目崇拜都可能是由于缺乏正确观点和全面了解。因此，运用马克思主义观点对西方现代美学进行科学的分析和批判，也是美学研究的一个艰巨任务。

学习和研究西方美学必须要有正确的方法论。对于西方的美学思想遗产，我们需要批判地继承，这就必须以历史唯物主义作为研究的指南。关于如何运用历史唯物主义的观点和方法来研究美学思想遗产，恩格斯在致康·施米特的信中有极明确的指示。他说："对德国的许多青年作家来说，'唯物主义的'这个词只是一个套语，他们把这个套语当作标签贴到各种事物上去，再不作进一步的研究，……但是我们的历史观首先是进行研究工作的指南，并不是按照黑格尔学派的方式构造体系的方法。必须重新研究全部历史，必须详细研究各种社会形态存在的条件，然后设法从这些条件中找出相应的政治、私法、美学、哲学、宗教等等的观点。"① 美学思想是一定的社会历史条件的产物，只有对其赖以形成的社会历史条件进行详细的研究，才能对它作出历史的、科学的评价，正确地阐明它们在历史上的意义、历史局限性和在历史发展中所起的作用。由于历史情况是矛盾复杂的，所以美学史上也有许多美学思想显得十分矛盾复杂。对于这类现象，必须结合一定的社会历史条件，对具体问题作具体分析。只有这样才能得出科学的结论。

学习和研究西方美学还应该具有相关的历史知识，特别是西方哲学史、艺术史和心理学史的知识。首先，西方美学原是作为哲学的一个部门形成和发展起来的，各个时期美学思想和派别的形成与当时的哲学思想和流派密切相关。许多重要的美学家如柏拉图、亚里士多德、康德、黑格尔等，都是大哲学家。如果我们不了解各个时期的哲学思潮和派别，也就难以了解与此相关的美学思潮和派别；不了解一些重要美学家的哲学思想，也难以了解他们的美学思想。所以，我们在研究西方美学史时必须研究西方哲学史。为了弄清一个美学家的美学思想，必须弄清他的哲学思想。其次，美学理论不能脱离艺术的实践活动，各时期美学思想的发展也总是和当时艺术创作、艺术欣赏和批评的情况相关联的。不少在美学理论上有建树的美学家，同时也是著名的作家、艺术家和艺术批评家。如狄德罗、莱辛、歌德、罗丹等都是如此。黑格尔的《美学》虽然带有浓厚的思辨色彩，但却是以丰富的艺术史作为立论根据的。有不少美学著作恰恰是在总结当时文艺创作经验的基础上写成的，如被称为"古典主义文艺法典"的《诗的艺术》就是这样的。所以，只有具备西方艺术史的知识，熟悉西方艺术发展的线索和规律，方能更好地理解、评价西方美学思想。再次，

① 《马克思恩格斯选集》第4卷，人民出版社1972年版，第475页。

西方美学思想的发展和心理学思想的发展也是相联系的。特别是17—18世纪的经验主义美学家，把心理学的观点带进美学研究中来，着重从联想、想象、情欲、情感等方面阐明审美和艺术创造活动的心理基础，对以后心理学的美学产生了很大影响。鲍姆加登、维柯、康德等在分析审美活动时，也涉及心理学问题。至19世纪下半期，心理学开始成为一门独立的科学，它在美学研究中的作用也越来越显得重要。从德国心理学家费希纳提倡“自下而上”的美学起，一些心理学家把不同的心理学说应用于美学研究，相继出现了里普斯、布劳、弗洛伊德、阿恩海姆等不同的心理学的美学学说和派别，其他一些西方当代的经验主义美学派别也往往从心理学角度去分析审美经验和艺术创作。我们不能同意西方一些美学家把美学归结为心理学的看法或企图用心理学代替美学的主张，但也应看到美学中关于审美经验和艺术活动的研究，确实是和心理学有密切关系的。心理学的发展自然会影响到美学的发展。因此，在研究西方美学思想发展时，应该对西方心理学史有一定了解。

学习和研究西方美学，必须占有充分的美学思想资料，这就需要认真阅读西方美学原著。没有这一步，任何研究工作都没有基础。西方美学历史悠久，范围宽广，原著的数量相当可观。对于一般学习西方美学的读者来说，当然不可能也不必要都找来读。首先应当读的是美学史发展的各个时期具有代表性的、有重要影响的美学名著。精读几本美学名著，细加剖析，力求消化，再由点及面，点面结合，这对于掌握西方美学思想发展的轮廓和线索，正确分析和评价西方美学中各种有代表性的理论和学说，达到批判继承，无疑是很有好处的。朱光潜先生把精读几部美学名著称作“美学史的基本训练”，这是颇有见地的。本着这种认识，本书精选出各时代、各派别有代表性、原创性的重要美学名著若干种，对其基本思想和重要观点详加分析和阐释，对其历史意义、作用及局限性予以论述和评价，对其研究方法进行归纳和考察，希望能引导读者去阅读原著，并对读者思考问题有所启发和增益。

第一章

古希腊思辨美学的结晶

——柏拉图的《文艺对话集》

柏拉图（Platon，公元前427—前347年）是古希腊著名的唯心主义哲学家，柏拉图派的创始人。他出身贵族，年轻时曾做过唯心主义哲学家苏格拉底的学生。苏格拉底被民主派政府处死以后，他便逃离雅典，在埃及、意大利等地游历和讲学。后来，他回到雅典创立“柏拉图学园”，授徒讲学，著书立说。他的哲学著作，除《苏格拉底的申辩》以外，都是用对话体写成的，共有四十篇左右。在绝大多数对话中，主要发言人都是苏格拉底，柏拉图自己始终没有出场。但苏格拉底的发言实际上就是柏拉图的看法。这些对话的内容，既有当时热烈争辩的哲学问题，也有谈论政治和伦理教育的。其中附带谈到美学问题。除了专门论述美学问题的《大希庇阿斯》外，涉及美学问题较多的还有《伊安》《高吉阿斯》《普罗塔哥拉斯》《斐多》《会饮》《斐德若》《理想国》《斐利布斯》《法律》等篇。

柏拉图生活在古希腊奴隶社会发生剧烈变化的时代。公元前5世纪，雅典的工商业奴隶主推翻了贵族奴隶主的专制统治，建立和发展了奴隶主的民主制度，出现了经济繁荣、文化昌盛的古希腊“黄金时期”。但是，从公元前431年到前404年，雅典和斯巴达为争夺古希腊霸权进行了二十多年的战争（史称伯罗奔尼撒战争）。雅典在战争中遭到惨败，一蹶不振。古希腊的城邦奴隶制从此也开始由繁荣走向衰落。在这个剧烈变化时期，柏拉图对雅典的民主政治持批判态度。他把社会的一切矛盾和弊病都归之于民主政治，试图以斯巴达的贵族奴隶主政体为蓝本，创立一个挽救古希腊城邦制度的“理想国”。他的哲学思想和美学思想都是和他建立理想城邦国家的政治思想联系在一起的。

在哲学上，柏拉图集古希腊各种唯心主义思想之大成，形成了欧洲哲学史上第一个庞大的客观唯心主义体系。这个体系是以客观唯心主义的“理念论”为中心的。“理念论”把精神性的实体“理念”看作万物的本原，认为现实世界中的万事万物都是由“理念”派生出来的。以此为基础，柏拉图还提出了先验论的知识论，认为感性知觉不能获得真正的知识，通过理性达到对理念的认识才算真正的知识。柏拉图的美学思想必须联系上述哲学、政治思想才易于理解。

柏拉图的《文艺对话集》一书，收集了柏拉图有关美学和文艺问题的著作或片段。在这些著作和片段中，论述得较多的美学问题还是文艺与现实的关系，此外，对于美的本质和美感问题也有探讨。

第一节　“美是理念”说

柏拉图专门讨论美的问题的对话《大希庇阿斯》是他早年写成的。这是现在所知的西方第一篇系统讨论美是什么的文章。对话一开始，就直截了当地提出“什么是美?”这个问题作为辩论的中心。对话的一方希庇阿斯先提出“美就是一位漂亮的小姐”，用个别美的事物作为对“美是什么”的回答。对话的另一方苏格拉底反驳说，一匹母马或是一个汤罐也可以是美的，这就否定了希庇阿斯把美的本质和美的事物混为一谈的说法。苏格拉底强调要区别“什么是美的东西”与“美是什么”两个不同的问题。前者是指个别美的事物，后者是指“美本身”，即“一切美的事物有了它就成其为美的那个品质”。所以，他认为美不是美的姑娘，也不是美的母马或汤罐，而是所有这些美的事物中共同的本质的东西，这就明确提出了“美的本质”究竟是什么的问题。苏格拉底说：“我问的是美本身，这美本身把它的特质传给一件东西，才使那件东西成其为美。”① 这个看法很重要，它说明柏拉图不是要对具体的美的事物作出评价，而是要对美的本质作深入的哲学思考，要极力寻找美之所以为美的普遍性。黑格尔在《美学》中说：“柏拉图是第一个对哲学研究提出更深刻的要求的人，他要求哲学对于对象（事物）应该认识的不是它们的特殊性而是它们的普遍性，它们的类性，它们的自在自为的本体。”② 柏拉图明确提出美的本质和普遍性问题，这对美的哲学研究是有重大推动作用的。

但是，美的本质究竟是什么呢?《大希庇阿斯》篇并没有一个明确的回答。苏格拉底和希庇阿斯逐一讨论了当时流行的一些美的定义，如“美是恰当的”、“美是有用的”、“美是有益的”、“美是视觉和听觉所生的快感”等，对它们进行了批驳。但辩来辩去，“美本身是什么”这个问题终究还是没有解决。苏格拉底最后以“美是难的”这句谚语结束了这场对话。从这篇对话中，我们可以明白当时在古希腊对“美是什么”的问题已有过相当热烈的争论，看法也有相

① 柏拉图：《文艺对话集》，朱光潜译，人民文学出版社 1980 年版，第 184 页。
② 黑格尔：《美学》第 1 卷，朱光潜译，商务印书馆 1979 年版，第 27 页。

当的分歧。苏格拉底说："无论在人与人，或国与国之中，最不容易得到人们赏识，最容易引起辩论和争执的就是美这个问题。"① 可见关于美的本质问题自古以来就是争执很大的问题。柏拉图当时对这个问题也还是处在思考和探索的过程中。所以，他没有勉强给"美是什么"作一个结论，而只是对各种美的定义作了分析和辩驳。这对人们从多方面联系中去寻求美的本质还是有一定启发的。

柏拉图创立学园以后，他的哲学思想和美学思想日臻成熟。在这一时期所写的《会饮》《理想国》《斐多》等多篇对话中，他便深思熟虑、胸有定见地提出了"美是理念"的看法，从而对他早年提出的"美是什么"的问题作了明确的回答。柏拉图的"美是理念"的观点，是建立在客观唯心主义的"理念论"的哲学基础之上的。"理念论"认为，我们日常所处的现实世界是变化无常的、相对的，因而不是真实存在的；现实世界的任何个别的、具体的、特殊的人和事物都有其一般的概念，这个概念是永恒不变的、绝对的，因而才是真实存在的。比如，世界上每个具体的人都在变化，而"人之所以为人"的概念却是不变的，所以人的概念比具体的人更真实。柏拉图把这种一般概念叫做"理念"（希腊文 eidos，idea，英文 idea，中文又译作"理式""理型""相"），指一种离开具体事物而独立的精神实体，认为它独立存在于事物和人心之外，是宇宙中普遍永恒的原理大法，是真实世界中的根本原则。他断言，由各种"理念"所构成的"理念世界"是客观独立存在的、第一性的、起决定作用的，而由许多具体事物所构成的物质世界则是由"理念世界"派生出来的、第二性的，就是说，它只是对"理念世界"的"分有"或"模仿"。柏拉图的"理念论"将理念世界和现实世界分离，使世界两重化，颠倒了思想与现实的关系。这显然是错误的。但它是强调共相这一问题的最早的理论，标志着哲学上一个非常重要的进步。柏拉图就是从这种颠倒思想与现实关系的"理念论"出发，来建立他的关于美的理论的。他所探讨的美不是现实生活中的美，也不是文学艺术中的美，而是存在于理念世界中的美。所以，他认为美的本质就是理念，只有美的理念才是"美本身"，才是真正的美。

柏拉图关于"美是理念"的理论主要包含以下内容：

（1）"美本身"是不依赖于具体的美的事物的，它先于具体的美的事物，

---

① 柏拉图：《文艺对话集》，朱光潜译，人民文学出版社 1980 年版，第 192 页。

是个别事物的美的创造者。《理想国》第六卷中说："一方面我们说有多个的东西存在，并且说这些东西是美的，是善的等等。另一方面，我们又说有一个美本身，善本身等等，相应于每一组这些多个的东西，我们都假定一个单一的理念，假定它是一个统一体而称它为真正的实在。"① 显然，这是把"美本身"和具体的美的事物分别视为不同的存在。那么这两者的关系如何呢？《大希庇阿斯》篇中说："这美本身，加到任何一件事物上面，就使那件事物成其为美，不管它是一块石头，一块木头，一个人，一个神，一个动作，还是一门学问。"② 就是说，"美本身"是先于具体的美的事物，并且决定着具体事物的美。柏拉图所谓"美本身"，其实就是讲的美的根源、美的本质。那么，这个先于具体的美的事物并且决定着具体事物美的"美本身"究竟是什么呢？柏拉图认为这就是"美的理念"。

(2) 具体事物本身是没有美的，任何东西只有当它与"美的理念"结合时，才成为美的东西。换句话说，具体的美的事物之所以是美的，完全是因为它们"分有"了"美本身"。《斐多》篇说：

> 如果有人告诉我，一个东西之所以是美的，乃是因为它有美丽的色彩或形式等等，我将置之不理。因为这些只足以使我感觉混乱。我要简单明了地，或者简直是愚蠢地坚持这一点，那就是说，一个东西之所以是美的，乃是因为美本身出现于它之上或者为它所"分有"，不管它是怎样出现的或者是怎样被"分有"的。关于出现或"分有"的方式这一点，我现在不作积极的肯定，我所要坚持的就只是：美的东西是由美本身使它成为美的。③

这就是说，美的自然现象、美的艺术作品乃至一切具体的美的事物，其美并不在本身，而是由于"分有"了"美本身"即美的理念，才成其为美的。

(3) 个别事物的美是相对的、变幻无常的，只有"美本身"才是绝对的、永恒不变的。《大希庇阿斯》篇谈到个别事物的美时说，最美的汤罐比起年轻小姐来总是丑的，而最美的年轻小姐比起神仙来，同样也是丑的，因此，汤

---

① 北京大学哲学系外国哲学史教研室编译：《古希腊罗马哲学》，商务印书馆 1981 年版，第 178—179 页。

② 柏拉图：《文艺对话集》，朱光潜译，人民文学出版社 1980 年版，第 188 页。

③ 北京大学哲学系外国哲学史教研室编译：《古希腊罗马哲学》，商务印书馆 1981 年版，第 176—177 页。

罐、小姐以及任何具体事物的美都不是绝对的，而是“又美又丑”。“美本身”却不然，它不受任何条件的制约，是无条件地、永远地美的。《会饮》篇谈到作为绝对美的“美本身”即美的理念时说：

> 这种美是永恒的，无始无终，不生不灭，不增不减。它不是在此点美，在另一点丑；在此时美，在另一时不美；在此方面美，在另一方面丑；它也不是随人而异，对某些人美，对另一些人就丑。……一切美的事物都以它为泉源，有了它那一切美的事物才成其为美，但是那些美的事物时而生，时而灭，而它却毫不因之有所增，有所减。①

柏拉图在探讨美的本质时，对“美本身”和具体美的事物作了区别，认为美的本质并不等于具体的美的事物；同时，他对美的个别和一般、现象和本质之间关系的看法，也包含着辩证的因素，这都是可取的。在柏拉图之前，古希腊早期美学思想中对“美是什么”的回答，主要是“美是和谐”说。这种看法认为美是对立因素的统一所形成的和谐。和谐具体体现于对象的均衡、对称、比例等形式美的法则中。从毕达哥拉斯到赫拉克利特，都是这个看法。虽然他们在强调形成和谐的统一和差异方面各有所侧重，但主要还是从事物的感性形式方面寻求美的根源，所采取的方法也是感性的直观的方法。柏拉图并没有抛弃和谐说，但是却对它作了改造和发挥，使其与理念说结合起来。理念说不是从事物的感性形式上寻求美的根源，而是认为美的理念才是事物的美的源泉。这就将对美的本质的探讨从感性形式转向了理性内容，从感性直观的方法转变到抽象思辨的方法，从而对以后的美的哲学探讨产生了巨大影响。但由于柏拉图是从唯心主义的“理念论”出发来解决美的本质问题，因而造成了头足倒置。柏拉图所谓“美的理念”，实际上只能是人对现实中诸多美的事物进行抽象概括的结果，是客观存在的美的事物的本质在人的头脑中的主观反映。但是，柏拉图却把人们意识中反映客观美的概念绝对化，不仅使它变成脱离具体事物而独立存在的客观存在物，而且反过来把它说成是使具体事物之所以具有美的性质的根源，从而使抽象的思想概念成为具体的客观事物的创造主，这就颠倒了意识和存在的关系。

---

① 柏拉图：《文艺对话集》，朱光潜译，人民文学出版社 1980 年版，第 272—273 页。

第二节 美的认识和美感学说

柏拉图认为，对于“美本身的观照是一个人最值得过的生活境界”，也是哲学的极境。但人要认识“美本身”，达到“最高境界的美”，必须经过一个循序渐进的认识过程。首先，他应当爱个别的美形体，由个别的美形体推广到一切美形体，从此得到形体美的概念；其次，应该爱心灵方面的道德美，“学会把心灵的美看得比形体的美更可珍贵”，并且“学会见到行为和制度的美”；再次，应该“进到各种学问知识，看出它们的美”，即爱学问知识方面的真的美；最后，“豁然贯通唯一的涵盖一切的学问，以美为对象的学问”，认识到“美的本体”。《会饮》篇中概括美的认识和美的教育过程说：

先从人世间个别的美的事物开始，逐渐提升到最高境界的美，好像升梯，逐步上进，从一个美形体到两个美形体，从两个美形体到全体的美形体；再从美的形体到美的行为制度，从美的行为制度到美的学问知识，最后再从各种美的学问知识一直到只以美本身为对象的那种学问，彻悟美的本体。①

显然，柏拉图在这里提出了一个“广大的美的领域”，这种美不仅表现在个别形体中，而且表现在道德行为、社会制度以及学问知识中。而“美本身”则是一种统摄一切美的事物的最高的美，认识到这种美，也就达到了哲学的极境。他提出要“学会把心灵的美看得比形体的美更可珍贵”，这对审美教育来讲，是一个有益的启示。他认为对美的认识要从现实世界中个别的感性事物开始，从许多个别感性事物中找出共同的概念，从局部事物的概念上升到全体事物的总的概念。这种把美的认识理解为一个逐渐上升和深入过程的看法，具有辩证的因素，应该说是符合人的美的认识发展的规律的。

按照柏拉图的认识论，人的认识对象分为两个世界：一种是“可见世界”(现实世界)，另一种是理念世界。与此相适应，人的认识也分为两种：一种是对可见世界的感觉、知觉；另一种是对理念世界的理性、思维。柏拉图认为，前一种认识不是真正的知识，只能称之为“意见”；只有通过理性认识到理念

① 柏拉图：《文艺对话集》，朱光潜译，人民文学出版社 1980 年版，第 273 页。

即事物“本身”，才算是真正的知识。依此说，柏拉图将美的认识也分为两种：一种是认识到“美的东西”；一种是认识到“美本身”。前者只能具有美的“意见”；后者才能具有美的“知识”。他说：“那些只看到美的东西而看不见美本身并且不能追随别人的引导而看到这种美本身的人，……我们就要说他们只是对于一切有意见而不能对于他们的意见的对象有任何知识了。”① 柏拉图明确地提出美的认识包含感性和理性两个阶段，并且强调理性在美的认识中的重要作用，这是对审美理论的一个新贡献。但是，他没看到美的认识中感性和理性的辩证统一关系，将理性和感性对立起来，割裂开来，却是十分片面的。

柏拉图关于美的认识过程的见解，是建立在他的“灵魂回忆”说的基础之上的。“灵魂回忆”说是柏拉图唯心主义认识论的核心。柏拉图认为，一切研究、一切学习都只不过是回忆罢了。一个人的认识，不过是对于理念世界的回忆，因为他的灵魂在投生到人世中来以前，是寓居于这个理念世界中的。这种“灵魂回忆”说具有浓厚的宗教神秘主义色彩。《会饮》篇中所谈的美的认识过程，其实也就是这种“灵魂回忆”的过程。按照柏拉图的理解，关于“美本身”的知识，是人生下来之前，他的灵魂本来就具有的。但在灵魂附在肉体上下降坐世之后，它就暂时“忘记”了美的知识。只有通过具体事物的美“来引起对于上界事物的回忆”，才能重新见到“美本身”。正如《斐德若》篇所说：“有这种迷狂的人见到尘世的美，就回忆起上界里真正的美。”② 柏拉图认为不死的灵魂事先已具有属于理念世界的“美本身”的知识，而感知到现实中具体事物的美只是使人回忆起理念世界的美的一种诱因，这说明他心目中的美的认识过程绝不是唯物主义认识论，而是唯心主义先验论。

柏拉图对于美感中的其他问题也作了一定的研究，其中最值得注意的是他反复提到的“迷狂说”和“快感说”。

柏拉图在谈到美的观照和艺术活动时，都讲到“迷狂”。所谓“迷狂”，主要指的是在审美观照和艺术创作中所产生的强烈的情感体验。用柏拉图的话说，就是“灵魂遍体沸腾跳动”，“惊喜不能自制”。这种迷狂状态究竟是怎样形成的呢？对此，柏拉图有两种不同的解释。一种解释是由于灵魂的回忆，通

① 北京大学哲学系外国哲学史教研室编译：《古希腊罗马哲学》，商务印书馆 1981 年版，第 197—198 页。

② 柏拉图：《文艺对话集》，朱光潜译，人民文学出版社 1980 年版，第 125 页。

过个别美的事物观照到理念世界的美，并且追忆到生前观照那美的景象时所引起的高度喜悦，因而感到欣喜若狂，陷入迷狂状态。《会饮》篇说，当人经过美的认识过程，“放眼一看这已经走过的广大的美的领域，他从此就不再像一个卑微的奴隶，把爱情专注于某一个个别的美的对象上，某一个孩子，某一个成年人，或是某一种行为上。这时他凭临美的汪洋大海，凝神观照，心中起无限欣喜”①。《斐德若》篇也说，由于灵魂回忆，“人每逢见到上界事物在下界的摹本，就惊喜不能自制”。柏拉图描述道：

> 有这种迷狂的人见到尘世的美，就回忆起上界里真正的美，因而恢复羽翼，而且新生羽翼，急于高飞远举，可是心有余而力不足，像一个鸟儿一样，昂首向高处凝望，把下界的一切置之度外，因此被人指为迷狂。②

对于迷狂的另一种解释，是由于神灵凭附到诗人或艺术家身上，使他们得到创作的灵感，因而失去理智而陷入迷狂。《伊安》篇说，一切高明的诗人，都不是凭技艺来作成他们的优美的诗歌，而是他们由于神灵凭附而得到灵感才能进行创作。“因为诗人是一种轻飘的长着羽翼的神明的东西，不得到灵感，不失去平常理智而陷入迷狂，就没有能力创造，就不能做诗或代神说话。”③《斐德若》篇对这种由诗神凭附而来的迷狂又作了进一步阐述：“它凭附到一个温柔贞洁的心灵，感发它，引它到兴高采烈神飞色舞的境界，流露于各种诗歌，……若是没有这种诗神的迷狂，无论谁去敲诗歌的门，他和他的作品都永远站在诗歌的门外，尽管他自己妄想单凭诗的艺术就可以成为一个诗人。他的神志清醒的诗遇到迷狂的诗就黯然无光了。”④

柏拉图对于迷狂所做的解释，显然具有宗教神秘主义色彩。他把审美活动和艺术创造，都说成是失去理智、神智不清醒的迷狂状态，这就把美感和理性、艺术和理智完全对立起来了。这种强调美感和艺术的非理性作用的美学观点，对后来西方美学和艺术思潮的消极影响是非常大的。这种观点和柏拉图认为必须通过理性才能得到美的理念的认识的看法也是互相矛盾的。这里柏拉图

① 柏拉图：《文艺对话集》，朱光潜译，人民文学出版社 1980 年版，第 272 页。
② 同上书，第 125 页。
③ 同上书，第 8 页。
④ 同上书，第 118 页。

显然没有看到审美中情感活动与理性作用的辩证统一关系，错误地把两者对立起来了。不过，柏拉图注意到审美和艺术创造中的一些特殊心理现象，看到审美和艺术创作活动不同于一般的理智和逻辑思考活动，而有它自己的特点。他认为文艺创作不能单凭技艺，须有灵感，艺术创作须有强烈的情感和巨大的感染力，这些论点还是值得我们注意的。

柏拉图对于美感和快感的关系也有很多论述。早在《大希庇阿斯》篇中，他就讨论了美"是视觉和听觉所生的快感"这一看法。虽然他认为这种看法包含着矛盾，但他并没有否定美感与快感的关系。在《斐利布斯》篇中，他较为细致地分析了悲剧和喜剧所产生的快感以及单纯形式美所产生的快感。他认为悲剧和喜剧给予人心灵上的感受，都是"痛感夹杂着快感"。依柏拉图的看法，悲剧能餍足人们的感伤癖和哀怜癖，唤起人们对悲剧人物的同情，从而感受到一种"夹杂痛感的快感"。那么，喜剧为什么给人的感受也是痛感夹杂着快感呢？他是这样推论的：喜剧引起笑，"笑是一种快感"，但耻笑朋友们的滑稽可笑的品质时却夹杂着恶意，而"心怀恶意是心灵所特有的一种痛感"。据此，柏拉图得出结论："在哀悼里，在悲剧里和喜剧里，不仅是在剧场里而且在人生中一切悲剧和喜剧里，还有在无数其他场合里，痛感都是和快感混合在一起的。"① 除了这种混合的快感，柏拉图认为也有不混合的快感，那就是单纯的形式美所引起的快感。他说："真正的快感来自所谓美的颜色，美的形式，……它们的出现却使感官感到满足，引起快感，并不和痛感夹杂在一起。"② 柏拉图的这些看法是关于美感和快感关系的较早的论述，也是最早对美感种类加以区分的尝试，对后来西方美学深入探讨美感问题也有相当的影响。

① 柏拉图：《文艺对话集》，朱光潜译，人民文学出版社1980年版，第297页。
② 同上书，第298页。

第三节　艺术的本质和作用

比起柏拉图关于美的学说来，他的艺术理论显得更为明确，也更为完整。柏拉图以前的古希腊哲学家对艺术也有所论述，其中涉及的主要问题便是艺术对现实的关系问题。柏拉图对于艺术问题的提出和解决，还是集中在艺术对现实的关系问题上；但是他较之以前的思想家更为系统地阐述了艺术的本质和作用，从而建立起一个完整的唯心主义的艺术理论体系。

柏拉图对于艺术本质的基本看法，就是把艺术看作一种模仿。所以，他在《理想国》卷十里，便是从研究模仿的本质来阐明艺术的本质。"模仿说"是古希腊早已有之的传统看法，如赫拉克利特就有过艺术模仿自然的观点。这种看法把客观现实看作文艺的蓝本，表现出朴素唯物主义的艺术观。但是，柏拉图却把"模仿说"和他的"理念论"结合在一起，这就改变了"模仿说"原来的朴素唯物主义的内涵，使它变成了他的客观唯心主义艺术理念的一个组成部分。在柏拉图看来，艺术是由模仿现实世界而来的，而现实世界又是模仿理念世界而来的。现实世界本身并不是真实体，它只是理念世界的"摹本"或"影子"，因此模仿现实世界的艺术也就只是"摹本的摹本""影子的影子"，"和真理隔着三层"了。在《理想国》卷十里，柏拉图以床为例阐明他的理论。他认为有三种床：第一种是神制造的"本然的床"，是"床之所以为床"的那个理念，也就是床的真实体；第二种是由木匠制造的床，是床的理念的摹本；第三种是画家创作的床，是模仿工匠的作品，而不是直接模仿自然中的真实体。画家画床，所要模仿的只是工匠作品的外形，而不是它的本质。"所以摹仿和真实体隔得很远，它在表面上像能制造一切事物，是因为它只取每件事物的一小部分，而那一小部分还只是一种影像。"① 柏拉图由此断定：

从荷马起，一切诗人都只是摹仿者，无论是摹仿德行，或是摹仿

① 柏拉图：《文艺对话集》，朱光潜译，人民文学出版社 1980 年版，第 72 页。引文中"摹仿"为非推荐词形，为尊重原作，全书所引原文均保留"摹仿"词形。

他们所写的一切题材，都只得到影像，并不曾抓住真理。[①]

柏拉图认为艺术只能模仿现实世界的外形，不能模仿现实世界的本质，只能是在感性形式下对物质世界的模仿，不可能向人们提供有关理念世界的真知识，因此也就达不到真理。这些看法否定了艺术真实地反映现实、揭示现实本质的可能性，完全否定了艺术的认识作用。柏拉图之所以对艺术的本质产生这种错误看法，首先是由于他对艺术的理解是建立在客观唯心主义的哲学基础之上的。他认为理念世界才是真实存在，自然会轻视感性世界。认识理念世界只有通过抽象的思维活动，所以他崇尚理性认识，鄙视感性认识，把两者对立起来。这样，他自然就要抬高“理念”和哲学，而贬低作为物质感性世界的模仿的艺术。再者，柏拉图是处在古希腊文化由文艺高峰转向哲学高峰的时代，而他又是以建立“理想国”为己任的。在他设计的“理想国”中，哲学家担任统治者，理性占据绝对统治地位。他贬低艺术价值的观点和态度与此密切相关。在《斐德若》篇里，柏拉图把人分为九等，其中列在第一等的是“爱智慧者，爱美者，或是诗神和爱神的顶礼者”，这就是哲学家，也就是贵族阶级中的文化修养最高的代表；而“诗人或是其他摹仿的艺术家”则是列为第六等，其地位不仅低于战士和政治家，而且还在体育家、医生、预言家和宗教职业者之下。在柏拉图看来，诗人或一切模仿的艺术家，对于所模仿的事物并没有什么有价值的真知识。因为“他如果对于所摹仿的事物有真知识，他就不愿摹仿它们，宁愿制造它们，留下许多丰功伟绩，供后世人纪念。他会宁愿做诗人所歌颂的英雄，不愿做歌颂英雄的诗人”。[②] 柏拉图认为荷马虽在诗中谈到最伟大最高尚的事业，如战争、将略、政治、教育之类，但是他既不曾替哪一国建立过一个较好的政府，也没有哪一国称他是立法者和恩人；既没有人提起他指挥哪一次战争，也没听说过他生平做过哪个私人的导师，这就证明荷马对这类事情并没有真知识，也不能真正使人得益。柏拉图肯定实际生活创造者固然不无道理，但他借此否定艺术存在的特殊价值却是非常片面的。

柏拉图虽然轻视作为“摹本的摹本”的诗和其他艺术，但是他却充分了解诗和艺术的巨大社会作用。在柏拉图之前的长时期中，古希腊文艺在古希腊人的精神生活中发挥着广泛而深刻的影响。古老的神话，荷马的史诗，悲剧、喜

① 柏拉图：《文艺对话集》，朱光潜译，人民文学出版社 1980 年版，第 76 页。
② 同上书，第 73 页。

剧以及音乐，都是古希腊教育的主要教材，诗人也被看作是“教育家”。在奴隶主民主制时代，雅典领袖利用戏剧这种具有群众性的艺术形式进行宣传教育，使剧场成为当时自由民的政治讲坛和文化生活的中心之一。对于艺术的这种广泛而深刻的社会影响，柏拉图是有体会和认识的。但是，他认为古希腊文艺遗产和民主制下的戏剧活动对人产生的影响是不好的，是不符合他所要建立的奴隶主贵族的“理想国”的要求的。按照柏拉图制定的理想国方案，至关重要的任务之一就是对于城邦的“保卫者”或统治者的教育。这种教育的目标是要培养一种理想的“保卫城邦”的人，一种所谓有“正义”的人。这种人既具有勇敢精神，又能够节制自己，安分守己，听命于哲学家的统治。那么，当时作为教育主要手段的古希腊文艺是否能培养这种理想国的保卫者呢？柏拉图的回答是否定的。

首先，柏拉图指责包括荷马著作在内的古希腊文艺作品在内容上都存在着严重的毛病。这些作品多叙述神和神斗争、神谋害神之类的故事，把神和英雄们描写得和平常人一样常犯罪恶，互相争吵，互相陷害，互相欺骗，荒淫，爱财，怕死，遇到灾祸就哀哭。柏拉图认为这是“说谎”，是歪曲了神和英雄们的真实面貌，用这样的榜样决不能教育青年人学会真诚、勇敢、镇静、有节制，所以应该严禁这种诗人和故事作者到理想国中来。

其次，柏拉图攻击诗歌和一切模仿的艺术对人产生坏的心理作用。他认为模仿诗人和画家都是逢迎人心的无理性部分，使人性中的低劣部分得到培养发育。《理想国》卷十说：

> 摹仿诗人既然要讨好群众，显然就不会费心思来摹仿人性中理性的部分，他的艺术也就不求满足这个理性的部分了；他会看重容易激动情感的和容易变动的性格，因为它最便于摹仿。①

根据柏拉图的奴隶主贵族式的伦理学说，人的灵魂由理智、意志和情欲这三部分组成，而这三部分就相当于国家的三个等级：统治者、武士和劳动者。情欲就是人性中的无理性的、低劣的部分，它应当受到理智的节制，就像劳动者应该服从统治者的支配一样。但是诗人和艺术家往往利用人性中的弱点，满足人们的情欲，致使情欲不受理智的节制。悲剧餍足人们的感伤癖和哀怜癖，使情欲失去理智的控制，但它却使人从同情旁人的痛苦和悲伤中得到快感。这

---

① 柏拉图：《文艺对话集》，朱光潜译，人民文学出版社1980年版，第84页。

样“拿旁人的灾祸滋养自己的哀怜癖，等到亲临灾祸时，这种哀怜癖就不易控制了”。[①] 喜剧则投合人类“本性中诙谐的欲念”，平时本以为羞耻而不肯说的话，不肯做的事，这时却“不嫌它粗鄙，反而感到愉快”，“结果就不免于无意中染到小丑的习气”。

根据上述理由，柏拉图对诗人下了逐客令，宣布“要把诗驱逐出理想国”。但他不是无条件地排斥一切诗歌，他要求的是诗“不仅能引起快感，而且对于国家和人生都有效用”。如果符合这个条件，就可准许诗人回到“理想国”来。他说：“我们只要一种诗人和故事作者：没有他那副悦人的本领而态度却比他严肃；他们的作品须对于我们有益；须只摹仿好人的言语，并且遵守我们原来替保卫者们设计教育时所定的那些规范。”[②] 在西方美学中，柏拉图可算是最早明确提出要以政治效用作为文艺衡量标准的人，只不过他强调的政治效用，指的是要有利于奴隶主贵族的统治罢了。从这里可以看到，柏拉图的艺术理论是具有鲜明的政治色彩的。

① 柏拉图：《文艺对话集》，朱光潜译，人民文学出版社 1980 年版，第 86 页。

② 同上书，第 56 页。

第二章

欧洲美学思想的奠基作

——亚里士多德的《诗学》

在古希腊美学史上，亚里士多德（Aristoteles，公元前384—前322年）和柏拉图两人名字是连在一起的。亚里士多德本是柏拉图的学生，在柏拉图学园学习和工作了二十年之久。但他与柏拉图在观点上有很大分歧。柏拉图死后，他离开学园，担任马其顿王亚历山大的教师，以后又在雅典创办吕克昂学园，使其成为古希腊科学发展的主要中心之一。亚里士多德是古希腊博学的思想家，在哲学、逻辑学、心理学、物理学、政治学、历史、伦理学和美学等方面都作出了相当大的贡献。在美学思想上，亚里士多德对柏拉图既有继承，也有批判，其中批判的部分比继承的部分显得更为重要。他在美学专著《诗学》中，批判了柏拉图的美学观点，系统地阐述了自己的美学主张，对许多重要的美学问题都提出了新的见解。车尔尼雪夫斯基说："《诗学》是第一篇最重要的美学论文，也是迄至前世纪末叶一切美学概念的根据。"① 又说，"亚里士多德是第一个以独立体系阐明美学概念的人，他的概念竟雄霸了二千余年。"② 这个评价正确地指出了《诗学》在西方美学史上的重要地位和它对后来美学和文艺发展的影响。对于亚里士多德和他的《诗学》来说，这个评价是当之无愧的。

亚里士多德以前，古希腊文艺已经历过一段黄金时期，取得了辉煌成就。公元前5世纪左右，继荷马的著名史诗《伊利亚特》和《奥德赛》写成文字之后，古希腊的悲剧和喜剧也相继获得长足发展，先后涌现出埃斯库罗斯、索福克勒斯和欧里庇得斯等杰出的悲剧和喜剧作家。丰富的艺术实践经验为美学发展提供了丰饶的土壤，同时它也要求从理论上给予总结。亚里士多德的《诗学》就是建立在对古希腊文艺的辉煌成就和丰富经验进行科学分析的基础之上的。《诗学》现存二十六章，主要讨论对象就是悲剧和史诗。亚里士多德不是像柏拉图那样进行神秘性的哲学思辨，而是通过对审美实践和艺术作品进行科学分析，提出自己的美学和艺术理论，从而使《诗学》成了古希腊文艺成就和经验的系统总结。《诗学》所建立的一些规范性的理论，在西方文艺思想发展中产生了长久而深刻的影响。

亚里士多德在哲学的许多重大问题上是动摇于唯物主义和唯心主义之间的。但他的美学思想却基本上坚持了唯物主义观点。他批判了柏拉图美学思想

① 车尔尼雪夫斯基：《美学论文选》，缪灵珠译，人民文学出版社1959年版，第124页。
② 同上书，第129页。

的哲学基础——“理念论”，指出柏拉图的根本错误在于把“理念”看成是在具体事物以外独立存在的东西。他说：“我们不能同意这样的说法，似乎除了个别的房屋之外还有什么一般的房屋。”就是说，一般只能存在于个别之中。列宁指出：“亚里士多德对柏拉图的‘理念’的批判，是对唯心主义，即一般唯心主义的批判。”① 由于亚里士多德在美学思想上批判了柏拉图的唯心主义，坚持用唯物主义观点观察艺术问题，所以才能在科学总结古希腊文艺成就的基础上，建立起当时最为先进的美学理论。

《诗学》论述了许多美学和文艺理论问题，其中，对文艺和现实的关系、文艺的社会作用以及悲剧问题的论述，都相当集中、相当深刻。

---

① 《列宁全集》第38卷，人民出版社1959年版，第313页。

第一节　文艺和现实的关系

在亚里士多德以前，古希腊哲学家探讨艺术问题，往往集中在艺术和现实关系这个根本问题上。亚里士多德在《诗学》中仍然是把这个艺术哲学的基本问题作为首要的问题来解决。《诗学》一开头就提出了艺术的本质是什么的问题，并且明确指出艺术的本质就是对现实的模仿。在《诗学》第一章里，亚里士多德说："史诗和悲剧、喜剧和酒神颂以及大部分双管箫乐和竖琴乐——这一切实际上是模仿。"[①] 后来，他又把画家和其他造型艺术家，像诗人一样，称之为模仿者。可见亚里士多德是把模仿看作一切艺术的共同本质。他认为各种艺术都是对现实的模仿，而它们之间的差别就在于"摹仿所用的媒介不同，所取的对象不同，所采的方式不同"[②]。绘画和雕塑用颜色和线条模仿事物，音乐用音调模仿，舞蹈用有节奏的姿态模仿，史诗则用语言来模仿。这就是各种艺术模仿媒介的差别。在模仿对象上各种艺术也有差别，例如"喜剧总是摹仿比我们今天的人坏的人，悲剧总是摹仿比我们今天的人好的人"[③]。即使用同样媒介模仿同样对象，各类艺术也可因模仿的方式不同而互相区别开来。史诗模仿对象，时而用叙述手法，时而叫人物出场；而戏剧则通过剧中人物的动作来模仿。总之，不论从亚里士多德对艺术总的看法看，还是从他对各类艺术区别的论述看，《诗学》都是以模仿说作为考察艺术的出发点的。车尔尼雪夫斯基把艺术就是模仿当作《诗学》的基本思想，这种理解是准确的。

我们知道，模仿说是古希腊早已有之的传统看法，并非亚里士多德的独创。在较早的唯物主义者赫拉克利特和德谟克里特那里，就形成了关于艺术模仿自然的看法，表现出对艺术的朴素唯物主义的简单理解。但是，持模仿说并不一定就是唯物主义艺术观点，对它也可以作出唯心主义解释。柏拉图就是这样做的。按照柏拉图的理解，艺术是由模仿现实世界而来的，而现实世界又是

① 亚里士多德：《诗学》，罗念生译，《诗学·诗艺》，人民文学出版社 1982 年版，第 3 页。

② 同上书，第 3 页。

③ 同上书，第 8—9 页。

模仿理念世界而来的。只有理念世界才是真实存在的。现实世界不过是理念世界的摹本，所以也就不是真实存在的。艺术所模仿的不是理念世界，而是现实世界，因此不过是“摹本的摹本”。既然艺术模仿的对象并非真实存在，那么艺术本身当然也就不可能反映真实，不可能揭示现实的本质和规律。

亚里士多德批判了柏拉图的“理念论”，同时也就批判了柏拉图对“模仿说”的唯心主义解释。在他看来，普遍和特殊是辩证统一的，脱离特殊并先于特殊而独立存在的普遍是没有的。这就从根本上否定了柏拉图所谓的理念世界的存在。亚里士多德既然肯定了现实世界是真实的存在，因而也就肯定了模仿现实世界的文艺是能够反映真实的，是能够揭示现实的本质和规律的。由此可见，亚里士多德和柏拉图虽然都采用了模仿说，但是他们对模仿说的理解是很不一样的，由此而形成的文艺观也是根本对立的。在柏拉图看来，艺术模仿现实乃是它的根本缺陷，它造成艺术的不真实，不能抓住真理；在亚里士多德看来，艺术模仿现实正是它的生命所在，艺术能够真实地反映现实，揭示形象的真理，所以才具有巨大的认识价值。

柏拉图认为艺术只能模仿现实世界的感性现象和外形，不能反映现实世界的内在本质和规律。亚里士多德不同意这种看法。他认为艺术模仿现实，不仅可以真实地模仿现实的感性现象，而且可以反映现实的内在本质和规律；不仅可以描写个别人、个别事，而且可以使所写的人和事具有普遍性。他在《诗学》第九章中拿诗和历史作比较，以阐明艺术的真实性，其中写道：

> 诗人的职责不在于描述已发生的事，而在于描述可能发生的事，即按照可然律或必然律可能发生的事。历史家与诗人的差别不在于一用散文，一用“韵文”；希罗多德的著作可以改写为“韵文”，但仍是一种历史，有没有韵律都是一样，两者的差别在于一叙述已发生的事，一描述可能发生的事。因此，写诗这种活动比写历史更富于哲学意味，更被严肃地对待；因为诗所描述的事带有普遍性，历史则叙述个别的事。所谓“有普遍性的事”，指某一种人，按照可然律或必然律，会说的话，会行的事，诗要首先追求这目的，然后才给人物起名字；至于“个别的事”则是指亚尔西巴德所做的事或所遭遇的事。①

① 亚里士多德：《诗学》，罗念生译，《诗学·诗艺》，人民文学出版社 1982 年版，第 28—29 页。

诗和历史究竟有什么不同呢？亚里士多德的意思是极明确的：第一，历史叙述已发生的事，诗描述可能发生的事。已发生的事，其中有许多是纯粹偶然现象，缺乏内在联系，不一定合乎可然律或必然律。可能发生的事，则一定合乎可然律或必然律，也就是体现了事物的内在联系和因果关系，符合事物发展的必然规律。亚里士多德见到的古希腊历史大都是编年纪事，所以他没有看出历史也能揭示事物的内在联系和发展规律。但他把诗和历史进行比较，主要用意是要说明诗不应只模仿偶然现象，还必须通过现象揭示事物的本质和规律。这个论点不仅彻底驳倒了柏拉图对艺术真实性的怀疑和指责，而且认为艺术的高度真实性正在于描述外在现象和反映内在本质的统一，在于偶然与必然的统一。这就确立了艺术的真实性原则，从而为现实主义艺术理论奠立了基础。第二，历史叙述个别人物和“个别的事”，诗描述带有普遍性的人物和“带有普遍性的事”。就是说，诗对于现实的模仿，不是抄袭现实中已有的个别人物和事件，而是要表现某一种人，按照可然律或必然律，会说的话，会行的事。换言之，艺术反映现实应当通过个别表现一般，通过特殊性表现普遍性。这种个别与一般、特殊与普遍高度统一的人物和形象，就是艺术典型。诗能创造典型，所以它比历史更高、更带普遍性、更富于哲学意味。这些观点已经接触到艺术的典型性问题，对以后西欧美学中典型学说的形成和发展产生了很大影响。总之，在亚里士多德看来，艺术模仿现实不是简单地抄袭，它不仅描写现实的表面现象，而且要揭示事物的内在本质和规律，不仅要描绘个别，而且要反映一般，所以，艺术可以而且应当具有高度的真实性、典型性。这是《诗学》中贯串的一个核心思想，也是亚里士多德在继承和发展模仿说的基础上，对艺术与现实关系所提出的最深刻的见解。

亚里士多德虽然认为艺术是对现实的模仿，但他并不排斥艺术家的主观能动作用。他强调艺术要真实地反映现实，同时又认为艺术真实可以比实际生活更高、更理想、更美。《诗学》第十五章论到人物塑造时说：

> 既然悲剧是对于比一般人好的人的摹仿，诗人就应该向优秀的肖像画家学习；他们画出一个人的特殊面貌，求其相似而又比原来的人更美；诗人摹仿易怒的或不易怒的或具有诸如此类气质的人，也必须

求其相似而又善良，例如荷马写阿喀琉斯为人既善良而又与我们相似。[①]

诗人模仿人物，是模仿具有某类气质的人，这就需要对实际生活中的某类人物进行集中和概括，也就是艺术的典型化。典型化既是通过个别表现一般，因此也就表现着艺术家对于生活的深刻认识和审美理想。典型形象的创造既是对现实生活进行集中概括的结果，也是熔铸艺术家审美理想形成的结晶。所以真正的艺术典型化总是包含着理想化的成分，艺术的真实性和理想性是可以互相结合和统一的。所谓诗人塑造人物“必须求其相似而又善良”，就是既要符合生活真实面貌，又要比生活中的实际人物更理想。如荷马史诗中塑造的英雄阿喀琉斯，既有普通人的思想感情和鲜明的个性，又被描写得骁勇善战、胆力过人，以致他一出现，就使敌人丧胆。从亚里士多德对荷马塑造阿喀琉斯这个人物的称赞中，可以清楚地了解他对艺术的典型性和理想性相统一的要求。除了史诗，亚里士多德也很称赞当时优秀的肖像画家，认为他们画人物能够做到特殊和普遍相统一，“求其相似而又比原来的人更美”。古希腊名画家宙克西斯在画《海伦后》时，曾把古希腊克罗通城邦里最美的美人召集在一起，力求把这许多美人的美点都综合在一个人物身上。亚里士多德在《诗学》第二十五章里特地提到宙克西斯所画的人物，认为“这样画更好，因为画家所画的人物应比原来的人更美”[②]。艺术必须以现实生活为蓝本，同时又须对生活进行加工改造，使其比普通实际生活更集中、更典型、更美、更理想。在对艺术和现实关系的理解上，亚里士多德基本上是唯物主义的，同时又有某些辩证的因素。

亚里士多德通过总结古希腊文艺的创作经验，提出了文艺模仿现实可以用不同的创作方法。《诗学》第二十五章说：“诗人既然和画家与其他造形艺术家一样，是一个摹仿者，那么他必须摹仿下列三种对象之一：过去有的或现在有的事、传说中的或人们相信的事、应当有的事。”[③] 这里讲到艺术有三种不同的模仿对象，实际上就是讲的三种不同的创作方法。第一种是模仿已存在的事，也就是照事物的本来样子去模仿；第二种是模仿神话传说中的事，也就是按照事物为人们所说所想的样子去模仿；第三种是模仿应当有的事，也就是按

① 亚里士多德：《诗学》，罗念生译，《诗学·诗艺》，人民文学出版社 1982 年版，第 50 页。

② 同上书，第 101 页。

③ 同上书，第 92 页。

照事物的应当有的样子去模仿。这种创作方法上的区别，在对索福克勒斯和欧里庇得斯进行互相比较时，讲得更为明确。《诗学》第二十五章说："如果有人指责诗人所描写的事物不符实际，也许他可以这样反驳：'这些事物是按照它们应当有的样子描写的'，正像索福克勒斯所说，他按照人应当有的样子来描写，欧里庇得斯则按照人本来的样子来描写。"① 从这段论述的语气和《诗学》中对索福克勒斯的一再赞美来看，亚里士多德显然是更倾向于"按照人应当有的样子来描写"这种方法的。这和前面谈到的他反对把模仿看作被动地抄袭事物原型，而主张通过艺术概括，把事物加以适当的理想化的看法，是互相参证、完全一致的。从中可以看出亚里士多德对艺术创作中主观与客观、现实与理想等关系的理解，具有辩证法的因素，这在当时是难能可贵的。

关于文艺模仿现实问题，《诗学》中还有两个观点也是值得重视的。一个观点是亚里士多德认为文艺模仿的主要对象不是自然，而是人的生活，是"在行动中的人"，是人的"各种'性格'、感受和行动"。正如车尔尼雪夫斯基所指出的："亚里士多德的诗学没有一字提及自然；他说人、人的行为、人的遭遇就是诗所摹仿的对象。"② 这较之以前的"艺术模仿自然"的看法当然要深刻得多。另一个观点是亚里士多德在讲到诗人创作时，强调应当把认识和情感统一起来。他说："诗人在安排情节，用言词把它写出来的时候，应竭力把剧中情景摆在眼前，唯有这样，看得清清楚楚——仿佛置身于发生事件的现场——才能作出适当的处理，决不至于疏忽其中的矛盾。"③ 就是说，诗人在创作中要做到身临其境，并用清醒的理智来衡量、判断。这和柏拉图强调诗人创作要靠灵感、靠神灵凭附而陷入迷狂，是完全不同的。但亚里士多德又认为艺术创作不能纯粹靠理智，还需表现和传达情感。他说："被情感支配的人最能使人们相信他们的情感是真实的，因为人们都具有同样的天然倾向，唯有最真实的生气或忧愁的人，才能激起人们的愤怒和忧郁。"④ 这就是要求艺术反映现实要把认识和情感、理与情结合起来。这些看法，对于我们理解和掌握艺术反映现实的特征，是很有启发性的。

---

① 亚里士多德：《诗学》，罗念生译，《诗学·诗艺》，人民文学出版社 1982 年版，第 93—94 页。

② 车尔尼雪夫斯基：《美学论文选》，缪灵珠译，人民文学出版社 1959 年版，第 144 页。

③ 亚里士多德：《诗学》，罗念生译，《诗学·诗艺》，人民文学出版社 1982 年版，第 55—56 页。

④ 同上书，第 56 页。

第二节　文艺的美感教育作用

在文艺的社会作用问题上，亚里士多德的看法和柏拉图的看法也是对立的。柏拉图既然认为文艺只能模仿现实的现象，不能揭示现实的本质和真理，当然也就要否认文艺具有认识作用。不仅如此，柏拉图还指责诗和艺术激动人的感情，使人得到审美快感，是“培育发育人性中低劣的部分，摧残理性的部分”，对人起败坏道德的作用。这样，柏拉图就把艺术的审美作用和功利价值完全对立起来，否定了艺术的审美作用。

亚里士多德针对柏拉图对诗人的指责，竭力为诗和艺术辩护。他首先从诗的起源论证了诗和艺术存在的必要性和合理性。《诗学》第四章说：“一般说来，诗的起源仿佛有两个原因，都是出于人的天性。人从孩提的时候起就有摹仿的本能（人和禽兽的分别之一，就在于人最善于摹仿，他们最初的知识就是从摹仿得来的），人对于摹仿的作品总是感到快感。……摹仿出于我们的天性，而音调感和节奏感（至于‘韵文’则显然是节奏的段落）也是出于我们的天性。”① 亚里士多德认为人用艺术模仿现实事物和从模仿作品中得到快感，都是由人的天性所决定的。这样来解释艺术的起源，今天看来当然是不科学的。但它认为艺术的产生和存在可以在人的天性中找到根源，而且这种天性又恰是人和禽兽相分别、人优于禽兽之处之一，这就驳斥了柏拉图攻击艺术只是迎合人性中“低劣的部分”的谬说。同时，亚里士多德又以人的上述天性作为心理根据，肯定了艺术具有使人获得知识和产生快感两种重要作用。

亚里士多德认为使人获得知识、提高人对现实事物的认识能力，是艺术的重要作用之一。艺术模仿现实，能够通过现象揭示本质，显示事物的必然性和普遍性，因而能为人提供形象的真理。这种艺术的认识作用的理论后来在许多文艺理论家的著作中得到了继承和发挥。

但是，亚里士多德并没有把艺术的作用和科学的作用混为一谈。在强调艺

① 亚里士多德：《诗学》，罗念生译，《诗学·诗艺》，人民文学出版社 1982 年版，第 11—12 页。

术的认识作用的同时，他对艺术对人的感情影响和审美作用也作了充分的阐述。《诗学》中分析艺术引起人快感的原因说：

我们看见那些图像所以感到快感，就因为我们一面在看，一面在求知，断定每一事物是某一事物，比方说，“这就是那个事物”。假如我们从来没有见过所摹仿的对象，那么我们的快感就不是由于摹仿的作品，而是由于技巧或着色或类似的原因。摹仿出于我们的天性，而音调感和节奏感（至于“韵文”则显然是节奏的段落）也是出于我们的天性。①

从这段论述可以看到，亚里士多德认为艺术能给人以美感，既有内容方面的原因，也有形式方面的原因。从内容方面说，主要是由于艺术真实地反映了现实，包含有形象的真理，人们“一面在看，一面在求知”，因而产生快感。这种把美感和艺术的认识内容结合起来的看法，不同于以前单从形式上来说明美感根源的看法，是一种独特而又深刻的见解。从形式方面看，这里特别提到技巧、着色、音调感、节奏感等因素，主要是指艺术作品的形式美所引起的快感。《诗学》第二十三章还提到情节的完整、布局的完美也能引起审美的快感，其中说：“史诗的情节也应像悲剧的情节那样，按照戏剧的原则安排，环绕着一个整一的行动，有头、有身、有尾，这样它才能像一个完整的活东西，给我们一种它特别能给的快感。”② 这里所说的情节安排的整一、完整，其实也就是多样统一、变化整齐的形式美的法则的体现。但在亚里士多德看来，这种形式上的有机整体却又不仅是单纯形式问题，而是由内容上的内在联系所决定的。这种内容决定形式、形式与内容相统一的美学观点也是值得注意的。

这里还应该提到亚里士多德对于美的本质的看法。《诗学》中提到“美”字的地方不多，专门论美的段落只有一处。在第七章中，亚里士多德讨论悲剧中的情节如何安排，提出应做到情节完整、结构完美。同时也就结合谈到了美的事物应具备的条件。他说：

一个美的事物——一个活东西或一个由某些部分组成之物——不但它的各部分应有一定的安排，而且它的体积也应有一定的大小；因

① 亚里士多德：《诗学》，罗念生译，《诗学·诗艺》，人民文学出版社 1982 年版，第 11—12 页。

② 同上书，第 82 页。

为美要倚靠体积与安排，一个非常小的活东西不能美，因为我们的观察处于不可感知的时间内，以致模糊不清；一个非常大的活东西，例如一个一万里长的活东西，也不能美，因为不能一览而尽，看不出它的整一性，因此，情节也须有长度（以易于记忆者为限），正如身体，亦即活东西，须有长度（以易于观察者为限）一样。①

这里讲到美要靠体积与安排，要见出整一性，长度要合适。从本身来看，主要还是讲的形式美方面的问题，由此可以见出古希腊美在形式法则的传统思想的影响。但亚里士多德接着又说："一般地说，长度的限制只要能容许事件相继出现，按照可然律或必然律能由逆境转入顺境，或由顺境转入逆境，就算适当了。"② 可见情节长度的适当与否，还是由艺术反映现实的内容即事物的内在发展规律所决定的。也就是说，形式的美也还是不能脱离内容的。美虽在形式，但是不等于形式。这种从形式与内容的统一来论美的观点比起形式主义的看法来无疑是深刻得多的。

亚里士多德对美感的看法，还有一点值得注意。以前的美学家谈到美感，大都以"快感"一以贯之，而不问具体的审美对象所引起的快感究竟有什么特点和不同。亚里士多德虽然也认为美感是一种快感，但他却看到由于审美对象不同，所引起的快感各有特殊性，所形成的美感也就不尽相同。例如悲剧的快感就既不完全同于喜剧，也不完全同于史诗。"我们不应要求悲剧给我们各种快感，只应要求它给我们一种它特别能给的快感。既然这种快感是由悲剧引起我们的怜悯与恐惧之情，通过诗人的摹仿而产生的，那么显然应通过情节来产生这种效果。"③ 这就是说，悲剧的快感是和它所引起的特殊情感——怜悯与恐惧结合在一起的。怜悯与恐惧本来都是痛苦的感情，但悲剧能使人的这种感情得到净化，痛感又能转化为快感。除了悲剧的美感外，亚里士多德在《政治学》中还谈到人们"可以在不同程度上受到音乐的激动，受到净化，因而心里感到一种轻松舒畅的快感"④。但音乐所激起的情感有别于悲剧，所生的"净

① 亚里士多德：《诗学》，罗念生译，《诗学·诗艺》，人民文学出版社 1982 年版，第 25—26 页。

② 同上书，第 26 页。

③ 同上书，第 43 页。

④ 北京大学哲学系美学教研室编：《西方美学家论美和美感》，商务印书馆 1980 年版，第 45 页。

化”以及由此而生的快感也就有所不同。这些论述不仅揭示出各类艺术美感的差异，而且对艺术美感形成的原因作了多方面的探讨。在亚里士多德看来，艺术美感的产生，既是因为从模仿中获得形象认识和感受到节奏、和谐等形式美，也是因为受到不同情感的激动，使情感得到净化，对于促进人的心理健康和陶冶道德情操产生了良好影响。所以，净化所产生的快感是一种“无害的快感”。这种看法驳斥了柏拉图否定艺术的情感影响和美感作用的论点，并且将艺术的美感作用和教育作用联系和统一起来了。西方有些研究《诗学》的学者认为亚里士多德是把审美作为艺术的唯一目的，排斥艺术对人有教益，这是完全不符合《诗学》的实际情况的。

第三节　悲剧理论

在《诗学》现存的二十六章中，对悲剧的探讨占据了绝大部分篇幅。在亚里士多德之前，古希腊悲剧已经经历了黄金时期，达到了十分成熟的阶段。《诗学》中将悲剧和史诗相比较，认为悲剧具备史诗所有的各种成分，又具备史诗所没有的成分和其他长处，在艺术效果方面胜过史诗，比史诗更容易达到它的目的。所以，“悲剧比史诗优越”。这或许就是亚里士多德对悲剧特别注重的原因。在《诗学》中，亚里士多德总结古希腊悲剧创作的经验，对悲剧的性质、作用、内容、形式作了比较全面和细致的分析，提出了一些独创而深刻的见解，从而形成了西方最早的有系统的悲剧理论。

在《诗学》第六章里，亚里士多德给悲剧下了一个这样的定义：

> 悲剧是对于一个严肃、完整、有一定长度的行动的摹仿；它的媒介是语言，具有各种悦耳之音，分别在剧的各部分使用；摹仿方式是借人物的动作来表达，而不是采用叙述法；借引起怜悯与恐惧来使这种情感得到陶冶（一译“净化”）。①

这是西方美学史上第一个完整的悲剧定义，它是根据亚里士多德提出的艺术分类的原则，从模仿对象、模仿媒介、模仿方式三点以及悲剧模仿的特殊目的上，来界定悲剧这类艺术的性质、特征和作用。在以上三点中，第一点是关于悲剧的模仿对象和内容的，它规定了悲剧的性质，具有特别重要的意义。

按照亚里士多德的理解，悲剧和史诗都是对于一个严肃的行动的模仿。《诗学》第四章中提到，“诗由于固有的性质不同而分为两种：比较严肃的人摹仿高尚的行动，即高尚的人的行动，比较轻浮的人则摹仿下劣的人的行动，他们最初写的是讽刺诗，正如前一种人最初写的是颂神诗和赞美诗。”② 又说，“自从喜剧和悲剧偶尔露头角，那些从事于这种诗或那种诗的写作的人们，由

---

① 亚里士多德：《诗学》，罗念生译，《诗学·诗艺》，人民文学出版社 1982 年版，第 19 页。

② 同上书，第 12 页。

于诗固有的性质不同，有的由讽刺诗人变成喜剧诗人，有的由史诗诗人变成悲剧诗人。”① 这段论述说明，讽刺诗和喜剧，史诗和悲剧，各有继承发展关系。史诗和悲剧不同于讽刺诗和喜剧，是由于“诗固有的性质不同”，而性质不同是由于所模仿的对象不同。前者是模仿高尚的人的行动，后者是模仿下劣的人的行动。这就确定了悲剧的特殊对象和内容：描写严肃的、高尚的行动和人物。这个论点符合古希腊悲剧的实际情况，并且对以后悲剧理论的发展一直有着巨大影响。

亚里士多德认为悲剧艺术包含六个成分：情节、“性格”、言词、“思想”、“形象”与歌曲。其中，情节、“性格”和“思想”三者是模仿的对象，言词和歌曲是模仿的媒介，“形象”是模仿的方式。关于情节、“性格”和“思想”，都是悲剧的内容问题，亚里士多德比较重视它们，在《诗学》中着重进行了研究。按照他的解释，“情节是行动的摹仿（所谓‘情节’，指事件的安排），‘性格’是人物的品质的决定因素，‘思想’指证明论点或讲述真理的话”②。这三个成分是互相联系、不可分割的。悲剧是行动的模仿，而行动是由某些人物来表达的，这些人物必然在“性格”和“思想”两方面都具有某些特点。

但是，亚里士多德认为在悲剧的六个成分中，最重要的是情节，即事件的安排。情节和性格相比较，情节具有更重要的地位。这是为什么呢？按照亚里士多德的解释，这是因为悲剧所模仿的不是人，而是人的行动、生活、幸福与不幸。悲剧的目的不在于模仿人的品质，而在于模仿某个行动；剧中人物的品质是由他们的“性格”决定的，而他们的幸福与不幸，则取决于他们的行动。他们不是为了表现“性格”而行动，而是在行动的时候附带表现“性格”。根据以上理由，亚里士多德断定：“悲剧中没有行动，则不成为悲剧，但没有‘性格’，仍不失为悲剧。”③ “情节乃悲剧的基础，有似悲剧的灵魂；‘性格’则占第二位。”④ 对于亚里士多德这个论断，后世学者和批评家往往有不同意见。如莱辛在《汉堡剧评》中认为，在戏剧中“性格远比事件更为神圣”。黑格尔在《美学》中也强调，“性格就是理想艺术表现的真正中心。”这种性格中

---

① 亚里士多德：《诗学》，罗念生译，《诗学·诗艺》，人民文学出版社 1982 年版，第 13 页。

② 同上书，第 20 页。

③ 同上书，第 21 页。

④ 同上书，第 23 页。

心说显然不同于亚里士多德的情节中心说。但如果我们仔细考察一下西欧悲剧艺术的发展过程和古希腊悲剧的特点，那么对亚里士多德强调情节重要性的思想，就会给予历史的、合理的解释。

亚里士多德在讨论悲剧情节时提出的最有价值的论点就是有机整体的观念。《诗学》第七章中说：

> 悲剧是对于一个完整而具有一定长度的行动的摹仿……所谓“完整”，指事之有头，有身，有尾。所谓“头”，指事之不必然上承他事，但自然引起他事发生者；所谓“尾”，恰与此相反，指事之按照必然律或常规自然的上承某事者，但无他事继其后；所谓“身”，指事之承前启后者。所以结构完美的布局不能随便起讫，而必须遵照此处所说的方式。①

这段话看来平常，实则具有深刻含义，说明悲剧情节的各部分必须互相因依，彼此联系，体现出事物的必然性，结合成一个不可分割的整体。据此，亚里士多德提出了情节（行动）的整一性的原则，要求悲剧情节应当限制在一桩具有必然联系和一致性的事件里，与此无关的可有可无的情节都应尽量删去。《诗学》第八章说：“情节既然是行动的摹仿，它所摹仿的就只限于一个完整的行动，里面的事件要有紧密的组织，任何部分一经挪动或删削，就会使整体松动脱节。要是某一部分可有可无，并不引起显著的差异，那就不是整体中的有机部分。”② 亚里士多德认为戏剧情节必须是一个具有必然联系的有机整体，这和他要求艺术反映现实的必然律的思想是一致的。他所提出的情节整一性原则也符合戏剧艺术高度集中反映生活和受时间、场地限制的特点，所以受到后来戏剧家的重视。但情节整一性并不是绝对的永恒不变的规律。后来的古典主义者把它刻板化，并且穿凿附会，加上时间、地点的整一，合成所谓“三一律”，用形式束缚内容，这当然是不符合亚里士多德的本意的。

亚里士多德对悲剧人物和性格也作了许多论述。其中特别值得注意的，是他对于理想的悲剧主人公的要求以及悲剧人物过失说。按照亚里士多德的悲剧定义，悲剧应能引起怜悯和恐惧之情。写坏人由逆境转入顺境或极恶的人由顺

---

① 亚里士多德：《诗学》，罗念生译，《诗学·诗艺》，人民文学出版社 1982 年版，第 25 页。

② 同上书，第 28 页。

境转入逆境，都不能引起怜悯和恐惧之情，因而也都不合悲剧的要求。怜悯是由一个人遭受不应遭受的厄运而引起的，恐惧是由一个遭受厄运的人与我们相似而引起的。所以，悲剧的主人公应当比一般人好而又与一般人相似。“这样的人不十分善良，也不十分公正，而他之所以陷于厄运，不是由于他为非作恶，而是由于他犯了错误。”① 就是说，悲剧主人公的悲惨遭遇并不是由于罪恶而是由于看事不明而犯了错误。亚里士多德对悲剧主人公的这些规定，是根据古希腊悲剧艺术的实践经验总结出来的。《诗学》中一再提到索福克勒斯的《俄狄浦斯王》，认为它是古希腊悲剧的典范。在论述理想的悲剧主人公时，也举俄狄浦斯为例。俄狄浦斯虽然从神的预言中得知自己注定有杀父娶母的可怕命运，但他竭力反抗，试图逃避这可怕的命运；他诚心为城邦谋福，敢于承担责任，体现出奴隶主民主派的理想君主的一些特点。他是一个高尚的人。然而，他越是竭力反抗，越是陷入命运的罗网；越是真诚地想为城邦消弭灾难，越是步步临近自己的毁灭。在可怖的命运面前，俄狄浦斯遭到不应遭受的不幸，他的英雄行为显得异常壮烈，故能激起很大的怜悯与同情。但俄狄浦斯并不是超人的神明，他曾一时动怒，也有判断上的错误。他陷于不幸，和他的失误也有关系。在可怖的命运摆布下，俄狄浦斯始终处于不自知的状态，从而加强了他的悲剧性，并使人感到恐惧。《俄狄浦斯王》表现了人和命运的冲突，这也是古希腊悲剧中普遍表现的一个主题。由于这个特点，人们习惯于用命运观念去解释酿成悲剧的根源。所谓命运，被解释成为一种外在于人的、不可解释的抽象的力量，用它来说明悲剧形成的原因显然带有神秘的性质。亚里士多德在《诗学》中没有提到“命运”。他的悲剧人物过失说，不从外界寻找悲剧的原因，而从悲剧主人公的性格和行为中寻找形成悲剧的内因。这是具有辩证因素的。不过，亚里士多德论述悲剧主人公时，把名声显赫、生活幸福、出身高贵作为必要条件，又表现出历史的、阶级的局限性。由于他不理解悲剧是社会发展中不同势力的矛盾冲突的反映，而仅局限于用过失说解释悲剧形成的原因，所以也就不能深刻地揭示悲剧冲突和悲剧性格的社会本质和根源。

关于悲剧的艺术效果和社会作用问题，亚里士多德提出了“净化说”。他认为悲剧的特殊作用和效果是引起怜悯与恐惧之情，从而使这两种情感得到净

① 亚里士多德：《诗学》，罗念生译，《诗学・诗艺》，人民文学出版社 1982 年版，第 38 页。

化。为什么悲剧能引起怜悯与恐惧之情呢？因为“悲剧所摹仿的正是能产生这种效果的行动”。在亚里士多德看来，悲剧的特殊效果和它的特殊模仿对象、它的性质以及悲剧人物的特点，是互相适应和一致的。悲剧是模仿一个严肃的行动，悲剧人物是高尚的人。高尚的人遭受不应遭受的厄运，陷于苦难和毁灭，故引起观众同情和怜悯。但悲剧人物又与一般人相似，一般人也会像他那样遭受厄运，故引起观众的害怕和恐惧。亚里士多德明确提出悲剧要引起怜悯与恐惧两种情感，这不仅在理论上完全符合逻辑，而且也符合古希腊悲剧艺术的实际。它对于我们更好地认识和掌握悲剧艺术的特点，是很有启发性的。不过，把悲剧引起的情感仅仅限制为怜悯与恐惧两种，对于说明悲剧的艺术效果显然是不全面的，也不是完全符合古希腊悲剧的实际情况的。就古希腊悲剧而言，无论是埃斯库罗斯的《普罗米修斯》，还是索福克勒斯的《俄狄浦斯王》，固然反映了人在不可抗拒的“命运”面前的软弱、无力、苦难、不幸，但也表现了悲剧主人公不甘屈服于“命运”、努力摆脱不幸的坚强意志和顽强奋斗精神。所以，它不只是使人怜悯和恐惧，同时使人受到激励、鼓舞，引起崇敬和赞美之情。悲剧是与崇高相联系的。在欣赏悲剧时，我们不仅为悲剧主人公的苦难、不幸、灭亡而感到怜悯、悲哀、恐惧，而且必然同时为悲剧主人公的正义的行为、高贵的品格、斗争的意志所感动，从而引起惊奇、赞美、崇敬的情感。高乃依主张悲剧效果中除怜悯和恐惧之外，还应加上赞美。黑格尔也说，悲剧须能“打动高尚心灵的深处”。悲剧感和崇高感在本质上是统一的。正因为如此，悲剧唤起的怜悯、恐惧、悲哀，才不是把人引向悲观、消沉，而是使人得到激励、振奋，受到美好情感的陶冶。

根据亚里士多德的论述，悲剧引起观众的怜悯与恐惧只是手段，而使这两种情感得到净化才是目的。什么叫“净化”（Katharsis）呢？对此亚里士多德在《诗学》中没有作具体解释，因而引起后世学者的各种推测和分歧。分歧集中在对于“Katharsis”一词，是作为宗教术语，取其“净罪”的意思，还是作为医学术语，取其“宣泄”的意思。持前一说者，认为悲剧的净化作用就是把怜悯与恐惧中的不良成分涤除干净，以恢复心理健康；持后一说者，则认为悲剧的净化作用是使怜悯与恐惧的情绪因发泄而得到满足，从而导致情绪的缓和、心灵的平静。我们认为这两说都不尽符合亚里士多德的原意。在《政治学》第八卷第七章中，亚里士多德谈到音乐的净化作用时，曾将“Katharsis”一词与“治疗”在同义上使用。所谓悲剧的治疗和净化作用，其本质含义应联系亚里士多德的伦理学说来加以解释。亚里士多德认为，人是政治的动物。作为政治的动物，人的美德与人的激情和行动有关。所谓激情，是指伴有愉快或痛苦的许多感觉。激情有过多、不足和中间的情况，其中过多或不足都是不好的，只有中间才是最好的，才是美德。因为“美德乃是一种中庸之道，……它乃是以居间者为目的的”①。在《尼各马可伦理学》第二卷第六章中，亚里士多德说：“恐惧、信心、欲望、愤怒和怜悯，以及一般说来愉快和痛苦种种感觉，都可以是太过或太少，而这两种情形都是不好的，但是，在适当的时候、对适当的事物、对适当的人、由适当的动机和以适当的方式来感觉这些感觉，就既是中间的，又是最好的，而这乃是美德所特具的。”② 这里明确提到怜悯与恐惧，而且认为它们须是中间的情形，才能符合美德。据此，我们认为亚里士多德所说的悲剧的净化作用，就是通过悲剧的欣赏和熏陶，使怜悯与恐惧这两种情感达到适中，既不使它太强，也不使它太弱，从而使观众保持心理健康，受到情感陶冶。我们知道，柏拉图曾经指责悲剧餍足人们的感伤癖和哀怜癖，使这些情欲不受理智的控制，因而有害人心。亚里士多德的“净化说”则与此相反，肯定悲剧对怜悯与恐惧的情感具有净化作用，能使这两种情感受到理智的节制，于人的心理和道德大有裨益。这是为悲剧的情感作用所作的最有力的辩护。后来许多美学家、艺术家探讨悲剧的作用，无不从亚里士多德的“净化说”中受到启发。

① 北京大学哲学系外国哲学史教研室编译：《古希腊罗马哲学》，商务印书馆 1981 年版，第 321 页。

② 同上书，第 321 页。

第三章

宗教美学的肇始者

——普罗提诺的《九章集》

古希腊罗马美学发展到亚里士多德就达到了高峰。此后，从公元前3世纪开始的希腊化时期，学术文化虽然取得许多新成就，但在美学上却没有留下有重要影响的著作。到了公元前1世纪开始的罗马时代，随着文艺上崇拜古典的风气盛行、修辞学的发展以及神秘主义哲学派别的兴起等，陆续出现了三部在西方美学史上产生重要影响的著作。它们是贺拉斯的《诗艺》、朗吉弩斯的《论崇高》和普罗提诺的《九章集》。贺拉斯的《诗艺》本是给古罗马贵族皮索父子的一封诗体信，主要谈的是一些创作经验和文艺规则。它奠定的古典主义理想，对后来的文艺复兴和17—18世纪的新古典主义产生了深刻影响。但它的创见不多，缺少重大理论建树。朗吉弩斯的《论崇高》也是一封写给古罗马贵族的信，主要是论述文章风格的崇高。它在美学史上第一次提出了崇高这一美学范畴，对后来伯克、康德等都产生过重要影响。但它只描述了崇高风格的特征，并未形成合理的理论体系。

普罗提诺（Plotinos，205—270）是亚里士多德之后希腊罗马时代的最重要的一位美学家。他是新柏拉图哲学的真正创立者，也是中世纪宗教神秘主义的始祖。根据记载，普罗提诺生于古埃及，曾在亚历山大城从师于当地著名学者阿蒙尼阿斯，学习哲学达11年之久，后在古罗马讲学，是当时影响最大的哲学家。他留有文章54篇，死后由其门徒波菲利编辑成书，共六集，每集九篇，故称《九章集》。其中第一集第六章《论美》和第五集第八章《论理智美》是专门讨论美学问题的著作，集中表现了他的美学思想。普罗提诺的思想融合了柏拉图哲学、晚期希腊和罗马各学派哲学以及东方神秘主义思想，并以独创的方式加以发展，建立了一个哲学宗教化的思想体系。他的美学思想一方面对希腊罗马美学做了继承和总结，另一方面又对中世纪神学美学产生了直接的重大的影响，是值得我们重视和研究的。

第一节 美在“太一”所流溢的理念

普罗提诺建立的新柏拉图哲学，主张世界的本原是“太一”。太一是绝对超越的神，它超出一切思想和存在之上，是一切存在物的源泉和最终原则。《九章集》中说：“创造万物的太一本身并不是万物中的一物。所以，它既不是一个东西，也不是性质，也不是数量，也不是心智，也不是灵魂，也不运动，也不静止，也不在空间中，也不在时间中，而是绝对只有一个形式的东西，或者无形式的东西，先于一切形式，先于运动，先于静止。”① “太一”是不能用一般存在物的规定性来理解和表达的，是语言文字所不能名状的。它是至高无上的至真、至善、至美的三位一体。普罗提诺提出的“太一”，实质上是在融合柏拉图和古希腊罗马其他哲学中相关思想的基础上构建的一个具有神秘色彩的理性神。“太一”创造万物的过程不是有意识有意志的活动，而是一个“流溢”的过程，好比太阳辐射出光，火发热，雪生寒等等。“太一”是绝对完满的，充溢的。从“太一”首先流溢出的是“努斯”，意即宇宙理性，即纯粹的理智，相当于柏拉图所说的理念或理式。其次从“努斯”流溢出的是灵魂，先是世界灵魂，然后是个别灵魂。最后由灵魂流溢出物质世界。物质世界离“太一”最远，是宇宙的最低阶段，是“太一”“努斯”的对立面。物质世界是杂多体，是邪恶根源。人生的目的就是要摆脱这个物质世界，回到“太一”那里去，这也是人的灵魂本性所要求的。为此必须使人的灵魂上升，让灵魂摆脱肉体，从中超脱出来，得到净化，转向“努斯”，最后进入一种没有任何区别和两重性的绝对统一的出神入迷状态，由此达到与“太一”和神融为一体，主体与客体完全浑然不可分。但这样的神秘境界十分短暂，而且是不易达到的。

普罗提诺正是在这种先验的神秘主义的哲学基础之上来探讨美的本质和来源问题的。他首先从各种美的存在现象提出美是什么的问题。《论美》开头说，美主要通过视觉来接受。就文辞和各种音乐来说，美也可以通过听觉来接受，

① 北京大学哲学系外国哲学史教研室编译：《西方哲学原著选读》上卷，商务印书馆，1985年，第214页。

因为乐调和节奏也是美的。从感觉上升到较高的领域，事业，行动，风度，学术和品德也都是美的。这里提出了不同等级的领域的美，从感性的物体美到非感性的心灵美。接着便设问道：“是什么使视觉在物体中见出美，听觉在声音中听出美呢？为什么一切直接联系到心灵的东西都美呢？是否一切事物之所以美，因为都具有同一美？还是在不同的物体和其他对象中，美也是不同的呢？这许多种美或是这一种美究竟是什么呢？”① 这些追问很容易使人联想到柏拉图在《大希庇阿斯》篇里关于美是什么的问话，两者都是要通过美的现象，对美的本质作深入的哲学思考。

普罗提诺认为寻找美是什么的回答要从探究物体美开始。他说：“首先要研究的问题在于：呈现于各种物体的美是什么呢？是什么在吸住观众的眼睛，使他们在观照中感到欣喜呢？如果我们能找出物体美是什么，我们也许就可以用它作为阶梯去观照其他事物的各种美。”② 关于物体美是什么，从古希腊起就有毕达哥拉斯派提出的美是各部分之间的比例和对称之说，罗马时代的西塞罗也坚持认为美是各部分与全体的比例对称和悦目的颜色。这种看法在当时很流行。普罗提诺认为这种学说极不合理。他批驳说：“对于持这种见解的人来说，美的东西就不可能是一种单纯的东西，而只能是一种复合的东西，而且这东西全体都应该美，各部分分开来看就不是美的，只有作为全体的部分来看才能是美的。但是全体如果是美的，它的各部分也应该美。一切美的东西当然不能由丑的部分来形成，它所包含的一切都美。”③ 接着他举例说，日光，黄金，它们的颜色是单纯的，还有单纯的声音，都不能由各部分的比例对称来得到它们的美。至于转到美的事业、美的学问、美的德行，更不能把美的根由归到比例对称。在美的事业、法律、知识或学术里能见出什么比例对称呢？德行的美、心灵的美，在什么意义上可以说能见出比例对称的各部分呢？这充分说明，美不在物体形式上的比例对称。

那么，在普罗提诺看来物体美究竟是什么呢？他认为，心灵之所以一见到物体美就感觉它美，是因为心灵最接近比它更高的真实界（即理念世界或神），

① 北京大学哲学系美学教研室编：《西方美学家论美和美感》，商务印书馆，1980 年，第 53 页。

② 同上书，第 56 页。

③ 同上书，第 56 页。

所以它一旦看到某些东西和自己同类或有同类的痕迹，便欣喜若狂地欢迎它们，因而回想到自己和属于自己的一切。物体美和真实界的美是类似的。普罗提诺接着说："为什么它们都美呢？依我看，它们之所以美，是由于分享到一种理念。"① 就是说，物体之所以美并非由于它们的本质，而是由于分享了理念。分享之说，使人想到柏拉图分有之说，柏拉图认为具体事物的美是由于分有了美本身即美的理念。普罗提诺这里的理念，应该是指由"太一"直接流溢出的"努斯"，即纯粹的理智。他说："理念是由理智的实质产生的，一切事物之所以美，都由于理念。"② 为什么物体分享到理念才能美呢？普罗提诺的解释是："等到理念来到一件东西上，把那件东西的各部分加以组织安排，化为一种凝聚的整体，在这过程中就创造出整一性，因为理念本身是整一的，而由理念赋予形式的东西也就必须在由许多部分组成的那一类事物所允许的范围之内，变为整一的。一件东西既化为整一体了，美就安坐在那件东西上面，就使那东西各部分和全体都美。"③ 这里提出的整一的概念是一个重要概念。因为理念本身是整一的，所以由理念赋予形式的东西也就变为整一的，并因此而获得美。普罗提诺进一步指出，当理念来到一个单纯的或各部分同质的东西上面，就使那东西在全体上显得美。这仿佛是大自然匠心独运，有时把美授予一整座房屋和其中各部分，有时把美授予一块单纯的石头。总之，"物体美是由分享一种来自神明的理念而得到的。"④

结合探讨美是什么，普罗提诺也论述了什么是丑。既然美是分享理念而来的，那么当物质没有取得理念时自然是丑的。他说："凡是无形式而注定要取得一种形式和理念的东西，在还没有取得一种理念和形式时，对于神圣的理性就还是丑的，异己的。这就是绝对丑。此外，凡是物质还没有完全由理念赋予形式，因而还没有有一种形式和理性统辖着的东西也是丑的。"⑤ 可见，美和丑的本质区别，在于物质和事物是否由理念赋予形式。

---

① 北京大学哲学系美学教研室编：《西方美学家论美和美感》，商务印书馆，1980 年，第 54 页。原译"理式"均改为"理念"。

② 同上书，第 58 页。

③ 同上书，第 54 页。

④ 同上书，第 54 页。

⑤ 同上书，第 54 页。

在普罗提诺所分的美的等级中，比物质美更高的是心灵美或灵魂美。他认为心灵也是因理念而美。一切美德都在于净化，心灵的伟大就在于对尘世事物的鄙视，摆脱肉体和物质的污染。他说：

> 心灵一旦经过净化，就变成一种理念或理性，就变成无形体的，纯然理智的，完全隶属于神，神才是美的来源，凡是和美同类的事物也都是从神那里来的。所以化为理性的心灵就更加美。①

理性以及从理性来的东西，对于心灵是一种符合本质的美。心灵由理性而美，其他如行为和事业之类的各种事物之所以美，都是由于心灵在那些事物上印上了它自己的形式。物体之所以能称为美，也是心灵所使然。心灵作为一种神圣的东西，作为美的一部分，使它所能接触和统辖的一切东西都变成美的，美到它们所能达到的限度。通过对心灵美的论述，普罗提诺完成了一切美皆在于理念这一命题，同时也阐明了心灵美或灵魂美如何高于行为美和物体美的原因。

结合论述心灵美，普罗提诺还说明了美和善的关系。他认为，美和善都是凭理性去认识的东西，心灵的美和善都是从神那里来的。所以，“美也就是善；从这善里理性直接得到它的美。”② 美与善，丑与恶，两者是一致的，都要用同一方法去研究。如果需要区分美和善，那么我们可以说，美是第一原则。美是摆在善前面的，在美后面的，我们称为自然的善。“美是理念所在的地方，善在美后面的，是美的本源。”③ 这表明在普罗提诺看来，虽然美和善都来自理念，但善比美更为根本。

普罗提诺关于美的本质的论述，和柏拉图的美是理念说是一脉相承的。他继承了他所认为的柏拉图的最重要的美学思想，同时又以独创的方式对它加以发展。柏拉图的理念，是通过理智和理性把握的关于存在的绝对本质，是绝对、真实的实在。他认为美的理念是一切美的事物之所以美的唯一真实原因。普罗提诺关于美在于分享理念的主张，同样把理念作为美的本原。他所说的理念，即“努斯”或宇宙理性，和柏拉图的理念是相同的。但他将“努斯”或理

---

① 北京大学哲学系美学教研室编：《西方美学家论美和美感》，商务印书馆，1980 年，第 57 页。

② 同上书，第 58 页。

③ 同上书，第 58 页。

念纳入由最高的理性神“太一”派生宇宙的超自然世界图式，将“太一”之神作为美的终极本原，赋予理念以宗教色彩，并按照“太一”流溢的过程，将美分为理智美、灵魂美、行为事业美、物体美等不同等级，实质上肯定了美的多样性。此外，他将亚里士多德的“形式”说和“理念”说、“流溢”说结合起来解释美的本质，认为现实世界中美和美的事物乃至美的灵魂不是分离的，美就存在于具体事物之中。这样，普罗提诺就为美学提供了一个崭新的形而上学基础。

第二节　审美观照是灵魂上升之途

普罗提诺认为，人是灵魂与身体的结合体，灵魂是使人成为存在的形式，身体是质料。人的灵魂本是由“努斯”和世界灵魂流溢出的精神实体，特别表现在它的理性部分。但作为质料的身体不免因物质和情欲生恶，污染灵魂，使之迷失理性。灵魂如果要摆脱肉欲的恶和因物质化而得来的杂质，恢复理性，就必须走上升之路，净化灵魂，向理性升华，回归“太一”，与神合一，这是人生的最高目的。他进而指出，灵魂上升最终在观照中与神合一的途径有三种：一是完善道德，沉思德性；二是掌握辩证法，直通理智；三是审美观照，回归“太一”真善美为一体的神圣境界。

按照普罗提诺的看法，审美观照作为灵魂上升之路，是从现实世界的感性美察知美的理念，通过灵魂净化、道德完善与辩证法逐渐升华而把握灵魂美与理智美，最终目的是在观照中回归美的终极本源和最高形式、集真善美为一体的“太一”。实现这种审美观照不是依靠感官，而是要借助灵魂。普罗提诺说：“至于最高的美就不是感官所能感觉到的，而是要靠灵魂才能见出的。灵魂判定它们美，并不凭感官。要观照这种美，我们就得向更高处上升，把感觉留在下界。”① 在审美观照中领会美必须依赖于这种专为审美而设的灵魂的功能，这种灵魂功能在判断审美的事情时，是以它本身的理念为准绳，而用它来判断的，正如用尺来衡量直线那样。普罗提诺把这种为审美而设的灵魂的功能又称作“内心视觉”或“内在眼睛”。他说：

> 凝注你的眼神去观照吧，因为只有这种眼睛，才能观照那伟大的美。但是如果这眼睛曾经被罪恶的污汁弄得昏暗而还没有经过洗濯，或是它较软弱无力，它就支持不住看光线过强的东西，尽管东西摆在它面前，它也还是视而不见，因为眼睛如果要能观照对象，就得设法使自己和那对象相近似，眼睛如果还没有变得像太阳，它就看不见太

① 北京大学哲学系美学教研室编：《西方美学家论美和美感》，商务印书馆，1980年，第60页。原译“心灵”改为“灵魂”。

阳：灵魂也是如此，本身如果不美也就看不见美。所以一切人都须先变成神圣的和美的，才能观照神和美。[1]

总之，审美观照需要依靠美的灵魂，要观照神和最高的美必须使自己先变成神圣的和美的。

普罗提诺分析道，灵魂如果不加节制，追求欲乐，就会染上许多肉体方面的杂质，甘心与许多物质性的东西合在一起，吸收异己的理念。这样，它就会由于混杂了较低级的东西而蜕化变质，丑就依附到它身上，就显不出它原有的美。如果要恢复美，就要做一番洗濯清洁的工夫，还回它的原来面目。这就需要灵魂的净化。他说："只有在清除了由于和肉体结合得太紧而从肉体染来的种种欲望，摆脱了其他情欲，洗净了因物质化而得来的杂质，还纯抱素之后，它才能抛掉一切从异己的自然得来的东西。"[2] 一切美德都在于净化。灵魂的伟大就在于对尘世事物的鄙视，就是避开尘世事物引导灵魂向上的念头。"灵魂一旦经过了净化，就变成一种理念或一种理性，就变成无形体的，纯然理智的，完全隶属于神，神才是美的来源。"[3]

审美观照是灵魂逐步上升的过程。灵魂要达到对于最高的本原的美的观照，须经过最尖锐的最紧张的斗争，须作出一切的努力。首先，要抛下肉眼的观照在外面，不再回头去欣赏以前所醉心的肉体的光彩，不去追逐肉体美。要像俄底修斯逃开女妖喀尔刻或者女神卡吕普索那样，尽管触目尽是悦目的颜色而身处种种感性的美之中，也不肯流连忘返。必须抛弃这一切，不用肉眼来看，就好像闭上眼睛，另换一种视觉，把人人都能有但甚少人能运用的这种"内心视觉"或"内在眼睛"唤醒过来。这种内心视觉在初醒觉的时候，还不能看见光辉灿烂的最高的美。首先应该是使灵魂自己学会看美的事业，然后去看美的行为，不是艺术所成就的而是品德好的人所做出的行为；接着就看做出美的行为的人们的灵魂。那么，怎样才能看到好人的灵魂美呢？普罗提诺提出

① 北京大学哲学系美学教研室编：《西方美学家论美和美感》，商务印书馆，1980 年，第 63 页。

② 普罗提诺：《九章集》，《缪灵珠美学译文集》第一卷，中国人民大学出版社，1987 年，第 244 页。

③ 同上书，第 57 页。

的方式是“把眼睛折回到你本身去看”[1]，返心内视，观照自己的内心世界，在本身看出美来，也就是使自己的灵魂变成美的。他比喻说，如果在你本身还看不出美，你就应该学创造美的雕像的雕刻家那样做，凿去石头中不需要的部分，再加以切磋琢磨，把曲的雕直，把粗的磨光，直到把你自己的雕像雕得放射出德行的光辉。这时，你已成为一种其大无穷、其形难状、不增不减的光辉，如果你已达到这种境界，你就会立刻变成你所见的境界。虽然身在尘世，实际上已经升到上界。从此便可以用这种眼睛去观照那伟大的美。这里，普罗提诺特别提到观照上述这类非感性事物美时所产生的心理感受。他说：“一旦见到它们，我们就感到一种远比在上述见到物体美的情况之下更为强烈的喜悦和惊惧，因为我们现在所接触的是真实界事物，见到这种美所产生的情绪是心醉神迷，是惊喜，是渴念，是爱慕和喜惧交集。”[2] 这种描述对我们认识各种高级美所引起的美感心理活动很有启发。

审美观照的最高境界和最终目的是灵魂上升，回归“太一”，观照真善美为一体的神的美。普罗提诺指出：当灵魂升到上界，转身向善，观照到神时，便把一切与神对立的东西都抛弃掉了，灵魂就纯然独立，一个人面对一个人似的面对着神，神就是一切所依存，一切所向往，一切凭他而存在、而生活、而思维，因为他就是生命、理性和存在的原因。他描述观照到神即最高的本原的美时的感受说：

> 如果一个人观照到这种神，在愿望使自己和神契合为一体之中，他会感受到什么样强烈的爱慕和希冀，会怎样的惊喜交集！凡是还没有观照到神的人，可以像向往善一样去向往他，但是已经观照到神的人，就会为着他的美而热爱他，充满着狂热和狂喜，以一种真正的爱和热烈的希冀去爱他，就会耻笑一切其他形式的爱，鄙视过去那僭称美的事物。[3]

这里值得注意的有两点：一是观照到神的人会与神契合为一体，进入人神合一的状态。“人变为神的心智，实质上就是进入神中。”二是观照到神会感受

① 北京大学哲学系美学教研室编：《西方美学家论美和美感》，商务印书馆，1980年，第63页。

② 同上书，第61页。

③ 同上书，第62页。

到强烈的爱慕，充满狂热和狂喜，进入神圣之爱的迷狂。这是一种人神一体、主客不分、超越自我、进入迷狂的神圣境界和神秘体验。进入这种神圣境界观照美本身就是人生最大的幸福。普罗提诺说："谁能达到这种观照谁就享幸福，谁达不到这种观照谁就是真正不幸的人。因为不幸的人不是没有见过美的颜色和物体，或是没有掌握过国家权势的人，而是没有见过唯一的美本身的人。"①

普罗提诺审美观照和灵魂上升说与柏拉图的美的观照和灵魂回忆说有着紧密的联系。柏拉图认为，人要认识美本身须经过一个逐渐上升的过程，其实质是人对自己的灵魂的回忆。人生下来之前，他的不死的灵魂本来就具有属于理念世界的美本身的知识。当见到尘世的美，就引起对于上界里真正的美的回忆，并追忆到生前观照那美的景象时所引起的狂喜，于是陷入迷狂状态。普罗提诺在此基础上发展成为灵魂上升观照本原之美的学说。但他的理论却和柏拉图的理论有着很大区别。在普罗提诺看来，审美观照作为灵魂上升之途，是对于灵魂来源的"太一"之神的回归，而不是对于自己身前不死灵魂的回忆。通过审美观照，摆脱尘世事物的污染和丑恶，灵魂得到净化和升华，回复神性，与神合一，这是人生的最高目的和最大幸福。显然，审美观照在这里已经被完全宗教化了。普罗提诺所说的迷狂，也不是柏拉图所说的灵魂回忆的欣喜若狂，而是人神合一、人进入神中的一种宗教式的狂热的神秘体验。此外，他提出审美观照须凭借内心视觉或内在眼睛，这也是一个新看法。通过"返心内视"，观照自己的内心深处，使灵魂得到净化和升华，最终达到人神合一的神圣境界，这种观点被中世纪神学哲学和美学广泛传播，对西方美学思想发展产生了重要影响。

① 北京大学哲学系美学教研室编：《西方美学家论美和美感》，商务印书馆，1980年，第62页。

第三节　艺术美的本源和作用

在《九章集》第六卷的《论理性美》一章中，普罗提诺专门论述了艺术美的问题，主要是讨论艺术美的本质和来源，此外还涉及艺术模仿、艺术作用等。为了说明艺术美的来源，普罗提诺拿一块石头和一个由石头制作的雕像进行比较说：

> 假定有两种东西，例如两块石头并列在一起，其中一块还不成形，还未经艺术点染，另一块却已经由艺术降伏过，变成神与人的雕像——如果是神，也许是某一位美神或诗人；如果是人就不是某某个别的人，而是各种人的美的综合体。这块已由艺术按着一种理念的美而赋予形式的石头之所以美，并不因为它是一块石头（否则那块未经点染的顽石也就应该一样美），而是由于艺术所赋予它的那种理念。这种理念原来并不在石头材料里，而是在被贯注到顽石里之前就已在构思的心灵里。理念先存在于艺术家心里，并不是他有眼睛和手，而是由于他的艺术。①

这里明确指出，雕像之艺术美，不在石头材料本身，而是艺术所赋予它的那种理念。艺术按着一种理念的美赋予形式于石头，才产生出雕像的艺术美。可见，艺术美来源于理念或理念的美。这种理念先存在于艺术家构思的心灵里，然后被贯注到石头里，从而赋予形式于石头形成艺术美。艺术家心灵中存在的理念，就是从“太一”流溢出的“努斯”的理念。艺术家的心灵可以说是从理念美到艺术美的一个中介。从理念美赋予形式于石头的观点中，可以明显看到普罗提诺受到亚里士多德形式与质料关系之说的影响。

按照普罗提诺对美的等级的划分，心灵美是比一切现实事物美更高的美。艺术作品的美是由艺术家心灵中的理念赋予的，但它却不完全等同于艺术家心灵中的理念美。所以，普罗提诺接着指出，艺术家心里原已构思成的这种美，

---

①　北京大学哲学系美学教研室编：《西方美学家论美和美感》，商务印书馆，1980年，第59页。

比起体现于雕像的美要高得多，不能完全转运到石头上去，只能还留在他心里，转运到石头上所产生的美就相对低下些。总之，这种较低的美不能在石头上保持艺术家心里原来构思的那样纯洁，只能美到石头被艺术家降伏的程度。可见，艺术美由于要借助物质材料，所以还不是纯粹的理念美。

结合探讨艺术美的本质和来源，普罗提诺论述了艺术模仿的问题。艺术模仿之说，是古希腊美学中流行的一种思想，柏拉图和亚里士多德都主张艺术模仿说，但两人所说的内容却很不相同。前者主张艺术模仿理念，后者主张艺术模仿现实。普罗提诺的艺术模仿之说包含着对理念的模仿，但主要是来自亚里士多德的艺术模仿现实说。他反对有人借口艺术模仿自然来贬低艺术，肯定了艺术对于现实的模仿。他说："摹仿的艺术——绘画、雕塑、舞蹈、哑剧姿势——大部分是尘世的，它们模仿感官所感觉到的原型。"① 但他认为，模仿绝不是对于现实事物的复制，着重指出："各种艺术并不只是抄袭肉眼可见的事物，而是要回溯到自然所由造成的那些原则。还不仅如此，许多艺术作品是有独创性的，因为艺术本身既然具有美的来源，当然就能了解外在事物的缺陷。例如，菲狄亚斯雕刻天神宙斯，并不按着肉眼可见的蓝本，而是按照他的理解，假如宙斯肯现身给凡眼看，他理应像个什么样子。"② 这里，从两个方面说明了艺术作品和所模仿的对象的区别，一是艺术作品在模仿自然事物时，还要回溯到自然所由造成的原则即理念，也就是上面提到的艺术家所赋予的心灵中的理念；二是艺术作品的美能够弥补外在事物的缺陷，按照事物理应的样子来塑造事物形象。这和前面提到由石头制作的雕像时所说的雕像应该是各种人的美的综合体，在意思上是一样的，讲的就是艺术的典型化和理想化。所以，普罗提诺认为，艺术作品"所具有的美比外在的现实美更高些更美些"③。这些看法与柏拉图认为艺术只是"摹本的摹本"，不能反映现实的本质和达到真理的看法有很大的区别，而和亚里士多德认为艺术真实可以比实际生活更高、更典型、更理想的观点倒是不谋而合。

---

① 普罗提诺：《九章集》，转引自 W.塔塔科维兹：《古代美学》，杨力等译，中国社会科学出版社，1990 年，第 424 页。

② 北京大学哲学系美学教研室编：《西方美学家论美和美感》，商务印书馆，1980 年，第 60 页。

③ 普罗提诺：《九章集》，《缪灵珠美学译文集》第一卷，中国人民大学出版社，1987 年，第 250 页。

在论述艺术模仿时，普罗提诺提到艺术模仿感官所感觉的原型，这里已经接触到艺术的形象化特点问题。他还说过，艺术家所画的画，是艺术家创造出的形象。他尤其称赞古埃及人在神庙里创造的绘画用形象来表达智慧的才能，说："以我看，古埃及的智人凭借正确的知识和本能，认识了这个道理：他们要是想以智慧来阐明什么，就从不使用那些表示语言命题和代表声音谈话的文字符号，而总是绘出形象来表达，给每一事物绘一个形象，把形象刻在神庙里以显示事物的细节，所以每一形象是一种知识和智慧，而且是本质的和全面的知识，而不是抽象的思想和意见，然后从这种全面的存在产生个别事物的映象，揭露了详细的道理，说明了事物所以然的原因，从而使人赞叹造物是多么美。"① 这里所讲用描绘的事物的形象而不是用抽象思想和文字符号来表达智慧和说明事物的道理，其实就是一种形象思维的方法，它是艺术不同于其他知识形式的根本区别所在。

普罗提诺肯定艺术的积极作用。他认为艺术美将现实生活的感性美与灵魂的理念美融合为一体，将感性世界的美提升至灵魂、理智的美，因而高于自然美，是沟通现实世界与灵魂和理念世界的重要环节。艺术美融合着道德美，能促使灵魂实现净化和升华，向美的神圣理智高升。他说，音乐包含着属于理智的和谐和节奏，能使听众和理智世界相接触。"音乐以其舒缓的力量影响心灵，使人变得完美。"② 又说，"当人们凝神观看绘画作品时，虽然用自己的眼睛，却从中认识到它们不过是存在于太一中的现实感官世界的摹仿品而已。他们为之激动，并最终回忆起真理。这是一种产生出强烈爱情的经验。"③ 所以，欣赏艺术作品的美，使心灵受到感染和激动，让灵魂得到净化，像所有审美观照一样，也是灵魂上升，最终观照"太一"，达到人神合一的重要途径。这种看法固然带有将艺术作用宗教化的倾向，但它充分肯定艺术的积极作用和社会功能，和柏拉图贬低艺术的社会价值，否定艺术对人心的积极影响的主张，是有很大不同的。从思想联系上看，它和亚里士多德重视艺术审美教育作用的艺术净化说有较大相似之处。

---

① 普罗提诺：《九章集》，《缪灵珠美学译文集》第一卷，中国人民大学出版社，1987年，第256—257页。

② 普罗提诺：《九章集》，转引自W.塔塔科维兹：《古代美学》，杨力等译，中国社会科学出版社，1990年，第424页。

③ 同上书，第424页。

普罗提诺的美学横跨古希腊罗马和中世纪两个时代。他上承古希腊柏拉图和亚里士多德的美学思想，但却有着独创性的发展。“他的美学就形而上学基础和美的经验分析两方面而言，都是崭新的。”[①] 同时，它又下启中世纪美学，对中世纪基督教神学美学产生了直接的、重大的影响。尽管普罗提诺的学说中没有主张基督教神学的思想痕迹，但他完成的哲学宗教化和美学宗教化的思想体系，却被后来的基督教教父们融入基督教神学之中，被基督教神学哲学和神学美学奉为圭臬。中世纪首位重要的基督教神学美学家奥古斯丁对普罗提诺的《九章集》赞叹不已，他的某些美学论述几乎是对普罗提诺著述逐字逐句的复述。通过奥古斯丁，普罗提诺的美学对整个中世纪基督教美学和基督教艺术都产生了深远的影响。

① W.塔塔科维兹：《古代美学》，杨力等译，中国社会科学出版社，1990 年，第 410 页。

第四章

古典主义的美学法典

——布瓦洛的《诗的艺术》

在 17 世纪风靡法国的古典主义文艺思潮中，产生了一部在当时和后来都有很大影响的美学著作，这就是布瓦洛（Nicolas Boileau Despréaux，1636—1711）的《诗的艺术》。如果说高乃依、拉辛和莫里哀三大戏剧作家代表着古典主义文艺创作的最高成就，那么布瓦洛则是古典主义文艺理论的最高权威。布瓦洛年轻时曾和拉辛、莫里哀有来往，著有九卷《讽刺诗》。中年开始和权势人物接近，经引荐觐见了太阳王。1677 年和拉辛同时被任命为“国王的史官”。1684 年当选为法兰西学士院院士。《诗的艺术》是布瓦洛的代表作，完成于 1674 年。这部著作总结了古典主义创作的成就和经验，表达了古典主义的美学原则和文艺理想，被人们称之为古典主义的美学法典。

第一节　没有笛卡尔的笛卡尔美学

布瓦洛《诗的艺术》是对法国古典主义文艺创作经验的理论总结。法国古典主义文艺是继意大利文艺复兴之后欧洲文艺发展的又一个高峰。为了区别于文艺复兴时期效仿古希腊、罗马的古典主义文化运动，也有人把它称之为“新古典主义”。法国古典主义文艺思潮是特定的历史条件下的产物。法国的中央集权的君主制度，资产阶级对王权的让步和妥协，是它形成的社会政治基础；笛卡尔的理性主义则为它的形成提供了哲学基础。古典主义文艺创作遵循绝对王权的政治标准和艺术标准，在思想内容上歌颂绝对王权，尊重君主专制所需要的道德规范，提倡以“温和折中”“自我克制”为主要内容的理性；在题材选择上突出宫廷和贵族的生活，并借用古代故事，赋予它崇高悲壮的色彩；在艺术表现上要求结构严谨完整，语言简洁明晰，严格遵守各种体裁的高低类别和人为法则。古典主义文学的代表作家中，以高乃依、莫里哀、布瓦洛、拉辛、拉封丹等最为著名。布瓦洛和古典主义喜剧创建者莫里哀及悲剧作家拉辛，都是古典主义文学最繁荣时期的代表作家。

在古典主义文艺形成过程中，法兰西学士院起了重要作用。法兰西学士院是经路易十三亲自批准成立的政府学术团体。主要由符合绝对王权要求的作家、评论家、学者等组成。基本任务是统一文字，为法语制定规则，确立共同的美学标准，评判诗人的作品并使之符合王权的要求。1636 年高乃依的以西班牙民族英雄熙德的故事为题材的悲剧《勒·熙德》公演，轰动了巴黎，为法国古典主义戏剧的发展奠定了基础。但这部作品却引起贵族阶级右翼作家的指责。法兰西学士院官方文艺批评家夏普兰在黎塞留的授意下发表了《法兰西学士院关于〈熙德〉的感想》，通过评论《熙德》及其争论，力图把整个文学纳入古典主义的固定范式，强调理性高于一切，号召向古代作家学习，把悲剧和史诗划为高级体裁，其他则为低级体裁，规定戏剧创作必须遵循“三一律”，较系统地提出了古典主义的文艺思想和美学原则，对古典主义文艺创作起了规范作用。

布瓦洛在《诗的艺术》中总结和提出的古典主义的美学原则和文艺理想，

不仅是以此前古典主义文艺的成就和经验为来源的，而且是以笛卡尔的理性主义作为哲学基础的。笛卡尔是近代唯心主义的唯理论的第一个代表。他强调“理性”“良知”的作用。所谓“理性”“良知”，按照笛卡尔的解释，就是指人人具有的善于判断和辨别真假的能力。他说：“那种正确地作判断和辨别真假的能力，实际上也就是我们称之为良知或理性的那种东西，是人人天然地均等的”。① 又说，“说到理性或良知，既然它是唯一使我们成为人并且使我们与禽兽有区别的东西，所以我很愿意认为它在每一个人身上都是完整的。”② 在笛卡尔看来，理性是先天的、与生俱来的一种普遍的人性，是真理性的认识的来源。人对于一切都应当诉诸理性的权威，把它们“放在理性的尺度上校正”。这种哲学观点反对盲从和迷信，在当时具有反对宗教神学的进步意义。

在认识论方面，笛卡尔还提出了“天赋观念论”。他认为人有三种观念：“有一些是我天赋的，有一些是从外面来的，有一些是我自己制造出来的。”③ 所谓“从外面来的”观念，就是通过感官获得的感觉经验或感性认识。笛卡尔认为这种观念常常是混乱的错觉，是不可靠的认识。如他说：“有许多经验逐渐破坏了我以前加给我的感官的全部信任。因为我多次看到，有些塔我远看好像是圆的，而我近看却是方的；耸立在塔顶上的巨大塑像从塔底下看却是小小的塑像，这样，在其他无数场合中，我都看出根据外部感官所下的判断是有错误的。”④ 所谓“自己制造出来的”观念，就是由心灵虚构和捏造的观念，如美人鱼、飞马以及其他这一类的怪物。笛卡尔认为这种观念纯属虚妄，不能作为认识依据。所谓“天赋的”观念，是指理性本身固有的、与生俱来的观念，也可以说是一种不证自明的知识。像数学的原理、逻辑的范畴、思维的“我”、绝对完美的上帝之类观念，笛卡尔都说它们是天赋的、理性所固有的。天赋观念不是通过感官来的，而是由澄明而专一的心灵所产生的，所以它也就是笛卡尔所说的“直觉”。天赋观念具有清楚明白的普遍性和必然性，所以笛卡尔把它们当作绝对真理。他认为以天赋观念为基础，运用类似数学的推理方法，通过从概念到概念的理性演绎，就可以获得确实性的知识。笛卡尔看到了理性认

---

① 北京大学哲学系外国哲学史教研室编译：《西方哲学原著选读》上卷，商务印书馆1981年版，第362页。

② 同上书，第362页。

③ 北京大学哲学系外国哲学史教研室编译：《十六—十八世纪西欧各国哲学》，商务印书馆1975年版，第167页。

④ 笛卡尔：《第一哲学沉思集》，庞景仁译，商务印书馆1986年版，第80—81页。

识比感性认识更深刻、更能反映事物的本质，看到了思维的能动性和认识的主观能动作用，这是有积极意义的。但他贬低感性认识，否认理性认识和思维活动需以感性认识为基础，而把理性认识说成是“天赋的”，这就使他的理性主义具有了唯心主义的先验论的性质。

笛卡尔创立的近代理性主义哲学，为近代理性主义美学的形成和发展奠定了基础。他的理性主义基本原则在继之而来的法国古典主义文艺思潮和美学思想中，得到全面贯彻和体现。古典主义文艺思潮和美学思想的出发点，就是作为普遍永恒的人性的理性。不过，就笛卡尔本身的思想而言，并没有提出一套系统的美学思想。除了早年写的《音乐提要》以及后来的《致麦尔生神父的信》等之外，他对于一些具体的美学问题的论述仅散见于哲学著作中。其中涉及美、美感以及想象和诗歌创作等问题。尽管如此，“十七世纪的文学界，各方面都体现了笛卡尔连第一句话也从未写过的笛卡尔美学。”[①] 而布瓦洛把笛卡尔的理性主义全部应用到观察和研究文艺问题上来，他的《诗的艺术》实际上就是理性主义在美学理论上完整的系统的体现，堪称是一部没有笛卡尔的笛卡尔美学。

就西方美学思想传统而言，布瓦洛的《诗的艺术》显然受到古罗马贺拉斯《诗艺》的影响。贺拉斯在《诗艺》中提出的文艺“寓教于乐”说、人物性格类型说、效仿古典说等，都被布瓦洛吸收到自己的美学理论中来，并且按照古典主义文艺实践经验作了新的补充和发挥。不仅如此，在书的写法上，也可以明显看出《诗艺》对《诗的艺术》影响的痕迹。除此之外，布瓦洛还从古希腊罗马的其他文艺理论和美学著作中汲取了理论营养，如亚里士多德的《诗学》、朗吉弩斯的《论崇高》等。不过，他在接受这些理论时，也都是从理性主义的哲学思想和古典主义的文艺经验来理解和说明的。

《诗的艺术》是用诗体写成的，全书有一千多行，共分四章。第一章总论对于文艺创作的要求；第二章论次要诗体，如牧歌、悲歌、颂歌等；第三章论主要诗体，即悲剧、史诗、喜剧；第四章论作家的道德修养。全书所涉及的理论问题相当广泛，对创作所定的清规戒律也相当繁多。这里仅就其中一些重要的美学理论问题加以论述和评价。

---

① 转引自凯·埃·吉尔伯特、赫·库恩著《美学史》上卷，夏乾丰译，上海译文出版社 1987 年版，第 264 页。

第二节　崇尚理性的美学原则

《诗的艺术》以“理性”作为全部理论的出发点，作为对文艺的最高要求。在第一章开始，布瓦洛就强调诗人固然需要天赋，但尤其需要理性，因为只有依靠理性，作品的形式才能服从内容并与内容达到统一，才能获得真、善、美的价值。他说：

在理性的控制下韵不难低头听命，
韵不能束缚理性，理性得韵而丰盈。
但是你忽于理性，韵就会不如人意；
你越想以理就韵就越会以韵害理。
因此，首先须爱理性：愿你的一切文章
永远只凭着理性获得价值和光芒。①

如前所述，布瓦洛这里所反复强调的“理性”，来自笛卡尔的理性主义哲学。笛卡尔认为，理性是人先天具有的正确判断和辨别真假、善意、美丑的能力，是一种普遍永恒的人性，也是人获得真知的出发点。布瓦洛接受了笛卡尔的理性概念，同时又赋予它体现当时法国君主专制政治所要求的道德规范的意义。它既指科学推理的“理性”，也指道德实践的“理性”。布瓦洛把笛卡尔理性主义哲学和法国君主专制的思想道德标准具体运用到文艺中来，要求一切作品都要以理性为准绳，做到合乎“常情常理”。这样，“崇尚理性”就成了他的最高的美学原则。他一再强调，作品“必须与理性完全相合，一切要恰如其分，保持着严密尺度”；②“情节的进行、发展要受理性的指挥，绝不要冗赘场面淹没着主要目的”；③“切不可乱开玩笑，损害着常情常理：我们永远也不能和自然寸步相离”。④ 总之，在布瓦洛看来，理性是决定文学创作能否成功的

① 布瓦洛：《诗的艺术》，任典译，人民文学出版社 1959 年版，第 3—4 页。其中“义理”改译为“理性”，下同。

② 同上书，第 39 页。

③ 同上书，第 56 页。

④ 同上书，第 57 页。

关键，也是文学作品中具有指挥、控制作用的思想灵魂。如果一个作家想离开理性去寻找他的文思，那就必然会偏离正路，误入歧途。布瓦洛强调要以理性作为文学创作和评论的最高标准，不是凭空提出的，而是从古典主义作家的创作成就中总结出来的。古典主义文学是崇尚理性的文学。高乃依的悲剧描写理性和感情的剧烈冲突，通过悲剧英雄的坚强意志克制了个人感情，理性得到最后胜利；拉辛的悲剧谴责那些情欲横流、丧失理性的贵族人物；莫里哀的喜剧对一切不合理性的封建思想道德和风俗礼教加以嘲笑。这都显示着理性对于创作的支配作用。

笛卡尔的理性主义哲学认为理性是知识的来源，从理性得来的知识才是最可靠的知识，理性才能使人获得真理性的认识。所以他认为真理的标准不在于实践，而只是在于思想、观念是否“清楚、明白”；思想、观念的“清楚、明白”就是真理的标准。这种观点也反映在布瓦洛的美学观点中。布瓦洛认为文艺作品必须真。但是要达到真，就必须依靠理性，符合理性，使作品中的一切都表现得合情合理，使观众感到可信。他说：

切莫演出一件事使观众难以置信：
有时候真实的事很可能不像真情。
我绝对不能欣赏一个背理的神奇，
感动人的绝不是人所不信的东西。①

这段论述中包含两点意思：第一，作品要使人感到可信，就不能悖理。换句话说，作品的真实性必须以理性为基础和标准。第二，作品要使人感到可信，就不能去表现“真实的事”，而要表现出“真情”。“真实的事”是个别的真，未必合乎情理；“真情”是一般的真，也就是理性的体现的真。所以文艺不应该表现个别的真事，而应该表现一般的真情，只有这样才能达到符合理性的真实，也才真正使人感到可信。由此可见，布瓦洛是从理性出发来看待文艺的真实性的。片面强调理性、一般性，而忽视感性、个别性，有可能使文艺走向概念化。但布瓦洛明确指出文艺的真实性不等于描写真实的事，这是具有辩证思想的。

文艺体现理性是通过具体形象实现的。体现理性和模仿自然，在布瓦洛看来，其实就是一回事。所以，他在强调理性的同时，也要求诗人研究自然、模

① 布瓦洛：《诗的艺术》，任典译，人民文学出版社 1959 年版，第 33 页。

仿自然。他认为作家“唯一钻研的就该是自然人性”，“永远也不能和自然寸步相离”。在古典主义者看来，凡是自然的就是真的。布瓦洛在《诗简》中说：

虚假永远无聊乏味，令人生厌，

但自然就是真实，凡人都可体验：

在一切中人们喜爱的只有自然。①

钻研自然、模仿自然，就能够达到真，也能够体现理。自然、理性、真理，在古典主义者的心目中是三位一体的东西，因为他们所理解的“自然”，是由理性统辖的、和真理一致的自然，主要是指自然的普遍性、规律性，尤其是指普遍的人性。所以，在提倡研究自然的同时，布瓦洛也给诗人划定了研究和模仿自然的具体范围，即“好好地认识都市，好好地研究宫廷”，② 也就是要求文艺反映封建贵族和新兴资产阶级的生活和理想，并以前者为主。至于下层人民的社会生活就不能登大雅之堂了。从这里，我们一方面可以看到古典主义文艺理论中包含有某些现实主义因素，另一方面也可以看到这种现实主义因素具有很大的局限性。

总之，在布瓦洛看来，崇尚理性是古典主义文艺的最高的美学原则，模仿自然则是对于体现理性的一个补充。理性是先验地存在于人的心灵之中的，是认识的主体；自然则是存在于天生的事物之上的，是认识的客体。依靠理性去钻研自然，就能求得自然之理，亦即是真。真是由理性产生的，真的东西必然要符合理性。美也是由理性产生的，美的东西也必然要符合理性。理性是一种普遍永恒的人性，所以，符合理性的东西也必然带有普遍性和永恒性。真是普遍的、永恒的，美也是普遍的、永恒的。因此，真和美在文艺中必然是统一的，真是美的必要条件，美的必须是真的。布瓦洛在《诗简》中写道：

只有真才美，只有真可爱，

真应统治一切，寓言也非例外；

一切虚构中的不折不扣的虚假，

也只为使真理现得格外显眼。

你知道我的诗为什么传遍各省，

到处使人民倾心，公卿动听？

---

① 转引自朱光潜《西方美学史》，人民文学出版社 2002 年版，第 183 页。

② 布瓦洛：《诗的艺术》，任典译，人民文学出版社 1959 年版，第 55 页。

这并非因为诗的声音永远嘹亮，
让听众都感到余韵绕梁。
……
而是因为诗的真实，毫无谎言，
能感动人心，并且一目了然。①

布瓦洛强调文艺必须真实，必须体现真理。唯有真才美，唯有真才能感动人心。虽然他所说的真实、真理都是要以先验的理性作为前提的，但是如此明确地提倡真实，反对虚谎，坚持真与美的统一，却是体现着现实主义美学的要求的。为了达到真美结合，他不但提出文艺的内容要合乎自然的常理常情，而且还提出要表达作者的真情实感：

当你描写哀情时你就该丧气垂头，
你要想使我流泪自己就必须先哭。②

合乎常理常情，要忌荒诞离奇；表达真情实感，则要忌虚伪造作。布瓦洛最反对诗人的无病呻吟，言不由衷。他写道："我最恨无病呻吟，那种人真是荒诞，他说他情如火热，缪司却水冷冰寒；他装出多痛多愁，嘴疯狂心里平静，为着要吟成诗句便自称无限痴情。"③ 这虽然主要是针对当时文坛上的弊病而说的，却揭示了诗人对所描写的生活必须有真切的情感体验的艺术规律，因此也是值得重视的。

亚里士多德在《诗学》中提出，艺术模仿的真，可以使现实中丑的事物在艺术中成为唤起人的美感的对象。布瓦洛在《诗的艺术》中发挥了这一看法。他说：

绝对没有一条蛇或一个狰狞怪物，
经艺术摹拟出来而不能供人悦目；
一支精细的画笔引人入胜的妙技，
能将最惨的对象变成有趣的东西。④

这段论述涉及现实中的丑如何转化为艺术美的问题。按照布瓦洛的看法，

① 北京大学哲学系美学教研室编：《西方美学家论美和美感》，商务印书馆 1980 年版，第 81 页。
② 布瓦洛：《诗的艺术》，任典译，人民文学出版社 1959 年版，第 40 页。
③ 同上书，第 19 页。
④ 同上书，第 30 页。

要实现这种转化，还是要依赖艺术模拟的真。这是从另一个侧面证实了文艺作品中真与美的统一。

布瓦洛不仅认为文艺中的真与美是统一的，而且认为文艺中的善与美也是统一的。他指出作家要有道德修养，“时时处处富有高尚的感情”，这样才能保持“无邪的诗品”，使作品既能给人以教育，又能给人以美感。他说：

一个有德的作家，具有无邪的诗品，
能使人耳怡目悦而绝不腐蚀人心：
他的热情绝不会引起欲火的灾殃，
因此你要爱道德，使灵魂得到修养。①

布瓦洛所说的道德，无非是指人性的善恶，它和“理性”“良知”实际上也是统一的。理性、良知本来就是一种辨别是非、善恶、美丑的能力。从理性出发，善和真可以说是统一的。唯有真的才是美的，也唯有善的才是美的，所以，真、善、美在文艺中可以而且应该达到统一。布瓦洛劝导作家说：

作者们，我有忠言，请为我侧耳静听。
你那丰富的虚构是否想受人欢迎？
那么，你的缪司要多发些谠论鸿言，
处处能把善和真与趣味融成一片。
一个贤明的读者不愿把光阴虚掷，
他还要在欣赏里能获得妙谛真知。②

这里，布瓦洛明确地把真、善、美的统一作为古典主义文艺的最高理想，从而将笛卡尔的理性主义哲学转化成了古典主义文艺的美学原则。能够将古典主义的创作经验和文艺要求，提高到美学的高度加以总结、概括，同时又将理性主义的哲学原则具体应用到分析和解决文艺问题中去，这可以说是布瓦洛美学思想的突出特色，也是他在美学思想史上的一个重要贡献。

---

① 布瓦洛：《诗的艺术》，任典译，人民文学出版社 1959 年版，第 65 页。

② 同上书，第 64 页。

第三节　类型化模式化的创作理论

在布瓦洛的《诗的艺术》中，对于古典主义文艺观点的阐述，主要是结合着诗人的创作来谈的。布瓦洛不仅对作家创作的整个过程，从观察和研究自然、创作构思、艺术表现到润色修改，作了全面论述，而且明确区分了各种文学种类或体裁，详细说明了每种文体的特殊性质和写作技巧，指出了易犯的错误。可以毫不夸张地说，《诗的艺术》堪称古典主义文学的创作大全。在这些内容繁多的创作条目中，关于人物刻画的理论和关于形式技巧的要求，向来是更受到人们重视的。

如前所述，布瓦洛是从理性出发来看待模仿自然的，他所说的“自然”，主要是指“人的自然”或“自然人性”。所以，他认为文艺表现理性、模仿自然，都要通过刻画人物。贺拉斯在《诗艺》中提出：诗人要想工巧地描写自然，就须多多研究生活中的人物类型和性格。布瓦洛在《诗的艺术》中继承和发挥这一观点，认为善于观察、研究人和人性，是成功地刻画人物的先决条件。他说：

谁能善于观察人，并且能鉴识精审，
对种种人情衷曲能一眼洞彻幽深，
谁能知道什么是风流浪子、守财汉，
什么是老实、荒唐，什么是糊涂、吃醋，
则他就能成功地把他们搬上剧场，
使他们言、动、周旋，给我们妙呈色相。
搬上台的各种人处处都要天然形态，
每个人像画出时都要用鲜明色彩。
人性本陆离光怪，表现为各种容颜，
它在每个灵魂里都有不同的特点；
一个轻微的动作就泄漏个中消息，

虽然人人都有眼，却少能识破玄机。①

这里要求作家观察人、认识人，对人情衷曲要“鉴识精审”“洞彻幽深”，并且要求作品中的人物要呈现每个人物的不同特点，都可以说是体现着人物创造上的现实主义观点。在另一个地方，布瓦洛还提出人物刻画需使人“感到自然本色”，例如写英雄人物，既不能写得渺小可怜，也不能写得毫无微疵。如同荷马刻画阿喀琉斯，既写他的伟大心灵，也写他急躁、受到屈辱后生气流泪，这就显得真实，而且使人爱看。布瓦洛也朦胧地看到了人物性格和生活环境是互相联系的，劝告作家“对各国、各时期还要研究其习俗：往往风土的差异便形成性格特殊”。所有这些论述，都是对古代现实主义和法国古典主义优秀创作经验的总结，很能使人得到启发。

但是，布瓦洛这些关于人物塑造的现实主义观点没有贯彻到底，封建宫廷的趣味，片面强调理性和普遍性，对于古典法则的盲从，都使他不能彻底走向现实主义的典型理论，而只能以模式化、类型化来代替对人物性格典型化的要求。他虽然也看到人性在各人身上的表现有不同的特点，但又把人物的性格特点仅仅按照人物的类别加以区分，并且将它们凝固化，似乎每个人物的性格特点都是永不变易的。例如，他认为后代作家如果选取古代文学中的题材、人物，就要按这些人物原有的性格来写，不能有发展、创造：

写阿迦门农就该写他骄蹇而自私；

写伊尼就该写他对天神畏敬之情。

凡是写古代英雄都该保持其本性。②

阿迦门农和伊尼分别为荷马史诗《伊尼亚特》和维吉尔的史诗《伊尼特》中的人物。布瓦洛以他们为例，说明传统的人物性格是不可动摇的，也就是认为写人物只能按照一个固定的模式。贺拉斯的《诗艺》中认为不同年龄的人有不同性格特点，刻画人物必须按年龄的类型赋予不同性格。布瓦洛继承发挥了这种人物类型化的传统看法。《诗的艺术》中有几段著名的“论年龄诗”，其中写道：

光阴改变着一切，也改变我们性情：

每个年龄都有其好尚、精神与行径。

---

① 布瓦洛：《诗的艺术》，任典译，人民文学出版社 1959 年版，第 54—55 页。

② 同上书，第 38 页。

……

你教演员们说话万不能随随便便，

使青年像个老者，老者像个青年。①

这最后两句诗，几乎是重复贺拉斯《诗艺》中的语言。诗中详细论青年人、中年人、老年人各有哪些特点，也显然是模仿贺拉斯。把不同年龄的人物性格凝固化，并用这种类型的表面特征来代替对人物本质特点的揭示，既难以真正描绘出人物的个性特征，也不能充分反映人物的普遍本质，是不能创造出真正的典型人物的。如果高乃依、拉辛、莫里哀等古典主义作家按照这种人物创造理论来写作，那就绝不可能塑造出像唐罗狄克、安德洛玛刻这样成功的悲剧人物形象，以及像达尔杜弗、阿尔巴贡这样典型的喜剧人物形象。

古典主义者十分重视形式技巧，这也是古典主义创作理论的一个重要内容。布瓦洛认为文艺的“第一要诀是动人心、讨人喜欢”，② 既要使人受到教育，也要让人得到娱乐。要做到这一点，就须注重艺术的表现技巧。《诗的艺术》对各种文体的写作技巧作了详细论述，其中涉及如何安排情节，如何剪裁布局，如何组织结构，如何运用语言，如何叙述、描写等各个方面的表现技巧问题。特别是对于语言，布瓦洛更是特别重视。他说：

总之，语言不通顺，尽管你才由天授，

不论写些什么总归是涂抹之流。③

根据当时古典主义作家的创作经验，布瓦洛还对如何才能做到语言优美提出了一些要求。如避免浮词滥调，不断变换文辞；避免拗字拗音，精选和谐字眼；避免含糊、晦涩，要求语言清晰、纯净等。这些有关形式技巧的规律，对于形成完美的艺术形式是具有积极意义的。不过形式技巧终究还是为内容所决定的，是为表现内容服务的，任何一种形式技巧都不能凝固化、刻板化，也不能看作是适用于一切作品的尺度和规范。而布瓦洛却要把他提出的对形式技巧的要求，作为作家必须服从的规范和不可变更的金科玉律，这就有可能使一些本来也不错的表现技巧成为作家创作的束缚，不利于作家创造性的发挥和形式技巧的创新。如对于剧情的纠结要以突然揭破秘密作结的技巧要求就是如此。

---

① 布瓦洛：《诗的艺术》，任典译，人民文学出版社 1959 年版，第 55 页。

② 同上书，第 31 页。

③ 同上书，第 12 页。

这虽然也是结束剧情的手法之一，却不是唯一的或最好的手法。因此没有必要硬要一切作者“必须”将其作为规则遵守。至于要求作家的笔调“要雄壮而不骄矜，要风雅而无虚饰”，固然也表现出布瓦洛对古典风格的推崇和提倡，但如果要用这种风格来统一一切作品，那也是难以做到并且对创作亦是有害无益的。规范化，是中央集权的君主专制统治的要求。布瓦洛的创作理论在许多方面也是反映了这种要求的。

古典主义者把古希腊、罗马文学奉为典范，认为古典之所以能经历时间的考验而永为人们所赞赏，就是因为它们反映了自然中普遍的东西，符合理性的要求。所以，通过模仿古典，就可以学会怎样认识自然和表现自然。布瓦洛称赞荷马说：“他的书是众妙之门，并且取之不尽：不论他拈到什么，他都能点成金。”这就是把古希腊古典看成了取之不尽的宝藏，不可逾越的典范。他在给贝洛勒的信中说，当时法国最伟大作家的成功都要归功于对于古典作家的模仿，甚至说“形成拉辛的是索福克勒斯和欧里庇得斯”。本来，文艺的发展总是包括对于古典文艺的批判继承和革新创造，可是，布瓦洛只看到继承，而看不到创造；同时他又用继承古典代替模仿自然，这就本末倒置了。

古典主义者推尊古典，一方面表现在他们大都借用古希腊、罗马文学和历史中的题材来表现他们的思想感情；另一方面也表现在他们认为古典作品中体现的创作规则，后人都须谨遵毋违。而这些规则已经在亚里士多德、贺拉斯等古典文艺理论家的著作中被总结出来了，所以要模仿古典规则，就要反复研读他们的文艺理论著作如《诗学》《诗艺》等。布瓦洛《诗的艺术》中许多观点，都是来自《诗学》《诗艺》。他所制定的许多规则，也都是从古典作品和古代文艺理论著作中引申出来的。例如对于“三一律”的规定，就是如此。《诗的艺术》说：

> 但是我们，对理性要服从它的规范，
> 我们要求艺术地布置着剧情发展；
> 要用一地、一天内完成的一个故事
> 从开头直到末尾维持着舞台充实。①

这里所说的戏剧只能用一地、一天、一个故事，即地点、时间、情节的“三一律”。早在文艺复兴时期，意大利文艺理论家卡斯特尔韦特罗就对戏剧的

---

① 布瓦洛：《诗的艺术》，任典译，人民文学出版社1959年版，第32—33页。

时间、地点、事件三方面的限制作了归纳，形成了“三一律”的雏形。但是直到 17 世纪初，人们对“三一律”还有争论。拥护“三一律”的人往往从亚里士多德的《诗学》中寻求根据，实则亚里士多德只要求情节整一，而对剧情的时间与地点并没有提出具体限制。关于戏剧时间，《诗学》中说过“就长短而论，悲剧力图以太阳的一周为限”，这是亚里士多德根据当时雅典剧坛戏剧比赛的习惯，希望能在一个白天（太阳一周）之内演完一个剧作家的三出悲剧附带一出笑剧，它是一个并不严格的规定。但是由于误解，后人遂把亚里士多德所说的演出时间作为剧情时间，使其变成一条生硬的规定。实际上文艺复兴时期不少有成就的戏剧家早就以他们成功的创作实践，证明了“三一律”并非永恒不变的法规。可是布瓦洛却从维护理性规范出发，把“三一律”作为古典主义文艺理论的一个重要法则加以论述，而完全不考虑艺术创作发展的实际。从这里也可以看到布瓦洛的古典主义美学观点的刻板性和保守性。

第五章

美学学科建立的标志

——鲍姆加登的《美学》

在欧洲近代美学发展史上，鲍姆加登（Baumgarten，1714—1762）具有独特地位。他在西方美学史上第一个将美学命名为“Aesthetica”并使其成为一门独立学科，因而被称为“美学之父”。同时，他继承和发扬了莱布尼茨-沃尔夫的美学思想，形成一个完整的理性主义美学体系，从而成为大陆理性主义美学的终结者。他的美学思想对德国启蒙运动产生了重要影响，因而他也是18世纪德国启蒙运动的先驱之一。

鲍姆加登生于柏林，青年时代求学于普鲁士哈勒大学。哈勒大学当时是德国莱布尼茨派的理性主义哲学的中心，莱布尼茨派学者沃尔夫在那里任教。鲍姆加登深受莱布尼茨和沃尔夫理性主义哲学的熏陶。大学毕业后，他留校任教，后来又受聘于法兰克福大学，担任哲学教授。他的主要美学著作是以博士论文形式发表的《关于诗的哲学默想录》（1735）和未完成的专著《美学》（1750）。

第一节　美学作为独立学科的诞生

鲍姆加登在美学史上的最主要贡献，就是通过为美学命名和定义，使美学成为一门独立的学科，并使其在哲学中获得了和逻辑学相互分立和并列的地位。1735 年，年仅 21 岁的鲍姆加登在他的博士论文《关于诗的哲学默想录》中，第一次提出用“Aesthetica”（意为“感性学”）这个名称来区分一种特殊的科学。他写道：“希腊的哲学家和教会的神学者曾经慎重地区别感性事物（αiσθητά）与理性事物（νοητά）。显而易见，他们并不把理性事物同感性事物等量齐观，因为他们以这名称尊重远离感觉（从而，远离形象）的事物。所以，理性事物应该凭高级认识能力作为逻辑学的对象去认识，而感性事物（应该凭低级认识能力去认识）则属于知觉的科学，或感性学（Aesthetica）。”① 鲍姆加登认为认识理性事物的高级认识能力和认识感性事物的低级认识能力应分别由两门科学来研究，前者属于逻辑学，后者属于感性学——美学。对于年轻时这一发现，鲍姆加登显然非常重视，并坚持对这一问题进行深入探索。1750 年，他的一部研究感性认识的专著出版，书名就是用《美学》。这也标志着美学作为一门独立的新科学正式诞生。正是在这部著作中，鲍姆加登第一次为美学下了一个定义，并明确提出美学应是一门独立科学。他说：

> 正确，指教导怎样以正确的方式去思维，是作为研究高级认识方式的科学，即作为高级认识论的逻辑学的任务；美，指教导怎样以美的方式去思维，是作为研究低级认识方式的科学，即作为低级认识论的美学的任务。美学是以美的方式去思维的艺术，是美的艺术的理论。②

鲍姆加登为什么要将专门研究感性认识的美学提升到哲学中与逻辑学相平列的地位？将美学作为一门新的独立学科究竟有什么重要意义？要深刻理解这

① 鲍姆加登：《关于诗的哲学默想录》，引自《缪灵珠美学译文集》第二卷，中国人民大学出版社 1987 年版，第 130 页。

② 鲍姆加登：《美学》，转引自朱光潜：《西方美学史》，人民文学出版社 2002 年版，第 289—290 页。

一问题，就需要分析鲍姆加登创立美学科学的理论背景以及他所依据的理论前提。

鲍姆加登所处的18世纪上半叶，在德国占统治地位的哲学是莱布尼茨和沃尔夫的理性主义哲学。莱布尼茨是德国理性主义哲学最重要的代表人物，他接受并发展了笛卡尔的理性主义，建构了以单子论为核心的形而上学体系。沃尔夫直接继承了莱布尼茨的哲学思想，他的哲学从内容上说，不过是把莱布尼茨的哲学思想系统化了，因而也被称为莱布尼茨-沃尔夫哲学。鲍姆加登直接受业于沃尔夫，是沃尔夫哲学的信徒和“个别加工者”①。因此，鲍姆加登的美学是以莱布尼茨和沃尔夫的哲学作为基础的。正如凯·埃·吉尔伯特所说：“在莱布尼茨的著作中，孕育着使鲍姆加登在1750年成为美学的正式奠基者的思想萌芽。”② 莱布尼茨以单子论为基础，提出了维护天赋观念论的先验论的认识论。他依据连续性原则，认为人的认识有一个由低级到高级的发展过程，也就是天赋观念从潜在到现实、从模糊到清晰的发展过程。据此，他把人的认识或观念分为“明白的”和“模糊的”。明白的认识可以认识和区别各种事物；模糊的认识则含混不清，不能分辨对象，如梦境。明白的认识又分为“清楚的”和“混乱的”两种。清楚的或明确的认识不仅能认识和区别事物，而且可给事物下定义或作出科学的说明，也就是要经过逻辑思维；混乱的认识虽然可以认识和区别各种现象，但却未经分析，不晓得道理，只认识到事物的印象，不能理智地给它们下定义，如那些影响感官的感觉性质的观念，就属于这种“既是明白的又是混乱的”③ 认识。莱布尼茨进而明确地将审美趣味和鉴赏力归入混乱的认识，指出“与理解力不同的审美趣味是一些混乱的知觉”④。这种混乱的知觉是由众多察觉不到的“微知觉”组成的，对于这些“微知觉”，我们无法将它们一一辨别，只能从总体上以混乱的方式感觉到它们的效果。显然，在莱布尼茨的认识体系中，审美趣味和审美认识是一种感性认识活动，属

---

① 黑格尔：《哲学史讲演录》第四卷，贺麟、王太庆译，商务印书馆1997年版，第192页。

② 凯·埃·吉尔伯特、赫·库恩：《美学史》上卷，夏乾丰译，上海译文出版社1988年版，第301页。

③ 莱布尼茨：《人类理智新论》上册，陈修斋译，商务印书馆1982年版，第267页。

④ 转引自凯·埃·吉尔伯特、赫·库恩《美学史》上卷，夏乾丰译，上海译文出版社1988年版，第299页。

于较低的认识阶段，与属于高级阶段的理性认识是有质的区别的。

沃尔夫是莱布尼茨哲学的忠实信徒。他经莱布尼茨推荐，从1907年起在哈勒大学担任数学兼哲学教授，后来还曾做过柏林大学的副校长。他全面继承了莱布尼茨的哲学观点并使之进一步系统化和通俗化。黑格尔说：“沃尔夫哲学在康德以前一直占据统治地位。”[①] 他在哲学上对于鲍姆加登的影响是直接而重要的。沃尔夫对哲学作了有系统的分门别类，他将哲学分为属于知识能力的“理论哲学”和属于意志能力的“实践哲学”两大部分。理论哲学包括本体论、宇宙论、心理学和神学等；实践哲学包括伦理学、经济学和政治科学等。而逻辑作为科学方法的学问，则是哲学中各分支科学的总导引。在沃尔夫那里，心理学包括理性心理学和经验心理学，前者研究心灵本身的“形而上学”；后者从知觉经验上去研究和说明心灵现象。在经验心理学中，沃尔夫涉及了某些审美问题。同时，他对心灵能力作了分类，认为认识能力包括低级活动和高级能力两类，前者是指感觉、想象、创造能力、记忆；后者是指注意、思索、悟性。尽管沃尔夫在心理学中注意到感觉、记忆和想象的能力，但他和莱布尼茨一样，认为它们仅仅是低级的感性认识活动，与研究理性认识的逻辑学是不能相提并论的。

鲍姆加登作为莱布尼茨和沃尔夫哲学的继承者，显然非常清楚地了解他们对“清楚的”和“混乱的”认识，高级认识能力和低级认识能力所作的分别。实际上，“在这整个完整的系统中，激情和感官知觉都是从抽象智力的角度，来加以描述的，因此，都是消极地，按照把它们和一个抽象的观念区别开来的属性来描述的。”[②] 理性主义哲学不仅强调理性认识和感性认识的区别，而且把理性认识和感性认识对立起来，片面强调理性认识，贬低和轻视感性认识。在沃尔夫构建的庞大的哲学体系和各分支学科中，研究理性认识的逻辑学被放在哲学及其各学科总导引的地位，唯独感性认识没有专门学科进行研究，它实际上被排斥在哲学认识论之外。鲍姆加登认为理性主义哲学忽视感性认识是不合理的，如果不对包括审美和艺术在内的感性认识进行深入的理性思考和分析，那么人类知识体系就不可能是完善的。在以往的哲学体系中，研究理性认识的有逻辑学，研究意志的有伦理学，而研究感性认识却没有专门学科。因

① 黑格尔：《哲学史讲演录》第四卷，贺麟、王太庆译，商务印书馆1997年版，第192页。

② 鲍桑葵：《美学史》，张今译，商务印书馆1985年版，第240页。

此，他提出应当有一门新学科——美学来专门研究感性认识，并使这一学科在哲学的领地内赢得一席之地。尽管鲍姆加登仍然是在理性主义哲学的前提下提出这一问题的，但是他的这一主张却突破了理性主义的某些片面性和局限性，也弥补了以往哲学体系的缺陷。正如鲍桑葵所说："鲍姆加登在美学同逻辑学和伦理学之间，划分了明确的界限。这本身就是对哲学的重大贡献。"①

鲍姆加登在《美学》中力陈将美学立为一门独立的哲学学科的必要性和正确性，并且回答了各种对于这门新科学的诘难。在回答"感官的感受、想象、虚构、一切混乱的感觉和情感都不配引起哲学家的关注"的责难时，鲍姆加登回答道："哲学家是人当中的一种人，假使他认为，人类认识中如此重要的这一部分与他的尊严不相配，那就是失之欠妥了。"② 在他看来，真正的哲学家应该关注一切与人性相关的东西，感性认识作为人类认识中重要的部分，不应在哲学家的视野之外。对于人的审美或以美的方式思维的艺术进行共相的理论考察，是哲学家的一项重要任务。这一论断不仅为哲学提供了新的研究课题，也为后来的德国文化和艺术批评提供了新的研究课题。

鲍姆加登竭力为感性认识和美学的价值辩护。在回答"审美感受的混乱是一切错误之母"的责难时，他写道："混乱也是发现真理的必要前提，因为本质的东西不会一下子从暗中跃入思维的明处。从黑夜只有经过黎明才能达到正午。"③ 这里，鲍姆加登显然坚持了莱布尼茨关于认识或观念具有从模糊到清晰的发展过程的思想。同时，他进一步认为，"明晰的认识和混乱的认识二者并不互相排斥。"④ 感性认识作为理性认识的基础，是发现真理的必要前提。美的思维和艺术作为一种特殊的认识形式，也能通向真理。如果对混乱的认识或感性认识不闻不问，不对之加以完善，那就会大量地、广泛地出现谬误。而美学的功用正在于"推进认识的提高，使之越过能明晰认识的界限"，既"为一切内省的精神活动和一切自由的艺术打下基础"，也"为那些主要以知性认识为基础的科学提供适当的材料"。⑤ 这样，鲍姆加登就将过去受到轻视的美学提升到应该享有的重要地位。

---

① 鲍桑葵：《美学史》，张今译，商务印书馆 1985 年版，第 244 页。
② 鲍姆加登：《美学》，简明、王晓旭译，文化艺术出版社 1987 年版，第 15 页。
③ 同上书，第 15 页。
④ 同上书，第 15 页。
⑤ 同上书，第 14 页。

鲍姆加登使美学成为一门独立的学科，这既来自他对莱布尼茨和沃尔夫哲学的深刻反思，也得益于当时美学研究的新进展。从 18 世纪初叶起，英国和欧洲大陆不同国家的哲学家及文艺批评家都在注意和论证想象、情感以及审美趣味问题。在英国，经验主义美学家艾迪生和哈奇生探讨了审美的“想象的快感”和“内在感官”，休谟甚至明确提出了美学和逻辑分别属于情感和理智两个不同的研究领域，在他的哲学体系中，美学和逻辑学被列为不同学科。在意大利，格拉维纳和缪越陀里论述了想象对于诗歌的重要作用，维柯发现和提炼出“诗性智慧”，并把与理智对立的想象看作是诗的最初和永恒的源泉。“可以说，维柯的真正的新科学就是美学。”① 在法国，杜博斯强调艺术与情感紧密相连，并把对诗歌的判断归于情感。在瑞士，博德默和布赖丁格反对戈特舍德片面强调理性对诗的作用，更加强调想象的自由表现。在德国，早在鲍姆加登之前，比尔芬格尔等人就曾提出应在亚里士多德的逻辑体系之外，建立以想象力为研究对象的逻辑学。这一切表明，到了 18 世纪中叶，美学本身的发展已经为它形成一门独立学科准备了充分的条件。鲍姆加登受到这一时代美学新探求的深刻影响，同时也集中融汇了各种探求的成果，以终生不渝的努力和追求真理的勇气，终于促成了美学作为一门新的独立学科的诞生。这不仅对于美学史，而且对于人类思想史，都是一个极为重要的贡献。

① 克罗齐：《作为表现的科学和一般语言学的美学的历史》，王天清译，中国社会科学出版社 1984 年版，第 75 页。

第二节　美学的定义和研究对象

鲍姆加登的《美学》，按原计划分为“理论美学”和“实践美学”两部分。但这部著作在1750年只出版了第一卷，1758年又出版了未完成的第二卷。由于疾病折磨，鲍姆加登未能全部完成他的著作便去世了。在《美学》第一卷的开头，鲍姆加登便为美学下了一个定义。

美学（自由艺术的理论、低级认识论、美的思维的艺术和与理性类似的思维的艺术）是感性认识的科学。①

这个定义将美学界定为研究感性认识的科学，同时又从四个方面对这一界定做了具体解释。这四个方面是：自由艺术的理论、低级认识论、美的思维的艺术和与理性类似的思维的艺术。应当说，这个定义是鲍姆加登受莱布尼茨-沃尔夫哲学影响并吸纳当时美学研究成果所作的一个新归纳，它集中地表达了鲍姆加登对美学这门新科学的性质、定位和对象的认识。不过，这个定义当时也受到一些质疑。德国启蒙运动的代表人物赫尔德在《批评之林》中肯定了鲍姆加登关于美学是美的艺术的理论的提法，但对美学是“美的思维的艺术”的提法则有保留意见，在赫尔德看来，科学和艺术是有本质区别的，彼此不能混淆。这说明对于鲍姆加登提出的美学的定义，需要加以辨析和探讨。

鲍姆加登虽然是从四个方面来解释“美学是感性认识的科学”这个总的定义，但这四个方面所涵盖的范围和具体内容显然是不完全一样的。其中，“低级认识论”和“感性认识的科学”实际是同一的概念，它们都是来自沃尔夫的哲学理论。沃尔夫将人的认识能力明确划分为低级能力和高级能力。研究高级认识即理性认识的逻辑学，也就是他的哲学体系中的认识论。鲍姆加登认为认识论不应只包括研究理性认识的科学，还应包括研究感性认识的科学。所以，他把逻辑学称作高级认识论，与此相对立，把美学称作低级认识论。这里并无贬低美学的意思，而是要强调美学与逻辑学在研究对象上的区别，并使两者彼此并列，同属于哲学认识论。实际上，这个规定主要是将美学作为一门独立学

① 鲍姆加登：《理论美学》，汉堡，梅诺尔出版社1983年版，第2页。

科纳入哲学之中，厘清其性质，并为之定位。如前所述，这是鲍姆加登的一个重要贡献。在鲍姆加登看来，美学作为感性认识的科学或低级认识论，其研究范围是相当广泛的。他说："感性认识是指，在严格的逻辑分辩界限以下的，表象的总和。"① 在他所列举的"低级认识能力"中，既包括了沃尔夫所说的感觉、想象、虚构、记忆力，也包括洞察力、预见力、判断力、预感力、表述力、情感力等。这无疑是启蒙主义者所关注的人性的重要组成部分。鲍姆加登以研究和改进低级认识能力作为美学的研究对象和旨归，这不仅大大扩充了美学的范围，而且具有明显的启蒙思想的特点。

关于美学是"自由艺术的理论"。这应是美学作为感性认识的科学所包括的内容的一个方面。在西方，"艺术"这一词所包含的含义非常广泛。它既可泛指人类活动的技艺，包括一切非自然的人工制品；也可专指绘画、雕塑、建筑、音乐、舞蹈、戏剧、文学等专供欣赏的各种艺术作品。鲍姆加登所说的"自由艺术"，就是后一种含义，它又称作"美的艺术"，是 18 世纪通用的概念。从亚里士多德以来，人们往往把诗学和修辞学作为美学的代用语，法国和德国的新古典主义者都把美学看作诗学。鲍姆加登不同意这种看法。他认为"美学的范围更广"，它不仅包括诗学和修辞学共有的对象，也包括其他艺术所共有的对象。美学通过阐明这些对象，使每种艺术可以更卓有成效地在自己的领域里驰骋。他说："美学理论的法则——它好似各别艺术理论的北斗星——分散在一切自由的艺术中，它包含的领域更为广阔。"② 这类似于将美学看作艺术哲学。这里值得注意的是，鲍姆加登把艺术理论直接归入研究感性认识的科学，也就是把艺术看作是一种感性认识，具有感性认识的特点。这和当时流行的理性主义的艺术观点是大相径庭的。从法国新古典主义到德国新古典主义，都强调艺术要受理性的支配，排斥想象、幻想、情感等感性活动在艺术中的作用。和鲍姆加登同时代的德国文艺理论权威戈特舍德在其所著《批判的诗学》中，就认为文艺基本上是理智方面的活动，只要依据理性，掌握一套规则，就可以如法炮制。这本著作在当时德国文坛影响很大。鲍姆加登敢于与之针锋相对，强调文艺的感性性质和特点，这在当时也算是理论上的一个突破。

关于美学是"美的思维的艺术和与理性类似的思维的艺术"。这是美学作

① 鲍姆加登：《美学》，简明、王晓旭译，文化艺术出版社 1987 年版，第 18 页。

② 同上书，第 36 页。

为感性认识的科学所包括的内容的另一个方面。它所要研究的主要是认识的美或美的认识问题，也就是审美问题。所谓“美的思维”，也就是“以美的方式进行思维”。鲍姆加登说：“美学是同人的心灵中以美的方式进行思维的自然禀赋一起产生的。”① 可见，“以美的方式进行思维”是人天生的审美能力。这种审美能力和人天生的逻辑推演能力是并存的。后者即是“以严密的逻辑方式进行的思维”。鲍姆加登在此将审美能力、审美认识称之为“美的思维”或“以美的方式进行思维”，是为了更好地阐明它与“逻辑的思维”或“以逻辑方式进行思维”之间的区别和联系，同时也是为了显示美的认识中所包含的理性成分。他认为美的认识或美的思维同样可以达到真，但这是审美的真，而不是逻辑的真。就二者都能达到真而言，它们都属于思维；但以二者把握真的方式和途径而言，它们属于不同的思维方式。所以，美的思维不同于逻辑思维，二者不能互相代替。“如果说逻辑思维努力达到对这些事物清晰的、理智的认识，那么，美的思维在自己的领域内也有着足够的事情做，它要通过感官和理性的类似物以细腻的感情去感受这些事物。”② 这里已接触到两种不同思维方式，即抽象思维与形象思维问题。

上文中解释“美的思维”时提到的“理性的类似物”，和美学定义中“与理性类似的思维”实际上是同义的。所以，笔者认为，“美的思维”和“与理性类似的思维”两个概念在内涵上是一致的，只是从不同角度加以表述而已。鲍姆加登采用“类似理性的思维”的概念，和沃尔夫采用的“近似理性的思维”的概念是有联系的。但二者也有不同。按照鲍姆加登在《形而上学》中的解释，“类似理性”包括下述内容：(1) 认识事物的一致性的低级能力；(2) 认识事物的差异性的低级能力；(3) 感官的记忆力；(4) 创作能力；(5) 判断力；(6) 预感力；(7) 表述力。③ 这和鲍姆加登在同一书中对“低级认识能力”的解释，在内容上是相同的。不过，“类似理性的思维”这一提法却更好地表达了感性认识的独立性和它同理性认识的同等价值，也更好地表达了美的认识作为一种思维方式的特殊性。它表明美的认识尽管属于感性认识，但又不是纯粹的感性认识。在这种感性认识中体现着某种与理性相类似的内容，因而也具有

---

① 鲍姆加登：《美学》，简明、王晓旭译，文化艺术出版社 1987 年版，第 22 页。

② 同上书，第 43 页。

③ 参见鲍姆加登：《理论美学》，汉堡，梅诺尔出版社 1983 年版，第 207 页。

类似理性的性质，它和理性认识一样具有巨大的认识意义。鲍桑葵在《美学史》中认为，“类似理性”这一概念意味着“理性在混乱的认识领域内的相似物或畸形变体”①。可见，在“类似理性的思维”的概念中，已经显示出将感性认识和理性认识调和起来的倾向，这在美学发展中是具有创新意义的。

这里还需要说明，鲍姆加登在谈到美学研究美的思维和与理性类似的思维时，都用了“艺术”一词，以致人们认为他将美学既看成科学又看成艺术是矛盾的。其实，鲍姆加登这里所说的“艺术”是有其特定含义的。他在《美学讲演稿》中说：“美学是一种科学，只不过它仍旧会是一种艺术。”又说，“艺术就是使某种事物更加完善的各种规则的总和。”② 他认为逻辑思维有其理性规则，美的思维也应有其理性规则。美的思维的规则也就是美学所要研究的“美的思维的艺术”。

在《美学》中，鲍姆加登还有一段重要论述是与美学的研究对象相关的。他说：

> 美学的目的是感性认识本身的完善（使感性认识完善），这就是美。与此相反的是感性认识的不完善，这就是丑，它是应当避免的。③

这里，鲍姆加登不仅将美、丑作为美学研究的对象，而且替美、丑下了一个定义。这个美的定义——美是感性认识的完善，虽然不能算是鲍姆加登的独创，但也表达了他对美的独特理解。“完善”（perfection）这个概念是理性主义哲学中一个重要概念，它在笛卡尔、斯宾诺莎和莱布尼茨的思想中起到过很大作用。沃尔夫继承了这一概念并将它用于解释美。他说：“美在于一件事物的完善，只要那件事物易于凭它的完善来引起我们的快感。”④ 这里把完善看作是事物的一种性质，当这种事物的性质引起主体快感的反应，就产生了美。按照沃尔夫的理解，“完善”意味着整体对部分的逻辑关系，即多样性中的统一。对象完整无缺，整体与部分互相协调，这种整体的性质就是完善。但沃尔

---

① 鲍桑葵：《美学史》，张今译，商务印书馆 1985 年版，第 241 页。

② 转引自鲍姆加登《美学》中译本“前言”，文化艺术出版社 1987 年版，第 9—10 页。

③ 鲍姆加登：《理论美学》，汉堡，梅诺尔出版社 1983 年版，第 11 页。

④ 沃尔夫：《经验心理学》，转引自朱光潜：《西方美学史》，人民文学出版社 2002 年版，第 288—289 页。

夫哲学中的“完善”概念和莱布尼茨的“预定和谐”说是相联系的，因而也具有目的论的色彩。照莱布尼茨看来，现存的世界由于上帝精心安排，成为一个寓多样性于统一性之中的和谐整体，因而是最完善的，也就是美的。鲍姆加登从沃尔夫那里直接接受了“完善”的概念，也接受了他对于美的解释，同时又将它们与感性认识结合起来，提出了美是感性认识的完善的定义，从而赋予“美即完善”说以新的内容、新的理解。

对于“美是感性认识的完善”，鲍姆加登并未作进一步的详细解释。但后来的研究者却对此做了两种不同的解读。一种解读认为它的含义是指“凭感官认识到的完善”。这里完善是指事物的一种属性，这种属性既可由理性认识到，也可凭感官认识到。由理性认识到的完善即是真；凭感官认识到的完善就是美。如果凭感官见出事物的不完善，那就是丑。① 另一种解读认为它的含义是指“感性认识自身的完善”，也就是“完善的感性认识”。完善的感性认识就是美，不完善的感性认识就是丑。这里完善不限于指感性认识的对象和事物的属性，而且指感性认识本身，即主体认识本身。“完善的感性认识就是现象，也就是充分地而且是如实地把握了现实世界直接显现出来的现象的丰富性和多样性。”② 以上两种解读笔者认为都是可以成立的，而且都可以找到根据。鲍姆加登关于美的定义是直接承接自沃尔夫。在沃尔夫的定义中，完善就是指事物和对象的一种属性。但鲍姆加登也明确指出美是感性认识本身的完善或完善的感性认识，并对此作了阐明。他还明确指出：“感性认识的美和事物的美，本身都是复合的完善，而且是无所不包的完善。”③ 所以，我的理解，美是感性认识的完善，既指认识的事物和对象的完善，也指主体认识本身的完善，是主体和客体两方面的结合。否则就无法理解鲍姆加登所说的“丑的事物本身可以被想为美的，而美的事物，也可以被想为丑的”。④ 从这方面来说，鲍姆加登的美的定义还是富于新意的。

---

① 参见朱光潜：《西方美学史》，人民文学出版社 2002 年版，第 290 页。

② 参见舍斯塔科夫：《美学史纲》，樊莘森等译，上海译文出版社 1986 年版，第 200 页。

③ 鲍姆加登：《美学》，刘小枫主编：《人类困境中的审美精神——哲人、诗人论美文选》，知识出版社 1994 年版，第 5 页。

④ 鲍姆加登：《美学》，马奇主编：《西方美学史资料选编》（上），上海人民出版社 1987 年版，第 694 页。

第三节　美的认识与诗的特性

既然鲍姆加登认为美学是美的思维的艺术和自由艺术的理论，那么，美学必然要将美的认识和艺术作为研究的基本问题。综观他的《关于诗的哲学默想录》和《美学》两部著作，其内容也是围绕这两大基本问题展开的。而其中最有价值的则是他对美的认识的本质特征和诗的创造的特殊规律的深入分析和阐述。

美的认识或认识的美，也就是美的思维问题，是鲍姆加登首先关注的问题。他在《美学》中对美的认识的本质、内容、特点等都做了探讨。他认为感性认识的美是由以下三个方面构成的。第一是各种思想的一致。这种一致是与某一事物相关的，是一种现象。它是事物和思想的美。这种美作为认识本身的美的首要部分，不同于对象和物质的美。第二是秩序的一致。没有秩序就无完善可言。我们以秩序想成美的事物，既是内在一致的，又是与事物一致的，从而形成秩序和安排的美。第三是符号的一致。没有符号就不能感知符号标识的东西。各种符号的内在一致，同时也与秩序和事物相一致，从而形成表达的美。显然，以上三个方面既包括了思想内容的美，又包括了形式表现的美，是内容和形式、思想和表达的相互一致和协调。鲍姆加登认为上述三个方面互相协调一致，同时，又同认识的丰富、伟大、真实、鲜明、生动等特质达到和谐一致，那么，认识就会达到完善，就会表现出感性认识的美，而且是普遍有效的美。

按照鲍姆加登的理解，美的思维或美的认识从本质上说也是对于真的认识。但是美的思维或美的认识所要达到的是审美的真，而逻辑的思维或逻辑的认识所要达到的是逻辑的真。审美的真同逻辑的真（狭义的）是有根本区别的。这是他在《美学》中深入论述的一个重要问题。他首先区分了客观的真和主观的真，前者指形而上学的真、质料的真，后者指“特定心灵中的客观真实的表象”、精神的真。逻辑的真和审美的真都是客观的真、形而上学的真在特定的主体的心灵中获得的一种形态，都是主观的真、精神的真，但两者却分属于人的不同认识能力把握的对象。

这种形而上学的真一会儿展现在纯精神意义上的知性之前，也就是说，它包含在知性清晰地构想出来的客体之中，这种真我们也可以称为狭义的逻辑的真；这种形而上学的真一会儿又是与理性相类似的思维和低级认识能力的对象，而且仅仅是或主要是它们的对象，这样，我们就把它叫做审美的真。①

可见，审美的真和逻辑的真在认识和把握真的途径和方式上是不同的。逻辑的真是通过知性和理智才能认识和把握的真，它要达到对于事物本质的清晰的理性认识，是一般的、抽象的真。审美的真是通过感官、感受和理性类似物去认识和把握的真，是个别的、具体的真。“严格意义上的真实事物所具有的真，只是当其能被感官作为真来把握时，而且只有当其能通过感觉印象、想象或通过同预见联系在一起的未来的图像来把握时，方始为审美的真。”② 显然，这里对审美的真和逻辑的真所作的区分和界定，已经触到了人类认识和把握现实世界的两种不同的思维方式——形象思维和抽象思维。所谓审美的真，就是要通过表象、想象、幻想、情感以及理性类似物，在富于个别特征和丰富细节的感性形象中表现出客观事物的真实和真理，它应当体现出感性与理性、个别与普遍、形象与思想的结合和统一。而这，正是美的认识和形象思维不同于逻辑的认识和抽象的思维的基本特征。在西方美学史上，对于形象思维的认识和探索，最初是以对想象的研究为中心展开的。发展到17、18世纪，英国经验主义美学家对想象的心理特点以及想象在审美和文艺中的作用做了深入的探讨，从而也进一步推动了对于形象思维问题的研究。处于18世纪上半叶的维柯和鲍姆加登在此基础上，通过《新科学》和《美学》两部著作，对形象思维的特点和规律从理论上做了初步的分析和归纳。鲍姆加登提出的“审美的真”，和维柯提出的“诗性智慧”一样，都触及形象思维中感性与理性、个别与普遍互相结合的特殊规律问题，标志着形象思维的研究在那个时代所达到的一个新的水平。

鲍姆加登认为美的认识能够达到审美的真，也就是凭感性就能认识到的真，这是对感性认识的价值的新确认。17、18世纪，英国经验主义和大陆理性主义在认识论上展开的争论，主要就是围绕感性认识与理性认识的关系问题

---

① 鲍姆加登：《美学》，简明、王晓旭译，文化艺术出版社1987年版，第41页。

② 同上书，第52页。

展开的。经验主义强调感性认识的价值，认为认识来源于感性经验；理性主义强调理性认识的价值，认为认识来源于先验理性。鲍姆加登是莱布尼茨和沃尔夫理性主义哲学的忠实信徒，他研究美学的出发点和立足点都是理性主义哲学。但他却克服了理性主义片面抬高理性认识、贬低感性认识的偏见，认为审美的感性认识同样可以达到理性认识才能达到的“形而上学的真”，感性认识中也包含着“理性类似的东西”。这无疑是对理性主义片面性的一种纠正。不过，鲍姆加登仍然将感性认识和理性认识看作是互相分割的、对立的，并且认为感性认识只是达到理性认识的“必要前提”。他虽然在美的认识的论述中显示出要将感性认识和理性认识加以调和的倾向，却并不了解感性认识和理性认识的内在统一性以及达到两者有机统一的过程和途径。

鲍姆加登对于美的认识所达到的真的特殊内涵也做了阐明，从而使审美的真和逻辑的真的区别更为明晰。这里他借用了亚里士多德《诗学》中“可然律”的概念，提出了“审美的可然性”的论断，认为审美的真是不完全确定的、可然性的真。他说：“在美的思维中呈现出来的很多东西并不是完全确定的，它的真不能完全清楚地被知觉到。……我们对什么东西并不确信无疑，但尽管如此从中又找不到假，这种东西就是可然的。所以，审美的真，就其基本意义而言，就是一种可然性，它处在真的那样一个阶段，在这个阶段虽然没有达到完全确定，但又看不到假。”[①] 这段论述认为审美的真不可能达到逻辑的真那样完全确定和清晰，实际上也是涉及形象和概念、具象和抽象两种形式的真的区别，也就是形象思维和抽象思维的区别。

关于诗的特性及创作问题，也是鲍姆加登集中论述的一个美学问题。在《关于诗的哲学默想录》中，鲍姆加登从诗的概念、诗的知识、诗的秩序和诗的语言等各个方面详细阐述了关于诗的创作的法则和规律，堪称是一部“哲理诗学”。在阐明诗的概念时，鲍姆加登给诗下了一个定义，称“诗是一种完善的感性言辞”[②]。所谓感性言辞，就是“含有感性表象的言辞”[③]，它由感性表象、表象的互相关系以及作为其符号的文字所组成。一篇感性言辞，如果其各

① 鲍姆加登：《美学》，简明、王晓旭译，文化艺术出版社 1987 年版，第 75—76 页。

② 鲍姆加登：《关于诗的哲学默想录》，《缪灵珠美学译文集》第二卷，中国人民大学出版社 1987 年版，第 89 页。译文稍有改动。

③ 同上书，第 88 页。

组成部分都为领悟感性表象而发并能充分唤起感性表象，那就是完善的感性言辞。显然，鲍姆加登这个诗的定义的关键词——感性表象和完善，都是来自莱布尼茨和沃尔夫的哲学。所谓感性表象，是混乱的认识或低级认识能力形成的表象，它和明确的概念是相区别的。诗与哲学的根本区别，就在于它不求概念之明确，而只求表象之明晰。所以，鲍姆加登认为，富于诗意的表象不是明确的，而是混乱的但明晰的表象。混乱的表象越是具有“周延广阔的明晰性”，越是富有诗意。我们对事物想得越确定，它们的表象就包含越多的东西。一个感性表象所包含的因素越多，它也就越是具有“周延广阔的明晰性”，因而也就越是富有诗意。“个体在各方面都是确定的。所以，特殊的表象是最高度富有诗意的。”① 综观鲍姆加登的诗的定义及其解说，他始终强调的是诗的感性形象以及形象的明晰性、生动性、丰富性和独特性，这也就是他后来反复强调的“感性认识的完善”，亦即美。所以，他在这里所要揭示的正是诗歌的审美特点。尽管这些论述多是采用了前人已有的说法，但是，鲍姆加登却能将其综合起来，对诗的审美特点做了较为深入的哲学沉思，并形成较为完备的理论形态。德国启蒙运动美学家、诗人赫尔德曾经说，鲍姆加登对诗的定义是有史以来最好的定义。②

鲍姆加登非常重视想象和情感在诗的创作中的地位和作用。他把从想象中分离与混合的成分产生的混合表象称为心象，心象就是由想象新造的表象。心象不仅具有类似感觉的鲜明性和生动性，而且具有形象的丰富性和概括性。“当表现了某一种或某一类的一个心象，同种或同类的其他心象会重新浮现。”③ 所以，由想象创造的心象是局部与整体、个别与一般的统一，它更富有诗意。从表现心象出发，鲍姆加登还谈到了诗与画的区别。他认为“画只在平面上表现一个心象”，而诗则可以表现众多心象和任何观念。“所以，在诗的心象上比在画上，有更多事物倾向于统一。因此诗比画更为完善。”④ 这种强

---

① 鲍姆加登：《关于诗的哲学默想录》，《缪灵珠美学译文集》第二卷，中国人民大学出版社 1987 年版，第 93 页。

② 参见克罗齐：《鲍姆加登的〈美学〉》，《外国美学》第二辑，商务印书馆 1986 年版，第 479 页。

③ 鲍姆加登：《关于诗的哲学默想录》，《缪灵珠美学译文集》第二卷，中国人民大学出版社 1987 年版，第 100 页。

④ 同上书，第 103 页。

调诗画有别的看法和后来莱辛强调诗画界限的观点是颇为一致的。鲍姆加登进一步指出，由想象所创造的富有诗意的表象，是“混合地显示为对我们或好或坏的事物的表象”，这种表象必然唤起我们热烈的情感。“所以，唤起最热烈的情感是最大限度富有诗意的。”①

在诗与自然的关系问题上，鲍姆加登坚持了亚里士多德的模仿说，认为“诗是自然及其从属行为之摹仿”。② 莱布尼茨认为，现存的世界是一切可能的世界中最好的世界，最大程度的完善性应该到现存的世界中去寻找。鲍姆加登继承了这一观点，他将自然即感官知觉可以认识的世界，看作是诗的范型。所以，模仿自然是艺术的法则，也是诗的本质。但鲍姆加登并未将模仿自然与照搬自然中实有的事物画上等号。恰恰相反，他讲模仿自然是要达到审美的或艺术的真实。这种审美的真实不是复制现存个别事物的真实，而是要达到可然性的真实，即亚里士多德所说的按照可然律和必然律为可能的真实。所以，他认为诗的创造需要虚构，“诗人的描写必须包含诗的可然性，这样，诗人的描写在那个虚构的新世界中就像我们这个世界一样占有它的地位。”③ 对于诗人们来说，“虚构不但是可以容许的，而且是不可避免的。”④ 这些看法都包含辩证的、合理的内容。

鲍姆加登提出和探讨的美学问题，实际上就是摆在西方近代美学思想界面前的基本问题。他对于美、美的认识和诗的特性所作的论述，直接启发了康德。康德虽然不满意理性主义者关于美在完善的看法，但他的艺术概念和鲍姆加登的艺术概念是一致的。正如克罗齐所说：“康德总是以鲍姆加登的方式来理解艺术，把艺术作为知性概念的感觉和想象的外观。”⑤ 由此可以明白，为什么康德是当时少数给予鲍姆加登以相当评价的美学家之一。

鲍姆加登的《美学》是用拉丁文写的，文字晦涩、艰深，长久没有其他文字译本，加之他的著作中充满了一般性论述和枯燥的理性法则，所以，他的美

---

① 鲍姆加登：《关于诗的哲学默想录》，《缪灵珠美学译文集》第二卷，中国人民大学出版社 1987 年版，第 97 页。

② 同上书，第 128 页。

③ 鲍姆加登：《美学》，简明、王晓旭译，文化艺术出版社 1987 年版，第 113 页。

④ 鲍姆加登：《关于诗的哲学默想录》，《缪灵珠美学译文集》第二卷，中国人民大学出版社 1987 年版，第 109 页。

⑤ 克罗齐：《作为表现的科学和一般语言学美学的历史》，王天清译，中国社会科学出版社 1984 年版，第 117 页。

学思想一直没有被人充分理解，对于他的美学贡献的评价也多有分歧。与他同时代的美学家如温克尔曼、莱辛等，对他的《美学》都持有批评态度。赫尔德虽然在许多方面肯定了他的贡献，但也提出了批评意见。大多数美学史著作也认为鲍姆加登对美学的贡献是名义上的，而不是实际上的。有的甚至认为鲍姆加登虽然为美学施了洗礼、赋予了名称，但是，“这个新名称并没有真正的新内容”。这些看法是有失客观、公允的。有些现代西方哲学和美学著作已对鲍姆加登的思想做了重新研究和评价。如德国现代哲学家 E. 卡西勒的《启蒙哲学》等。以上我们对鲍姆加登美学思想所作的评述足以说明，鲍姆加登不仅仅是通过给美学命名和定义，使美学成为哲学中一门独立科学，而且他对许多美学问题的看法也是具有创新性的。鲍姆加登生活的时代，理性主义及其在文艺上的表现新古典主义在德国处于统治地位。理性主义和新古典主义贬低感性认识，否定审美认识的价值；强调文艺需受理性支配，排斥感觉、想象、情感等感性活动在文艺中的作用，反对个性化。鲍姆加登在这两个方面都反其道而行之。他论证了感性认识及审美认识虽然同理性认识及逻辑认识在方式、法则上是有区别的，但它同样可以达到真，成为理性类似物，从而使审美的感性认识的价值有了新的定位。同时，他也论证了诗的感性形象和个性化特征，充分肯定了感知、想象、情感、幻想对于诗的创造的重要作用。诚然，鲍姆加登是一个理性主义者，他始终坚持逻辑认识高于审美认识，“始终完全服从严格的理性规则；他不容许有例外，因为他不想看到纯逻辑规范的严格性有丝毫的放松。但是，他却在理性法庭上为纯审美直觉辩护。他想证明，直觉也是受内在法则支配，并借此来挽救直觉。即使这种法则同理性法则并不一致，但却是与理性相类似的。”① 鲍姆加登这些重大的观点转变不仅为美学思想作出了独到的贡献，而且使他“处在一个新运动的门槛上”。② 他的思想一方面促进了欧洲文艺从新古典主义到浪漫主义的发展；另一方面又启发了后来的德国哲学家对美学的新思考，影响了德国古典哲学和美学的形成。

① E.卡西勒：《启蒙哲学》，顾伟铭等译，山东人民出版社 1988 年版，第 342 页。

② 鲍桑葵：《美学史》，张今译，商务印书馆 1985 年版，第 242 页。

第六章

趣味心理研究的开拓者

——休谟的《论趣味的标准》

休谟（David Hume，1711—1776）是英国经验论哲学的完成者，也是经验主义美学的集大成者。他出生于苏格兰爱丁堡，1722 年进入爱丁堡大学学习，后来辍学回家，专心自学，起初主要学习法律和文学，后来转而系统地学习哲学和批评学（即美学）。他一生主要从事哲学研究，也撰写了一些有关政治和经济等方面的论文。做过教师、秘书、图书馆管理人员，也担任过英国政府部门官员。在巴黎任职期间，和狄德罗等法国启蒙思想家交往甚密。

休谟生活在英国资产阶级“光荣革命”结束到产业革命开始的社会变革的时代。从资产阶级革命胜利到 18 世纪中叶，正是英国资本主义经济大发展并为即将到来的产业革命做好物质和技术准备的时期。作为一位启蒙思想家，休谟顺应时代的潮流，其思想反映了取得革命胜利的资产阶级的利益、愿望和要求。在哲学认识论上，休谟继承并贯彻了洛克和 G. 巴克莱的经验论观点，提出了怀疑论即不可知论的认识论学说。和一切经验论哲学家一样，休谟坚持认为一切知识来源于感觉经验。他断言，印象是观念的原因。人心中的一切观念，不论是简单的还是复合的，都起源于简单印象。休谟关于观念起源的理论不只是他的认识论的重要内容，而且也是他的哲学体系的基础。在回答“感觉印象从何而来”这一认识论的根本问题时，休谟表现出怀疑论和不可知论观点，认为感觉“是由我们不知的原因开始产生于心中”的，对物质和精神何为本源问题避免作明确回答。休谟在经验论的基础上建立了近代欧洲哲学史上第一个不可知论的哲学体系，对当时和后世西方哲学发展都产生了广泛影响。

休谟把自己的哲学称为“人的科学”或“人性科学”，他所建立的精神哲学体系直接以人性本身为研究对象，不仅包括认识论学说、社会伦理和政治学说，而且包括“研究人类的鉴别力和情绪”的批评学（即后来的美学），所以，他的哲学认识论以及社会政治和伦理思想也都影响着他的美学思想。在《人性论》(1739—1740)、《人类理解研究》(1748) 和《道德原则研究》(1751) 等主要哲学著作中，休谟都有关于美学问题的丰富论述。此外，他还写有《论趣味的标准》《论悲剧》《论艺术和科学的兴起和发展》等关于美学的论文，从而把英国经验主义美学推向一个高峰。《论趣味的标准》发表于 1757 年，是一篇研究审美趣味问题的专题论文，在英国经验派美学趣味理论的形成和发展中起到了关键作用。

第一节 趣味：英国经验派美学的关键词

我们要科学认识休谟的《论趣味的标准》在西方美学思想发展中的地位和作用，就需要了解经验派美学对审美经验和审美心理研究的发展过程。西方美学发展到近代，出现了一个明显的变化。伴随着西方近代哲学的中心问题从本体论转向认识论，美学研究的主要对象也由审美客体转向审美主体，对人的审美经验和审美心理的研究开始上升到美学研究的主要地位。这一趋向在英国经验派美学中表现得尤其突出，因而成为英国经验派美学的一大特点。经验派美学十分重视和强调对审美经验的研究，并将它置于美学研究的中心地位。这有两方面的原因。从哲学基础方面看，经验主义哲学作为一种认识论，不仅将认识主体问题作为哲学的一个中心问题，而且极为重视对作为认识主体的人的感性认识和感觉经验的研究，包括人的感觉、记忆、想象、情感、情绪、意欲等心理活动，都是经验主义哲学家重点研究的对象。从霍布斯、舍夫茨别利到休谟，几乎都结合研究人性，对人的情感问题做了系统而深入的研究。他们对美学问题特别是审美经验的研究，就是同关于人性、人的情欲等问题的研究结合的。从美学本身方面看，经验主义美学对美和艺术的研究，都是从感性经验出发的，也就是以审美主体的经验作为基础的。经验主义美学家既不是通过逻辑思辨去追寻美的本质的形而上学的结论，也不是用理性去确定艺术内容和形式的原则和规范，他们所注重的是审美欣赏和艺术创作主体的内部体验和心理过程，并由此去考察和研究美的本质和艺术的特点。这就使关于审美经验的研究自然处于美学研究的中心地位。

虽然西方古代对于审美经验也有许多心理学描述，但仅仅是处于一种萌芽状态，既不系统，也不深刻。真正意义上完整的审美经验的心理学研究，还只能说是从英国经验主义美学才开始的。经验主义美学家自觉地以心理学的方法探讨和解释审美经验问题，对形成审美经验的心理能力、审美经验的心理因素和心理过程、审美经验的情感性质和心理特点、美感的共同性和差异性的心理基础、审美能力的先天因素和训练培养等问题，都做了全面、深入的研究，提出了诸如“内在感官”“想象快感”“趣味”“敏感”“同情”，以及“巧智”和

“观念联想”等一系列概念和范畴，所有这些概念和范畴都是围绕着趣味理论和学说展开和发展的。趣味成为英国经验派美学中的一个关键词，以致有的西方美学史家把18世纪英国美学发展阶段称为趣味的世纪。

“趣味”(taste)是英国经验派美学家用来指称人的审美力、鉴别力、欣赏力的一个特殊审美范畴。经验派美学家对于审美力、鉴赏力的考察和研究，可以追溯到“内在感官”说的创导者是舍夫茨别利。舍夫茨别利认为，审辨美丑、善恶不能靠通常的、外在的五种感官，而必须靠一种在人心中的“内在感官”(inner sense)。所谓“内在感官”，就是指人天生就具有的审辨美丑和善恶的特殊心理能力，它既指审美感，也指道德感，这两者根本上是相通的和一致的。内在感官植根于自然和人性，“人对于事物中崇高优美性有共同而自然的感觉”。内在感官既能感知事物的外表形象，辨识比例和声音，也能感觉到情感的会意与不会意，审视情操和思想，从而能感觉与发现事物和情感的丑恶与美好。舍夫茨别利之所以将人心中审辨美丑善恶的特殊能力称为“内在感官”，主要是因为它在起作用时和视觉、听觉等外在感官具有同样的直接性，不需要经过思考和推理，所以，它在性质上还不是理性的思辨能力，而是类似感官作用的直觉能力。不过，舍夫茨别利又指出内在感官不是属于人的“动物性的部分”，而是要借助于人心和理性，所以，它属于一种高级的感官。这其实已接触到审美感中直觉与理性的关系问题。可以说，舍夫茨别利通过“内在感官”说，开辟了审美经验的心理分析的新途径，对经验主义美学趣味理论的形成和发展产生了重要影响。

舍夫茨别利的“内在感官”说通过他的继承者哈奇生的发展而得到进一步完善。哈奇生着重研究人接受和理解美的观念的能力，他把这种特殊能力称作“美感”(sense of beauty)。他认为人有两种感官：一为接受简单观念、感知对自己身体的利害关系的外在感官；一为接受复杂观念、感知事物价值（善恶美丑）的内在感官。接受简单观念的外在感官只能感到较微弱的快感；接受复杂观念的内在感官却可获得较强大的快感。哈奇生说：“我们将把我们感受匀称美、秩序美、和谐美的能力称之为内在的感官。”① 这就将“内在感官”和“美感”认作同一概念了。哈奇生指出美感或内在感官具有两大特点。其一，

① 哈奇生：《论美和德行两种观念的根源》，转引自奥夫相尼科夫《西方美学史》，吴安迪译，陕西人民出版社1986年版，第125页。

内在感官具有和外在感官相类似的直接性，“它的快感并不起于对有关对象的原则、比例、原因或效用的知识，而是立刻就在我们心中唤起美的观念”。[①] 其二，内在感官不涉及利害观念。“这种感官不同于因期待利益的自私而生的快乐”，“是必然令人愉快，而且直接令人愉快的”。[②] 这些论述不仅清楚地指出了审美的内在感官和普通外在感官的区别，而且具体接触到美感心理的特点，和后来休谟提出的趣味理论是一致的。有的西方美学家就将哈奇生的“内在感官”说直接称之为“初创的趣味理论”。

和“内在感官”说相并立，艾迪生提出了“想象快感”说来解释审美经验。他认为想象的快感是指来自视觉对象的快感，它既可直接来自眼前对象，也可来自记忆、想象形成的视觉对象之意象。前者为初级想象快感，如欣赏自然对象产生的快感；后者为次级想象快感，如欣赏艺术作品产生的快感。想象的快感以意象为基本内容，主要通过想象引起惊愕、惊奇以致愉快、兴奋等情感。它既不同于感官的生理满足产生的快感，也不同于悟性的思考活动产生的快感。其突出特点是具有直觉性和非自觉性。“我们不知不觉就被所见的事物的对称感动，立刻称赞一个对象的美，而无须探讨它所以然的原因或诱因。”[③] 想象的快感不仅比悟性快感更容易获得，而且更能吸引人、感动人。虽然这些对美感经验的论述都是描述性的，但却接触到美感心理的构成因素和特点等重要问题。特别是关于美感中想象与快感互相交织的观点，非常富于启发性。艾迪生还对“趣味”的心理内涵做了分析，指出良好的趣味应当包括热烈的想象力和敏锐的判断力，并使二者达到结合。趣味在一定意义上是人们生来就具有的，但仍要有些方法来培育它和提高它。这些观点也是后来休谟在《论趣味的标准》中所探讨的问题。

尽管趣味理论在“内在感官”说和“想象快感”说中已有了发展基础，但“趣味”作为一种美学范畴的提出以及理论的完整建构，却是由休谟首先完成的。在《论趣味的标准》中，休谟分析了趣味的内涵、心理构成和特点，论证了趣味的多样性的原因及其和趣味的共同性的关系，对当时众说纷纭的趣味的

① 哈奇生：《论美和德行两种观念的根源》，D.汤森编：《美学：西方传统经典读本》，波士顿，琼斯与巴特利特出版社 1996 年版，第 122 页。

② 同上书，第 123 页。

③ 艾迪生：《旁观者》，《缪灵珠美学译文集》第二卷，中国人民大学出版社 1987 年版，第 36 页。

普遍标准是否存在问题做出了明确回答，指出了培养和提高审美趣味能力的途径，形成了一个独特完整的趣味理论体系。如果说对感受和领会美的特殊心理能力的探讨，构成了英国经验主义美学的一个基本主题，那么休谟的趣味理论则集其大成，因而在英国经验派美学发展中具有承上启下的关键作用。后来，伯克继承并发展了休谟提出的趣味理论，写了《论趣味》一文，对趣味的性质和心理构成、趣味的普遍原则和共同基础、趣味的差异性等问题做了进一步研究。几乎同时，杰拉德也写了《论趣味》，着重研究了趣味的内涵和标准问题，并将“趣味”“内在感官”“想象快感”诸说统一起来，进一步扩大了趣味所感受的范围。至此，趣味理论便作为英国经验派美学的核心理论，对后来西方美学关于审美经验、审美心理的研究产生了重大而深刻的影响。

第二节　趣味的心理构成和特点

休谟之所以撰写《论趣味的标准》专门探讨趣味问题，是和他对美学研究对象的理解密切相关的。他认为，作为人的科学的基础的“人性”本身主要由两个部分构成，即理智和情感，它们应分别由不同学科加以研究。对“理智”的研究属于认识论，而对“情感”的研究则属于伦理学和美学。趣味和情感是美学和伦理学的研究对象，正如理智是认识论和逻辑学的研究对象。他说：“逻辑的唯一目的在于说明人类推理能力的原理和作用，以及人类观念的性质；道德学和批评学研究人类的鉴别力和情绪。”① 又说，“伦理学和美学与其说是理智的对象，不如说是趣味和情感的对象。道德的和自然的美，只会为人所感觉，不会为人所理解的。如果我们企图对这一点有所论证，并且努力地确定它的标准，那么我所关心的则是一种新的事实，即人类一般的趣味。”② 休谟提出美学属于情感研究领域，以趣味和情感为对象，所以必然会将趣味问题作为美学研究的中心问题。

休谟特别重视审美趣味研究，还与他对美和美感关系的看法有关。人们经常提到休谟在《论趣味的标准》中所表述的一个论断：“美不是客观存在于任何事物本身里的性质，它只存在于观赏者的心中。”③ 这虽然是休谟在转述一种哲学观点中讲的，但也符合他自己的看法。他在《论怀疑派》里也说：“在美丑之类情形之下，人心并不满足于巡视它的对象，按照它们本来的样子去认识它们；而且还要感到欣喜或不安，赞许或斥责的情感，作为巡视的后果，而这种情感就决定人心在对象上贴上‘美’或‘丑’、‘可喜’或‘可厌’的字

---

① 休谟：《人性论》上册，关文运译，商务印书馆 1983 年版，第 7 页。

② 北京大学哲学系外国哲学史教研室编译：《十六—十八世纪西欧各国哲学》，商务印书馆 1975 年版，第 670 页。

③ 休谟：《论趣味的标准》，吴兴华译，《古典文艺理论译丛》（5），人民文学出版社 1963 年版，第 4 页。译文有改动。

眼。”① 这就是说，美是由审美主体的情感附加给对象的。尽管休谟在美的论述中，也讲到对象方面引起美感的某些性质，但他的基本观点是把美的本质看作对象适合于主体心灵而引起的愉快情感，正是审美主体的这种情感和感受决定着对象的美与丑，换言之，不是美引起美感，而是美感决定美。真因为如此，他认为对于审美主体情感和感受即趣味的研究对于美学特别重要。

按照休谟的理解，趣味和理智不同，属于情感领域，所以情感是趣味的基本性质，也是它的心理构成的主要因素。他非常重视情感在美感生成中的关键作用，努力探寻情感在美的形成中发挥作用的特殊形式。在探讨审美愉快情感发生的原因时，休谟提出了审美“同情说”。他认为，大多数种类的美感都是由同情作用这个根源发生的。同情是人性中一个强有力的原则。一切人的心灵在其感觉和作用方面都是类似的，凡能激动一个人的任何感情，也总是别人在某种程度内所能感到的，一切感情都可以由一个人传到另一个人，而在每个人心中产生相应的活动。这种人与人之间在感情上的互相感应和传达便是同情作用。同情对于我们的美感有一种巨大的作用，“我们在任何有用的事物方面所发现的那种美，就是由于这个原则发生的。”“例如一所房屋的舒适，一片田野的肥沃，一匹马的健壮，一艘船的容量、安全性和航行迅速，就构成这些各别对象的主要的美。在这里，被称为美的那个对象只是借其产生某种效果的倾向，使我们感到愉快。那种效果就是某一个其他人的快乐或利益。我们和一个陌生人既然没有友谊，所以他的快乐只是借着同情作用，才使我们感到愉快。”② 按休谟的解释，同情作用是基于因果关系的观念的联想。当我们看到任何情感的原因时，我们的心灵也立刻被传递到其结果上，并且被同样的情感所激动。看到对象的效用，我们便会联想它可以给其拥有者带来利益和引起快乐的效果，所以借着同情也感到愉快。

除了情感，休谟认为感觉、联想、想象等也是趣味心理活动的必要构成因素。感觉是趣味的基础，感官不健全，不可能获得完善的审美感受。联想和想象在美感发生中起着重要作用。上面提到的审美同情说，就包括联想和想象的作用。对美的正确感受离不开想象力，想象力愈强，愈能增强趣味的敏感性和

① 北京大学哲学系美学教研室编：《西方美学家论美和美感》，商务印书馆 1980 年版，第 109 页。

② 休谟：《人性论》下册，关文运译，商务印书馆 1983 年版，第 618 页。

易感性。“多数人所以缺乏对美的正确感受，最显著的原因之一就是想象力不够敏感，而这种敏感正是传达较细致的情绪所必不可少的。”[①] 休谟认为在美的创造的心理活动中，想象力更为重要。他说：“诗歌中甚至雄辩中的美，许多是靠虚构、夸张、比喻，甚至滥用和颠倒词语的本来意义形成的。要想制止这种想象力的奔放，叫各种表现手法都合乎几何学那样的真实性和准确性，那是极其违背文艺批评规律的。”[②]

关于趣味的心理构成，伯克在稍后的《论趣味》一文中也有探讨。他认为感觉、想象、理解、情感是趣味包括的基本心理功能，而想象力和情感则是审美趣味中最活跃的因素。休谟尽管认为理性不是趣味的基本组成部分，但也认为它对趣味的正确运用具有不可缺少的指导作用。伯克则认为理解力也是趣味的基本组成部分，比休谟更进了一步。

相比较而言，休谟主要还是强调趣味和理性之间的区别，并由此来确定趣味的心理特点。他说：

> 这样，理性和趣味的范围和职责就容易确断分明了。前者传达关于真理和谬误的知识；后者产生关于美和丑、德性和恶行的情感。前者按照对象在自然界中的实在情形揭示它们，不增也不减；后者具有一种创造性的能力，当它用借自内在情感的色彩装点或涂抹一切自然对象时，在某种意义上就产生一种新的创造物。[③]

按照上述论述，趣味具有以下几个主要特点：第一，情感性。它不是像理性那样，根据已知的或假定的因素和关系，引导我们发现隐藏的和未知的因素和关系，以获得真假的知识，而是在一切因素和关系摆在我们面前之后，使我们从整体感受到一种满足或厌恶、愉快或不愉快的情感。第二，主观性。它不是按照对象在自然界中的实在情形反映它们，而是基于人心特定的组织和结构，用借自内在情感的色彩涂抹一切自然对象。因此，“实存于事物本性中的东西是我们的判断力的标准，每个人在自身中感受到的东西则是我们的情感的标准。”[④] 第三，创造性。这是和趣味的情感性和主观性密切相关的。正因为

---

① 休谟：《论趣味的标准》，吴兴华译，《古典文艺理论译丛》(5)，人民文学版出版社 1963 年版，第 7 页。

② 同上书，第 4—5 页。

③ 休谟：《道德原则研究》，曾晓平译，商务印书馆 2001 年版，第 146 页。

④ 同上书，第 23 页。

趣味不是像理性那样如实认识对象，而是要以主观感情渲染和改造对象，所以它就具有一种创造性的能力，能产生一种新的创造物。这就涉及想象的问题。休谟说："世上再没有东西比人的想象更为自由；它虽然不能超出内外感官所供给的那些原始观念，可是它有无限的能力可以按照虚构和幻象的各种方式来混杂、组合、分离、分割这些观念。"① 趣味的创造性正是借助于想象和情感的互相作用，按照虚构方式对感觉印象进行加工改造的一种无限的能力，它实际上是形象思维的一种体现。

① 休谟：《人类理解研究》，关文运译，商务印书馆 1982 年版，第 45 页。

第三节　趣味的差异性及其原因

在《论趣味的标准》中，休谟引用了一句流行的拉丁谚语："关于口味问题不必作无谓的争论。"人们由此引申出趣味的多样性和差异性。休谟也肯定了趣味的多样性、差异性和相对性。他说："世人的趣味，正像对各种问题的意见，是多种多样的——这是人人都会注意到的明显事实。"① 又说，"如果你们是些聪明人，你们每个人就应当承认别人的趣味也可以是正当的。许多趣味不同的事例会使你承认，美和价值这二者都仅仅是相对的，它们存在于一种使人感到满意的感受之中。"② 那么，为何人们会脱离趣味的普遍原则，对美做出不同判断、得到不同感受呢？为了回答这个问题，休谟对造成趣味差异性和分歧性的原因，做了以下详细分析。

第一，器官不健全。"一切动物都有健全和失调两种状态，只有前一种状态能给我们提供一个趣味和感受的真实标准。"③ 在器官健全的前提下，如果人们的感受完全一致或大体相同，我们就可以由此获得完善的美的观念。反之，如果内心器官有毛病或缺陷，那么那些指导我们美丑感受的普遍原则，就会被抑止、被削弱，不能起正常作用。

第二，缺乏趣味敏感性。多数人所以缺乏对美的正确感受，最显著的原因之一就是想象力不够敏感，而这种敏感正是传达较细致的情绪所必不可少的。休谟非常重视想象力或趣味的敏感在审美中的作用，认为只有具有一种趣味的敏感性，才能产生出对于各种美和丑的易感性。"如果你让具有这种能力的人看一首诗或一幅画，那种敏锐精细的感觉力就会把他领进诗与画的全部情景中去，他不仅能对其中的神来之笔尽情入微地品玩，那些粗疏或谬误之处也逃不

① 休谟：《论趣味的标准》，吴兴华译，《古典文艺理论译丛》(5)，人民文学出版社1963年版，第1页。

② 休谟：《论怀疑派》，《休谟散文集》，杨适译，上海三联书店1988年版，第7页。

③ 休谟：《论趣味的标准》，吴兴华译，《古典文艺理论译丛》(5)，人民文学出版社1963年版，第6页。

脱他的感受，他会感到厌恶不快。”① 然而，人们的趣味的敏感性是不同的，高度敏感的趣味能精确感受到最微小的对象，即使对象的各种性质混合在一起，也能准确地将它们分辨出来。反之则表明趣味的迟钝。为说明敏感性的差异，休谟引述了《堂·吉诃德》中一段故事：两个善品酒的人品尝一桶酒，一个人说酒虽不错，但有一点皮子味，另一个人说有一股铁味，两个人都受到别人嘲笑。可是等把酒桶倒干后，发现桶底果然有一把拴着皮条的旧钥匙。休谟认为，审美趣味和口味很相似，只有趣味敏感的鉴赏者才能辨别出美与丑的精微差别，获得更多的美的感受。所以，“对于美与丑有敏捷锐利的知觉，就是我们精神上趣味的完善的标志。”②

尽管人们趣味敏感的程度有很大差异，因而趣味有高有低是一个不可抹杀的事实，但休谟却指出，趣味的敏感性是可以通过训练得到提高和改善的。首先要在一个特定的艺术领域里不断训练，不断观察和鉴赏一种特定类型的美。在评论任何重要作品之前应对它一读再读，从各种角度对它进行仔细的观察和细心的思考。其次，还要常常对不同类型和水平的美进行比较，并评估它们相互的差异。一个人如果没有机会比较不同类型的美，就根本没有资格对任何对象下断语，也不知道怎样褒贬得恰如其分。而“真正有资格估计眼前对象的优点并在历代天才的产物当中给予它以适当位置的，应该只是那些对不同时代不同国家交口赞美的各个作品经常进行观察、研究和比较的人”③。

第三，偏见的影响。休谟认为批评家要对艺术作品做出真实的、恰如其分的评价，必需摆脱一切偏见，除了研究放在眼前的对象之外，不作任何其他考虑。“一切艺术作品为了产生应有的效果，必须从一定的角度来观察。如果观察者的立足点（实际的或想象的）和作品所要求的不一致，他对作品就无法欣赏。”④ 而听任偏见驱使的人就无法做到这一点，他总是死抱住自己原来的立足点，不肯换到作品所要求的角度。比如，假使作品是为不同时代、不同国度

---

① 休谟：《论趣味和激情的敏感性》，《休谟散文集》，杨适译，上海三联书店 1988 年版，第 172 页。

② 休谟：《论趣味的标准》，D.汤森编：《美学：西方传统经典读本》，波士顿，琼斯与巴特利特出版社 1996 年版，第 144 页。

③ 休谟：《论趣味的标准》，吴兴华译，《古典文艺理论译丛》（5），人民文学出版社 1963 年版，第 10 页。

④ 同上书，第 10 页。

的读者写的，而批评家却毫不考虑他们的特殊看法，满脑子装的只是自己时代和国家里的观点，凭这些就贸然谴责原来作品所针对的读者认为是美妙的东西。又比如，假使作品是为公众而写的，批评家阅读它时却怀着对作者的个人恩怨和一己利益，这样他的感受就变质了，他的趣味也就离开了真实的标准。

第四，判断力不强。休谟认为趣味和理性、鉴赏力和判断虽然有区别，但却是互相联系的。“理性尽管不是趣味的基本组成部分，对趣味的正确运用却是不可缺少的指导。”① 在对美的感受和品鉴中，固然主要依靠趣味和鉴赏力，但理性和判断力的作用也是不可忽视的。休谟写道：“有许多种美，尤其自然的美，最初一出现就抓住我们的感情、博得我们的赞许；而在它们没有这种效果的地方，任何推理要弥补它们的影响或使它们更好地适应于我们的趣味和情感都是不可能的。但是也有许多种美，尤其那些精巧的艺术作品的美，为了感受适当的情感，运用大量的推理却是不可少的；而且一种不正确的品味往往可以通过论证和反思得到纠正。有正当的根据断定，道德的美带有这后一种美的鲜明的特征，它要求我们的智性能力的帮助，以便赋予它以一种对人类心灵的相应的影响力。”② 这里休谟将美分为自然美、艺术美、道德美三种，分别指出了它们在对人的情感和心灵产生影响时，理性所起的不同程度的作用。就艺术作品的鉴赏而论，他还具体指出，要发现作品整体的一致性和完善性，判断作品采用的手段对达到目标是否合适，推断作品中人物的思考和行动方式是否符合他们的性格和处境等，这些细致分析除需要正确趣味外，如果缺乏高明的见识和判断力，也决不能成功。

以上休谟对趣味产生差异性、相对性的种种原因所作的阐述，是建立在对人类审美经验的考察和心理分析的基础上的，它对人们认识审美心理的规律，提高审美鉴赏能力，都提供了很有价值的见解。“主张正当的审美趣味是培养出来的，这是当时英国整个美学学派的特征。”③ 这些阐述从另一方面来看，也就是回答了具备哪些主观条件，人们对美的感受和判断才能符合趣味的普通原则和真实标准，这也就为确立和寻找趣味的普遍原则和真实标准铺平了道路。

---

① 休谟：《论趣味的标准》，吴兴华译，《古典文艺理论译丛》(5)，人民文学出版社1963年版，第11页。

② 休谟：《道德原则研究》，曾晓平译，商务印书馆2001年版，第24—25页。

③ K.E.吉尔伯特、H.库恩：《美学史》，纽约，麦克米伦公司1939年版，第246页。

第四节 趣味的普遍标准及其形成

尽管休谟肯定了趣味的多样性和相对性，并且详细分析了原因，但他却没有把趣味的多样性、相对性问题加以绝对化，成为相对主义。恰恰相反，他在承认审美趣味存在差异性和多样性这个客观事实的前提下，却要寻找和探求一种足以协调人们审美差异性的共同的“趣味的标准”，论证作为一种普遍性褒贬原则的趣味和美的真实标准是确实存在的。他说：“我们想找到一种趣味的标准，一种足以协调人们不同感受的规律，这是很自然的；至少，我们希望有一个定论，可以使我们证实一种感受，否定另一种感受。”① 这才是他的著名论文《论趣味的标准》的主旨，也是他研究趣味问题所要解决和回答的主要问题。

首先，休谟驳斥了把趣味的相对性加以绝对化，不承认有普遍性原则的看法，肯定了趣味具有普遍原则和真正标准。他指出，人们对于艺术和美的感受和判断虽然存在分歧，但不能认为每一种看法都是正确的。例如，谁如果硬把微不足道的英国诗人奥吉尔看成和密尔顿一样有天才，人们就一定会认为他是在大发谬论，把丘垤说成和大山一样高。这样的感受是荒唐的。同时，他又指出，创作是有规则的，这些规则的基础就是经验，“它们不过是根据在不同国家不同时代都能给人以快感的作品总结出来的普遍性看法。”② 尽管人们的趣味存在差异和变化，但是那些伟大作家和优秀作品却能在不同时代、不同地方受到人们的共同赞赏和喜爱。“同一个荷马，两千年前在雅典和罗马受人欢迎；今天在巴黎和伦敦还被人喜爱。地域、政体、宗教和语言方面的千变万化都不能使他的荣誉受损。”③ 真正的天才，其作品历时越久，传播越广，越能得到人们衷心的敬佩。这说明审美趣味是具有共同性和一致性的。经过这些考察和分析，休谟得出结论：

① 休谟：《论趣味的标准》，吴兴华译，《古典文艺理论译丛》（5），人民文学出版社1963年版，第3页。

② 同上书，第4页。

③ 同上书，第6页。

尽管趣味仿佛是千变万化，难以捉摸，终归还是有些普遍性的褒贬原则；这些原则对一切人类的心灵感受所起的作用是经过仔细探索可以找到的。按照人类内心的原本结构，某些形式或性质应该引起愉快，其他一些引起不愉快……[①]

这里，休谟不仅指出趣味的普遍原则是存在的，因而趣味的共同标准是可以找到的，而且认为这些普遍原则和共同标准是基于共同的人性，即“人类内心原本结构”，也可以说是“人同此心，心同此理”。他说：“自然本性在心的情感方面比在身体的大多数感觉方面还更趋一致，使人与人在内心部分还比在外在部分显出更接近的类似。”[②] 这种人性上的普遍一致就是趣味具有普遍性、一致性的根本原因。

那么，怎样才能确定和找到趣味的普遍原则和真实标准？休谟认为只有完全具备审美的主观条件，在感觉、想象、理解、情感等心理能力上非常完善的人，才真正有资格对任何艺术作品进行判断并且把自己的感受树立为审美标准。但这样的人是不多的，所以，他把确立趣味的普遍原则和真实标准的希望寄托在少数杰出批评家身上。他说：

即使在风气最优雅的时代，能对优美艺术作出正确判断的人也是极少见的。卓越的智力，结合着敏锐的感受，由于训练而得到增进，通过比较而进一步完善，并且还清除了一切偏见，只有具备这些可贵品质才能称得上是真正的批评家。这类批评家，不管在哪里找到，如果彼此判断一致，那就是趣味和美的真实标准。[③]

至此，休谟对于如何找出和确定趣味的普遍原则和真实标准问题终于做出了明确的回答。他认为依靠这种普遍的、真实的标准，就可以协调趣味的千差万别，肯定一种趣味，否定另一种趣味。但是，休谟又进一步指出，有两种原因所形成的趣味差异是审美中的正常表现，也是无法避免的，因而是不能找到

① 休谟：《论趣味的标准》，D.汤森编：《美学：西方传统经典读本》，波士顿，琼斯与巴特利特出版社 1996 年版，第 142 页。

② 休谟：《论怀疑派》，转引自朱光潜《西方美学史》，人民文学出版社 2002 年版，第 227 页。

③ 休谟：《论趣味的标准》，D.汤森编：《美学：西方传统经典读本》，波士顿，琼斯与巴特利特出版社 1996 年版，第 147—148 页。

一种共同标准来协调和评判不同的感受的。这两种趣味差异的原因，一个是个人气质的不同，另一个是当代和本国的习俗与看法不同。

关于因个人气质不同而产生的趣味差异，休谟主要是指由于鉴赏者的性格、气质、年龄等方面的不同，对不同作家、不同内容、不同类型、不同风格、不同形式的作品所产生的不同的偏好和喜爱。如情绪热烈的青年比较容易受到热恋和柔情等描写的感染，而年长的人则比较喜爱有关持身处事和克制情欲的至理名言。人们总是喜爱选择适合自己性格和气质的作品，且易形成特殊的共鸣。有人喜欢崇高，有人喜欢柔情；有人喜欢喜剧，有人喜欢悲剧；有人偏爱词藻的华美和雕饰，有人偏爱文句的洗练和朴实。对此，休谟认为，“就一个批评家而言，只称许一个体裁或一种风格，盲目贬斥其他一切是不对的；但对明明适合我们的性格和气质的作品，硬要不感到有所偏好也是几乎不可能的事。这种偏好是无害的，难免的；按理说也毋须纷争，因为根本没有解决此种纷争的共同标准。”①

关于因受当代和本国习俗影响而产生的趣味差异，休谟主要是指鉴赏者总是更喜爱作品中类似自己时代和国家的描写和人物，并且容易被它们深深感动，而对于体现不同风俗的描写和人物，对于与他们自己毫无共同之点的场面，则会比较冷淡。对于鉴赏者的这种不同爱好和反应，显然也是无法强求的。

总之，休谟对于审美趣味的研究，既承认趣味的多样性、差异性，又肯定趣味的一致性、普遍性。他虽然承认趣味的多样性、差异性、相对性，却没有走向相对主义，而是努力确立趣味的普遍原则和标准，借以协调趣味的差异，提高人的鉴赏力。他尽管肯定趣味有普遍原则和标准，却也没有把它们绝对化，而是认为有些趣味的差异是正常的、难免的，不能也不必用一种共同标准去协调。这些看法对于解决长期以来在趣味标准问题上的疑难和争论，对于克服在趣味多样性和普遍性问题上各执一端的片面性，是十分有帮助的。他坚持美感和趣味存在普遍原则和客观标准，对反对美学中的主观主义和相对主义，也起到了一定的历史作用。休谟认为趣味的共同标准是基于“人类内心结构”

① 休谟：《论趣味的标准》，吴兴华译，《古典文艺理论译丛》(5)，人民文学出版社1963年版，第14—15页。

的一致，这仅仅是从抽象的人性乃至人的生理结构上来观察和分析美感和趣味，并没有深刻揭示趣味的普遍原则和标准形成的社会历史原因，因而用它解释同人类社会实践与历史发展有着密切联系的美感和趣味问题，当然也是不能令人满意的。这也表现了旧唯物主义的一般局限性。尽管如此，休谟对审美趣味的研究和观点，却代表了那个时代的最高水平。

第七章

英国经验主义美学的杰作

——伯克的《关于崇高与美两种观念根源的哲学探讨》

伯克（Edmund Burke，1729—1797）是英国经验主义美学思潮的最杰出、最重要的代表之一。他最坚决、最彻底地把经验主义哲学原理具体应用于美学研究，充分表现出英国美学的感觉论倾向和唯物主义倾向，并使之带有明显的心理学和生理学特点。无论是从对一系列重要美学范畴的阐述来看，还是从美学研究方法来看，伯克都可以说是英国经验主义美学的总结者。

伯克一生主要作为政治家从事活动。他唯一的美学著作《关于崇高与美两种观念根源的哲学探讨》发表于 1757 年。这部著作不仅在英国产生重大影响，还在国外受到狄德罗、莱辛、康德等美学家的注意。莱辛翻译并加注出版了这部著作。伯克这部美学著作是在朗吉弩斯和康德之间西方关于崇高与美这两种审美范畴的最重要的文献。在西方美学史上，朗吉弩斯首先论述崇高问题，但他主要是把崇高作为文章风格，试图找出崇高风格的构成因素。伯克则发展了这种认识，将崇高作为一个独立的审美范畴，并使之与美这一审美范畴相并列。把崇高与美严格地区别开来，阐明它们各自的特点，这是伯克的首创。他对崇高感的心理生理基础以及崇高对象的特质做了深入细致的分析，对西方美学中崇高问题的研究起到了承前启后的作用。康德早年受伯克影响，写过《关于美感和崇高感的考察》。在《判断力批判》中，康德也吸收了伯克关于崇高的许多观点。

第一节　崇高感和美感的心理根源

英国经验主义哲学家对人的意识活动的研究，有两个不同的侧重点。洛克派经验主义者侧重认识和知性方面，主要考察观念及其联想，而霍布斯则侧重本能和情绪方面，主要考察情欲和情感之类的活动。伯克在认识论上完全恪守洛克的原则，坚持人的认识和一切观念都来自感觉经验。但是，在分析崇高和美两种观念的起源时，伯克却偏向霍布斯，首先从人的情欲和情感出发，着重探讨了崇高感和美感形成的心理根源和心理基础。

伯克从考察人的最朴素最自然的感情——痛苦和快乐开始，认为大多数能对人的心情产生强有力的作用的感情，无论是单纯的痛苦或快乐，还是对痛苦或快乐的缓解，几乎都可以简单分成两类：一类涉及“自我保存”，一类涉及“社会交往”。这两类感情符合不同目的，前者是要维持个体生命的本能，后者是要维持种族生命的生殖欲和满足互相交往的愿望。总的说来，崇高感源于自我保存的感情，美感则源于社会交往的感情。

在分析崇高感和自我保存的感情的关系时，伯克指出，涉及自我保存的感情大部分主要与痛苦和危险有关，它们一般只在生命受到威胁的场合才激发起来，在人的情绪上的主要表现是恐怖或惊惧，而这种恐怖或惊惧正是崇高感的基本心理内容。正是基于以上原因，崇高感才与自我保存的感情密不可分，而令人恐惧的对象便成为崇高的来源。他说：“凡是必然适合于引起痛苦和危险观念的事物，即凡是必然令人恐怖的，或者涉及可恐怖的对象，或是多少类似恐怖那样发挥作用的事物，就是崇高的一个来源。”① 涉及自我保存的感情主要与痛苦相关，痛苦是人心能感觉的最强有力的情感，它在力量上远比快乐强烈。崇高感的主要内容是恐怖，它本来也是一种痛感，但崇高对象引起的恐怖和由实际生命危险产生的恐怖，两者在情感调质上却显得不同。对实际生命危险的恐怖只能产生痛感，而对崇高对象的恐怖却能由痛感转化成快感。这是为

① 伯克：《关于崇高与美两种观念根源的哲学探讨》（以下简称《论崇高与美》），A. 菲利普斯编，牛津大学出版社 1990 年版，第 36 页。

什么呢？伯克对此的解释是：

当危险或痛苦太迫近时，它们就不能产生任何愉快，而只是单纯的恐怖。但是如果相隔某种距离，并得到了某些缓和，危险和痛苦也可以变成愉快的。①

这就是说，崇高感的形成既要使人感到危险，又要使危险不太紧逼，相隔一定距离，不致成为真正的危险。这样，由于危险得到缓和，加上其他原因，崇高对象引起的恐怖便可由痛感转化为一种愉悦。这种看法已经隐伏着以后的所谓“心理距离”说的萌芽。

在分析美感和社会交往的感情的关系时，伯克将属于社会交往的感情分成两种：首先是两性的交往，它满足种族繁衍的需要；其次是一般的交往，除了一般人与人之间的社交要求外，还有其他动物，甚至有时还有无生命的世界。如果说属于自我保存的感情总体上注重痛苦和危险，那么属于社会交往的感情则主要是喜悦和快乐。美感即起源于此。

关于两性交往的感情，伯克认为它的目的在于生殖和绵延种族生命，属于性欲。但他指出在这方面人和动物是有显著差异的。艾迪生曾经认为动物偏爱自己的同种，是由于它们在种属内发现美感，伯克不同意这种观点。他认为动物对于同种的偏爱是受某种其他规律的支配，而不是由于美感。只有人才能在异性间的情欲中产生美感。这是因为人的情欲和动物的性欲是有区别的。“人可以适应较大变化和复杂关系，把一般的情欲和某些社会性质的观念结合在一起，这种社会性质的观念指导而且提高了人的情欲，虽然人和其他动物都有这种情欲。”② 这种“混合的情欲”叫做“爱”，而爱的对象是异性的美。人爱异性，一般也是因为那是异性，是一般自然规律在起作用；但同时人也爱人体美的某些特点，不仅因为对象是异性。伯克在这里想要说明的是，正是由于人把两性间的情欲与社会性质的观念相结合，从而将它提升为爱的情感，所以，这类社会交往的感情才成为美感的起源。因为这种爱的情感正是一般美感的主要心理内容。应该说，伯克能看到人的两性间的情欲具有社会性质，属于爱的情感，是有其深刻性的。但是，他并不能真正了解“社会性质”的科学内涵。他

---

① 伯克：《论崇高与美》，A.菲利普斯编，牛津大学出版社 1990 年版，第 36－37 页。

② 同上书，第 39 页。

说："我把这美称为一种社会的性质，因为每逢见到男人和女人以至其他动物而感到愉快和欢喜的时候……他们都在我们心中引起对他们身体的温柔和爱慕的情绪，我们愿他们和我们接近。"① 这里讲美是一种社会的性质，实际上还是讲美的对象能满足人之间互相交往的要求，而且主要还是从满足生理需要出发的，因而是相当肤浅的理解。

关于另一种社会交往的感情，即一般人与人之间社交的要求，伯克认为它是和"孤独"相对的。绝对的完全的孤独，即完全排斥在全部交往以外，是一种想象得出的巨大而确实的痛苦，完全孤独的生活违背我们的生存目的。而任何特定社交的快乐大大地超过了由于缺乏这种特定享受而引起的不安。所以，人要求社交或群居，是为了摆脱孤独的痛苦，享受交往的快乐。这仍然是从生理学的观点来解释人的社交要求和感情，把社交或群居归结为人的本能需要。伯克认为，这第二种社会交往的感情和第一种社会交往的感情，虽然都属于社会的感情，但两者也有不同，因此和美及美感的关系也有差别。第一种社会是两性的社会，属于这种社会的情感被称为爱，包含色情的混合，其对象是女性的美；第二种社会是人与人乃至其他动物的大社会，属于这种社会的情感也类似地被称为爱，但是它不混有色情，其对象是美。总之，属于社会交往的感情是一种爱和类似爱的感情，正是这种感情构成了美感的心理基础。伯克说：

> 美是一种名称，我将它用于引起我们的爱和温柔的感觉，或者与此最相似的其他情感的一切事物的这种性质。爱的情感产生于积极的愉快。②

如果说崇高是以自我保存所形成的痛苦和恐怖的情感作为心理基础的，那么美就是以社会交往所形成的爱和快乐的情感作为心理基础的。崇高的快感是由痛感转化而来的，而美的快感则是直接和爱的情感相依存的。这就是伯克在分析崇高感和美感不同起源时所形成的总体认识。

伯克认为，第二种社会交往的感情种类复杂，可以派生出多种形式，符合不同目的。其中主要有三种，即同情（sympathy）、模仿（imitation）和竞争心（ambition or emulation），它们分别符合不同的美的种类，形成不同的美感。

---

① 伯克：《论崇高与美》，A.菲利普斯编，牛津大学出版社 1990 年版，第 39 页。
② 同上书，第 47 页。

（一）同情

在三种涉及交往的感情中，伯克对同情谈得最多。因为他认为“同情是我们关心别人诸多感情中的第一种”。同时，在英国经验主义美学家中，同情也是一直受到关注的一个美学话题。在伯克之前，艾迪生、休谟都论及同情问题，休谟对同情在美的形成和审美中的作用已经做过深刻的研究，以致形成了有些美学史著作所说的“关于同情的魔力的原则”。[①] 这也是促使伯克对同情问题给予更多注意的一个原因。但他对同情的看法也有不同于以往的地方。

首先，他把同情看作是社会交往必需的感情，同时又带有自我保存的性质。他指出：“同情是我们关心别人的基本情感，我们像别人感动一样被感动，从不会对别人所做或受难冷漠旁观。同情应该看作一种代替，由此我们设身处在别人的地位，在许多方面别人怎样感受，我们也就怎样感受。因此，这种情感可能还带有自我保存的性质。”[②]

其次，他强调同情是一种本能，和理性无关。对于同情的探索的一种常见做法，是将这种感情的原因归于推理对于我们面前对象的某些结论。伯克不同意这种看法，他说：“这些感情的原因纯粹产生于我们身体的机械结构或产生于我们自然的心情和气质。”[③] 它“先于任何推理，由一种本能来完成”。[④] 这再次表现出他的生理学的观点。

再次，他认为文艺欣赏和悲剧效果主要基于同情：

> 主要地就是根据这种同情原则，诗歌、绘画以及其他感人的艺术才能把情感由一个人心里传递到另一个人心里，而且常常能在不幸、苦难乃至死亡上嫁接上愉快。大家都看到，有一些在现实中令人震惊的事物，放在悲剧和其他类似的艺术表现里，却可以成为高度快感的来源。[⑤]

这里涉及悲剧何以产生快感的问题。西方美学中向来有一种颇具影响的看法，就是认为悲剧能产生快感的原因在于它是虚构的。和伯克差不多同时代的

---

① K.E.吉尔伯特、H.库恩：《美学史》，纽约，麦克米伦公司1939年版，第256页。

② 伯克：《论崇高与美》，A.菲利普斯编，牛津大学出版社1990年版，第41页。

③ 同上书，第43页。

④ 同上书，第43页。

⑤ 同上书，第41页。

法国文人丰特奈尔就是持这种观点，认为悲剧既是虚构的，便可减轻观众对剧中人物不幸遭遇的痛苦感情，将这种忧伤调节到某种程度，使之成为一种快感。休谟在《论悲剧》中曾提到过这种观点，并表示质疑。伯克也不赞成此说。他指出，对于并非虚构的、真正的悲惨事件和人们的厄运，我们也会因受感动而感到愉快。没有任何帝国的昌盛，没有任何国王的权势，能像马其顿国的衰亡、倒霉的王子的不幸那样令人感到愉快。如同寓言中的特洛伊的陷落一样，历史上的灾变使我们深受感动。如果受难者是陷于厄运的人间豪杰，此时，我们的欣喜是升华的欢愉。无论是历史中所追述的，还是我们亲眼看见的，灾难和厄运总是令人感动并感到欣喜。“这是因为当恐怖不太迫近时，它总是产生一种欣喜的感情，而同情则往往伴随着愉快，因为它产生于爱和社交感情。”① 悲剧与真正的灾难和不幸的差别，是在它可由仿效的效果而产生快感，但实际上，真正的灾难和厄运比仿效的艺术和悲剧，能激发更大的同情，引起更大的快感。他为此举了一个美学史上颇为著名的例子：如果有一天观众正在紧张地等待观看由最受欢迎的演员表演的现有的最崇高、最感人的悲剧，忽然有人报告说，在剧院附近的广场上正要处死一个地位显赫的要犯，这时，剧场就会空荡无人，大家会争着去看处死要犯。这就“宣告了真实的同情的胜利”。据此，伯克指出：“悲剧越接近现实，使我们离虚构的观念越远，它的力量就越大。但是不管它的力量如何大，它都比不上它所表现的事物本身。”②这个结论是建立在真正的灾难比悲剧还能激发更大同情的看法的基础上的。它要求悲剧接近现实，有其正确的一面。但完全否定艺术虚构的作用，甚至认为艺术总不如现实本身具有影响力，这就未免失之片面。

（二）模仿

伯克认为，模仿作为一种社会的情感，能使人得到快乐，它和同情出自同一原因。“同情使我们关心别人所感受到的，而模仿则使我们仿效别人所做的，因此，我们从模仿里以及一切纯然属于模仿的东西里得到快感。”③ 和同情一样，模仿也是出自人的自然本能，不受任何推理功能的干预。正是通过模仿，我们学习日常事务，形成我们的仪表、思想和生活方式，所以“它是最强的社

① 伯克：《论崇高与美》，A.菲利普斯编，牛津大学出版社 1990 年版，第 42 页。

② 同上书，第 43 页。

③ 同上书，第 45 页。

会联系之一，是一种人们互相服从的行为准则”。[①] 和亚里士多德一样，伯克也把模仿看作是艺术的基础，指出：“绘画和许多其他的愉快的艺术之所以有力量，主要基础之一就是摹仿。……如果诗或绘画所描绘的对象本身是我们不愿在现实中看到的，我们相信它在诗或画中的力量就只是由于摹仿而不由于对象本身。……但是如果诗或画所描写的对象是我们在现实中要抢着去看的，不管它引起哪种奇怪的感觉，我们都可以相信那诗或画的力量从对象本身性质得来的就远远超过从摹仿的效果或摹仿的熟练技巧（不管它多么卓越）得来的。”[②]

这里值得注意的是，伯克认为艺术的美感有的来自模仿的对象本身，有的来自模仿的效果或技巧。如果是后者，艺术的力量归因于模仿或模仿的技巧引起的愉快；如果是前者，则归因于同情，或其他与同情关联的原因。这种区分有助于说明模仿对象不同的艺术在美感形成上的差异，但把两者完全割裂，也不符合艺术实际。即使是模仿的对象本身能唤起美感的艺术，其感染力仍必须借助于模仿的形式技巧。在艺术美感的形成中，同情和模仿的作用实际上是密不可分的。

（三）竞争心或向上心

伯克认为，模仿固然是使我们的本性日臻完美的一种手段，但如果限于模仿，互相仿效，人类将不会有任何进步。所以，要推动社会进步，就需要有竞争心作补充。竞争心是“自己在人类公认的有价值的东西方面期望超过旁人”的要求，“正是这种情欲驱使人们用各种方法突出表现自己，激发人们与众不同的思想，并以此为乐”。结合竞争心说明美感，是伯克的一个独创。他主要是把竞争心同崇高感相联系，因为崇高对象能提高一个人对自己的估价，引起对人心是非常痛快的那种自豪感和胜利感。

> 在面临恐怖的对象而没有真正危险时，这种自豪感就可以被人最清楚地看到，而且发挥最强烈的作用，因为人心经常要求把所观照的对象的尊严和价值或多或少地移到自己身上来。朗吉努斯所说的读者读到诗歌词章中风格崇高的章节时，自己也从内心里感到光荣和伟大

---

① 伯克：《论崇高与美》，A.菲利普斯编，牛津大学出版社 1990 年版，第 45 页。

② 伯克：《论崇高与美》，转引自朱光潜：《西方美学史》，人民文学出版社 2002 年版，第 234 页。

的感觉，那就是这样起来的。①

在前面论述自我保全的感情时，伯克曾分析崇高中的恐怖能由痛感转化为快感，是由于危险处于某种距离以外而得到缓和，这里又进一步指出是由于审美主体的自豪感和胜利感发挥作用。这不仅和朗吉弩斯对崇高的效果的解释相衔接，而且和后来康德认为崇高感是一种自我尊严和精神胜利的看法，也是恰相吻合的。此外，他在后来说明崇高的充分原因时，还提出人的身心两方面功能需要通过劳动和练习才能保持正常和健康，而“恐怖对于人的心理构造中较精细的部分就是一种练习”。如果痛苦和恐怖实际上没有害处，那么这些情绪就能将粗细器官中危险的、制造麻烦的一些累赘物加以清除，所以就能产生快感。可以说，在西方美学家中，伯克是对崇高感的心理根源和心理基础分析得最为充分的人物之一。

伯克对崇高感和美感的心理根源和心理基础作了较为全面、系统的探讨，不仅在方法上是独特的，而且在内容上也是具有独创性的，它可以说是伯克美学思想中最富有启发意义的部分，对后来西方有关这一问题的深入研究产生了重要影响。但是他在从人的情欲出发解释崇高感和美感的成因时，脱离了人的社会实践和历史发展，仅仅把人看作是具有固定不变的心理和生理特性的抽象生物，片面强调人的本能作用和生理需要，这就有把作为社会性的审美情感加以生理学或生物学化的危险。

① 伯克：《论崇高与美》，转引自朱光潜：《西方美学史》，人民文学出版社 2002 年版，第 234—235 页。

第二节　崇高和美的对象的性质

在分析了崇高和美的主观方面的心理和生理基础之后，伯克转向讨论崇高和美的客观方面的对象的性质。这部分讨论占了他的论文的相当大的篇幅，也最集中地表现出他的美学研究的感觉论和经验论的特点。他在研究崇高和美的对象所特有的性质时，主要就是运用经验的归纳方法。同时，他把他的考察仅仅局限于事物的感性方面的性质，这些性质只需通过感官和想象直接地作用于人的某种基本感情，立即便产生崇高感和美感，不需要理性的作用。伯克的感觉论和唯物论美学思想的形而上学的局限性在这里表现得特别明显。

（一）崇高的对象的性质

伯克是从崇高的主观经验即崇高感开始，探讨崇高的客观对象的特性的。他认为崇高的对象在人心中产生的主要效果就是恐怖：

> 自然界的伟大和崇高所引起的情感，当起因作用强烈时，就是惊惧。在惊惧这种精神状态中，心灵的一切活动都由某种程度的恐怖而停顿。这时心灵完全被对象占领住，不能同时考虑到任何其他东西，因此不能就占领它的那个对象进行推理。因此产生崇高的巨大力量，它不但不是由推理产生的，而且还使人来不及推理，就用不可抗拒的力量驱赶我们。惊惧是崇高的最高程度的效果，次要的效果是钦羡、崇敬和尊重。①

崇高的对象的共同效果是惊惧和恐怖，同时，它还排除了理性或推理的作用。“没有一种情感能像恐惧那样有效地使精神丧失一切行动与推理的能力。因为恐惧是害怕痛苦或死亡，它以类似真实的痛苦方式起作用。因此，一切对于视觉是恐怖的事物也是崇高的。”② 那么，对象的哪些性质是能产生恐怖感并形成崇高呢？伯克认为，形成崇高的对象的感性性质主要有：

---

① 伯克：《论崇高与美》，A.菲利普斯编，牛津大学出版社 1990 年版，第 53 页。
② 同上书，第 53 页。

体积的巨大。“度量的巨大是崇高的一个很重要的原因。”① 这也是崇高与美在对象的特性上的一个最显著区别。巨大的事物，如果我们附加了偶然的恐怖的观念，它就无可比拟地变得更大了。例如广阔无垠的海洋。在度量中，高度不如深度重要，从悬崖绝壁向下看时比向上看同样高度的物体更使我们心惊肉跳，因而更具产生崇高的力量。规模的巨大看来是崇高的建筑的必要条件，对于几个小构造，想象不可能产生任何无限的观念。

晦暗或模糊。为了使事物显得恐怖可怕，晦暗或模糊似乎很有必要。当我们知道危险的真实程度时，当我们的眼睛习惯了危险时，恐惧就会大大减弱。在一切危险的场合，黑夜会大大增加我们的畏惧。因此，几乎所有的异教神庙总是黑暗的。弥尔顿在诗中常运用模糊或晦暗的力量来增强恐怖事物的秘密，从而形成“朦胧的壮丽”。无论在自然中，还是在诗中，晦暗、模糊、不确定的形象比清晰、确定的形象还能产生更大的效果，形成更崇高的情感。

力量。崇高的事物，无一不是力量的某种变形。力量、强暴、痛苦与恐怖是一起蜂拥而入思想的观念。“看到一个有巨大力量的人或任何其他动物，在考虑以前，你有的想法是什么？是因为感觉到这种力量对你，对你的安适、快乐、利益有用？不，你感觉到的情绪是唯恐这种巨大的力量会用于劫掠和破坏。这种力量从其一般伴随的恐怖中衍生出一切崇高。”② 如果力量是有用的，而且可以用于我们的利益和快乐，并使它服从我们，那么这种力量绝不会是崇高的。上帝的力量是最显著的，无论是上帝作出的公正的定罪还是它所恩赐的仁慈，都不能完全消除那种不可抗拒的因力量而自然产生的恐怖。

无限。崇高的另一个来源是无限。无限具有使精神充满某种令人愉快的恐惧的倾向，这是崇高最真实的效果。如果某一巨大物体的各部分连续成无限的数量，我们就以类似的方式产生错觉，想象就不会受到妨碍物体随意延伸的阻挡，从而产生无限的效果。各部分的连续与一致组成人为的无限。各部分在一个方向持久连续，刺激感官产生想象；各部分保持一致和不变，相同的物体似乎不断继续，想象也就无休止。古代神庙每边有一连串均匀的立柱，古老教堂中有许多长廊，都是根据连续与一致性的原则，形成宏伟的效果。

壮丽。壮丽也是崇高的来源之一。大量本身辉煌或有价值的事物是壮丽

---

① 伯克：《论崇高与美》，A.菲利普斯编，牛津大学出版社 1990 年版，第 66 页。

② 同上书，第 60 页。

的。星光灿烂的天空，总会产生壮丽的观念。这不能归因于一颗颗单独存在的星星本身，这儿数量是形成壮丽的一个原因。此外，外观的无序也增强了壮丽感。

除了以上主要特性外，伯克提到的崇高对象的性质还有空无（如空虚、无知、孤寂、静默），困难（如需要巨大力量和劳动来实现的工作），响度（如风暴、雷电或炮击的声响），突然性（如强大的声音突然开始或停止）等。具有这些性质的对象，除自然物和自然现象外，还有人造物、社会现象乃至艺术作品。但这些性质都必须直接作用于人的感官和想象。从伯克的论述中，可以看出他十分重视想象在形成崇高中的作用。他说："恐惧其实和想象是不可分离的伴侣。且想象越多，恐惧越甚。"① 崇高对象的各种性质，只有通过想象的作用，才能产生崇高感。

（二）美的对象的性质

伯克认为美和崇高不仅源于不同的心理基础，而且在对象的性质上也是完全不同的。崇高感源于自我保存的感情，主要心理内容是恐怖；美感源于社会交往的感情，主要心理内容是爱。如果说，崇高的对象的性质主要是与引起恐怖的情感有关，那么，美的对象的性质主要是与引起爱的情感有关：

> 我所谓美，是指物体中能引起爱或类似情感的某一性质或某些性质。我把这个定义只限于事物的纯然可感觉的性质……我同样地把这种爱也和欲念或性欲分开；所谓爱指的是在观照一个美的事物时……心灵所产生的那种满足，欲念或性欲却是驱使我们占有某些对象的一种心灵力量，这些对象之所以能吸引我们，并不是因为它们美，而是由于依靠完全不同的手段。②

这个美的定义有三点值得注意：第一，承认美的客观性，肯定美是属于对象本身的客观的性质。后面他还说，"美大半是物体的某种性质，通过感官的中介，在人的心灵上机械地起作用。"③ 这种观点无疑是唯物主义的。第二，认为美是物体中引起爱的一种性质，它不是欲求的对象，不涉及欲念。这个看法后来经过发挥，和美的非功利性相联系，在近代美学和现代美学中都有重大

① 伯克：《论崇高与美》，A.菲利普斯编，牛津大学出版社 1990 年版，第 64 页。
② 同上书，第 83 页。
③ 同上书，第 102 页。

影响。第三，把美限于事物的纯然可感觉的性质上，认为美只和感觉、感性有关，不涉及理性、理智。这个观点在后来对于美的形成原因的具体分析中还有阐明。它充分表现出经验主义美学片面强调感觉经验的特点。

在提出美的定义以及考察美的对象的特质的原则之后，伯克对当时最为流行的一些美的学说进行了分析批判。他首先批评了“美在比例”这一长期流传、影响广泛的学说，指出：“比例如同一切关于秩序的观念一样，几乎是完全和方便联系在一起；因此，它必须被认为是理智的产物，而不是作用于感觉和想象力的最根本原因。我们发现一个物体美，不是靠长时间的注意和探究，美不需要借助于我们的推理；它甚至和意志无关。美的出现引起我们一定程度的爱，就像冰块或烈火之产生冷或热的观念一样的灵验。”① 这里重申了美不涉理性和推理，只涉及感觉和想象力的观点，并以此为据，否定了“美在比例”说，因为比例被认为是理智的产物，是靠测量的办法发现的，是数学的对象。“但美确实不是一个属于测量方面的观念；它同计算和几何学也没有什么关系。”② 接着，伯克分别从植物美、动物美、人体美进行具体考察和分析，说明比例不是美的原因。就人体说，同一种比例，既可存在于美丽的身体上，也可存在于丑陋的身体上。无论是雕像还是活人，在比例上可以相差很远，但是仍可以都是美的。况且比例美的拥护者彼此之间对于人体的比例的看法也极不一致，没有人会证明这些比例究竟是否是美男子或美女身上的比例。总之，“如果我们能够证明在不存在美的情况下照样可以见到这一些比例，而美常常是在不具备这些比例的情况下存在的，而且这种美的存在总是可以归诸其他比较明确的原因，那么我们自然可以断定比例和美不是同样性质的观念。”③

其次，伯克批评了“美在适宜或效用”的看法。这种看法认为效用观念，即关于整体的各部分符合它的目的的观念，是美的原因。英国画家荷加斯在《美的分析》中就主张此说。伯克指出，比例说实际上也是以适宜说为基础的。最常想到的一个关于比例的观念，就是手段对于某种目的的适宜性。他批评适宜说“没有足够地考虑到经验”，并讥讽地说：“根据这个原理，猪的楔形大鼻

① 伯克：《论崇高与美》，孟纪青、汝信译，《古典文艺理论译丛》(5)，人民文学出版社 1963 年版，第 39—40 页。

② 同上书，第 39—40 页。

③ 同上书，第 48 页。

子加上鼻尖强韧的软骨，它的深陷进去的小眼以及整个头部的形状，既然非常适合于用鼻子挖地、掘地找东西吃的职能，就该是非常美了。”① 他否认美和效用有关。“花卉是植物界最美的一个部分，它又引起我们什么效用观念呢?”“美所产生的效果是先于任何有关效用的知识的。”②

再次，伯克批评了“美在圆满”的观点。这是和“美在适宜”的观点密切相连的另一种颇为流行的看法。在驳斥这种观点时，伯克举例说，美这种品质在女性身上是最高级的，但它却几乎总是伴随着柔弱和不圆满的观念。女人们很懂得这一点，所以她们学习娇声娇气咬着舌头讲话，扭扭捏捏地走路，装得弱不禁风甚至装出病态。“烦恼中的美是最动人的美。羞涩之态也有差不多同样的力量。”③ 可见，圆满本身绝不是美的原因。

在批驳上述各种流行的美的学说之后，伯克转向考察和分析“美的真正的原因”，即“在我们凭经验而发现美的那些东西里，或者激起我们的爱或某种与之相当的情感的东西里，这些感性性质是以什么方式配置起来的”。④ 他列举的美的对象的感性性质主要有：

体积小。在大多数语言里，爱的对象都是用指小词来称呼的。在日常谈话里，我们总是在所爱的每个东西上加上爱称 little（小）。在除了我们人类以外的动物中间，我们倾向于喜爱小动物。可见美的对象的量比较地说是小的。在这里也可以见出美与崇高的对立：“崇高作为崇敬的原因，总是发生在庞大而可怕的对象上；而后者（指爱——译者）则发生在小而惹人喜欢的对象上；我们屈服于我们所崇敬的东西，但我们却爱屈服于我们的东西；在前一种场合，我们被迫依从，而在后一种场合则我们因受奉承而依从。”⑤

光滑。这一性质对美来说是必不可少的。植物叶子的美、园林小溪的美、动物毛皮的美、美女皮肤的美等，无不与光滑相关。美的相当大的一部分效果归功于这一性质。随便哪一个美的对象，假如它的表面凹凸不平，那么，尽管它在其他方面可能样子很好，它也再不能使人喜爱。

---

① 伯克：《论崇高与美》，孟纪青、汝信译，《古典文艺理论译丛》(5)，人民文学出版社 1963 年版，第 49 页。

② 同上书，第 50、51 页。

③ 同上书，第 53 页。

④ 同上书，第 55 页。

⑤ 同上书，第 56 页。

渐次的变化。美的物体不是由带棱角的部分所组成的，它的各个部分从不沿着同一条直线一直向前延伸。它们在人眼前通过不断的偏离而发生变化，但你却很难确定一点作为这种偏离的起点或终点。如看一只美丽的鸟，通过整个身体你看不到一个突然的凸出部，然而整个身体又在不断地变化。据此，伯克认为画家荷加斯关于“美的线条就是蛇形曲线”的观点正好印证了他的理论。

娇柔。一种娇柔的外貌，甚至纤弱的外貌，对美来说几乎是不可缺少的。粗壮有力的外貌引起崇高感，对美是很有损害的。花类最显著的是它的柔弱和转瞬即逝的持续期，但它却给予我们以最生动的美和优雅的观念。女性的美在颇大程度上是由于她们的纤弱或娇柔。

颜色之美。美的物体的颜色不能晦暗混浊，而必须明快洁净。但它们不能是最强烈的颜色，而是每种颜色中较柔和的颜色。假如它不得不有一种强烈的颜色，那这种颜色就必须同其他颜色一起构成多样的变化，使每种颜色的强度大为减弱。

结合论述美的对象的特质，伯克还讨论了“丑”和“优美”这两个重要的审美范畴。关于“丑”，伯克认为，“丑的本质在一切方面都恰好和我们提出作为美的要素的那些品质相反。”[①] 丑虽是美的对立面，却不是比例和适宜性的对立面。因为有的东西虽然非常丑，但却合乎某种比例并且适合某种用途。“丑同样可以完全和一个崇高的观念相协调。”丑本身不一定就崇高，但是如果它和引起强烈恐怖的那些品质结合在一起，它会显得崇高。这种观点在西方近现代美学中都有一定影响。

关于“优美”(gracefulness)，伯克认为它和美没有多大区别。但是，“优美这个观念是属于姿态和动作的。”[②] 它要求身体微屈，各部分要姿态自若，不被突然的棱角所分开。“优美的全部魔力就包含在这种姿势和动作的悠闲自若、圆满和娇柔里。”[③] 这种从姿态和动作的特点上去界定优美的看法，在英国经验主义美学中也是别具一格的。

总的看来，伯克对崇高与美的对象的特质的分析，肯定了崇高和美都是属

① 伯克：《论崇高与美》，孟纪青、汝信译，《古典文艺理论译丛》(5)，人民文学出版社 1963 年版，第 60 页。

② 同上书，第 61 页。

③ 同上书，第 61 页。

于对象本身的客观的性质，从而表现出唯物主义立场。但他在阐明这些性质时，主要着眼于强调对象的形式因素，严重忽视内容因素，这种形式主义倾向使他的许多结论很难经得起人们列举其他事例的反驳，因而也缺乏充分的说服力。

第三节　诗画表现崇高和美的比较

伯克在论述崇高的对象的特质时，对诗与画的不同做了比较分析，同时，在论文的最后一部分，又专门探讨了诗和一般文学作品在表现崇高和美的方法和手段上的特点，这两部分相互联系，构成了伯克关于诗与画的审美特点的理论，它弥补了论文在论述崇高与美时，较多涉及自然对象而较少涉及文学艺术的不足。

伯克首先分析了诗与画在形象的表现及其效果上的区别。法国美学家杜博斯（Abbé Dubos，1670—1742）在《诗与画的批判性感想》中，认为“画比诗较明晰，所以也较优越”。伯克反对这种看法。他认为，意象的清晰对情感的影响不是绝对必要的，为了达到影响情感的目的，可以不通过任何形象，而只利用言辞来产生作用。诗用生动活泼的语言描述，只能产生模糊的、不完善的对象的观念，然而这种描述却能比清晰地表现对象的观念的图画产生更强烈的情绪，这正如在自然中晦暗的、模糊的形象比清晰、明确的形象还能产生更大的效果。他说：“诗不管是多么晦暗，比起绘画来，对情绪的统治力还更普遍，更强烈。为什么晦暗的观念，如果表达得恰当，其感动力还比明晰的观念更大呢？我想这在自然（本性）中可以找到理由。凡是引起我们的欣羡和激发我们的情绪的都有一个主要的原因：我们对事物的无知。等到认识和熟悉了之后，最惊人的东西也就不大能再起作用。……在我们的所有观念之中最能感动人的莫过于永恒和无限；实际上我们所认识得最少的也莫过于永恒和无限。”①为了证实上述观点，伯克举密尔顿诗中所塑造的撒旦的形象和《旧约》中约伯的形象为例，指出它们正是由于形象晦暗混茫、捉摸不定，才产生了动人心魄的效果。所以，“实际上，模糊、含混、不确定的形象对于幻想比清晰、确定的形象具有更大的力量。”②

① 伯克：《论崇高与美》，转引自朱光潜：《西方美学史》，人民文学出版社 2002 年版，第 236 页。

② 伯克：《论崇高与美》，A.菲利普斯编，牛津大学出版社 1990 年版，第 58 页。

其次，伯克分析了诗在物质表现手段及其效果上的特点。诗和一般文学作品的物质表现手段是语言或词语。要了解诗的审美特点，就必须了解语言或词语表现崇高和美的特殊方式。为此，伯克对词语的效果做了考察，认为如果词最大限度发挥其效力，在听者的心中可产生三种效果。第一是声音；第二是图像，或者由声音象征的事物的表象；第三是前面一种或两种效果产生的心灵的感情。但他又认为除非想象力作了特别的努力，在通常的交谈和阅读时，词语很少能在心中激起任何意象。“不仅由通常称为抽象的观念，其根本不能形成任何意象，甚至那些具体、真实的存在，在我们交谈时也不会在想象中引起任何观念。”① 由于词语只能通过声音间接象征事物的形象，而不能像形、色等物质表现手段那样直接描绘事物的形象，所以，伯克认为诗和文学产生的效果与绘画和造型艺术产生的效果是有区别的。绘画和一切造型艺术可唤起事物的形象，而诗和文学一般并不唤起事物的形象。他说：“诗确实很少靠唤起可感知的意象的能力去产生它的效果。我深信如果一切描绘都必然要唤起意象，诗就会失掉它的很大一部分力量。”②

诗虽然不能依靠直接描绘事物的真实形象，形成对象的崇高和美的效果，却可以通过间接的方法，即显示事物在人心中所产生的效果，来表现对象的崇高与美，从而产生更能令人感动的作用。在此，伯克举了荷马对海伦的美所作的描绘为例。荷马并没有对她的美的具体细节进行冗长描绘，而只写特洛依国议事会的元老们见到海伦的美时所引起的惊赞，但用这种方法反而更使我们感动。由此，伯克进一步指出：“诗和修辞不像绘画那样能在精确描绘上取得成功，它们的任务在于通过同情而不是通过模仿去感动人，在于展示事物在叙事者或旁人心中所产生的效果，而不在于把那些事物本身描绘出一种很清晰的意象来。”③ 诗不是通过模仿而是通过同情去影响人的感情，所以，“诗就其普遍的意义说，不能严格贴切地被称为一门模仿的艺术。”④ 它应当通过词和语言的力量强烈地传授感情，通过感情的传染，燃起别人已经点燃的感情之火。

伯克关于诗与画比较的论述，对诗在物质的手段、形象表现和审美效果上

① 伯克：《论崇高与美》，A.菲利普斯编，牛津大学出版社 1990 年版，第 155 页。
② 同上书，第 155 页。
③ 同上书，第 157 页。
④ 同上书，第 157 页。

的特点作了见解独到的分析。他提出诗中晦暗、模糊的形象比绘画中清晰、明确的形象更能激发人的幻想和感情，诗不是依靠对事物形象的描绘，而是通过显示事物在人心中的感受，依靠同情作用去感动人心。这些见解和古典主义者坚持“艺术模仿自然”、强调理性和明晰的文艺主张是相对立的，而和新兴的浪漫主义的文艺理想却恰相符合。他关于诗与画的区别的理论对莱辛产生了重要影响。在写《拉奥孔》之前，莱辛在和曼德尔生的通信中曾提到伯克的看法。在《拉奥孔》里，莱辛认为诗不应该像绘画那样模仿和描写物体美的图画，而应就美所引起的效果来描绘美，或者化美为媚，描绘动态中的美。这和伯克的看法有明显的类似。而且莱辛也是以荷马写海伦的美作为例子。当然，莱辛对诗与画的界限和区别，比伯克论述得更全面、更深刻。伯克指出诗与画在形象的表现上有区别是对的，但是他认为诗以语言为媒介，很少能唤起感性意象，则是不符合创作实际的一种片面看法。诗虽然不能像绘画那样直接作用于视觉产生形象，却能通过语言间接作用于想象而在脑海中产生形象。诗的感人效果和它产生的意象不是对立的，而是相联系的。莱辛虽然指出诗在唤起意象上受到语言媒介的限制，却并没有否认诗可以而且需要唤起意象。他说：“诗人还要把他想在我们心中唤起的意象写得就像活的一样，使得我们在这些意象迅速涌现之中，相信自己仿佛亲眼看见这些意象所代表的事物，而在产生这种逼真幻觉的一瞬间，我们就不再意识到产生这种效果的符号和文字了。”①可见将意象完全排除在诗的领域之外，是不符合诗和文学的创作特点和规律的。

伯克的美学理论是以经验主义的哲学和方法为基础的。在认识论上，他完全恪守洛克的原则，否认任何天赋观念的存在，把感觉看作认识的唯一源泉，并用感觉经验去解释观念的形成。在方法论上，他遵循培根所提出的经验归纳法，以经验的事实作为研究美学的出发点。他亲身做了许多有趣的观察，并利用这些经验材料论证自己的观点，因而使他对美学问题的探讨能够不囿于前人思路而具有独创性。他大胆运用所掌握的科学的心理学于美学研究，从心理学和生理学的角度去解释美学现象，形成探索方法上的显著特点，这一方法产生了深远的影响。总之，伯克美学理论的独创性和局限性，都是和他的经验主义

① 莱辛：《拉奥孔》，朱光潜译，人民文学出版社 1979 年版，第 91 页。

的和心理学的特殊研究方法密切相关的。康德在《判断力批判》中评论了伯克对崇高和美的单纯经验性的解释，认为它“作为心理学的评述，对我们内心现象的这些分析是极为出色的，并且给最受欢迎的经验性人类学研究提供了丰富的素材”,① 同时也指出“要使经验心理学跨入哲学学科的行列，这几乎是任何时候都不可能的”。②

① 康德：《判断力批判》，邓晓芒译，人民出版社 2002 年版，第 118 页。

② 转引自 K.E.吉尔伯特、H.库恩：《美学史》，纽约，麦克米伦公司 1939 年版，第 325 页。

第八章

启蒙运动美学的卓越成果

——《狄德罗美学论文选》

在18世纪法国启蒙运动的杰出代表人物中，思想最为进步和丰富、对美学和文艺理论贡献最大的，就是狄德罗（Diderot，1713—1784）。恩格斯说："如果说，有谁为了'对真理和正义的热诚'（就这句话的正面的意思说）而献出了整个生命，那么，例如狄德罗就是这样的人。"① 的确，狄德罗怀着启蒙思想家的理想和信念，进行了毕生的战斗。他曾因写作《供明眼人参考的谈盲人的信》，论述唯物主义和无神论，批判宗教和神学，而被封建统治者投入监狱。但残酷迫害却丝毫未能削弱他的斗争意志。从1750年起，他主持编纂著名的《百科全书》（即《科学、艺术和工艺详解辞典》），为这部浩瀚的巨著献出了一生中的大部分精力。通过《百科全书》的编撰，狄德罗团结和组织了当时一大批先进的思想家和各个知识领域的代表人物，形成"百科全书派"。而狄德罗也就自然成为"百科全书派"当之无愧的首领。

狄德罗的美学和文艺理论，是以唯物主义哲学思想作为理论基础的。在哲学上，狄德罗继承和发展了英国和法国的唯物主义路线，并充分吸收了18世纪自然科学的新成果，坚持物质第一性、意识第二性的唯物主义原则。他认为我们应该在自然中，而不是在自己的头脑中把握物体。按照物质与运动不可分割、运动是绝对的原则，狄德罗提出了自然界是处于不断发展中的观点，否定形而上学的不变论，从而使他的唯物主义闪耀着辩证法的光辉。在认识论上，狄德罗继承和发展了英国唯物主义经验论，坚持唯物主义反映论。他认为认识是对于客观世界的反映，"感觉是我们一切知识的来源。"② 同时，他又提出认识客观世界有三种主要方法，即对自然的观察、思考和实验，力图把感性和理性、认识与实验结合起来。列宁说："狄德罗非常接近现代唯物主义的看法。"③ 这是对狄德罗哲学思想的高度评价。不过，狄德罗毕竟没有超越机械的、形而上学的唯物主义的局限，在社会历史领域中仍然是属于历史唯心主义的。

狄德罗博学多才，对文艺也有广泛的兴趣和研究。他既是美学家，也是作家。在美学方面，他的贡献也是多方面的。不管是美的理论还是艺术理论，还

---

① 《马克思恩格斯选集》第4卷，人民出版社1972年版，第228页。
② 《狄德罗哲学选集》，江天骥等译，三联书店1956年版，第96页。
③ 《列宁选集》第2卷，人民出版社1972年版，第30页。

是戏剧、小说、绘画，他都做过认真的研究，提出了一系列的创见。他的主要美学著作有：《关于美的根源及其本质的哲学探讨》（又名《论美》）、《关于〈私生子〉的谈话》《论戏剧诗》《演员奇谈》《画论》等。这些都已收集在人民文学出版社编辑出版的《狄德罗美学论文选》中。

第一节 “美在关系”说

狄德罗探讨美的本质问题的专著，是他于1750年为《百科全书》撰写的《论美》一文。此文后来又以《关于美的根源及其本质的哲学探讨》的题名编入狄德罗全集。本文一开始，狄德罗就指出，对于美的根源、美的本质是什么的问题，人们的看法是各不相同的。“人们谈论最多的事物，像命运安排似的，往往是人们最不熟悉的事物；许多事物如此，美的本质也是这样。”① 所以研究美的本质问题存在一定的困难。而为了解决这些困难，必须首先分析一下那些对美写过卓越论著的作者的见解，也就是要把逻辑的研究和历史的研究结合起来。在这种研究方法指导下，狄德罗分别考察了从古希腊到18世纪西方部分论美的代表性著作，分析了其中提出的各种美的本质的学说，可以说是用唯物主义观点对以前的美论作了一个初步的总结。

在狄德罗以前的美学家所提出的各种美的学说中，从人对于美的主观感受来规定美的本质和来源，认为美即在于人的精神的感觉和愉快，是一种相当普遍也相当有影响的看法。狄德罗是坚决反对这种看法的。为此，他在《论美》中着重分析了德国理性论美学家沃尔夫和英国经验论美学家哈奇生对于美的论述。沃尔夫等认为“有的事物使我们喜欢，有的使我们讨厌，这种差别成了美和丑。使我们喜欢的叫做美，使我们讨厌的叫做丑”。狄德罗认为这种看法以及类似关于美的定义“并非来自美的本质，而仅仅是来自人们对美的存在所感到的效果”②，其根本缺陷是“把美和由美引起的快感”混为一谈。事实上，事物的美与不美并不决定于是否能引起人的快感。“尽管有些事物本身不美但能给人以快感，有些虽然美却不能给人快感”③，例如就嗅觉和味觉这两种感官所产生的感受来说，它们的所有对象便都是这样的。英国经验论美学家哈奇生继承和发展了舍夫茨别利的观点，用所谓“美的内在感官”来解释美所引起

① 《狄德罗美学论文选》，人民文学出版社1984年版，第1页。
② 同上书，第4页。
③ 同上书，第21页。

的快感的根源。所谓美的内在感官本指人们辨别美好事物的能力，但哈奇生却认为美须依赖美的内在感官，把美理解为由内在感官所接受的一种“观念”。他把美分为绝对美和相对美，但却认为绝对美并非存在于事物和对象本身，而是要依赖看到事物和判断事物的心灵。“根据他们的说法，美这个词就如同其他表示感觉观念的名词一样，指的是精神的感觉。”对于这种看法，狄德罗作了较为详细的剖析。他认为哈奇生所说的内在感官只是一种推测，没有办法证明它的“现实性”，因而由内在感官所接受的“观念”去规定事物的美是没有根据的。哈奇生一方面认为绝对美的存在需依赖判断事物的心灵，另一方面又不能不承认事物本身具有打动内在感官的性质才能显得是美的事物，这就在理论上陷于自相矛盾。所以，狄德罗称哈奇生的美论是一种“显然奇怪有余而根据不足的学说”。从狄德罗对于美在主观感觉和快感说的批评可以看出，他一开始就抓住了美的本质争论中的一个根本问题，即美是客观事物本身存在的，还是由人的感觉产生的？而且对这个问题作出了明确的回答。正如狄德罗在哲学上从来不混淆唯物主义和唯心主义的界限，而是把基本的哲学派别鲜明地对立起来一样，他在美学上也是从来不混淆客观的美论和主观的美论的界限，而是把两者的分歧鲜明地对立起来。他在分析批判主观的美论时抓着其要害，指出它是把美和美感混淆起来，进而用美感去代替美。这就指出了主观的美论在理论原则和认识方法上的根本错误，从而为廓清唯心主义美学及其影响作出了独特的贡献。

狄德罗也考察了美在事物本身的形式的观点，并对这种观点进行了批判。美在形式的观点可以追溯到古希腊的毕达哥拉斯派的“美在比例与和谐”说。这种观点后来不仅被唯物主义美学家所继承和发展，而且不少唯心主义美学家在从对象方面去规定美的特征时，也还是沿袭着大体类似的说法。如中世纪美学家圣奥古斯丁认为“整一”“和谐”是美的显著特征，瑞士哲学家克鲁萨规定美的特征“就是多样化、统一、规则、秩序、比例”；哈奇生提出“多样化中寓有一致性”就是美的普遍原则等。狄德罗一一分析了这些观点。他说：“把一切美都归结为统一，或整体中各部分之间的精确比例，或当作整体来说的那一部分中各部分之间的精确比例，并以此类推，以至于无穷；在我看来与其说这构成美的本质，毋宁说是构成完善的本质。”① 同时他还指出，“多样化

① 《狄德罗美学论文选》，人民文学出版社1984年版，第21页。

中寓有一致性的原则并不是一个普遍原则”，“这个原则一点也不适用于另一类型的美，即抽象真理和普遍真理所证明的美”①。狄德罗认为美固然与形式有密切关系，但美的形式却不等于美的本质。他说：“在千百个场合里，我们以为使我们喜欢的只是美的形式，而美的形式也的确是我们叹赏的主要原因，但并非唯一的原因。”② 所有这些论述表明，狄德罗是不同意仅从事物的形式因素去寻求美的本质的，因此，他不仅与过去的唯心主义美论划清了界限，而且和过去的机械唯物主义的、形式主义的美论也有明显的区别。

狄德罗也不赞成美是实用的学说。这方面他的论述是很有说服力的。他驳斥道：“如果实用是美的唯一基础，那么，一切的浮雕、暗纹、花瓶，总之，所有的装饰都变得是可笑而多余的了。但是，在以使人喜欢为唯一目标的事物中可以看到对摹仿的爱好。我们常常会欣赏某些形状，但并不是出于实用的观点去欣赏。”③

在考察和分析了以往的各种有代表性的美论之后，狄德罗便明确地提出了他自己对于美的本质的见解。他认为美的本质必须是“美的一切物体所共有的品质”，有了这个品质存在，物体就美；没有这个品质存在，物体便不美。“总而言之，是这样一个品质，美因它而产生，而增长，而千变万化，而衰退，而消失。然而，只有关系这个概念才能产生这样的效果。”④ 由此，狄德罗提出了“美在关系”说：

> 我把凡是本身含有某种因素，能够在我的悟性中唤起“关系”这个概念的，叫作外在于我的美；凡是唤起这个概念的一切，我称之为关系到我的美。⑤

按照狄德罗的理解，美是由事物本身存在着的真实的关系构成的，这种真实的关系能够被人所感觉并在悟性中唤起“关系”的概念，因此，“对关系的感觉就是美的基础”⑥，“就哲学观点来说，一切能在我们心里引起对关系的知

---

① 《狄德罗美学论文选》，人民文学出版社 1984 年版，第 22 页。
② 同上书，第 20 页。
③ 同上书，第 20—21 页。
④ 同上书，第 24—25 页。
⑤ 同上书，第 25 页。
⑥ 同上书，第 34 页。

觉的，就是美的”[①]。

在阐述上述美的定义时，狄德罗首先指出构成事物的美的各种关系是事物本身客观存在着的，而不是由人的主观所创造的，不是由人的观念移植到对象上去的。他说：“一个物体之所以美是由于人们觉察到它身上的各种关系，我指的不是由我们的想象力移植到物体上的智力的或虚构的关系，而是存在于事物本身的真实的关系，这些关系是我们的悟性借助我们的感官而觉察到的。”[②]人能够借助感官在悟性中对事物唤起“关系”的概念，因而感受到事物的美，但是，“我的悟性不往物体里加进任何东西，也不从它那里取走任何东西。不论我想到还是没想到卢浮宫的门面，其一切组成部分依然具有原来的这种或那种形状，其各部分之间依然是原有的这种或那种安排，不管有人还是没有人，它并不因此而减其美。”[③] 由此而得出的结论必然是：美是在事物本身中客观存在着的，是不以人的主观意识为转移的，也是不依存于人的主观意识的。这个结论充分表明，狄德罗是以唯物主义哲学作为理论基础去解决美的本质问题的，是坚定地捍卫和发展客观的美论的，因而他所提出的“美是关系”的定义也就是一个唯物主义的美的定义。

为了更深入地阐明美是客观存在的，狄德罗在美的定义中区别了“外在于我的美”和“关系到我的美”。这种区别不是美在客观和美在主观的区别，而是指客观存在的美与人的认识的不同关系。所谓“外在于我的美”是指存在于事物本身而还没有被人感觉和认识的美；所谓“关系到我的美”则是指已经被人感觉和认识到的事物本身的美。按照狄德罗的理解，美是客观存在的，不以人的主观意识为转移的，不管有人还是没有人，卢浮宫的门面并不因此而减其美；但是客观存在的美只有人才能认识，才能判别它为美，卢浮宫的门面在没有人时固然不减其美，“但这只是对可能存在的，其身心构造一如我们的生物而言，因为，对别的生物来说，它可能既不美也不丑，或者甚至是丑的。”[④]所以，“关系到我的美”须以“外在于我的美”作为客观根据；“外在于我的美”又须以“关系到我的美”而被人所认识。显然，对这两种美的区分表现出

① 转引自《文艺理论译丛》1958年第1期．人民文学出版社，第34页。

② 《狄德罗美学论文选》，人民文学出版社1984年版，第31页。

③ 同上书，第25页。

④ 同上书，第25页。

了狄德罗对美的客观存在与人的认识的关系的辩证理解，其目的是更有说服力地论证美是一种客观存在。

狄德罗不承认有所谓“绝对美”，但他认为美可分为“真实的美”和“相对的美”两种。这两种美的区别也还是由于事物本身的关系的不同以及它在人心中所唤起的关系的概念的不同。他说：

> 我们可以向读者断言，不论他们是从大自然中，还是从绘画，道德，建筑，音乐中借取例证，他们将发现，他们把那些本身会有某种因素能够唤起“关系”这个概念的一切，叫作真实的美，而把凡能唤起与应作比较的东西之间的恰当关系的一切叫作相对的美。[1]

真实的美是事物本身构成部分之间的关系形成的，因此我们孤立地对它本身进行观察，就可以唤起关系的概念，认识它的美。例如我们孤立地观察一朵花或一条鱼，“在它们的构成部分之间看到了秩序，安排，对称，关系”，从这个意义上说，一切花或一切鱼都是美的，这就是真实的美。相对的美是一事物和其他应作比较的事物之间的关系构成的，因此我们须将这一事物与其他事物联系起来进行观察，才能唤起关系的概念，认识它的美。例如我们把这朵花、那条鱼与别的花和别的鱼联系起来观察，看到在花类和鱼类中，这朵花、那条鱼“实际的关系”最多，在我心中唤起的关系的概念也最多，于是我们说它们在花类中、鱼类中是美的，这就是相对美。由于事物与可比较的他事物之间有好多种联系和关系，因此也就会存在好几种相对美。比如一朵马兰花，可以在马兰花中是美的，在花类中是美的，在植物中是美的，在大自然的产物中是美的，等等。总之，随着事物之间关系的变化，相对美亦发生变化。

我们知道，在狄德罗之前，英国美学家哈奇生曾经把美分为“绝对的美”和“相对的美”两种。据此，有的论者认为狄德罗关于“真实的美”和“相对的美”的区分只是“沿用着”哈奇生的分法，狄德罗所说的“真实的美”“即哈奇生所说的‘绝对的美’”。这种论断是与事实相左的。固然，狄德罗关于两种美的区分可能受到哈奇生的启发和影响，但是，狄德罗所说的两种美与哈奇生所说的两种美，在概念和实际含义上都是有很大区别的。哈奇生所说的绝对的美，按照他的解释“是指我们从对象本身里所认识到的那种美，不把对象看作某种其他事物的摹本或影像，从而拿摹本和蓝本进行比较”。但他断然否定

---

① 《狄德罗美学论文选》，人民文学出版社 1984 年版，第 28 页。

绝对美是对象本身所固有的性质，反而认为它是“人心所得到的一种认识”①。这与狄德罗认为真实的美是由事物本身存在的内部关系构成的在意思上是完全不同的。至于哈奇生所说的相对的美，按解释是“把这对象看作另一事物的摹本或与另一事物相类似”，所以，它是“以蓝本和抄本之间符合或统一为基础的”②，并且也是取决于人的认识的。这与狄德罗把相对的美理解为由客观事物之间的相互关系构成的也是有很大差别的。狄德罗在《论美》中对哈奇生的“绝对的美”和“相对的美”之说作过认真的分析批判，认为“他们这种区分所根据的，与其说是事物，不如说是美在我们心里引起的快感的各种源泉”③。至于哈奇生对相对美的论述，狄德罗则认为是种“显然奇怪有余而根据不足的学说”。所以，我们认为那种断定狄德罗区分“真实的美”和“相对的美”是沿袭哈奇生旧说的看法是没有根据的。

狄德罗关于真实的美和相对的美的区分对于构成美的本质的事物的实际的关系作了进一步的分析，从而使“美在关系”的定义得到具体的展开。关于相对美的论述，包含着对于美的辩证看法，特别值得重视。按照狄德罗的看法，相对的美须通过一事物与他事物的联系和关系才能见出，事物之间的联系和关系是多种多样的，由之而构成的美也是多种多样的；事物之间的联系和关系是变化发展的，由之而产生的美也是变化发展的。对于事物的美不能孤立地、静止地去看，而要从事物之间的普遍联系和变化发展中去看。对此，狄德罗曾以高乃依的悲剧《贺拉斯》中“让他死”这句话为例，作了生动有力的说明。如果向一个对这出戏一无所知，也不明白这句话何所指的人，问他对这个名句作何感想，那么被问者由于不知道“让他死”是什么意思，会回答说：他觉得这既不美也不丑。但是，如果告诉他这是一个人在被问及另一个人应该如何战斗时所作的答复，这场战斗关系到祖国的荣誉，而战士正是这位被问者的儿子，是他剩下的最后一个儿子，而且这个年轻人的对手是杀死了他的两个兄弟的三个敌人，老人这句话是对女儿说的，他是个罗马人。于是，随着这句话和当时环境之间的关系被介绍出来，“让他死”这句原先既不美也不丑的回答就逐渐

① 北京大学哲学系美学教研室编：《西方美学家论美和美感》，商务印书馆 1980 年版，第 97、98 页。

② 同上书，第 97、98 页。

③ 《狄德罗美学论文选》，人民文学出版社 1984 年版，第 10 页。

变美，终于显得崇高伟大了。但是，如果把环境和关系改变一下，把“让他死”从老贺拉斯口中搬到莫里哀笔下的喜剧人物司卡班口中，那么这句话就将变成滑稽、逗趣的了。可见，随着事物与周围环境和他事物之间关系的改变，事物的美也在改变。总之，“美总是随着关系而产生，而增长，而变化，而衰退，而消失”①。狄德罗能够用普遍联系和变化发展的观点论证美的产生和发展，说明他的美论中具有深刻的辩证法因素，这在旧唯物主义美学家中是十分难能可贵的。

狄德罗对“关系”概念所包含的具体内容、含义没有作明确的说明，但从论述中可以肯定，他所说的“关系”既存在于自然事物之中，也存在于社会事物之中，既包括自然事物内部及自然事物之间的自然关系，也包括社会事物内部及社会事物之间的社会关系，当然也可以包括自然事物和社会事物之间所形成的实际关系。从西方美学史上对于美的本质的探讨来看，有的主张美在自然属性，有的主张美在社会属性，这场争论延绵不绝。但理论和实际都表明，无论把美归结为自然属性或是社会属性，都具有极大的机械性、片面性，都难以避免机械的形而上学的唯物主义的缺陷。我们说美存在于事物本身，是通过事物的自然属性或社会属性表现的，但是这并不是说美的本质就是事物的自然属性或社会属性，单从事物的自然属性和社会属性也不能解释事物何以为美。再从主张美是自然属性或美是社会属性的观点看，它们往往都只着眼于某一种类的美，便以偏概全，想用它来规定美的本质，结果在理论上陷于捉襟见肘的境地。主张美是自然属性的完全无视社会美，并且对复杂的美的现象无法作出合理的说明；主张美是社会属性的完全无视自然美，在他们看来，自然美只是社会美的象征、暗示，是社会美的特殊表现形式。这当然缺乏说服力。狄德罗的“美在关系”的论点，和上述两种观点显然是有原则区别的。所谓“关系”既不是指自然属性本身，也不是指社会属性本身，既存在于自然事物中，也存在于社会事物中，这就避免了旧的美论中的机械论和片面论。从寻求美的本质的途径来看，狄德罗的“美在关系”说和马克思后来提出的“美的规律”的论点是相当接近的。

不过，作为美的定义，“美在关系”的提法并不是十分恰当的。对于“关系”这个概念，总的说来，狄德罗的理解还是比较模糊的。世界上一切物体、

---

① 《狄德罗美学论文选》，人民文学出版社 1984 年版，第 29 页。

一切事物都具有某种关系，但是并不是一切物体、一切事物都是美的。关系是各种各样的，究竟什么关系才是美呢？这个问题，狄德罗在《论美》中似乎已经意识到了，但是，他却没有能够加以分析并作出明确的回答。因此，他的“美在关系”说虽然能使人得到新的启发，却并没有完满地解决美的本质是什么的问题。而且，狄德罗在阐述中往往把事物的关系的数量的多少作为决定事物美丑的一个条件，这又表现出他仍然没有彻底摆脱机械唯物主义的局限。

第二节　现实主义艺术理论

狄德罗的“美在关系”说构成了他的唯物主义的美学思想基础，在这个基础之上他建立了系统、完整的现实主义艺术理论。艺术和现实的关系是现实主义艺术理论中的核心问题。狄德罗以这个问题为中心，对艺术的真实性问题、艺术的典型性问题、艺术想象和虚构问题以及艺术的倾向性和社会作用问题等，都作了认真的探讨和精辟的论述，从而将西方的现实主义艺术理论推进到一个新的阶段。

在狄德罗之前，欧洲的现实主义艺术经历了古代希腊罗马、文艺复兴、古典主义等几个发展阶段。不同时期的艺术理论家在总结各自时代现实主义艺术经验的基础上，对艺术的真实性问题，都发表过许多很好的意见。狄德罗继承了这方面的理论传统。但他对艺术真实性的强调是自觉地运用唯物主义哲学的反映论来观察和研究文艺现象的结果，因而具有更为坚实的理论基础，也具有更为完备的理论形态。他说：

> 只有建立在和自然万物的关系上的美才是持久的美……艺术中的美和哲学中的真理有着共同的基础。真理是什么？就是我们的判断符合事物的实际。摹仿的美是什么？就是形象与实体相吻合。①

这段话显然表明，狄德罗对艺术美的看法是以唯物主义反映论为基础的，并且是同“美在关系”说相一致的。其中最值得注意的，就是狄德罗将艺术中的美和真看成是完全一致的，认为艺术美就是“形象与实体相吻合”。所谓“形象与实体相吻合”，也就是具体形象的真理，换句话说，就是艺术的真实。这样，狄德罗也就肯定了艺术美必须以艺术的真实性作为前提，艺术的真实性和艺术的美一样，同为艺术不可缺少的根本属性。基于这个认识，狄德罗把真实地反映现实作为艺术的首要任务，把“真实、自然”作为对艺术创作的基本要求，作为衡量艺术作品的基本标准。他说：“任何东西都敌不过真实”，“一

---

① 《狄德罗美学论文选》，人民文学出版社 1984 年版，第 114 页。

切和自然与真实相悖的东西都是可笑和可厌的”[①]。他把“要真实！要自然！”作为向作家提出的创作口号；把“何等自然！何等真实！”作为赞扬优秀作品的评语。他向作家艺术家重复着同一个要求：“必须把事情如实表现”，“把他们所看到的自然如实地显示给我”，“把自然和真实表现给我们看”[②]。如果在创作中按照一般的技巧来处理题材与真实地显示自然不一致，那就宁可放弃这种艺术技巧的考究；如果艺术中的某种旧习惯和偏见阻碍了真实地表现自然，那就要冲破这些习惯和偏见加给艺术的束缚。狄德罗是重视艺术的道德教育作用的，即使如此，他也反对离开艺术的真实性原则去追求道德目的，反对艺术作品中对善的“过分美化”和对恶的“过分丑化”。他说：“无论过分美化或是过分丑化，我都不能容忍。善和恶同样也可能被刻画得过分。”[③] 总之，艺术的思想倾向性必须与反映现实的真实性相一致，不能离开艺术的真实性去追求思想倾向性。狄德罗的这些看法，充分说明他是把艺术的真实性看作艺术的生命的，是把艺术真实性原则作为创作的基本原则的。像他这样论述和强调艺术真实性的重要意义，在以前的美学和文艺理论家中还是少见的。

狄德罗对艺术真实性的要求是全面的。他认为艺术作品中的每一个构成因素都应当体现出“真实、自然”的要求。无论是人物、情节、环境、布局，还是语言、布景、服饰、表演，从内容到形式，都不能和真实性相违背。在《理查逊赞》中，狄德罗称赞英国感伤主义小说家理查逊的作品达到了“字字真实”。他写道：“他的惨剧的内容是真实的，他的人物具有最大的现实性，他刻画的性格取自社会，他叙述的事件在一切文明国家的风习中都存在，他所描绘的热情一如我切身的体验。”[④] 就是说，理查逊小说中对人物、事件、环境乃至情感的描绘，都是具有真实感的。对于理查逊小说中细节描写的真实，狄德罗也是赞赏的，认为“正是这些细节的真实使心灵能够接受伟大事件的强烈印象”。

狄德罗坚持认为，艺术的真实只能来自现实生活。在这方面，他继承了亚里士多德关于艺术是现实的模仿的理论传统，强调艺术要模仿自然。在《画

① 《狄德罗美学论文选》，人民文学出版社 1984 年版，第 209 页。

② 同上书，第 213 页。

③ 同上书，第 203 页。

④ 同上书，第 249—250 页。

论》中，他指出自然是画家的范本，因此，画家“需要对自然的更严格的模仿”，并说“如果认真仔细地模仿自然，就根本不会有什么矫揉造作”。他主张画家到现实生活中去，直接感受和研究自然的真实面貌，做一个“对自然的精确的观察者”。他对那些关在画院里照着摆出矫揉造作姿态的模特儿写生的学生们说：“你们到乡间小酒店去，你们会看到人们在发怒时的真实动作。你们要寻找公众聚会的场景；观察街道、公园、市场和室内，这样，你们对生活中的真实动作就会有正确的概念。”① 他还指出学生依样画葫芦地学习老师的绘画，陈陈相因，而不去观察和研究自然真实面貌，是造成绘画中形象不真实的根源。这些看法都表现出狄德罗是把艺术的真实性牢牢植根于现实生活的基础之上的，是符合唯物主义反映论的。

在狄德罗之前，古典主义文艺理论家布瓦洛也提出诗人要研究自然、模仿自然。但古典主义者心目中的“自然”，是一种由理性统辖的自然，主要是指普遍的自然人性。所以，在古典主义看来，模仿自然和体现理性本来就是一回事。艺术要达到真实，根本的还是要依靠理性、符合理性。自然须经过封建的、资产阶级的文化的清洗，才能真正成为艺术模仿的对象。布瓦洛把诗人模仿自然的范围，限制在“认识都市、研究宫廷”，就是基于这种原因。狄德罗所理解的作为艺术模仿对象的“自然”，和古典主义有很大的不同。他说：

> 诗人需要的是什么？是未经雕琢的自然，还是加过工的自然；是平静的自然，还是动荡的自然？他喜欢纯净肃穆的白昼的美呢，还是狂风阵阵呼啸，远方传来低沉而连续的雷声，或闪电所照亮的上空中黑夜的恐怖？他喜欢波平如镜的海景，还是汹涌的波涛？……诗人需要的是巨大的、野蛮的、粗犷的气魄。②

这就是说，诗人不应当只是模仿经过理性和文化清洗的“彬彬有礼”的自然，而应当努力模仿原始的、粗犷的、动荡的自然。就社会生活来说，就是要反映尖锐的矛盾冲突、“惊心动魄的景象”、“非常的事变”、“必欲畅抒胸怀而后快”的情感……也只有在这时，自然才为艺术提供范本。这些看法，显然是针对古典主义的，同时它也启示了近代现实主义艺术发展的方向。通过这些鲜明的艺术主张，我们已经可以强烈地感受到狄德罗作为法国启蒙运动的伟大人

① 《狄德罗美学论文选》，人民文学出版社 1984 年版，第 368 页。
② 同上书，第 206 页。

物，“为行将到来的革命”呼唤、呐喊的战斗精神。

狄德罗虽然强调自然是艺术的范本，但他同时也指出艺术美不等于自然美，艺术真实不是对自然的简单抄袭。他再三说明，艺术家不应当是自然的“纯粹的模仿者、普通自然景色的抄袭者”，而应当是“理想的、充满诗意的自然的创造者”。在《演员奇谈》中，他批评舞台上“过分忠实地模仿真实的自然”的表演，认为这种简单的模仿，“即便是最美的自然，也是不允许的”。他写道：“戏剧里所谓真是什么意思，指的是不是按照事物的本来面目表现它们？绝对不是。要这么理解，真就成了普通常见的。那么舞台上的真到底是什么东西呢？这里指的是剧中人的行动、言词、面容、声音、动作、姿态与诗人想象中的理想范本保持一致，而且演员往往还要夸大这个理想范本。”① 所谓“理想范本”，实际上就是指诗人所创造的典型形象。它不是对生活中某一个真实人物的临摹，而是集中、概括了生活中许多人物的共同特点而创造出来的。对此，狄德罗举例说：“比亚科员是某一伪君子，格里则尔神父是某一伪君子，但是都不是标准的伪君子。金融家杜那尔是某一吝啬鬼，但是他不是标准吝啬鬼。标准吝啬鬼和标准伪君子是根据世上所有的杜那尔和格里则尔创造出来的。这要显示他们最普遍最显著的特点，而不是其中某一个人的精确肖像，因此任何一个人都不能在这里面认出他自己。”② 这段话可以说是对于将生活中人物加以典型化，以创造艺术的典型人物的精辟概括。由此可以看出，狄德罗是把艺术真实和典型化问题互相联系在一起的。艺术真实是对生活进行集中概括和典型化的结果，所以它“便不复是自然”，而是比自然的真实更高、更理想、更带普遍性。

在古典主义美学著作中，所谓典型化被解释成了类型化。如布瓦洛在《诗的艺术》中虽然也看到人性在各人身上的表现有不同的特点，但又把人物的性格特点仅仅按照人物的类别加以区分，并且将它们凝固化，似乎每类人物的性格特点都是永不变易的。他由于片面强调理性和普遍性，而忽视了人物的个性。狄德罗在理论上注意纠正古典主义的片面性。他虽然认为典型人物要表现出某类人物“最普遍最显著的特点”，要成为“理想的范本”，但是也很重视人物的个性差异。他指出现实生活中的人物个性本来就是丰富多彩的、千差万别

① 《狄德罗美学论文选》，人民文学出版社 1984 年版，第 291 页。

② 同上书，第 309 页。

的。“这就同树上的叶子一样，没有两张叶子是同样绿的；没有两个人的动作和体态是完全一样的。”① 既然如此，艺术家必须充分表现出人物之间的个性差别，才能避免一般化、雷同化，也才能反映出生活的真实面貌。他提醒画家说：“对于一个跟别人一起前来的人和一个为利害所趋而行动的人，对于一个身边没有别人的人和一个受人注视的人，如果你抓不住其间的区别，那就把画笔摔到火里烧掉吧。否则的话，你一定会把你所画的形象都变得经院化。”② 综合狄德罗对于艺术真实和典型形象的看法，就是既要植根于自然，又要超越自然；既要概括事物的普遍性，又要表现事物的个别性；既要反映事物的本质联系，又要描绘事物的真实外貌。比起他的许多前辈，狄德罗这些看法显得要全面得多、完备得多。

艺术真实既是由艺术家对现实生活进行加工改造并加以典型化而创造的，就不能不看到虚构和想象的重要作用。在这方面，狄德罗也有相当精辟的论述。他指出艺术和历史、艺术的真实和历史的真实的一个重要区别，就是前者需要而且容许有虚构，而后者则与此相反。他说：

> 历史家只是简单地、单纯地写下了所发生的事实，因此不一定尽他们所能把人物突出，也没有尽可能去感动人和提起人的兴趣。如果是诗人的话，他就会写出一切他认为最感人的东西。他会想象出一些事件。他可以杜撰言词。他会对历史添枝加叶。对于他，重要的一点是做到奇异而不失为逼真。③

这里明确指出历史只记下发生的事实，而艺术则可以虚构、杜撰；历史记录事实，不以刻画人物形象和感动人为目的，而艺术则通过虚构塑造人物形象，以感动人为目的。通过这种比较分析，艺术真实的特殊品格就显得更为明显了。艺术真实虽然是经过虚构创造出来的，但它在反映现实生活上却可以达到历史所没有的“逼真性”。这是为什么呢？对此，狄德罗的回答是：“在自然界中我们往往不能发觉事件之间的联系，同时由于我们不认识事物的整体，我们只在事实中看到命定的相随关系，而诗人却要在他的作品的整个结构中贯穿一个明显而容易觉察的联系。所以比起历史学家来，他的真实性虽少些，而逼

① 《狄德罗美学论文选》，人民文学出版社 1984 年版，第 406 页。

② 同上书，第 396 页。

③ 同上书，第 160—161 页。

真性却多些。”[①] 这就是说，在自然的事件或历史的事实中，事物之间的联系往往是隐蔽的、偶然的，而在诗人运用典型化方法虚构的艺术的真实中，事件之间却显示出明显的、必然的联系，更充分地反映出现实的本质规律。这就是狄德罗所说的“逼真性”。由于这个原因，所以他认为“诗的目的比历史的目的更广泛”[②]。

艺术虚构和典型化都离不开想象。狄德罗称“想象是人们追忆形象的机能”。他说，当人们运用想象的时候，“也就是说由抽象的、一般的声音转化为比较不抽象的、比较不一般的声音，一直到他获得某一种明显的形象表现，也就是到达理智的最后一个阶段，即理智休息的阶段。到这时候，他成了什么呢？他就成了画家或者诗人。”[③] 这里最值得重视的有两点：第一，肯定只有想象才是创造形象的心理能力，想象的结果是要“获得某一种明显的形象表现”；第二，肯定想象是以理智为基础的，因此不能将它和理性对立起来。想象之所以能够成为艺术典型化的重要心理功能，就在于它既是不脱离感性形象的，又是渗透着理性因素的。

为了阐明想象对于艺术创作的重要性，狄德罗将艺术和哲学、艺术的真实和哲学的真实进行了比较分析。他说：“诗里的真实是一回事，哲学里的真实又是一回事。为了真实，哲学家说的话应该符合事物的本质，诗人说的话则要求和他所塑造的人物性格一致。”[④] 哲学家从大量的事实和现象中抽象出它们的本质、规律、一般性、普遍性，从而形成哲学的真理。艺术家则要通过他所塑造的形象和性格，使本质规律寓于感性形象之中，一般性、普遍性寓于特殊性、个别性之中。所以，艺术真实不同于哲学中对真理的抽象概括，它是形象的真实，是真理的形象体现。由此，狄德罗认为艺术家和哲学家在达到真实的途径和方式上也是不同的。他说：“把一系列必然相联的形象按照它们在自然中的先后顺序加以追忆，这就叫做根据事实进行推理。如已知某一现象，而把一系列的形象按照它们在自然中必然会先后相联的顺序加以追忆，这就叫做根据假设进行推理，或者叫做想象，按照你所选的不同目标，你就是哲学家或者

① 《狄德罗美学论文选》，人民文学出版社 1984 年版，第 157 页。
② 同上书，第 161 页。
③ 同上书，第 162 页。
④ 同上书，第 196 页。

诗人。”[①] 根据狄德罗的看法，哲学家认识世界的真理，主要是通过“推理”；艺术家创造艺术真实，主要是通过“想象”。推理须根据事实，而想象可以在事实的基础上进行假设。但想象和推理都可能是“合乎逻辑”的，也就是说是能够反映客观事物和现象的“必然联系”的。这里，狄德罗已经接触到了哲学的抽象思维和艺术的形象思维的联系和区别。这样结合着艺术的特征来论述艺术的真实性问题，显示出狄德罗对艺术规律的理解是极其深刻的。

① 《狄德罗美学论文选》，人民文学出版社 1984 年版，第 163 页。

第三节　戏剧创作和表演理论

狄德罗对戏剧艺术有着精湛的研究，在戏剧理论上也作出了重大贡献。他在这方面的功绩，首先就表现在对于“严肃剧”的提倡和与此相适应的现实主义戏剧理论的建立。

在狄德罗把注意力集中到戏剧问题上的时候，有两方面的情况影响着法国戏剧的发展。一方面，作为 17 世纪法国文学主潮的古典主义在相当大的程度上仍然统治着 18 世纪的法国剧坛，不少戏剧作家照常按古典主义的创作原则进行写作。古典主义在法国文坛兴起的时候，是具有一定的历史进步意义的。它在戏剧领域曾经取得了巨大的成就，产生了像高乃依、拉辛、莫里哀这样杰出的悲剧和喜剧作家。但是，它毕竟是君主专制政治的产物，其内容具有明显的保守性。它的创作首先是为宫廷服务的，必然要迎合宫廷和贵族的趣味。与封建等级制度相适应，古典主义把文学也分成不同的等级，在戏剧中规定了悲剧和喜剧之间的严格界限。悲剧是“高贵的”体裁，用来表现帝王将相；喜剧是“卑下的”体裁，用以表现低贱人物。古典主义悲剧家主张从古希腊罗马文学和历史中寻找题材，同当代保持相当大的距离。同时要求悲剧中人物品性须与贵族的身份一致，风格须庄严、典雅，语言则须力戒粗俗、采用韵文。这些界限和清规戒律不仅导致作品中形象不够真实、自然，而且严重限制了对资产阶级生活内容的充分表现。到了 18 世纪，古典主义虽然仍然在戏剧中占据统治地位，但它已违背时代要求，逐渐成了日趋没落的封建专制制度的工具，阻碍着戏剧艺术向前发展。另一方面，随着时代的发展，新兴的资产阶级日益壮大，他们迫切要求在文学艺术和戏剧中表现自己的生活和思想。旧有的悲剧和喜剧体裁都不适应于完成这个新的任务。因为悲剧须表现王公贵族，无法容纳资产阶级的形象；喜剧则须嘲笑卑下人物，资产阶级也不甘心在舞台上充当这样的角色。所以，为了表现新的阶级，反映新的生活，必须对传统的悲、喜剧进行改革。早在文艺复兴时期，意大利剧作家瓜里尼和西班牙剧作家维加就曾经主张打破悲剧和喜剧的传统界限，建立一种“悲喜混杂剧”。到了 17、18 世纪之交，英国又出现了一种既不是悲剧也不是喜剧的感伤剧。法国人把这种戏剧称为“泪剧”。它是用散文的语言表现普通人的日常生活，具有新的特色。狄德罗面对新时代对戏剧的要求，一方面批判古典主义强加于戏剧的清规戒律，一方面总结随时代发展应运而生的新剧种的经验，从理论上加以提高和阐明，从而提出了建立新的“严肃剧”的主张。

在《关于〈私生子〉的谈话》(1757) 和《论戏剧诗》(1758) 两篇重要文艺论文中，狄德罗对建立“严肃剧”的主张作了全面、深刻的理论阐述。他提出戏剧系统的范围并不限于悲剧和喜剧，在传统的悲剧和喜剧之外，还应有一种介乎悲剧和喜剧之间的剧种。这种剧种应该叫做“严肃剧”。为什么需要有这个剧种呢？狄德罗的道理是：

> 一切精神事物都有中间和两极之分。一切戏剧活动都是精神事物，因此似乎也应该有个中间类型和两个极端类型。两极我们有了，就是喜剧和悲剧。但是人不至于永远不是痛苦便是快乐的。因此喜剧和悲剧之间一定有个中心地带。①

狄德罗试图从现实生活和文艺创作两方面为严肃剧种的建立寻找根据。他认为生活中最普遍的行动并不是非悲即喜，它们可能既没有使人发噱的笑料，也没有令人战栗的危险，但是仍然具有令人感兴趣的东西。可是，悲剧和喜剧都不是以这些生活中最普遍的行动为对象，这就不能不使戏剧反映生活受到极大局限。而严肃剧恰恰就是以生活中最普遍的、引人兴趣的行动作为对象，所以，“这类戏剧如果成立，就没有什么社会情境和重要的生活情节不能归到戏剧体系这部分或那部分了。”② 捍卫古典主义戏剧规则的人们总是把古希腊、罗马戏剧奉为典范，狄德罗却认为即使古代作家的剧作也并不都是非悲剧即喜剧。他以罗马剧作家泰伦斯的《婆母》为例，质问道：“这出戏是属于哪一类型呢？属于喜剧吗？里面并没有使人发笑的字眼。属于悲剧吗？剧中并无恐怖、怜悯或其他强烈的感情的激发。可是剧里仍有令人感兴趣的东西。”③ 可见在悲剧和喜剧之外，是应该而且可以有一个中间类型的剧种存在的。这种见解对于坚持悲剧和喜剧有不可逾越界限的传统的古典主义戏剧法则，无疑是一个挑战。

---

① 《狄德罗美学论文选》，人民文学出版社 1984 年版，第 90 页。
② 同上书，第 90—91 页。
③ 同上书，第 90 页。

如前所述，在狄德罗之前，早已有些戏剧理论家和作家提出过将悲剧和喜剧混合为一种新剧种的主张。它们当然也可以说是狄德罗倡导的严肃剧理论的先驱。但是，狄德罗所说的严肃剧却不是完全如他的先驱者所主张的那样，仅仅是悲剧和喜剧的简单凑合和混杂。要求让悲剧中的帝王和喜剧中的平民在同一个剧本出现，使伟大和卑贱、哀怜和笑谑互相交织，这固然也具有冲破悲、喜剧界限的作用，但是却不能建立一种真正的、具有特殊性质的新剧种。狄德罗是不赞成这种悲喜混杂剧的，“因为在这种戏剧里，人们把相互距离很远而且本质截然不同的两种戏剧混在一起了。”[①] 想用不易看出的色调来把两种本质各异的东西调和起来是根本不可能的，它只能破坏戏剧的统一性。狄德罗比他的先驱者们大大地向前跨进了一步，他不是只从戏剧形式来提出问题，而是站在时代生活的前列，从现实生活及其变化出发来考察戏剧的改革问题。所以，他要建立的严肃剧是一个真正的、具有特殊性质的新剧种。狄德罗所说的严肃剧，就是市民剧，也就是后来的所谓“正剧”。从西欧戏剧发展上来看，狄德罗正是从新的时代需要出发，对市民剧的性质和要求从理论上作出概括的第一人。

狄德罗阐述严肃剧的特殊性质，首先强调的是它与传统的悲剧和喜剧在反映对象和表现内容上的区别。他认为严肃剧按其描写对象的不同，也可以分为“严肃喜剧”和“家庭悲剧”，但两者都不同于传统的喜剧和悲剧。传统的喜剧“以人的缺点和可笑之处为对象”，严肃的喜剧则“以人的美德和责任为对象”；传统的悲剧“一向以大众的灾难和大人物的不幸为对象”，家庭悲剧则“以家庭的不幸事件为对象”。无论是强调描写人的责任，还是提倡描写家庭生活，都是指明严肃剧应以普通人的常见的日常生活为对象。这个新的对象必将为戏剧诗人提供丰富的源泉，并使戏剧创作和现实生活产生紧密的联系，从而引起戏剧创作在题材、主题、人物、情节等内容方面的新变化。古典主义悲剧创作不是从现实生活中，而是从历史、传说中吸取题材和情节，这就使戏剧严重脱离了新时代的现实生活。狄德罗反其道而行之，坚决主张新剧种的内容要立足现实生活，提出和讨论当代的各种重要的社会问题。他呼吁新剧种要选取“人类的实际生活所供给的题材”，“而且一定要和现实生活很接近”，要描写“我们周围的不幸”，展现“现实的场面”，总之，要使戏剧反映的生活“距离我们

---

① 《狄德罗美学论文选》，人民文学出版社 1984 年版，第 92 页。

比较近”。狄德罗说：“一部作品，不论是什么样的作品，都应该表现时代精神。”① 新剧种当然也不例外，作为应运而生的新时代的产物，新剧种必以表现新的时代精神为己任，所以，“在正剧里，风格应是更有力，更庄严，更高尚，更激烈，更富于我们叫做感情的东西。”② 当然，所谓“接近现实生活”，所谓“表现时代精神”，对于狄德罗来说并不是抽象的、空洞的东西，它们是包含着特定的内容和含义的。虽然狄德罗并没有用明确的概念说明他主张严肃剧所表现的现实生活和时代精神，就是资产阶级的现实生活和时代精神，但是，从他把新剧种的性质明确规定为“市民的”来看，从他强调剧情要“带有家庭性质”，要“有力地描写人的责任”来看，他无疑是要求将资产阶级的生活、人物、情感、愿望作为新剧种反映和表现的根本内容。狄德罗曾经按照他的严肃剧的理论创作了两个剧本——《私生子》和《家长》。这两个剧本都不算成功，但它们却足以证明狄德罗对严肃剧在内容上的期待是什么。这两个剧本都是以市民阶级的人物作为主角，以家庭关系为纽带展开情节，或是赞美青年之间忠于友情的“美德”，或是表现父女、父子之间应尽的“责任”，其目的都是要以资产阶级的理想人物的形象，去取代古典主义戏剧中的贵族阶级的人物形象。

古典主义戏剧为了适应宫廷贵族的审美情趣和需要，追求庄严、典雅的风格，极尽矫揉造作、精雕细琢之能事，致使戏剧从内容到形式都显得不够真实、不够自然。时代生活越是向前发展，固守僵化的古典主义形式、法则，就越是妨碍着戏剧真实、自然地反映现实生活。针对这一积弊，狄德罗反复强调戏剧创作和表演必须“真实”“自然”，并且把它作为新剧种创作的基本的艺术原则之一。他说：“在艺术中，如同在自然界一样，一切都是相互联系着的，人们如果接近真实的某一方面，也就会接近它的很多别的方面。那时我们在舞台上将看到一些自然的情景，而这正是一向与天才以及巨大效果为敌的礼仪所摒弃的东西。我将不倦地向我们法国人呼吁：真实！自然！”③ 要做到这一点，就必须打破古典主义为戏剧创作设置的各种藩篱，坚持一切从真实地表现现实生活出发，使戏剧的内容和形式都接近现实生活中真实和自然的情景。他说：

① 《狄德罗美学论文选》，人民文学出版社 1984 年版，第 85 页。

② 同上书，第 135 页。

③ 同上书，第 77 页。

"如果一旦你们的戏剧中最细小的情景都是自然和真实的，那么你们不久就会觉得一切和自然与真实相悖的东西都是可笑和可厌的。"[①] 在这方面，狄德罗和亚里士多德一样，特别推崇古希腊悲剧家索福克勒斯，要戏剧家们"学习他的菲罗克忒忒斯!"菲罗克忒忒斯是古希腊神话中的神箭手，他参加古希腊远征特洛亚的大军，中途被蛇咬伤，被同伴遗弃在一个荒岛上。索福克勒斯在悲剧中描写他倒在岩洞口，身上穿着破烂的衣衫，在地上打滚，发出含混不清的痛苦的号叫。这种描写在古典主义剧作中是不会出现的。然而狄德罗却称赞它说："布景是粗野的，剧中不讲排场，只有真实的声音，真实的语言，简单而自然的剧情。如果这样的景象倒不如衣着华丽、油头粉面的人物的景象更使我们感动，那准是我们的鉴赏力退化了。"[②] 很明显，在狄德罗看来，只有做到真实、自然，才能使戏剧更加感人，才能符合当代人的审美趣味。为了使戏剧创作和表演达到真实、自然，狄德罗对于人物性格刻画、情节场面处理、语言台词运用，以至舞台布景、服饰化妆和演员表演，都提出了一定的要求，并使之与古典主义的陈规旧法相对立。古典主义戏剧强调表现贵族阶级的英雄人物要加以夸张和理想化，把他们写成"论勇武天下无敌，论道德众美兼赅：纵然是在弱点上也显出英雄气概"（布瓦洛：《诗的艺术》）。狄德罗反对这种"对性格的漫画式的夸张"，他认为对人物的过分美化或过分丑化都会违背真实、自然的原则，必须"对人作如实的描写"。古典主义悲剧是用堂皇典丽、格律谨严的韵文来表现宫廷贵族华丽阔绰的生活和高贵身份的人物，语言风格矫揉造作，与真实、自然地表现日常生活和普通人物格格不入，所以，狄德罗主张新剧种"摒弃那种匀称的语言"，不用韵文而改用散文。"台词则应该依据自然"，"每一种性格都有一种与之相适应的格调"。这种主张对于古典主义戏剧来说，是在艺术形式上的根本改造，具有很大的进步意义。古典主义戏剧表演讲究服饰的奢华浓艳、景象的富丽堂皇，这也是导致不自然、不真实的一个重要因素。对此狄德罗断然指出："豪华破坏一切。富丽堂皇的景象未必就美。""越是严肃的戏剧体裁，服装就越要简朴。"[③] 为此，狄德罗在戏剧创作和表演中大力倡导"简朴美"，这在当时是有着扭转舞台风尚和端正观众审美趣味的积

① 《狄德罗美学论文选》，人民文学出版社1984年版，第209页。

② 同上书，第77页。

③ 同上书，第211页。

极作用的。

从真实、自然地反映生活出发，狄德罗在戏剧理论上创造性地提出了“情境说”。在西方，对于悲剧的描写对象，传统的看法是强调行动或情节。亚里士多德关于“悲剧是行动的模仿”和悲剧成分中“最重要的是情节”的看法，仍然是古典主义悲剧创作遵循的重要法则。此外，古典主义戏剧家也强调人物性格的描写，不过，他们所理解的性格，往往是指某一类型人物的普遍特性，如“老实”“荒唐”“骄蹇”“自私”等。在古典主义文艺理论家看来，这些不同类型的人的性格，都是天生的、凝固不变的，与社会环境和条件没有关系。而戏剧特别是喜剧，就是以这种性格作为主要描写对象的，至于人的社会处境则被放在次要的地位。狄德罗认为这种理论和创作原则不符合新剧种反映现实生活的要求。他提出用“社会处境”或“情景”代替所谓“性格”作为新剧种的主要描写对象。他说：

> 到目前为止，在喜剧里，性格是主要对象，处境只是次要的。今天，处境却应成为主要对象，性格只能是次要的。过去，人们从性格引出情节线索，一般是找些能烘托出性格的场合，然后把这些情景串起来。现在，作为作品基础的应该是人物的社会地位、其义务、其顺境与逆境等。依我看，这个源泉比人物性格更丰富、更广阔，用处更大。①

狄德罗所说的“社会处境”或“情景”，既包括人的社会地位、身份，所承担的义务、责任，也包括人的社会环境、生活条件，其核心内容则是人物生活于其中的特定的社会关系。我们知道，狄德罗在提出“美是关系”说时，虽然对“关系”概念的内容没有作进一步说明，但在分析相对美时却特别提到了社会关系和社会环境。他认为艺术的美就是“形象与实体相吻合”，真实地反映现实生活。而要做到这一点，就应该真实地描写社会关系、社会环境。所以，狄德罗的社会情境说是“美在关系”说的必然延续，两者是有内在联系的。为什么新剧种要以社会处境或情景作为主要对象呢？因为在狄德罗看来，社会处境“这个源泉比人物性格更丰富、更广阔，用处更大”。他写道：“社会处境！从这块土壤里能抽出多少重要的情节、多少公事和私事、多少尚未为人所知的真理、多少新的情况啊！”“世界上也许没有任何东西比各种社会情景对

---

① 《狄德罗美学论文选》，人民文学出版社 1984 年版，第 107 页。

我们更为陌生、更应该使我们发生兴趣了。”① 人的全部社会生活条件、人与人之间的各种社会关系，构成了现实生活的主要内容，现实生活中的每一个人都是处在一定的社会关系之中并在其中行动着、思想着、追求着。社会关系以及由此而形成的社会情境不仅内容丰富，而且千变万化。从这方面说，狄德罗强调新剧种要以社会处境和情景作为主要对象、主要内容，对于戏剧接近现实生活、加强社会内容无疑是具有很大的积极意义的。狄德罗不是不重视人物性格的描写。他明确指出“把人物性格刻画得好”是使作品获得成功的必要条件。可是，他同样明确指出：“人物性格要根据情境来决定。”② 所以，只有从舞台上人物的真实情境出发，“按照情景去决定你的人物的性格”，才能使性格刻画得真实、生动、感人。古典主义文艺理论家往往把人的性格看成天生的、固定不变的，看不到它与社会条件、社会环境的关系。狄德罗则强调环境对性格的决定作用，强调性格是随社会条件的变化而变化的。这种见解从一个方面揭示了人物性格和社会环境之间的有机联系，是对现实主义戏剧理论的一个重要贡献。

传统的喜剧在人物性格刻画上主要采用性格对比手法。例如戏里出现一个焦躁粗暴的人物，接着必出现一个平静温和的人物与之相对照。这种性格对比虽然能产生强烈效果，但是却又容易导致不真实、不自然。因此，它也受到狄德罗的批评。狄德罗指出，在实际生活中人们的性格只是各有不同，极少截然对立，因此，在戏剧中强调性格对比，不利于真实地反映生活；同时硬要将对立性格的人物拽在一起，也会使剧情的开展显得不自然。“十有其九，对比要求这样一场戏，而故事的真实性却要求另一场戏。”此外，性格对比还有单调、贫乏、技巧外露、矫揉造作等毛病。因此，狄德罗主张用性格的千差万别代替性格的截然对立。同时，他还结合情境说，另提出一种对比说。他说：“真正的对比是人物性格和情境之间的对比，是不同的利害之间的对比。”③ 例如写阿尔赛斯特恋爱，就让他爱上一个风流的女子；如果是阿尔巴贡，就让他爱上一个贫苦的女子。人物性格和情境之间的对比，人物的不同利害之间的对比，具有更为丰富、更为深刻的社会内容，因而也会给戏剧冲突提供新的动力。狄

① 《狄德罗美学论文选》，人民文学出版社 1984 年版，第 108 页。
② 同上书，第 179 页。
③ 同上书，第 179 页。

德罗主张戏剧冲突要建立在人物和环境、人物不同利害相互冲突的基础之上。“情境要有力地激动人心，并使之与人物的性格发生冲突，同时使人物的利害互相冲突。应该使一个人不破坏别人的意图就不能达到自己的目的，或者使大家关心同一件事，然而每个人希望这件事按照他的打算进展。”① 这些看法，和后来黑格尔的“冲突”说已经相当接近了。

以上说明，狄德罗关于严肃剧及其创作理论，和他对艺术与现实关系的现实主义理解是完全一致的，也是反映着时代对于文学艺术的新的要求的，它不仅在法国戏剧理论发展史上标志着一个新阶段，而且直接影响着欧洲戏剧的发展。和狄德罗相呼应，莱辛在德国也大力倡导“市民剧”。他们所提倡的新剧种，19 世纪以后为各国戏剧家所广泛采用，终于成为欧洲戏剧的主要类型之一。

狄德罗在戏剧艺术研究方面的另一内容，是以往戏剧理论家很少过问的戏剧表演艺术。他的《演员奇谈》就是一篇系统地论述戏剧表演艺术的美学论文。这篇论文所讨论的中心问题是：演员在表演角色时是否应当动感情？究竟应当凭理智去表演，还是凭感情去表演？对于这个问题，狄德罗的基本看法是：演员不应当凭感情去表演，他在表演角色时应当“不动感情”，不受剧中人感情的驱使，不使自己成为剧中人。恰恰相反，演员应当头脑冷静，善于控制自己，“他必须是一个冷静的、安定的旁观者”，凭思索、判断力和想象力去表演角色。为了把这两种不同的表演方法对照起来说明它们的优劣，狄德罗分析了它们所产生的完全不同的效果：

> 凭感情去表演的演员总是好坏无常。你不能指望从他们的表演里看到什么一致性；他们的表演忽强忽弱，忽冷忽热，忽而平庸，忽而卓越，今天演得好的地方明天再演就会失败，昨天失败的地方今天再演却又很成功。但是另一种演员却不如此，他表演时凭思索，凭对人性的钻研，凭经常模仿一种理想的范本，凭想象和记忆。他总是始终如一，每次表演用同一个方式，都同样完美。②

所以，在狄德罗看来，最优秀的演员不是易动感情的演员，而是有卓越判

---

① 《狄德罗美学论文选》，人民文学出版社 1984 年版，第 179 页。

② 同上书，第 281—282 页。

断力和头脑冷静的演员。“他不是用情感，而是用头脑去完成一切。”① 在这方面，狄德罗特别推崇当时著名的法国女演员克莱蓉，认为她不是靠一时的感情冲动表演，而是始终遵循事先经过研究而塑造出的理想范本。“当她一旦上升到她塑造的形象的高度，她就控制得住自己，不动感情地复演自己。”② 她一方面表演着角色，另一方面又在判断自己，判断她在观众中间产生的印象。在这个时刻，她是双重人格：既是娇小的克莱蓉，也是伟大的亚格里庇娜（拉辛的悲剧《布里塔尼居斯》中的人物）。狄德罗认为只有不凭感情而凭理智表演的演员，才能应付裕如地表演各种性格和各种角色，才能每次都同样成功地扮演同一角色，才能准确地、恰如其分地模仿理想的范本，才能摆脱自然禀赋的局限而在艺术上达到炉火纯青的地步。

狄德罗认为演员在表演时不是受自己感情的支配，也不是去体验角色的感情，而是在理智控制下，去“模仿一种理想的范本”。这种理想的范本是演员以戏剧脚本为基础，经过自己的揣摩、钻研，通过想象把它作为一个完美的形象创造出来的。演员在戏剧脚本的基础上可以进行再创造，他塑造的理想的范本有可能远远超过戏剧诗人写作时的理想范本，但是这个理想范本并非他本人。凡理想的范本都是经过作家和演员的创造而对生活进行典型化的结果，它和自然中个别的模特儿有着很大差距。演员的表演只有认真模仿理想的范本，才能在舞台上创造出艺术的真实。“舞台上的真到底是什么东西呢？这里指的是剧中人的行动、言词、面容、声音、动作、姿态与诗人想象中的理想范本保持一致，而且演员还要夸大这个理想范本。”③ 所以，演员的才能不是多情善感，而是要能够依靠卓越的判断力、丰富的想象力去创造一个理想的范本，然后在表演时准确地模仿这个理想的范本。“她的才能在于虚拟一个伟大的幽灵，然后天才地模仿这个幽灵。”④ 演员在模仿理想的范本时，虽然头脑冷静、不动感情，但是他却能出色地表现感情丰富的人的感受，而且能使观众信以为真，被表演所感动，这是什么原因呢？“这是因为，正当他使你心情激动的时候，其实他在听他自己说话；他的全部才能并不如你想象的那样在于易动感

---

① 《狄德罗美学论文选》，人民文学出版社 1984 年版，第 285 页。

② 同上书，第 283 页。

③ 同上书，第 291 页。

④ 同上书，第 314 页。

情，而在于毫厘不爽地表现感情的外在标志，使你信以为真。”① 越是伟大的演员，越是熟悉这些感情的外在标志，他能根据塑造得最好的理想范本最完善地把这些外在标志扮演出来，所以尽管他丝毫不动感情，头脑冷静地进行表演，却能欺骗观众，打动观众。

关于戏剧表现艺术，在西方戏剧理论家和演员中有两大派，即表现派和体验派。表现派强调理智，强调表现，认为演员在表现角色情感的同时，应当始终保持冷静，不为所动。体验派则强调情感，强调体验，认为演员在表演时应当生活于角色的生活之中，感受角色的感情。狄德罗的戏剧表演理论，从基本倾向看是接近表现派的。表现派和体验派中都出现过成功的表演艺术家，但如从它们的理论主张来看，则都带有一定的片面性。表现派强调理智过度会牺牲情感，体验派强调情感过度也会丧失理智，这都不利于角色的创造。狄德罗突出地揭示了演员表演时审美心理的内在矛盾，认为演员的激烈情感应受到理智的节制，这是合理的。他进而认为作家、诗人在直接受到感情驱遣时往往写不出好文章，只有痛定思痛，使感情受到理智控制时才能作出好文章，这也是符合创作规律的。但是，他在强调演员要凭理智、要头脑冷静时，也表现出忽视情感体验，以致把情感与理智、体验与模仿绝对对立起来的倾向，甚至提出大诗人、大演员“是世上最不易动感情的人”。这种看法不仅与创作和表演的实际很不相符，也和狄德罗自己一贯重视情感在文艺创作中作用的观点互相抵触。事实上，作家创作也好，演员表演也好，都需要将理与情两者辩证地统一起来。虽然狄德罗的表演艺术理论在这方面不够完备，但他提出的矛盾和问题仍给人以深刻启发。特别是他强调演员表演要“凭他了解和模仿一切自然的能力”，要靠长期积累的经验以及事先对于角色的反复揣摩、认识和研究，这都是完全符合唯物主义的认识论和反映论的。

① 《狄德罗美学论文选》，人民文学出版社 1984 年版，第 286 页。

第九章

现实主义美学的一座丰碑

——莱辛的《拉奥孔》

在 18 世纪德国启蒙运动和德国民族文学的发展中，莱辛（Lessing，1729—1781）是一位具有极重要地位的人物。他是美学家、文艺理论家，同时也是剧作家，在美学理论和戏剧创作两方面都作出了杰出的贡献。他的主要美学著作是《拉奥孔》（1766）和《汉堡剧评》（1767—1769）。这两部著作在当时就对德国和西欧文学艺术的发展产生了很大影响。他和狄德罗一起，为唯物主义美学的发展和现实主义艺术理论的建立作了不懈的努力，从而在西方美学思想史上开创了一个新时代。

第一节 德国启蒙运动美学的杰出代表

莱辛的美学著作充满着启蒙主义者的战斗精神，这是时代生活在他的美学思想上留下的深刻烙印。莱辛生活的时代，德国封建势力猖獗而又腐败，德意志国家四分五裂，政治经济十分落后。对当时的德国来说，最迫切的任务就是要进行资产阶级民主革命，实现民族统一。但是由于封建割据，在德国不可能产生一个强大的资产阶级。德国资产阶级在经济上对封建势力有很大的依赖性，这就决定了它在政治上的软弱性和妥协性。从内部看，当时德国还没有立即进行政治革命的条件，也不可能像法国启蒙运动那样形成鲜明的反封建反教会的政治运动。这就使德国启蒙运动的直接目标不在进行资产阶级革命，而在实现德意志的民族统一。德国启蒙运动的领导人物从莱辛、赫尔德到歌德和席勒，都认为要达到民族统一，必须建立统一的民族文化和民族文学。莱辛作为时代的先进的知识分子，自觉地意识到时代提出的要求，勇敢担负起了批判封建势力，唤醒民族意识，建立统一的民族文化和民族文学的历史任务。他的美学著作和创作活动都同他所面临的历史任务息息相通，因而，深刻的理论阐述和解决实际问题互相结合，便成了他的美学理论的鲜明特点。

莱辛的哲学思想基本上属于唯物主义范畴。他认为只有斯宾诺莎的哲学才是唯一真正的学说，不存在物质和精神两个实体，只有一个实体，那就是永恒地存在、不受神的干预而按自己的规律发展的自然界。他有一些形而上学观点，但也有辩证法的因素。在社会历史观上，莱辛认为推动社会发展的是自然环境，道德、教育、政体、宗教是由人的生理上的原因所决定的，这些看法显然没有摆脱唯心主义历史观点。

莱辛的一生都是与德国民族文学的发展息息相关的。德国启蒙运动从1748年到1770年进入鼎盛时期，莱辛就是这一时期的代表人物。他的名字和作品与这个时期紧密相连。在文学方面，莱辛的主要成就是戏剧创作。首先从喜剧开始，接着又创作了悲剧，最后还写了寓意剧。悲剧《萨拉·萨姆逊小姐》是莱辛第一部具有划时代意义的剧作，也是德国第一部市民悲剧。《爱米丽雅·伽洛蒂》是莱辛最成功的悲剧，受到歌德的高度评价。他的戏剧创作标志着一种真正属于德意志民族自己的、同时又与整个欧洲文学息息相关的德意志民族戏剧的正式诞生。此外，莱辛还写作了许多寓言和诗歌。他的寓言代表了德国寓言发展的最后一个高潮。在文艺理论和美学方面，莱辛贡献了两部影响巨大的名著：《拉奥孔》和《汉堡剧评》。这两部理论著作，都是同当时影响和阻碍德国民族文学发展的不同文艺思想和美学观点进行论战的产物。莱辛在著作中批判了法国古典主义以及它在德国的代表戈特舍德，廓清了影响德国文学健康发展的各种理论主张，指出了德意志民族文学发展的新方向，为德国现实主义文学和戏剧理论的发展奠定了基础。而这一切都与德国启蒙运动追求的目标直接相关。作为德国启蒙运动第一位杰出代表，莱辛在创作和理论上的贡献对当时和后世的影响都是巨大的。海涅称“莱辛是德国文坛上的阿米尼乌斯，他把我们的戏剧从异族的统治下解放出来”。俄国美学家和文艺批评家车尔尼雪夫斯基认为歌德、席勒“思想中凡是一切健康的东西，都是莱辛所启示的”，“歌德与席勒不过是把莱辛所做事业加以完成”①。

莱辛写作《拉奥孔》，和此前德国启蒙运动内部发生的一场大论战有着密切关系。18 世纪 40 年代末，在德国文坛上展开了一场引起全德国注意的论战，这就是戈特舍德和苏黎世派的文学论争。戈特舍德是德国启蒙文学早期的代表人物，文艺理论家兼戏剧家。他主张以法国古典主义原则为标准改革德国戏剧，用布瓦洛的《诗的艺术》来指导德国民族文学发展的方向。这种主张既不符合德国民族传统，也不适合资产阶级对文学的需要，因此逐渐遭到同时代人的反对。以瑞士人博德默和布赖丁格为首的苏黎世派，起而批评戈特舍德所崇奉的法国古典主义，而推崇英国资产阶级革命诗人弥尔顿。这一派的主张较符合当时德国资产阶级的需要，所以赢得了论争的胜利。这场论争所涉及的中心问题是德国新文学应当向谁学习，却忽视了德国民族文学的发展只能在自己的基础上开辟新的道路。莱辛是在这场论战之后成长起来的。他虽然在总的方向上较接近苏黎世派，但在某些问题上也和这一派有分歧。不过，他认为对于正在形成之中的德国民族文学来说，最主要的障碍还是古典主义。在《拉奥孔》中，莱辛一方面反对戈特舍德所提倡的法国古典主义，以及体现宫廷贵族趣味的仿古牧歌诗体、寓意画和历史画；另一方面也反对苏黎世派和温克尔曼

---

① 《车尔尼雪夫斯基论文学》中卷，辛未艾译，上海译文出版社 1979 年版，第 266 页。

所宣扬的描绘体诗和静穆文艺理想，可以说是在两条战线上展开斗争。这部著作表面上看讨论的是一个诗画区别的抽象学术问题，实际上接触到了要使文艺从封建宫廷趣味下解放出来必须解决的重要理论问题，是具有革命意义的。

《拉奥孔》这部著作通过厘清诗画区别，阐明了文学的特点，开辟了德国文学发展新方向，在文学界产生了解放思想的作用。歌德在他的自传《诗与真》中回顾说："我们要设想自己是青年，才能想象莱辛的《拉奥孔》一书给予我们的影响是怎样，因为这本著作把我们从贫乏的直观的世界摄引到思想的开阔的原野了。"① 他对莱辛在《拉奥孔》中阐明的卓越思想作了简要归纳，并对它在当时所产生的巨大影响作了充分肯定。他说："造型艺术家要保持在美的境界之内，而语言艺术家总不能缺少任何一种含意，但可以溢出美的范围以外。前者为外部的感觉而工作，而这种感觉只有由美可以得到满足；后者诉诸想象力，而想象力还可以跟丑恶合得来；莱辛这种卓越的思想的一切结果，像电光那样照亮了我们，从前所有的指导的和判断的批评，都可以弃如敝屣了，我们认为已从一切弊病解放出来，相信可以带着怜悯的心情来俯视从前视为那样光辉的 16 世纪了。"② 这充分表明，无论从当时所产生的实际影响来看，还是从深远的历史意义来看，《拉奥孔》在西方美学史上都占有非常突出的地位。

① 《歌德自传——诗与真》(上)，刘思慕译，人民文学出版社 1983 年版，第 323 页。
② 同上书，第 323 页。

第二节 论画与诗的界限

《拉奥孔》的副题是《论画与诗的界限》。这部美学名著所讨论的基本理论问题是诗与画究竟有什么区别？诗与画的创作各应当遵循什么法则？问题的提出是从比较拉奥孔这个题材在古典雕塑和古典诗中的不同的处理引起的。

据古希腊神话传说，拉奥孔是特洛伊的一个祭师。在古希腊兵攻打特洛伊城时，他曾劝告特洛伊人不要中古希腊人的木马计，结果触怒偏爱古希腊人的海神。海神于是遣两条巨蟒把他和他的两个儿子一起缠死。这个题材曾分别被古代艺术家表现在造型艺术和诗中。相传是公元前1世纪创作的古希腊雕刻拉奥孔，生动地表现了拉奥孔父子和巨蟒搏斗时的痛苦挣扎情景。稍后的古罗马诗人维吉尔的史诗《伊利特》中，也描绘了这幅图景。但诗与画在表现拉奥孔被巨蟒缠绕的痛苦时，却有一个很明显的不同之点：在诗中，拉奥孔被描写成“向着天发出可怕的哀号”，激烈的痛苦情感通过哀号尽情地表达出来；在雕塑中，拉奥孔的面孔只是表现出焦急的叹息，苦痛的情感表现得并不那么强烈。为什么拉奥孔在雕刻中不能像在诗中那样张口哀号呢？对于这个问题，德国艺术史家温克尔曼认为古典艺术理想是要“显出一种高贵的单纯和静穆的伟大”，所以不能在雕刻中表现出过分激烈的痛苦表情。莱辛不同意这种观点。他认为古希腊艺术在描写英雄时，总是充分表现他们作为真正的人的情感的，所以表现哀号和表现伟大的心灵并不矛盾。对于拉奥孔雕像为什么要作出同诗中不同的处理，莱辛另提出新的解释，认为这是由于造型艺术和诗各有自己的特点和要求，这就接触到了诗与画的区别这个重要理论问题。

关于诗与画的关系，西方传统的有影响的看法是诗画一致说。古希腊诗人西摩尼德斯就说过“画是一种无声的诗，而诗则是一种有声的画”（莱辛在《拉奥孔》“前言”中转述了这句话）。罗马文艺理论家贺拉斯在《诗艺》中也有“诗歌就像图画”① 的说法。这些看法被后人当作信条。虽然在莱辛以前，画家达·芬奇和经验论派美学家伯克也提出过诗画有异的看法，但并没有受到

① 《诗学·诗艺》，罗念生、杨周瀚译，人民文学出版社1982年版，第156页。

重视。占优势的还是诗画一致说。18 世纪的许多古典主义理论家都是持这种观点，并且将这种观点同古典主义的美学主张结合起来，一方面为当时宫廷贵族所爱好的寓意画和历史画辩护，另一方面又倡导诗要用画一样绚丽的色彩和明晰的表达方式“装饰”自然。莱辛在《拉奥孔》中所着重批评的英国诗学教授斯彭司和法国文艺批评家克路斯伯爵的观点，和古典主义的诗画一致说也是完全相同的。斯彭司穿凿附会地用古画去说明古诗，克路斯企图从古诗中找绘画的题材，都是将诗与画完全混为一谈。问题在于这种被古典主义宣扬的诗画一致说，通过戈特舍德对古典主义的推崇也影响到德国文学。苏黎世派虽然不同意戈特舍德对法国古典主义的崇奉，但也赞成诗画一致说，因为他们要为英国汤姆生等人描绘自然和农村田园生活的描绘体诗辩护。德国著名的艺术史家温克尔曼在德国开创了研究古希腊古典艺术的风气。他在《论古代雕刻绘画作品的模仿》（1755）一文中，也还是坚持诗画一致说，认为“绘画可以和诗有同样宽广的界限，因此画家可以追随诗人”。以上情况说明，诗画一致说在当时的德国文艺界确有很大影响，并且有把艺术引入迷途的危险。对此，莱辛在《拉奥孔》“前言”中已经明确指出。他说，艺术批评家们从“诗与画的一致性”出发，“时而把诗塞到画的窄狭范围里，时而又让画占有诗的全部广大领域”，“它在诗里导致追求描绘的狂热，在画里导致追求寓意的狂热”①。莱辛之所以在《拉奥孔》中要着重讨论画与诗的区别和界限问题，就是针对上述错误的观点和趣味。它首先是为了批判古典主义的美学教条，其次也是为了纠正苏黎世派和温克尔曼的错误看法。

在《拉奥孔》中，莱辛主要是从以下几个方面论述了画与诗的区别和界限。

第一，从模仿媒介上看，画是用空间中的形体和颜色，而诗是用在时间中发出的声音，即语言。前者是在空间中并列的符号（莱辛又称为“自然的符号”），后者是在时间中先后承续的符号（莱辛又称为“人为的符号”）。

第二，从模仿的对象上看，画只宜于表现在空间中并列的事物，即“物体”；诗只宜于表现在时间中先后承续的事物，即“动作”。因此，物体连同它们的可以眼见的属性是绘画所特有的题材，而动作则是诗所特有的题材。

一方面，由于一切物体不仅在空间中存在，而且也在时间中存在，物体在

① 莱辛：《拉奥孔》，朱光潜译，人民文学出版社 1979 年版，第 3 页。

持续期间内的每一顷刻都可以现出不同的样子，成为一个动作的中心，因此，绘画也能模仿动作，但是只能通过物体，用暗示的方式去模仿动作。绘画在它的同时并列的构图里，只能运用动作中的某一顷刻，所以就要选择“最富于孕育性的那一顷刻”[①]。所谓“最富于孕育性的那一顷刻”，就是既包含过去，也暗示未来，“可以让想象自由活动的那一顷刻”[②]。这种顷刻不是激情顶点的顷刻，因为“到了顶点就到了止境”，想象就被捆住了翅膀。所以，画家在描绘动作时应选取发展顶点前的一顷刻，这一顷刻最利于想象活动，能产生最大效果。拉奥孔雕像之所以不表现哀号，而只表现叹息，原因之一即在于此。

另一方面，动作并非独立地存在，须依存于人或物。所以诗也能描绘物体，但是只能通过动作，用暗示的方式去描绘物体。例如荷马在诗中如果描绘某一物体或个别事物，便是通过它在动作中所起的作用，而且一般只用它的某一个特点。这种方法就是化静为动，借动作暗示静态。

第三，从模仿的法则来看，画须表现物体美，所以，“美是造型艺术的最高法律”[③]；诗则完全不去为美而描写物体美，它的首要法律应该是“真实”。莱辛所理解的美的规律，还是指物体形式美的规律。他说：“物体美源于杂多部分的和谐效果，而这些部分是可以一眼就看遍的。”[④] 所以物体美要求这些部分同时并列，各部分并列的事物既然是绘画所特有的题材，所以只有绘画才能模仿物体美。造型艺术既以美为最高法律，所以它所追求的其他东西就必须服从美，如果和美不相容，就须让路给美。对于人物表情的处理也须遵循这个创作法则。在拉奥孔雕像中，雕塑家要在既定的身体苦痛的情况下表现出最高度的美。而身体苦痛情况下的激烈的形体扭曲和最高度的美是不相容的。所以他不得不把身体苦痛冲淡，把哀号化为轻微的叹息。这就是在雕塑中拉奥孔没有张口哀号的另一个理由。

至于诗就不同了。诗人只能把物体美的各因素先后承续地展出，这就不可能产生它们在按并列关系去安排出来时所产生的和谐效果。所以诗不宜用胪列的方法描绘物体美，它要在描绘物体美时能和造型艺术争胜，必须选用另外的

---

① 莱辛：《拉奥孔》，朱光潜译，人民文学出版社 1979 年版，第 83 页。

② 同上书，第 18 页。

③ 同上书，第 14 页。

④ 同上书，第 111 页。

方法。一是通过描写美所引起的效果来间接地表现物体美，如荷马史诗中描写海伦的美，就是通过特洛伊国元老们看见海伦时所产生的印象和议论来写的。二是“化美为媚”，“媚就是动态中的美”，如诗中描写阿尔契娜的眼睛“娴雅地左顾右盼，秋波流转”，就是写媚。

由于美是造型艺术的最高法律，所以绘画作为美的艺术来说，拒绝表现丑。而诗虽不宜描绘物体美，却可以表现丑。

以上就是莱辛在《拉奥孔》中对画与诗之间的区别所作的主要论述。此外，莱辛也谈到画和诗对欣赏者所起作用的差别。画是作用于人的视觉，由视觉来接受的；而诗则是作用于人的听觉，由听觉来接受的。所以，“维吉尔写拉奥孔放声号哭的那行诗只要听起来好听就够了，看起来是否好看就用不着管。谁如果要在这行诗里要求一幅美丽的图画，他就失去了诗人的全部意图。”① 不过，这些差别根本上还是由诗和画模仿的媒介或手段的不同而产生的。所以莱辛认为诗和画的最重要的区别还是它们在模仿对象和模仿方式上的区别。

为了充分揭示诗与画各自特殊的艺术规律，莱辛往往结合着它们对欣赏者所产生的心理效果来进行分析。他特别强调欣赏者在接受艺术作品时想象活动的重要性，认为艺术应当给欣赏者以想象自由活动的天地。诗和画都要按照它们各自的特点，充分调动欣赏者的想象活动，越是能激发欣赏者的想象，就越是能够产生强烈的艺术效果。例如绘画既然只能运用动作中的某一顷刻，那就必须考虑怎样使所选择的这一顷刻最有利于让欣赏者的想象自由活动。这就是绘画为什么不能选择动作的顶点，而应该选择顶点之前的顷刻来表现的心理根据。又如诗人避免直接描绘物体美，却可以从美的效果上去写美。由于这种写法“能让每个人的想象有自由发挥的余地”，所以也可与画争胜。

《拉奥孔》虽然着重是讨论诗与画的区别和界限，但莱辛并不否认诗画之间的一致和联系。他指出诗和画都是模仿的艺术，出于模仿概念的一切规律同样适用于诗和画。诗和画的模仿对象虽然有区别——“物体及其感性特征是绘画所特有的对象”，“动作是诗所特有的对象”，但是，画家通过物体也能模仿动作，诗人通过动作也能模仿物体。从模仿媒介和方式上看，诗和画固然区别很明显，但也不是毫无联系的。按照莱辛的《拉奥孔》遗稿中的写作提纲，现

① 莱辛：《拉奥孔》，朱光潜译，人民文学出版社 1979 年版，第 22 页。

在发表的《拉奥孔》（共二十九章）仅仅是全书的第一部分。在没有成书的部分提纲和笔记中，莱辛就准备进一步讨论诗和画在模仿媒介上的互相联系问题。前面已指出，莱辛认为绘画是用“自然的符号”，而诗则是用“人为的符号”。但在提纲的笔记中，莱辛又写道：“不过在这方面诗与画的差别也不像一眼乍见的那么大，诗并不只是用人为的符号，它也用自然的符号，而且它还有办法把它的人为的符号提高到自然符号的价值和力量。”有人认为莱辛在论诗与画的关系时完全忽略了二者之间的一致和联系，这是不了解莱辛思想的全貌。

不过，就《拉奥孔》来说，莱辛的主要批评和论争对象则是“诗画一致说”。如果我们联系到前面介绍的理论论争的背景来看，那么莱辛强调诗和画区别的现实意义和进步意义就一目了然了。可以说，这是莱辛为反对古典主义美学原理，建立新的现实主义美学原则，所进行的巨大理论工作的一个极其重要的部分。它不仅为造型艺术的革新提供了理论基础，而且为诗和文学的发展指出了新的方向。从美学本身发展来说，莱辛关于诗画比较的研究，大大开阔了美学的视野，将不同种类艺术的比较研究提高到了一个新的理论水平。虽然在莱辛之前，也有艺术家、美学家论到诗画区别的问题，但像《拉奥孔》这样全面、系统、完整地从理论上阐明这一问题的著作，则是前所未有的。莱辛关于诗画界限的论述，对后来的许多重要美学家都产生很大影响。

就诗与画界限问题的论述来看，也表现出莱辛美学思想上的局限性。寻找诗与画的区别当然是可以的，但莱辛往往把两者的区别讲得绝对化，以致显出某种片面性。例如，他认为美是造型艺术的首要法律，而诗的首要法律则是真实，这就把艺术中的美和真实对立起来了。由于这样绝对化地看问题，他就得出了雕刻为了美应该牺牲表情的真实，而诗为了表情的真实则应该牺牲美的片面的结论，这种看法显然是不符艺术创作的实际的。黑格尔在《美学》中分析《拉奥孔》雕像群说：“尽管它表现出极端痛苦，高度的真实，身体的抽搐，全身筋肉的跳动，它却仍保持美的高贵品质，而丝毫没有流于现丑相，关节脱臼和扭曲。”① 这就是说，在拉奥孔雕像中，表情的真实和美的表现并不是对立的，而是达到了完美统一的。这才是辩证的、符合实际的看法。又如，莱辛认为诗不描绘物体美，而画也不表现丑，这也是一种不符合艺术作品实际的绝对

---

① 黑格尔：《美学》第3卷上册，朱光潜译，商务印书馆1979年版，第187页。

化的看法。古希腊造型艺术中并不是完全没有丑的形象的描绘，近代绘画中更有许多以描绘丑的人物为对象的艺术杰作。莱辛之所以得出这些片面性的结论，主要还是因为他对美有一种形式主义的看法。《拉奥孔》中论美，主要是讲的直接作用于视觉的物体美（包括形体的美、颜色的美、表情的美），也就是形式方面的美。虽然在“前言”中莱辛也说过：“美这个概念本来是先从有形体的对象得来的，却具有一些普遍的规律，而这些规律可以运用到许多不同的东西上去，可以运用到形状上去，也可以运用到行为和思想上去。”① 可是，在具体分析诗与画的区别时，莱辛却几乎忽略了诗所表现的人的行为和精神世界也可以是美的。所以，他不了解诗中对于人的行为及精神世界的真实的描写，正是构成艺术美的前提和基础。此外，莱辛对造型艺术的看法，在许多方面也还是受到温克尔曼的影响。他虽然不同意温克尔曼的诗画一致说，不同意将造型艺术的理想搬到诗中，但是对造型艺术本身，却又同意了温克尔曼的一些观点。如“美是造型艺术的最高法律”，“表达物体美是绘画的使命”等。温克尔曼在《古代艺术史》中就说过：“形式的美乃是希腊艺术家们的首要目的”，艺术家“需要在最优美的形象中选择最优美的加以表现，他在相当程度上与欲念的表现相联系，而这种表现又不能对描绘的美有所损害”。② 比较莱辛和温克尔曼的这些看法，几乎是完全一致的。它们的病根都在于仅从形式上看美，因而把造型艺术中美的表现和内容表情的真实互相割裂开来了。歌德说：“古人的最高原则是意蕴，而成功的艺术处理的最高成就就是美。”③ 这才是将艺术中真实的内容与美的表现互相统一起来的辩证看法，是对温克尔曼和莱辛的片面看法的一个匡正。

此外，莱辛在讨论诗与画的区别时，也比较缺乏历史观点。这一点，在当时就曾受到德国艺术批评家、“狂飙突进”运动的领袖赫尔德的批评。艺术本来是社会生活的反映。各种艺术门类和体裁，都是在历史发展中产生和形成的。随着社会历史的发展变化，艺术门类和体裁也会发生变化。不但各门艺术之间会形成区别，就是在同一门艺术中，也会形成不同种类、不同体裁的区别。甚至同一种类、同一体裁，随着社会历史发展，也会在形式上发生各种变

① 莱辛：《拉奥孔》，朱光潜译，人民文学出版社 1979 年版，第 1 页。
② 转引自《世界艺术与美学》第 2 辑，文化艺术出版社，第 359、383 页。
③ 转引自黑格尔《美学》第 1 卷，朱光潜译，第 24 页。

化。造型艺术是这样，诗或文学也是这样。而莱辛在分析诗和画的界限和特殊规律时，却没有能够充分考虑这一点。他在分析古希腊造型艺术、史诗和悲剧时，都很少联系它们所由产生的社会历史条件，而是简单地把从其中抽出的法则看作永恒不变的规律。这或许就是导致他把画与诗的特点绝对化的另一个原因。

第三节　现实主义的诗学理论

《拉奥孔》所讨论的中心问题虽然是诗与画的界限问题，但它的真正意义却又不限于这个问题本身。通过诗与画的区别的研究，莱辛对于诗的本质、诗的创作的特殊规律作了新的阐明，从而建立了他的现实主义的诗学理论，并为正在形成的德国资产阶级文学寻求到一条新的发展途径。

莱辛一生的主要活动是在文学方面，在文艺中他所最关心的还是文学。建立统一的德国民族文学，使文学成为反封建、反教会的武器，是德国启蒙运动领袖们的共同理想和追求。莱辛尤其如此。他接受了亚里士多德的看法，认为“戏剧体诗是最高级的诗”，并且把他的主要精力用在戏剧创作和戏剧理论的建设方面。他对于文学与戏剧的理想和主张，在《汉堡剧评》中有着集中的阐述。但是，《汉堡剧评》中的许多重要的现实主义文学观点在《拉奥孔》中已经提出来了。《拉奥孔》的进步意义主要就是通过对于诗的现实主义美学原则的论述表现出来的。

在《拉奥孔》中，莱辛与温克尔曼在美学思想上的分歧，主要是通过对于诗的特点的分析上表现出来的。温克尔曼认为古典艺术的理想是“高贵的单纯和静穆的伟大”。他说：“正如大海的深处经常是静止的，不管海面上波涛多么汹涌，希腊人所造的形体在表情上也都显出在一切激情之下他们仍表现出一种伟大而沉静的心灵。”[①] 这就是所谓“静穆的伟大”。温克尔曼不仅把“静穆”看作古典艺术的理想，而且还把这种理想当作画和诗共同追求的目标，当作衡量画和诗的共同的标准。他认为雕像中的拉奥孔忍受着痛苦，和索福克勒斯悲剧中的菲罗克忒忒斯忍受痛苦，都一样是古典“静穆”理想的表现。根据这种理想，艺术是不能表现出激烈的情感的。莱辛不同意温克尔曼认为古典诗不表现激烈情感的看法，也坚决反对将温克尔曼的“静穆”的艺术理想运用到诗或文学中来。他说：

尽管荷马在其他方面把他的英雄们描写得远远超出一般人性之

① 转引自莱辛著《拉奥孔》，朱光潜译，人民文学出版社 1979 年版，第 5 页。

上，但每逢涉及痛苦和屈辱的情感时，每逢要用号喊、哭泣或咒骂来表现这种情感时，荷马的英雄们却总是忠实于一般人性的。在行动上他们是超凡的人，在情感上他们是真正的人。①

在索福克勒斯笔下，菲罗克忒忒斯也没有像温克尔曼所说的那样克制感情、忍受痛苦，他由痛苦而发出的哀怨声、号喊声和粗野的咒骂声响彻了古希腊军营，搅乱了一切祭祀和宗教典礼，以致人们把他抛弃在荒岛上。这些悲观绝望和哀伤的声音由诗人模仿过来，也响彻了整个剧场。莱辛坚持认为诗和画有不同的特点和要求，不能把对画的要求和原则生硬地搬到诗中来。尽管绘画的理想美可以是温克尔曼所说的“静穆”，可是诗的理想美所要求的却不是静穆，而是静穆的反面。“因为他们所描绘的是动作而不是物体，而动作则包含的动机愈多，愈错综复杂，愈互相冲突，也就愈完善。”② 这种要求在文学中表现动作、运动、矛盾、冲突的新的艺术理想，同所谓“静穆”的理想形成了显明的对照，充分反映出新兴资产阶级要求文艺积极参与变革现实斗争的需要，在当时具有很大的进步意义。车尔尼雪夫斯基深刻地理解了莱辛这一新的诗学理论的实质，他从《拉奥孔》中导出的结论是：“行动，行动，这就是诗的力量，就是使得诗变成一种特殊对象的东西。所以，人的生活就是诗的唯一的根本的对象，唯一的根本的内容，戏剧因素应该成为诗的力量的基础。在诗中不应当有任何停滞不动的、任何僵硬的、抽象的东西。”③

在莱辛看来，诗的目的不是去描绘静态的物体美，而是要反映动态的、变化发展的现实生活。因此，对于诗来说，首要的法律不是形式美，而是真实地描绘现实。他说：“真实与表情应该是艺术的首要的法律；自然本身既然经常要为最高的目的而牺牲美，艺术家也就应该使美隶属于他的一般意图，不能超过真实与表情所允许的限度去追求美。”④ 诗要真实地描绘行动中的人物，就要真实地、充分地描写他们的内心世界和情感。莱辛对古希腊斯多葛派提倡压制情感的禁欲主义十分反感，认为斯多葛派的“一切都缺乏戏剧性”。针对温

---

① 莱辛：《拉奥孔》，朱光潜译，人民文学出版社 1979 年版，第 8 页。

② 同上书，第 204 页。

③ 《车尔尼雪夫斯基论文学》中卷，辛未艾译，上海译文出版社 1979 年版，第 425 页。

④ 同上书，第 18 页。

克尔曼的看法，他强调真实地描绘情感和表现人物的伟大心灵完全是可以统一的。他以索福克勒斯悲剧中描写的菲罗克忒忒斯为例说：

> 他的哀怨是人的哀怨，他的行为却是英雄的行为。二者结合在一起，才形成一个有人气的英雄。有人气的英雄既不软弱，也不倔强，但是在服从自然的要求时显得软弱，在服从原则和职责的要求时就显得倔强。这种人是智慧所能造就的最高产品，也是艺术所能摹仿的最高对象。①

这里，莱辛提出了他对于文学中应当表现的英雄人物的理想。这种人物既有服从原则的英雄行为，又有服从自然的人的情感，既是“英雄”，又有“人气”，这样的人物才是真实自然而又伟大、理想的人物。与此相对照，莱辛指出古罗马悲剧中的人物犹如格斗场上的斗士，隐藏一切情感，歪曲一切自然本性，“流露出经过训练和勉强做作的痕迹”。这种矫揉造作和浮夸的描写，正是古罗马悲剧衰亡的重要原因。这虽然是分析古代艺术，实际上也就是在批判古典主义僵化的美学教条，而代之以现实主义的人物描写原则。

为了充分论证诗或文学真实描写情感的必要性，莱辛还结合读者或观众的欣赏心理，从文学的作用方面作了说明。他认为诗和文学只有真实地描写人物的情感，才能打动读者的情感，使读者产生同情和共鸣。也只有这样的作品才能有强烈的感染力。莱辛很重视文学作品对读者的情感作用。他多次谈到“同情”这种欣赏的心理活动，并指出读者的同情总是同作品中有关人物所表现的情感“成正比例的”。这和古典主义美学一味强调“理性”，不重视情感作用的观点，也是很不同的。

在人物性格的刻画上，莱辛认为诗和画的要求也是不同的。画中的人物包括神和精灵，都是“人格化的抽象品”，他们只具有一般的性格特点，不表现个别的、偶然的东西，只有这样，才能使人认得出他们。诗人则不然。诗须要真实地反映生活，不能只表现“人格化的抽象观念”，而必须描绘出“活的能行动的人物”。这些人物（包括神和精灵）“在具有他们的一般性格之外，还各有一些其他特性和情感”②。诗人“可以让这种人物现出每一特殊具体情境所

---

① 莱辛：《拉奥孔》，朱光潜译，人民文学出版社 1979 年版，第 30 页。

② 同上书，第 54 页。

要求的种种变化，而丝毫不至于使我们看不见他的本质”[1]。这就是说，诗既要表现人物的一般的、共同的性格，也要表现人物的个别的、特殊的、偶然的个性特点，表现人物性格在各种具体情境中的发展变化。比如对于雕刻家来说，女神维纳斯就只代表“爱”，艺术家只能使其具有使我们心醉神迷的一些品质，也就是使我们纳入“爱”这个抽象概念里去的一些品质。所以，艺术家只须表现她具有贞静羞怯的美和娴雅动人的魅力，而不能表现她有复仇欲望和愤恨情绪。但是，“对于诗人来说却不如此，维纳斯固然代表爱，却还不只是爱，在爱这个性格以外，她还有自己的个性，因而她能爱慕也能怨恨。难怪她在诗人的作品里往往怒火大发，特别是点燃这怒火的正是受到损害的爱情。”[2]总之，诗人可以在一般性格和个性的统一中，多方面地、变化发展地刻画人物性格，从而使人物成为像生活本身一样丰满的有血有肉的形象。这里，莱辛所谈的实即文学中人物的典型化问题。他把造型艺术中的人物看作“人格化的抽象品”固然失之片面，但强调诗或文学必须从这种艺术桎梏中解脱出来，却有非常重要的现实意义。我们不应该忘记，古典主义的艺术原则表现在人物刻画上，就是片面强调人物的类型性、普遍性而忽视人物个性，并且把人物性格看成是凝固的、永不变易的。如果不冲破这些僵化的原则，现实主义的文学就不可能向前发展。《拉奥孔》强调诗要描写个性，要描写发展变化的性格，其重要意义，正在这里。

按照莱辛的看法，诗在反映广阔的现实生活方面较之绘画有更大的优越性。“诗的范围较宽广，我们的想象所能驰骋的领域是无限的，诗的意象是精神性的，这些意象可以最大量地，丰富多彩地并存在一起而不致互相掩盖，互相损害，而实物本身或实物的自然符号却因为受到空间和时间的局限而不能做到这一点。”[3] 这还是就模仿方式来看诗的优越性，更重要的还在于诗的模仿对象和题材比画要宽广得多。画家仅以物体美为模仿对象，而诗人则有“整个无限广阔的完善的境界供他模仿”[4]。诗虽然不宜直接描写物体美，但是它却可以刻画人物的高贵品质，表现出精神内容方面的美。诗往往有很好的理由把

---

① 莱辛：《拉奥孔》，朱光潜译，人民文学出版社 1979 年版，第 209 页。

② 同上书，第 54 页。

③ 同上书，第 41 页。

④ 同上书，第 22 页。

非图画性的美看得比图画性的美更重要，“有一些美是由诗随呼随来的而却不是画所能达到的”①。诗的优点还在于它可以描写被画拒绝表现的丑。形体的丑看起来不顺眼，违反我们对秩序与和谐的爱好，会引起我们的厌恶。在绘画里如果表现丑，丑的一切力量会同时发挥出来，它所产生的效果并不比在自然里减弱多少，所以虽经艺术模仿，仍然令人不愉快。既然如此，形体的丑单就它本身来说，就不能成为绘画（作为美的艺术）的题材。至于诗的情况就不同了。“在诗里形体的丑由于把在空间中并列的部分转化为在时间中承续的部分，就几乎完全失去它的不愉快的效果，因此仿佛也就失其为丑了，所以它可以和其他形状更紧密地结合在一起，去产生一种新的特殊的效果。”② 这种新的特殊的效果是什么呢？据莱辛分析，无害的丑可以增强喜剧性，有害的丑可以引起恐怖感。由于丑和其他因素的结合，可以形成一种快感和痛感相结合的混合情感，“这比最纯粹的愉快还更有吸引力”③。这里，莱辛从诗与画对于丑的不同表现方式，以及由此而产生的不同的心理效果，论证了诗何以能够描写丑，是很富于创造性和启发性的见解。结合丑在诗和画中所产生的不同心理效果，莱辛还讨论了亚里士多德关于自然界引起反感的事物，在真实的模仿中会产生快感的看法。他认为并不是一切自然中令人不愉快的事物，经过模仿都能变成使人愉快的。这个看法也很值得注意。不过，在莱辛的理解中，丑和美一样主要是从形式方面来看的，所以他所谈的只是“形体丑”。这就使所论的问题有较大局限性。他在第三章中曾经提到“通过真实与表情，能把自然中最丑的东西转化为一种艺术美”的看法，可惜在论到诗何以能表现丑时，又没有将这一看法展开。

结合讨论丑这个美学范畴，莱辛还讨论了与此相关的“嫌厌”和“恐怖”等美学范畴。嫌厌和丑所引起的情感反应是相类似的。嫌厌的情感和丑所引起的情感在性质上属一类，它们都是不可能通过艺术模仿转化为快感的那一类不愉快的感觉。由于嫌厌的东西所产生的不愉快的效果比丑更加强烈，所以它不能就它本身作为诗或画的题材。绘画应该绝对避免描绘嫌厌的对象，正如它应绝对避免描绘丑的形体一样。但是，因为嫌厌的东西经过文字的表达就大大地

① 莱辛：《拉奥孔》，朱光潜译，人民文学出版社 1979 年版，第 18 页。
② 同上书，第 137 页。
③ 同上书，第 139 页。

冲淡了，所以“诗人至少可以运用可嫌厌的对象的某些方面，作为一种产生混合情感的因素，正如他用丑来加强这种混合情感，可以产生很好的效果那样”①。诗人运用可嫌厌的东西的某些方面，可以加强可笑性和恐怖性，这两者都是形成痛感和快感相结合的混合情感的因素。前者如阿里斯多芬的喜剧中描写苏格拉底正在张口望天，作天文观察时，一只鼬鼠从屋檐上拉屎，屎恰好落在他的嘴里。尊严与礼仪的表象和可嫌厌的东西形成反衬，于是产生可笑性。后者如荷马史诗里描写赫克托尔的尸首被战车拖着走，满脸污血，头发也被血和泥凝成一团。这是惹人嫌厌的，因此也更令人恐怖，更能感动人。

除此之外，莱辛在《拉奥孔》的笔记中还论到了“崇高”这个美学范畴，提出了诗比绘画更宜表现崇高的看法。他说：“体积的巨大有助于产生崇高的印象，这种崇高通过在绘画中的缩小就会完全消失，绘画中的最高的楼台，最陡最粗犷的峭坡和悬崖甚至不能引起它们在自然中所能引起的那种恐怖和昏眩的影子，而在诗中它们却能在适当的程度上引起这种效果。”

综上所述，莱辛认为诗或文学在反映现实上有自己的特长和优越性，所以他反对将绘画的理想和规律移植到诗或文学中去。他强调诗以整个现实生活为模仿对象，不应限于模仿物体美；诗要在行动中刻画人物性格，在动态和冲突中表现生活的发展变化，不应追求静穆的艺术理想；诗要真实地表现人物情感，充分地显示人物丰满的个性，不应为了形式美而牺牲内容的真实表现，为了一般性格而忽视个性描写。诗既可以表现美，也可以表现丑；既可以表现崇高，也可以表现可笑、嫌厌、恐怖。总之，现实生活有多么丰富，诗所表现的内容也就有多么丰富。它所产生的特殊的审美效果和感染力量，是绘画无法与之匹敌的。显然，莱辛这些看法，极大地丰富了现实主义艺术理论，对当时充斥在文学中的形式主义和死气沉沉的古典主义艺术教条，进行了一次大扫荡。难怪车尔尼雪夫斯基称它是一种“新的诗歌理论”，并说：“从亚里士多德的时期以来，没有一个人能够像莱辛那么正确深刻地理解诗的本质。”② 由此可见《拉奥孔》在西方美学史和文艺史中的崇高地位和历史意义。

---

① 莱辛：《拉奥孔》，朱光潜译，人民文学出版社 1979 年版，第 140 页。

② 《车尔尼雪夫斯基论文学》中卷，辛未艾译，上海译文出版社 1979 年版，第 425 页。

第十章

批判哲学的美学体系

——康德的《判断力批判》上卷

康德（Immanuel Kant，1724—1804）是18世纪末至19世纪初德国古典哲学的创始人，也是德国古典美学的奠基人。他出生在东普鲁士，16岁时进入哥尼斯堡大学，后来在哥尼斯堡大学当讲师和教授。他的一生除学习、教学和做研究工作外，没有参加过其他重要社会活动。除了到附近的但泽旅行过一次，他也从来没有离开过出生地哥尼斯堡。他过着平静而规律的生活，看起来似乎刻板单调，然而他的内心生活却是既丰富又紧张的。他不断地研究和思考着各种问题，把毕生的精力都献给了哲学事业。

康德的思想，经过了一个从自然科学到神学、从向往革命到畏惧革命、从唯物主义到主观唯心主义的发展过程。学术界一般把他的思想发展分为两个时期。1770年以前是前批判时期。这一时期他特别注重研究自然科学问题，思想具有比较多的朴素唯物主义和辩证法因素。在1755年出版的《自然通史与天体理论》中，康德批判了以牛顿为代表的宇宙不变论，提出了“星云说”的假设，认为太阳系是起源于星云状态的物质微粒。对此，恩格斯曾给予很高评价，认为它是在“形而上学思维方式的观念上打开了第一个缺口”。[①] 1770年以后，康德转入批判时期。这时，他从自然科学转入哲学，提出了他的先验唯心主义的哲学观点。他陆续发表的三本著作《纯粹理性批判》(1781)、《实践理性批判》(1788) 和《判断力批判》(1790) 构成了他的先验唯心主义的完整体系。其中，《纯粹理性批判》是系统阐述他自己的哲学基本观点、特别是认识论的著作，讲的是知识的来源与知识在什么条件之下才可能的问题，认为知识是先天的形式与感性材料结合而成，这构成了他的先验唯心主义的主要部分。《实践理性批判》是他的伦理学著作，是用他的先验唯心主义去研究人的道德行为的原则，说明道德原则为什么是先天的、先验的。《判断力批判》前一部分讲的是美学，是用他的先验唯心主义去研究美的问题，说明为什么美是先天的、先验的。后一部分讲的是目的论，认为有机体和自然界具有内在的目的性。在欧洲哲学史上，康德是第一个将自己的哲学体系公开称为“先验的唯心主义”的哲学家。

康德哲学的基本观点是承认在人的意识之外存在着客观世界，亦即他所说的“物自体”的世界，但他认为物自体是不可知的，是超乎经验之外的，是人的认识能力所不可能达到的“彼岸世界”。康德在表面上对唯物主义与感觉论

① 《马克思恩格斯选集》第3卷，人民出版社1972年版，第96页。

作了一定的让步，承认“一切认识都以经验开始”，由于“自在之物”刺激我们的感官才产生印象与观念。但是康德又认为这些经验的东西还不成其为知识，它只能作为材料。知识是由两种成分配合而成的：一种是外来感觉的杂乱无章的质料，一种是内心的有条有理的形式。这些形式是人的认识能力本身就具有的，是先天的意识形式。它不是从经验中得来的，而是先于经验的。这些认识形式不依赖于经验，但是一切经验之可能都必须以它为条件或依据。列宁说：“康德哲学的基本特征是调和唯物主义和唯心主义，使二者妥协，使各种相互对立的哲学派别结合在一个体系中。当康德承认在我们之外有某种东西、某种自在之物同我们表象相符合的时候，他是唯物主义者；当康德宣称这个自在之物是不可认识的、超验的、彼岸的时候，他是唯心主义者。在康德承认经验、感觉是我们知识的唯一源泉时，他是在把自己的哲学引向感觉论，并且在一定的条件下通过感觉论而引向唯物主义。在康德承认空间、时间、因果性等等的先验性时，他就把自己的哲学引向唯心主义。”① 这段论述概括了康德哲学体系的主要特点，揭示了康德哲学中的内在矛盾。

康德哲学以批判人的认识能力为其主要目的，故称为批判哲学。他对传统的认识论进行了批判与改造，系统地提出了他的“先验哲学”，这就是在哲学史上有名的“哥白尼式的革命”。在康德之前，经验主义者只承认来自感性经验的“后天综合判断”的确实性，否定认识的先天能动作用；理性主义者只承认以不矛盾律为依据的“先天分析判断”的可靠性，否定认识的经验基础。康德认为这两方面都没有注意到“先天综合判断”。康德通过对理性主义和经验主义的批判，认识到知性与感性结合起来的必要性。他认为人的知识是先天的认识形式和后天的感觉表象相结合而成的，这就是他所说的“先天综合判断”。他提出了这一类判断，并将“先天综合判断如何可能”的问题，作为他的认识论的中心问题。通过考察先天综合判断，康德提出了先验唯心主义。所谓先验唯心主义，是讲人的认识能力本身就具有一种认识形式。这些认识形式是先于经验的，不来自经验，不依赖于经验，而一切经验之可能、一切知识的普遍性和必然性，都必须以这种先天的认识形式为条件或依据。按照康德的看法，知性是“意识从其自身产生观念的能力”。意识自身产生出一些知性范畴，人的认识发挥其主观能动性，用这种范畴把感性知识结合起来，使其具有一定的形

① 《列宁选集》第 2 卷，人民出版社 1972 年版，第 200 页。

式，才使经验对象的知识成为可能。知性范畴是先天固有的、主观的、和经验无关的思想形式。正是由于我们把这些范畴加在具有时间空间性的感觉上，用它们来整理统一感性经验，才能形成有条有理的知识。知性范畴不仅是构成知识本身的条件，也是构成知识对象的条件。康德强调了认识的主动性和范畴的作用，但他把构成知识和知识对象条件的范畴说成是先验的，否认它是事物的反映，使认识失去了客观基础。著名哲学家罗素说，康德的先验唯心主义认识论“把始于笛卡尔的主观主义倾向带到了一个新的极端”。①

康德的美学是他的哲学体系的一个组成部分。所以，我们要认识他的美学思想，首先要从弄清他的哲学体系入手。这里，我们先结合分析他的《判断力批判》，说明美学和他的整个哲学体系的关系。

① 罗素：《西方哲学史》下卷，马元德译，商务印书馆1982年版，第246页。

第一节　美学在康德哲学体系中的地位

康德研究美学并不是从审美和艺术的实践经验出发，不是为了从理论上对这些实践经验给予总结，而是从他的哲学体系出发，是为了使他的哲学体系能够构成得完整。他在《判断力批判》“导言”中一开始就明白指出：“我们全部认识能力有两个领地，即自然概念的领地和自由概念的领地；因为认识能力是通过这两者而先天地立法的。现在，哲学也据此而分为理论哲学和实践哲学。”① 康德的《纯粹理性批判》和《实践理性批判》就是分别研究这两部分哲学的。《纯粹理性批判》所讨论的是如何认识自然的必然，而在认识能力上则主要是涉及“知性”。什么是“知性”呢？康德说：“意识从其自身产生观念的能力，认识的主动性，就应该叫做知性。”② 就是说，人的意识自身产生出一些概念、范畴，人的认识发挥它的主动性，用这些概念、范畴把感性知识结合起来，这种主观的认识能力就是知性。康德认为，“知性的纯粹概念或纯粹范畴”总共有十二个，如“单一性”“复多性”“实在性”“否定性”“原因和结果”，以及“可能性”“必然性”等。人就是通过这先天就有的知性的十二个范畴来整理感性认识的。由于人把这些先天的知性范畴加到自然上去，自然才具有了一定的规律性。这些由人的知性赋予范畴的对象，只能是现象界，而不是“物自体”。在《实践理性批判》中，康德讨论了如何达到道德的自由，主要涉及的认识能力是“理性”。康德认为理性是一种最高的认识能力。知性的认识只涉及“现象”，而不能达到“物自体”。理性却要求超出“现象”的范围以外而达到对“物自体”的认识。理性所企图达到的有三个“理念”：(1)“灵魂”，它是一切精神现象的最完整的统一体；(2)“世界”，它是一切物理现象的最完整的统一体；(3)“上帝”，它是以上两者的统一。理性所追求的这三个“理

---

① 康德：《判断力批判》，邓晓芒译，人民出版社 2002 年版，第 8 页。

② 康德：《纯粹理性批判》，转引自全增嘏主编：《西方哲学史》下册，上海人民出版社 1985 年版，第 65 页。

念”都是“物自体”，都是“现象”以外的。当理性去追求它们时，不可避免地倾向于用知性的范畴去认识它们，这就要陷入不可解决的自相矛盾，即“二律背反”，如世界的有限性和无限性、单一性和复杂性等。这一事实说明理性是软弱无力的，通向“物自体”的大门对于理性来说也是关闭着的。但是，“纯粹理性”不能解决的问题，“实践理性”却可以解决。所谓“实践理性”，就是一种先天的不依赖于经验的道德意识。每个人都按照自己的“实践理性”办事，不接受外来的控制，因而每个人都得到自由的全面的发展，这就是所谓的“意志自由”。必然属于现象界，而自由则属于“自在之物”。认识自然的必然要靠知性，达到道德的自由则要靠理性。康德认为哲学的这两个领地、两个部分各自形成一个独立的系统，二者之间存在着一个不可逾越的鸿沟，自然概念的领地和自由概念的领地好像分为两个世界。但是，“自由概念应当使通过它的规律所提出的目的在感官世界中成为现实”，“自然界也必须能够这样被设想，即它的形式的合规律性至少会与依照自由规律可在它里面实现的那些目的的可能性相协调。”[①] 所以，如何在自然的必然和道德的自由之间架一座桥梁，把两个世界联结起来，就成为康德哲学所必须解决的一个问题。经过长期思索，康德认为“判断力”就是所需要的桥梁。这样，他便写出了《判断力批判》，以“判断力批判作为使哲学的两部分成为整体的结合手段”。

什么是“判断力”呢？康德说：“一般判断力是把特殊思考为包含在普遍之下的能力。”[②] 就是说，判断力是把特殊的东西包含于普遍的概念中的能力。如果普遍的概念，即规则、原理或规律是所予的，而把特殊的东西纳入其中，这就是“规定性的判断力”。知性的范畴加之于感性的材料就借助于这种判断力。但是，如果所予的是特殊的东西，要去寻找普遍的概念，那么，这种判断力就是“反思性的判断力”。结合反思性的判断力，康德提出了“自然的合目的性”的概念。他说：“自然的合目的性是一个特殊的先天概念，它只在反思性的判断力中有其根源。”[③] 康德所说的“目的”，是指造物主在造物时设计安排中所存在的目的。用康德的话说就是：“有关一个客体的概念就其同时包含

① 康德：《判断力批判》，邓晓芒译，人民出版社 2002 年版，第 10 页。
② 同上书，第 13 页。
③ 同上书，第 15 页。

有该客体的现实性的根据而言，就叫做目的。”[①] 所谓“自然的合目的性”有两种。一种是“在先于一切概念而对该对象的领会（apprehensio）中使对象的形式与为了将直观与概念结合为一般知识的那些认识能力协和一致”，[②] 就是说对象的形式符合主体的认识能力（想象力和知性），康德称它是“主观的形式的合目的性”。另一种是“按照物的一个先行的、包含其形式之根据的概念，而使对象的形式与该物本身的可能性协和一致”，[③] 就是说对象的形式符合它们的本质，康德称它是“客观的实在的合目的性”。康德说：“这样，我们就可以把自然美看作是形式的（单纯主观的）合目的性概念的表现，而把自然目的看作是实在的（客观的）合目的性概念的表现。”[④] 前者是审美判断力，它是通过愉快或不愉快的情感来判定主观的形式的合目性的机能；后者是目的论判断力，它是通过知性和理性来判定自然的客观的实在的合目性的机能。《判断力批判》就是据此分为“审美判断力批判”和“目的论判断力批判”两个部分。第一部分（上卷）是美学，第二部分（下卷）是目的论。

为什么判断力能够作为在知性和理性、自然必然和道德自由之间的桥梁呢？康德的回答是：人的心灵能力可以归结为三种，即“认识能力，愉快和不愉快的情感和欲求能力”，[⑤] 也就是一般所说的“知”“情”“意”。有关“知”的部分的认识能力是知性，属于自然概念的领域；有关“意”的部分的认识能力是理性，属于自由概念的领域；有关“情”的部分的认识能力就是判断力。正像“情”是介于“知”和“意”之间的心灵机能一样，判断力也是介于知性和理性之间的认识能力。判断力同样地在自身包含着一个先天原则，并且又因愉快和不愉快的感情必然地和欲求能力结合着，所以它既略带知性的性质，又略带理性的性质。正因为如此，判断力“就使得从自然概念的领地向自由概念的领地的过渡成为可能”，从而在知性和理性、自然必然和道德自由之间架起一座桥梁。

由此可见，康德研究美学，是要寻找一个将哲学中的两个领域（自然概念

① 康德：《判断力批判》，邓晓芒译，人民出版社 2002 年版，第 15 页。
② 同上书，第 27—28 页。
③ 同上书，第 28 页。
④ 同上书，第 28 页。
⑤ 同上书，第 11 页。

和自由概念)、两个部分（理论的和实践的）联结成一个整体的手段。通过审美判断力，康德将知性和理性、自然的必然和道德的自由、现象界和“物自体”、认识论和伦理学结合起来，从而填平了哲学中两个领域、两个部分之间的鸿沟。这说明，康德的美学在他的哲学体系中是具有重要地位的。

第二节　美的分析

“美的分析论”是康德的“审美判断力的分析论”的第一部分。所谓“美的分析”，在康德看来，并不是要分析客观现象何以为美，而是要分析为了判别某一对象为美时需要什么样的主观能力。所以，在这部分里，康德集中分析了鉴赏判断的特点，并由此总结出对美的说明。康德说：“鉴赏是评判美的能力。但是要把一个对象称之为美的需要什么，这必须由对鉴赏判断的分析来揭示。”[①] “鉴赏判断”又译作“趣味判断”，即“审美判断”。因为判断力和知性有关，“在鉴赏判断中总还是含有对知性的某种关系”，所以，康德根据认识论中知性四项范畴（即质、量、关系、模态）来考察鉴赏判断的特质，进行美的分析。这些考察和分析，实际上就是对审美意识的心理特征和规律的考察和分析。

（一）从质上来看，鉴赏判断是不带任何利害的愉快

康德认为“鉴赏判断是审美的”，它是一种十分特殊的判断力。这种判断和知识判断是完全不同的。知识判断是逻辑的，判断时只是联系于客体；鉴赏判断是情感的，判断时只是联系于主体。所以，在鉴赏判断中，我们所得到的不是关于客体的某种知识，而是主体方面的快感和不快感。康德说：“为了分辨某物是美的还是不美的，我们不是把表象通过知性联系着客体来认识，而是通过想象力（也许是与知性结合着的）而与主体及其愉快或不愉快的情感相联系。”[②] 例如我们欣赏一座建筑物的美，仅仅是主体因建筑物的形式而产生快感，并由这种快感去判别这座建筑物的美，而和对于建筑物的“合乎法则和合乎目的”的认识即客体的知识，是毫无关系的。这样，康德一开始就把鉴赏判断和知识判断完全对立起来，肯定审美不涉及对于对象的认识，只涉及主体的情感感受，从而也就割断了美感与认识的内在联系。

鉴赏判断既然只涉及主体的快感，那么，鉴赏判断的快感和其他的快感有

① 康德：《判断力批判》，邓晓芒译，人民出版社2002年版，第37页。

② 同上书，第37页。

什么区别呢？这是康德从质的方面考察鉴赏判断所要解决的中心问题。对于这个问题，康德的看法是其他快感都要涉及利害关系，而鉴赏判断的快感却是没有任何利害关系的。利害关系需意识到该对象是实际存在着的事物，同时和欲望能力有关。可是我们要判别一个对象是否美，并不关系于这对象的存在，也不欲知道这对象的存在与否对于我们是否重要，而是只要知道我们在纯粹的观照里怎样地去判断它，是否单纯事物的表象在我们心里就夹杂着快感。所以，“每个人都必须承认，关于美的判断只要混杂有丝毫的利害在内，就会是很有偏心的，而不是纯粹的鉴赏判断了。我们必须对事物的实存没有丝毫倾向性，而是在这方面完全抱无所谓的态度，以便在鉴赏的事情中担任评判员。”① 例如观赏一座建筑物的美和占有这座建筑物，两者所产生的快感就是根本不同的。后者涉及对象的实际用途，对事物的存在有倾向性，带有利害感；前者则只与对象的外表形象（形式）有关，不对事物的存在有倾向性，不带利害感。所以，只有前者才是审美的愉快。

康德将三种不同特性的愉快进行对比分析。一种是感官上的快适所引起的愉快，如饥饿时吃上美味的佳肴，可以满足生理需要，使人直接地获得官能享受而感到愉快。这种愉快“通过感觉激起了对这样一个对象的欲求”，是一种欲念的满足，所以是和利害结合着的。另一种是道德上的赞许所引起的愉快，即对于善的愉快，如做了一件好事后精神上感到愉快。这种愉快虽然和快适的愉快有所区别，但同样是和利害结合着的。为什么呢？因为善是意欲的对象。对于善的愉快都含有一个目的概念，“因而都包含理性对（至少是可能的）意愿的关系，所以也包含对一个客体或一个行动的存有的愉悦，也就是某种兴趣[利害]”。② 例如我们赞许善的行为，是因为理性上认为尊重善的行为是有利的，不尊重善的行为是有害的，所以，它是理性驱使我们去欲求的对象。由此而引起的愉快必然是同理性上的利害感结合在一起的。第三种即鉴赏判断所产生的愉快，这是审美的愉快。它对于对象的存在没有任何欲求，超脱了一切（包括道德的或生理的）利害关系，所以，只有它才是唯一的自由的愉快。康德因此得出结论：“在所有这三种愉悦方式中惟有对美的鉴赏的愉悦才是一种无利害的和自由的愉悦；因为没有任何利害、既没有感官的利害也没有理性的

---

① 康德：《判断力批判》，邓晓芒译，人民出版社 2002 年版，第 39 页。

② 同上书，第 42 页。

利害来对赞许加以强迫。”[1] 康德所说的“自由”，就是指审美愉快完全不受欲念或利害关系的强迫，只是对对象的形式起观照活动而造成愉快。感官快适的愉快和道德赞许的愉快，一个是自然欲望的对象，一个是受理性规律驱使我们去欲求的对象，它们都受到欲念或利害关系的强迫，对对象的存在有所求，所以它们都不能给我们以自由。

根据以上分析，康德从质的方面概括鉴赏判断的特质是：“鉴赏是通过不带任何利害的愉悦或不悦而对一个对象或一个表象方式作评价的能力。”[2] 就是说，从质上来看，审美的特点就在于无利害关系而又产生愉快。

（二）从量上来看，鉴赏判断是没有概念而普遍令人愉快的

康德认为鉴赏判断的对象都是单个的具体的形象，并且必须把对象直接保持在主体的快感或不快感上，所以，就逻辑的量的范畴方面来看，一切鉴赏判断都是单个的判断。一般说来，单个的判断只以单个的具体的事物为对象，是不能显出普遍性的。但是，鉴赏判断却不然。鉴赏判断本身就带有审美的量的普遍性，那就是说，它对每个人都是有效的。当一个人把某一事物称为美时，他相信他自己会获得普遍赞同并且对每个人提出同意的要求，他假定别人也这样判断着，也同样感到这种愉快。这就是说，鉴赏判断产生的愉快是有普遍性的。康德指出，鉴赏判断的普遍性是可以从前面关于“鉴赏判断是不带任何利害的愉快”的说明中引申出来的。因为假若一个人觉得一个对象使他愉快，并不涉及利害关系，他就必然断定这个对象有理由叫一切人都感到愉快。“既然它不是建立在主体的某个爱好之上（又不是建立在某个另外的经过考虑的利害之上），而是判断者在他投入到对象的愉悦上感到完全的自由：所以他不可能发现只有他的主体才依赖的任何私人条件是这种愉快的根据，因而这种愉快必须被看作是植根于他也能在每个别人那里预设的东西之中的；因此他必定相信有理由对每个人期望一种类似的愉悦。”[3] 不过，鉴赏判断的普遍性不是要求客观的普遍性，而是要求主观的普遍性。客观的普遍性是对象的普遍性，就对象的属性作普遍性的判断，这是逻辑判断的普遍性；主观的普遍性是人人共同的感觉，就对象在主体心中所引起的感觉来假定判断的普遍性，这才是鉴赏判

---

① 康德：《判断力批判》，邓晓芒译，人民出版社 2002 年版，第 45 页。

② 同上书，第 46 页。

③ 同上书，第 46 页。

断的普遍性。

康德认为，鉴赏判断的愉快具有主观的普遍性，这是它和感官快适的愉快的一个重要区别。在感官快适的主观判断中，每个人的判断只是依据着他个人的感觉，当他说某一对象令他满意时，也只是局限在他个人范围内，所以，感官快适的愉快不可能也不需要具有普遍有效性。你说葡萄酒好喝，我说白兰地好喝，各人的感觉可以不一样。在这方面争辩，把别人和我不同的判断看成是不正确的，这是愚蠢的。但是，鉴赏判断却不是这样的。如果一个人判断某一对象为美，他不仅仅是自己这样判断着，而且每个人也是这样判断着，所以他要求着别人同意他。如果他们的判断与他不相同，他会说他们没有鉴赏力。说一个对象美，像认识一件事物的真一样，它要求普遍的承认。所以鉴赏判断是具有普遍性的。从这一点说，它和逻辑判断有类似点。正是由于这个原因，康德才将鉴赏、审美称作“判断”。

但是，鉴赏判断的普遍性是不基于任何概念的普遍性，这又是它和逻辑判断的根本区别。逻辑判断的普遍性是从概念产生出来的，而概念则是通过抽象比较形成的。鉴赏判断的普遍性却与此恰恰相反，它不需要抽象比较，也不需要形成概念。譬如我们见到一朵玫瑰花，对它的单个表象作出判断，说“这朵玫瑰花是美的”，这是鉴赏判断。但是，如果我们对许多玫瑰花的单个表象进行抽象比较以形成概念，然后得出结论说“玫瑰花一般地是美的”，这就不是鉴赏判断，而是逻辑判断了。由于审美的普遍性和逻辑的普遍性不同，不凭借概念，不涉及客体，所以康德称它是“特殊样式的普遍性”。从这一点上来看，鉴赏判断和关于善的判断也是不同的。“善只是通过一个概念而被表现为某种普遍愉悦的客体”，而美则不然，“我们通过（关于美的）鉴赏判断要求每个人在一个对象上感到愉悦，却并不是依据一个概念”。①

鉴赏判断的普遍性究竟来自何处呢？康德以为要弄清这个问题，就要先研究在鉴赏判断里是愉快先于判断，还是判断先于愉快？解决这个问题是理解鉴赏判断的关键，因此值得十分注意。如果愉快在先，由愉快而生判断，那么这种愉快只是感官的快适，只能具有个人有效性。只有判断在先，由判断引起愉快，这才是审美的愉快，才能具有普遍传达性。所以，鉴赏判断的普遍性只能来自判断。但是，鉴赏判断不同于逻辑判断。逻辑判断是客观的普遍性，因为

---

① 康德：《判断力批判》，邓晓芒译，人民出版社 2002 年版，第 49 页。

只有知识才是客观的，并且以此使一切人达到彼此一致。鉴赏判断仅仅是主观的，不依存于对象的任何概念的，所以，它的普遍可传达性的规定根据便不是认识的对象，而是人们主观上的内心状态。康德说：

> 在一个鉴赏判断中表象方式的主观普遍可传达性由于应当不以某个确定概念为前提而发生，所以它无非是在想象力和知性的自由游戏中的内心状态（只要它们如同趋向某种一般认识所要求的那样相互协和一致），因为我们意识到这种适合于某个一般认识的主观关系正和每一种确定的认识的情况一样必定对于每个人都有效，因而必定是普遍可传达的。[①]

根据康德的解释，鉴赏判断不是像逻辑判断那样，用确定的知性范畴来束缚想象，使它符合一定的概念，而是让想象力与知性处于相互协调的自由的运动中。由于各种认识能力（主要是想象力和知性）的相互协调、自由活动，所以就产生了审美的愉快。这种主观的内心状态就是鉴赏判断的主要内容。由于一切人对认识功能的互相协调和自由活动都有共同的感觉，所以这种主观的内心状态也就是鉴赏判断具有普遍传达性的根本原因。

通过以上分析，康德从量的方面总结鉴赏判断和美的特质是：“凡是那没有概念而令人喜欢的东西就是美的。”[②] 无概念却又有普遍性，这就是审美意识活动中具有的一个特殊矛盾。

（三）从关系上来看，鉴赏判断是无目的的合目的性

康德认为有两种合目的性，一种是客观的合目的性，一种是主观的合目的性。所谓客观的合目的性，是以对象对于目的的关系为前提的。如果我们想在一事物上表现出客观的合目的性，那就必须先有一个指明这事物应成为什么的概念。客观的合目的性或者是外在的，即对象的有用性；或者是内在的，即对象的完善性。对象的有用性是对象对于人的功用目的，它要涉及利害；对象的完善性是对象在概念上符合其目的，它要依据概念。可是，鉴赏判断既不涉及利害，也不凭借概念，所以，从客观的合目的性上来说，鉴赏判断既无外在目的（有用性），也无内在目的（完善性），从而也就与任何特定的目的无关。康德说：

① 康德：《判断力批判》，邓晓芒译，人民出版社 2002 年版，第 53 页。

② 同上书，第 54 页。

既然鉴赏判断是一个审美判断，即一个基于主观根据之上的判断，它的规定根据不可能是概念，因而也不可能是某种规定了的目的，那么凭美这样一个形式的主观合目的性，对象的完善性就决不能被设想为一种自称是形式的、然而却还是客观的合目的性。①

就是说，审美不具有客观的合目的性，没有任何特定的目的，不依赖于完善性概念。如果我们看见一匹马长得壮健匀称，躯体各部分的构造有机地相互依存，因而觉得它具有适应于生存等特定的客观目的，那么这就要涉及功利、概念，因而就不是审美判断了。

从客观的合目的性上说，鉴赏判断是无目的的；但从主观的合目的性上说，鉴赏判断却又具有一种合目的的性质。这是为什么呢？因为审美是对象的形式适合于主体的认识能力，从而引起想象力和知性的互相协调和自由活动。这种想象力和知性的自由协调，似乎是由一种“意志”预先安排的，所以就具有一种主观的合目的的性质。这种主观的合目的性，只和对象的形式有关，不涉及对象的内容、意义（利害、概念），所以，它是一种形式的合目的性，又称作没有目的的合目的性形式。康德说：“在评判上单以某种形式的合目的性、亦即某种无目的的合目的性为基础的美，是完全不依赖于善的表象的，因为后者是以一个客观的合目的性、亦即是以对象与某个确定的目的的关系为前提的。”② 例如我们判断一朵花为美，并不需要知道一朵花究竟是什么，它作为植物的构成部分具有什么特定目的功能，也就是说，欣赏者根本不会顾及花的客观目的。它只是由于这朵花的形式（外在形象）恰好符合人的各种认识能力的自由活动，从而引起情感上愉快的主观的合目的性。

谈到这里，康德将美分为两种。一种是自由美，它不以对象的概念为前提，不属于依照着概念按它的目的而规定的对象，而是自由地单纯依形式给人以愉快。康德认为属于自由美的例子有花、希腊风格的描绘、框缘或壁纸上的簇叶饰、无标题的幻想曲等，它们都不是一定概念下的客体，本身并无意义；另一种是依附美，它要附属于一个概念，以这样的一个概念以及按照这概念的对象的完善性为前提，属于那些依附一个特殊目的的概念之下的对象。康德认为一个人的美、一匹马或一座建筑物的美，便是依附美，它们都是以一个目的

① 康德：《判断力批判》，邓晓芒译，人民出版社2002年版，第63—64页。

② 同上书，第62页。

的概念为前提的，事物需符合其完善性的概念。按照康德的看法，“使一个对象在某个确定概念的条件下被宣称为美的那个鉴赏判断是不纯粹的。”① 所以，只有在判断自由美时，那鉴赏判断才是纯粹的。因为审美只涉及形式，所以感官的快适、目的概念、道德观念的参与，就要妨碍和破坏鉴赏判断的纯粹性。这种看法充分表现出康德美学思想的形式主义的一面。但是，康德又认为美和善的统一、审美的愉快和理智的愉快相结合，对鉴赏是有益的，符合美的理想的并不是自由美，而是依附美。他说：“要想从中寻求一个理想的那种美，必定不是什么流动的美，而是由一个有关客观合目的性的概念固定了的美，因而必定不属于一个完全纯粹的鉴赏判断的客体，而属于一个部分智性化了的鉴赏判断的客体。”② 从这里可以看出康德对于美的分析是充满矛盾的。

康德从关系方面总结出对美的说明是：“美是一对象的合目的性形式，如果这形式是没有一个目的的表象而在对象身上被知觉到的话。”③ 这就是所谓“无目的的合目的性”，它和前面从质、量两方面对美的分析在意思上是一致的，是对以上两方面分析的哲学概括。

（四）从模态上来看，鉴赏判断是没有概念而具有必然性的

必然性是知性中的样式范畴，它是指事物间的必然联系。在鉴赏判断中，美的形象和审美的快感之间就具有必然联系。康德说：“对于美的东西我们却想到，它对于愉悦有一种必然的关系。”④ 就是说，只要我们见到美的形象，就必然会产生审美的快感。但是，鉴赏判断的必然性是一种特殊的必然性。它既不同于理论上的客观必然性，也不同于实践上的道德的必然性。由于鉴赏判断不是客观的和知识的判断，所以这种必然性不是从一定的概念引申出来的。那么，这种必然性究竟是在什么意义上说的呢？康德说：“这种必然性作为在审美判断中所设想的必然性只能被称之为示范性，即一切人对于一个被看作某种无法指明的普遍规则之实例的判断加以赞同的必然性。”⑤ 就是说，鉴赏判断的必然性是一切人对于用实例来显示无法指明的普遍规则的判断，都会表示

① 康德：《判断力批判》，邓晓芒译，人民出版社 2002 年版，第 65 页。
② 同上书，第 69 页。
③ 同上书，第 72 页。
④ 同上书，第 73 页。
⑤ 同上书，第 73 页。

赞同的那种必然性。因为鉴赏判断不涉及概念，只引起想象力和知性的自由活动，所以，由实例（某一形象显现）所显示的普遍规则是不能指明的。对于这种判断，为什么一切人必然会赞同呢？康德为解决这个问题，假定了一种所谓先验的“共通感”，认为这种共通感就是鉴赏判断之所以具有必然性的条件。他说：

> 鉴赏判断必定具有一条主观原则，这条原则只通过情感而不通过概念，却可能普遍有效地规定什么是令人喜欢的、什么是令人讨厌的。但一条这样的原则将只能被看作共通感……只有在这前提之下，即有一个共通感（但我们不是把它理解为外部感觉，而是理解为出自我们认识能力自由游戏的结果），我是说，只有在这样一个共同感的前提下，才能作鉴赏判断。①

康德所假定的“共通感”，是诸认识能力自由活动的结果，所以，它不是通过概念而是通过情感规定着审美愉快的普遍必然性。虽然康德声称这共通感是有理由被假定的，但它在现实中并不存在。把鉴赏判断的普遍必然性建立在这种先验的普遍人性的基础上，恰好表现了康德的美的分析的主观唯心主义性质。

康德从模态方面总结对美的分析说：“美是那没有概念而被认作一个必然愉悦的对象的东西。”② 这就揭示出审美不依赖概念而具有必然性的特点。

通过从质、量、关系、模态四个方面对鉴赏判断的分析，康德比较充分地阐明了审美心理不同于逻辑认识和道德意识的特点。他指出审美与功利无关，不同于一般快感和道德活动；审美与概念无关，不同于逻辑认识；审美与特定的目的无关，不同于目的论判断。审美判断的基本性质在于：它是对象的形式适应人的认识功能，使想象力和知性互相协调和自由活动，从而引起的一种愉快的情感。康德着重强调的是审美意识活动的特殊性，他比前人更充分地认识到审美意识活动中的许多特殊矛盾。他认为鉴赏判断中包含着一系列矛盾：既无利害而又产生愉快；既无概念而又具有普遍性；既无目的又有合目的性；既是主观的却又有必然性。他在《审美判断力的辩证论》中还讨论了鉴赏判断的“二律背反”，即鉴赏判断既不根据规定的概念、又要根据概念的矛盾，指出鉴

---

① 康德：《判断力批判》，邓晓芒译，人民出版社 2002 年版，第 74—75 页。

② 同上书，第 77 页。

赏判断虽不根据规定的概念、却要根据未规定的概念。这一切说明他是多么重视审美意识的复杂性和特殊性。他突出地提出了审美中的主观和客观、认识和情感、感性和理性、愉悦和功利、个别和普遍等矛盾对立的方面，虽然他自己并没有使这些矛盾得到合理解决，但却启发我们如何抓住审美意识中的特殊问题并着重加以研究。这可以说是康德的“美的分析”在美学思想发展中所起到的最重要的积极作用。

不过，康德对美的分析是植根在他的先验唯心主义基础之上的。他在哲学上反对反映论，在美学上也必然否认审美与认识的关系。他一再强调“审美的规定根据只能是主观的”，审美不是对于客观对象的认识和反映。他在强调审美意识和逻辑认识、道德活动的区别时，却相当地忽视了它们之间的联系，时时表现出将它们对立起来的倾向。这样，在他对美的分析中，也就包含了超功利、非理性和形式主义的方面。他的“美在形式”的看法和后面提出的“美是德性—善的象征”的看法显然是互相矛盾的。我们要全面认识康德美学思想中包含的深刻矛盾，就需要进一步了解他如何从对美的分析过渡到对崇高的分析。

第三节　崇高的分析

康德的“审美判断力的分析论”第二部分是“崇高的分析论”。这部分在康德的美学体系中具有特殊的重要性，因为它表现出康德美学思想的发展。例如，在“美的分析论”中，康德认为美只涉及对象的形式，而不涉及它的内容意义，否认它和道德上的善具有内在联系。可是在“崇高的分析论”中，康德却特别强调崇高和理性观念的联系，并把道德感看作是崇高感的基础。用这种观点再来看美，康德便改变了美只涉及对象形式的看法，而肯定了“美是德性—善的象征”。[①] 又如，在“崇高的分析论”中，康德结合讨论艺术天才，提出了“审美理念”，明确指出审美理念是理性观念的形象显现，同时又“把美（不管它是自然美还是艺术美）称之为对审美理念的表达”。[②] 这也是肯定了美是要涉及理性观念的内容的，和“美的分析论”中提出的美只涉及形式的看法不一致。康德的美学思想是具有深刻矛盾的，这矛盾突出表现在“美的分析论”和“崇高的分析论”两部分强调的侧面不一致。由于认识论方面错误的根源，康德始终没有能够解决这一矛盾。如果我们不注意康德在“崇高的分析论”中所表现的不同于“美的分析论”的重要观点，我们就不能了解康德美学思想的发展变化，全面认识他的美学思想。

在分析崇高时，康德首先将美和崇高进行了比较，指出它们两者的一致和区别。关于美和崇高的一致方面，康德认为有以下几点：第一，两者“都是自身令人愉快的”，就是说两者的判断都不是联系于客体以求得知识，而是联系于主体以产生快感和不快感。第二，两者的判断都是以符合反思性判断为前提的，所以它们既不是感官的，也不是逻辑的判断。它们所引起的愉快既不是感官的快适，也不是像道德那样的愉快，而是对象符合人的认识能力即主观的合目的性所引起的愉快。第三，两种判断都是单个判断，但它所引起的愉快却具有普遍有效性。因为美的判断和崇高的判断具有以上的一致性，所以对美的分

① 康德：《判断力批判》，邓晓芒译，人民出版社2002年版，第200页。
② 同上书，第165页。

析原则也同样适用于崇高，就是说，“对崇高的愉悦必须正如对美的愉悦一样，按照量而表现为普遍有效的，按照质而表现为无利害的，按照关系而表现出主观合目的性，按照模态而把这主观合目的性表现为必然的。”① 正如康德在“美的分析”中实际上所分析的只是美感一样，康德在“崇高的分析”中所分析的也只是崇高感，这是我们必须首先明确的。

虽然美和崇高作为审美判断的两个方面具有一致性，但康德着重论述的却是两者的区别。关于审美判断为什么要区分为美和崇高两部分，康德在《判断力批判》“导言”中已指出了。他说：“对由反思事物的（自然的和艺术的）形式而来的愉快的感受性不仅表明了主体身上按照自然概念在与反思判断力的关系中的诸客体的合目的性，而且反过来也表明了就诸对象而言根据其形式甚至无形式按照自由概念的主体的合目的性；而这样一来就是：审美判断不仅作为鉴赏判断与美相关，而且作为出自某种精神情感的判断与崇高相关”。② 就是说，美和崇高作为审美判断虽然都是对象的合目的性所引起的愉快，但前者表示着客体方面按照自然概念联系到主体的合目的性，而后者则表示主体方面按照自由概念联系到对象的合目的性。这是从康德哲学的体系来看美和崇高两种审美判断的区别。在“崇高的分析论”中，康德又将这一思想具体展开，从以下几方面阐明了美和崇高的差异。

第一，从对象上看，美是涉及对象的形式，而崇高却涉及对象的“无形式”。对象的形式是有限制的，而与崇高相关的对象的“无形式”却是无限的，它只能被设想为一个完整体。因此，美是一个不确定的知性概念的表现，而崇高却是一个理性概念的表现，美的愉快是和质结合着，而崇高的愉快却是和量结合着。

第二，从愉快的样式上看，美的愉快是直接、单纯的愉快，而崇高的愉快则是间接的、由痛感转化而来的愉快。在美所引起的愉快中，“直接带有一种促进生命的情感，因而可以和魅力及某种游戏性的想象力结合起来”。可是，在崇高所引起的愉快中，愉快情绪却只能是间接产生的。“它是通过对生命力的瞬间阻碍，及紧跟而来的生命力的更为强烈的涌流之感而产生的，所以它作为激动并不显得像是游戏，而是想象力的工作中的严肃态度。因此它也不能与

① 康德：《判断力批判》，邓晓芒译，人民出版社2002年版，第85页。

② 同上书，第27页。

魅力结合，并且由于内心不只是被对象所吸引，而且也交替地一再被对象所拒斥，对崇高的愉悦与其说包含积极的愉快，毋宁说包含着惊叹或敬重，就是说，它应该称之为消极的愉快。”① 崇高感中夹杂着惊叹、恐惧、敬重等情绪，它的愉快不是单一的，而是复合的，需经过痛感，方能形成快感。

第三，从内心状态上看，对美的鉴赏以内心的静观为前提，而对崇高的审美判断却结合着内心的运动。“在大自然的崇高表象中内心感到激动；而在对大自然的美的审美判断中内心是处于平静的静观中。这种激动可以（尤其是在开始的时候）比之于那种震动、即对于同一个客体的快速交替的排斥和吸引。”②

第四，从来源上看，关于美我们可以从对象的形式上找到一个根据，而关于崇高我们则只能在我们主观的心灵中找到。这一点被康德称之为“崇高与美的最重要的内在的区别”。康德认为，在美的审美判断中，对象的形式本身带有一种合目的性，因此，对象的形式对于我们的判断力好像是预先被规定着的，它恰好适应人的想象力和知性的和谐自由的活动，从而使本身成为一个愉快的对象。可是在崇高的审美判断中，对象就形式来说则和我们的判断力相抵触，不适合于我们的认识形象的功能，好像是在对人的想象施加暴力。正是这种对于想象力的不适合性，却激起了人们内心中的理性的理念，从而将崇高性带到对象上去。康德写道：“我们能说的仅仅是，对象适合于表现一个可以在内心中发现的崇高；因为真正的崇高不能包含在任何感性的形式中，而只针对理性的理念：这些理念虽然不可能有与之相适合的任何表现，却正是通过这种可以在感性上表现出来的不适合性而被激发起来、并召唤到内心中来的。所以辽阔的、被风暴所激怒的海洋不能称之为崇高，它的景象是令人恐怖的；如果我们的内心要通过这样一个直观而配以某种本身是崇高的情感，我们必须已经用好些理念充满了内心，这时内心被鼓动着离开感性而专注于那些包含更高的合目的性的理念。”③ 这就是说，崇高并不是在于对象，而是根源于人们内心中的理性观念，它只能是主观的。“对于崇高我们却只须在我们心中，在把崇

---

① 康德：《判断力批判》，邓晓芒译，人民出版社 2002 年版，第 82—83 页。

② 同上书，第 97 页。

③ 同上书，第 83—84 页。

高性带入自然的表象里去的那种思想境界中寻求根据”。① 康德这个关于崇高的来源的结论，充分表现出他的美学思想的主观性。

康德将崇高分为两种：数学的崇高和力学的崇高。什么是数学的崇高呢？康德认为它就是“绝对的大的东西”，它的特点是体积的无限大。所谓无限大，是判断力的一个概念，衡量它的尺度不是客观的，而是主观的。康德说：“如果我们不单是把某物称之为大，而且是完全地、绝对地、在一切意图中（超出一切比较）称之为大，也就是称之为崇高。”② 对于这种无限大，我们不能根据某种外在的单位尺度或概念来进行比较，而是只允许在对象本身上见出，“它是一种只能自身相等的大”。这样一种自身无限大的对象为什么能产生崇高感并使人愉快呢？康德认为这与它所引起的两种矛盾的心理活动相关。对象的无限大，要求一种“能把它思考为一个整体”的内心能力，对于这一点，想象力是无能为力的。但这种对想象力的不适合性恰好在我们内部唤醒一种超感性能力，这种超感性的能力就是理性，理性“要求着绝对的整体作为一个现实的观念”。想象力必须扩张以适应理性能力的无限，但是它却终于不能和理性观念相应合，由此显示出我们的认识能力中“理性使命对于感性的最大能力的优越性”。这种人的内心中理性能力对于感性能力的优越和胜利，使人的精神得到提高，于是，人们“把这对于主体中人性理念的敬重变换为对于客体”，这样就产生了崇高感。康德说：

> 真正的崇高必须只在判断者的内心中，而不是在自然客体中去寻求……谁会愿意把那不成形的、乱七八糟堆积在一起的山峦和它们那些冰峰，或是那阴森汹涌的大海等等称之为崇高的呢？但人心感到在他自己的评判中被提高了，如果他这时在对它们的观赏中不考虑它们的形式而委身于想象力，并委身于一种哪怕处于完全没有确定的目的而与它们的联结中、只是扩展着那个想象力的理性，却又发现想象力的全部威力都还不适合于理性的理念的话。③

根据康德的分析，在美的鉴赏判断中，想象力在它自由的活动中联系着知性，想象力和知性通过它们的一致性而达到和谐，产生愉快；在崇高的审美判

① 康德：《判断力批判》，邓晓芒译，人民出版社 2002 年版，第 84 页。
② 同上书，第 88 页。
③ 同上书，第 95 页。

断中，想象力则联系着理性，想象力和理性通过它们的对立而表现出和谐。“由于想象力在对大小的审美估量中不适合通过理性来估量”，所以崇高引起不愉快；“这种不愉快在我们心中激起对我们的超感官的使命的情感，而按照这一使命，发现任何感性的尺度都与理性的理念不相适合，这是合目的性的，因而是愉快的”。① 总之，在面对无限大的对象时，之所以会有崇高感并产生愉快，就是由于通过想象力的无能之感而发现着主体自身的理性的无限能力，用康德的话说，“这种想象力在能力上的不合目的性对于理性理念和唤起这些理念来说却被表现为合乎目的的”。②

什么是力学的崇高呢？康德说：“自然界当它在审美判断中被看作强力，而又对我们没有强制力时，就是力学的崇高。”③ 就是说，力学崇高的对象必须一方面具有巨大的力，这种力可以超越各种大的障碍；另一方面它对于我们又不具有威力。所谓威力，必须是能够超越自身具有力量的东西的抵抗的。而崇高对象对于我们却不能做到这一点。这样，力学的崇高就会在主观心理反应上显出相应的矛盾。一方面，它的巨大的力量使我们的力量对它不相应，因而“它被看作恐惧的对象”；另一方面，我们又不是对它感到“真正的恐怖”，因为如果对象真的使人感到恐怖，我们就会避开它，不可能对它产生愉快。可是，事实上它却对我们具有吸引力，并使我们感到愉快。这是什么原因呢？这就是因为它让我们在内心里发现了另一种超越自然界巨大力量的抵抗的能力。康德说：“险峻高悬的、仿佛威胁着人的山崖，天边高高汇聚挟带着闪电雷鸣的云层，火山以其毁灭一切的暴力，飓风连同它所抛下的废墟，无边无际的被激怒的海洋，一条巨大河流的一个高高的瀑布，诸如此类，都使我们与之对抗的能力在和它们的强力相比较时成了毫无意义的渺小。但只要我们处于安全地带，那么这些景象越是可怕，就只会越是吸引人；而我们愿意把这些对象称之为崇高，因为它们把心灵的力量提高到超出其日常的中庸，并让我们心中一种完全不同性质的抵抗能力显露出来，它使我们有勇气能与自然界的这种表面的万能相较量。”④ 所谓在我们内心中显露的“一种完全不同性质的抵抗能力”

① 康德：《判断力批判》，邓晓芒译，人民出版社2002年版，第97页。
② 同上书，第99页。
③ 同上书，第99页。
④ 同上书，第100页。

究竟是什么呢？康德认为这就是我们的理性能力，也就是维护我们的人格和使命的自我尊严感。正是这种理性能力和自我尊严感，使我们在面对力量巨大的自然时，虽然感到物理上的无力，却能判定我们不屈属于它，并且具有一种对自然的优越性。“以这样一种方式，自然界在我们的审美评判中并非就其是激起恐惧的而言被评判为崇高的，而是由于它在我们心中唤起了我们的（非自然的）力量，以便把我们所操心的东西（财产、健康和生命）看作渺小的，因而把自然的强力（我们在这些东西方面固然是屈服于它之下的）决不看作对于我们和我们的人格性仍然还是一种强制力，这种强制力，假如事情取决于我们的最高原理及对它们的主张或放弃的话，我们本来是不得不屈从于它之下的。所以，自然界在这里叫作崇高，只是因为它把想象力提高到去表现那些场合，在其中内心能够使自己超越自然之上的使命本身的固有的崇高性成为它自己可感到的。”①

康德认为崇高来自我们内心中被唤起的理性能力，这种理性能力实际上就是康德所说的“实践理性”或道德观念。所以，他认为道德观念才是形成崇高的主要基础。“事实上，没有道德理念的发展，我们经过文化教养的准备而称之为崇高的东西，对于粗人来说只会显得吓人。”② 康德这种看法，把崇高感与人的社会意识的发展联系起来，无疑是有道理的。但是，他又强调道德观念以及对于道德观念的情感都是“存在天赋里”，这种先天的道德观念和道德情绪是每个人都禀具的，并且把这看作是崇高的审美判断具有必然性的原因。这就显得自相矛盾了。

康德的崇高理论是从主观唯心主义出发的。他完全否定崇高现象的客观性，认为它只能在我们自己的观念中找到，这就否定了崇高感有其客观来源，而把它仅仅归结为主观内心的产物。他对崇高感的起因和特点的分析，都是以“先验的理性”为基础的。崇高感所以能够形成，不愉快感之所以能转化为愉快感，都是先验的理性理念的作用。这样，康德就使自己对崇高感矛盾的心理活动的分析建立在以先验理性为基础的逻辑推论上，而完全忽视了经验事实。这不仅使他的许多论点显得自相矛盾，而且也使他的一些理论难以用来说明复杂的客观现象。

---

① 康德：《判断力批判》，邓晓芒译，人民出版社 2002 年版，第 101 页。

② 同上书，第 104 页。

第四节 艺术、天才和审美理念

“审美判断力批判”在美的分析论和崇高的分析论之后论述了艺术问题。关于美的分析论和崇高的分析论主要是从鉴赏方面来谈的；关于艺术问题的论述则主要是从创作方面来谈的，其中论到了艺术的特性、天才、审美观念以及艺术分类几个方面的问题。应该看到，康德的艺术理论虽然是以美的分析论作为基础的，但是较之美的分析论在思想上却有了重大发展。在美的分析论中，康德强调审美、鉴赏的本质特征是“非功利”“无概念”“无目的的合目的性”；在艺术理论中，他却指出艺术、天才要以目的概念作为基础，要以理性理念、伦理道德为内容，虽然它的形式必须是审美的。这种审美与艺术、鉴赏与天才的区别，深刻地显示着康德美学思想的内在矛盾。

关于艺术，康德首先是从它和自然、科学以及手工艺的区别，来论述艺术的特性。第一，艺术不同于自然。康德说：“艺术与自然不同，正如动作(facere)与行动或一般活动(agere)不同，以及前者作为工作(opus)其产品或成果与后者作为作用(effectus)不同一样。我们出于正当的理由只应当把通过自由而生产、也就是把通过以理性为其行动的基础的某种任意性而进行的生产，称之为艺术。”① 这就是说，艺术是人的创造物，它不同于自然作用的结果。人创造艺术作品，是以理性作为基础的，是通过自由意志，按照一定的目的进行的，所以，它不是像蜜蜂做蜂窝那样出于本能的活动。由于艺术要涉及目的、意志、理念，所以，艺术创造并不是单纯的审美活动。第二，艺术不同于科学。康德说：“艺术作为人的熟巧也与科学不同（能与知不同），它作为实践能力与理论能力不同，作为技术则与理论不同（正如测量术与几何学不同一样）。”② 这就是说，科学是知识，属于理论的能力；艺术是技能，属于实践的能力。对于艺术来说，不仅要有完备的知识，而且要有从事艺术创作的技巧。第三，艺术不同于手工艺。康德说：“艺术甚至也和手艺不同；前者叫做

① 康德：《判断力批判》，邓晓芒译，人民出版社2002年版，第145—146页。

② 同上书，第146页。

自由的艺术，后者也可以叫做雇佣的艺术。我们把前者看作好像它只能作为游戏、即一种本身就使人快适的事情而得出合乎目的的结果（做成功）；而后者却是这样，即它能够作为劳动、即一种本身并不快适（很辛苦）而只是通过它的结果（如报酬）吸引人的事情、因而强制性地加之于人。”① 这里，康德显然是把艺术看作一种游戏，并将它同劳动对立起来。依康德的看法，艺术和游戏都是自由的活动，都是本身就愉快的事情，所以艺术和游戏是一致的。这个看法就是后来出现的艺术即游戏说的来源。康德认为游戏和劳动是对立的，因而艺术和劳动也是对立的。这种看法如果单就资本主义社会“异化的劳动”来看，当然也有一些道理，但若就劳动和艺术的一般关系来看，则是不正确的。马克思指出，劳动作为人的本质的表现是一种自由的活动，在劳动中“人也按照美的规律来建造”；在共产主义社会里，劳动将成为人生第一需要，每个人既是劳动者，又是艺术家。这就否定了艺术和劳动是根本对立的看法。

为了进一步说明艺术的特性，康德在把艺术和自然、科学、手工艺加以区别之后，又在艺术中区分出“美的艺术”。他先把艺术分为机械的艺术和审美的艺术，前者只是为了达到认识的目的，后者则是以快感作为直接的企图。然后，又将审美的艺术分为快适的艺术和美的艺术。快适的艺术只引起感觉上的快感，单纯以享乐为它的目的。如人们在筵席间活泼自由的高谈阔论，用谐谑和欢笑造成快乐气氛，以及其他只是为了当前的娱乐消遣。美的艺术则与此相反，它不是单纯的官能感觉的快感，而是一种反思判断力。康德说：“相反，美的艺术是这样一种表象方式，它本身是合目的性的，并且虽然没有目的，但却促进着对内心能力在社交性的传达方面的培养。”② 就是说，美的艺术是没有任何实际目的的，它只有形式上的合目的性；同时，它又确有陶冶人的性情的社会作用，服从于外在目的。康德认为只有这种美的艺术才能体现出艺术的本质和特性。一方面，艺术必须是无目的的合目的性形式，是审美的活动；另一方面，艺术又要涉及目的概念和理性理念，不是纯粹的审美活动。所以，艺术不是康德所说的“自由美”，而是“依附美”。它是审美与理性的统一，即在无目的的合目的性形式中，表达出理性目的概念的内容。这就是康德所分析的艺术的基本特性。

---

① 康德：《判断力批判》，邓晓芒译，人民出版社2002年版，第147页。

② 同上书，第149页。

从艺术的基本特性出发，康德论述了艺术和自然的关系。他说：“在一个美的艺术作品上我们必须意识到，它是艺术而不是自然；但在它的形式中的合目的性却必须看起来像是摆脱了有意规则的一切强制，以至于它好像只是自然的一个产物。”① 又说，“美的艺术作品里的合目的性，尽管它是有意的，但却不显得是有意的；就是说，美的艺术必须看起来像是自然，虽然人们意识到它是艺术。”② 这就是说，艺术不同于自然，因为它是人为的、有意图的、有目的的，它完全符合着一切规则；但艺术又要貌似自然，因为它是形式上的合目的性，看不出它是人为的、有意图的、有明确目的的，它好像一点也不受人为造作的强制所束缚，没有丝毫死板固执、矫揉造作的地方。康德对艺术和自然关系这种看法，意在将艺术的自由和自然的必然统一起来。它既不同于浪漫主义片面强调自由创造的看法，也不同于古典主义片面强调规律法则的看法，而是二者兼而有之。

康德认为“美的艺术是天才的艺术”，因为美的艺术只有作为天才的作品才有可能。所以，他在分析了艺术的特性后，接着便转入对于天才的分析。什么是天才呢？康德说：“天才就是给艺术提供规则的才能（禀赋）。由于这种才能作为艺术家天生的创造性能力本身是属于自然的，所以我们也可以这样来表达：天才就是天生的内心素质（ingenium），通过它自然给艺术提供规则。”③ 这里，康德是把天才看作艺术创造的独特心理功能，这种心理功能是天生的、属于自然的，不是人工所能培养的。正是通过天才，自然给艺术制定规则。这后一点意思需要联系前面康德对艺术与自然关系的分析才好理解。按照康德的看法，艺术不同于自然，又要看起来像自然；艺术是自由的创造，又要符合自然的规律。因此，艺术创造必须要有规则。但是，艺术的规则“不能要约在一个公式里，以便成立为规范”，如果这样，规则就是作为概念而存在的。而对于艺术作品的审美判断却不能以概念作为基础。所以，艺术的规则不是按照既成的公式模仿出来的，而是通过艺术家的天才在创造作品中形成的，换句话说，“自然就必须在主体中（并通过主体各种能力的配合）给艺术提供规

---

① 康德：《判断力批判》，邓晓芒译，人民出版社2002年版，第149页。
② 同上书，第150页。
③ 同上书，第150页。

则”。[1] 总之，天才给艺术制定规则，既是符合自然的规律的，又是体现创造的自由的，是艺术的自由和自然的必然的结合。正由于此，美的艺术只有通过天才才能创造出来。

康德把天才的特点归纳为以下四个方面：(1) 独创性，这是天才的主要特点。因为天才是一种既不能依照任何规则来创造，也不能依照任何规则来学习的才能。(2) 典范性。天才的作品虽是独创，却“同时又必须是典范，即必须是有示范作用的”。它本身虽不是模仿的，却能对别人“成为评判或法则的准绳”。(3) 自然性。天才是怎样创造出作品来的，不能科学地加以说明，“它是作为自然提供这规则的”。所以，它不能在规范形式里传达给别人，使别人能够创造出同样的作品来。(4) 天才是属于美的艺术的才能，“自然通过天才不是为科学，而是为艺术颁布规则；而且这也只是就这种艺术应当是美的艺术而言的。”[2] 从以上四点来看，康德强调的重点是天才的不可模仿的独创性，是艺术的自由创造，所以他解释说：“天赋才能的独创性是构成天才品质的本质的部分”，“天才是与模仿的精神完全对立的”。[3] 他之所以认为天才只是对艺术的才能，而不是对于科学的，就是因为艺术不能通过模仿去学习，而科学则可以通过模仿去学习。

除了上面给天才归纳的四个特点外，康德在分析了“审美理念”之后，又对天才的特点作了补充，另提出了四个方面的特性。这四个方面的特性保留了原先的四个特点的意思，但突出指出了天才作为表达审美理念的才能，需要想象力和知性的互相结合和自由协调。天才“作为一种艺术才能，是以对作为目的的作品的一个确定的概念为前提的，因而是以知性为前提的，但也以作为这概念的体现的某种关于材料、即关于直观的（即使是不确定的）表象为前提，因而以想象力对知性的关系为前提”。[4] 一方面，天才使想象力获得不受制于一切规律的自由；另一方面，想象力又与规律制约的知性之间保持自由协调，以显出不是有意安排的主观合目的性。据此，康德又给天才下了一个新的定义——“天才就是：一个主体在自由运用其诸认识能力方面的禀赋的典范式的

① 康德：《判断力批判》，邓晓芒译，人民出版社 2002 年版，第 151 页。
② 同上书，第 152 页。
③ 同上书，第 152 页。
④ 同上书，第 162 页。

独创性。"① 这个定义把天才作为艺术创造的特殊的心理功能的含义表达得更为明显了。它比以往出现的各种神秘的天才的理论，的确是要深刻得多。不过，康德只强调天才是天生的，和后天培养无关，并且认为艺术创作就是决定于这种天生的才能，这又表现出他的先验的唯心主义观点的严重缺点。

康德认为，审美和艺术、欣赏和创造、鉴赏力和天才，是有联系而又有区别的。"为了把美的对象评判为美的对象，要求有鉴赏力，但为了美的艺术本身，即为了产生出这样一些对象来，则要求有天才。"② 就是说，审美欣赏是凭借鉴赏力；艺术创造却是凭借天才。因此，康德在讨论天才时，也分析了天才和鉴赏力的关系问题。他首先论述了天才和鉴赏力的区别。这种区别实则是艺术美和自然美的区别，因为自然美的评定只需要鉴赏力，而艺术美的可能性是要求着天才的。艺术美和自然美有什么区别？康德说："一种自然美是一个美的事物；艺术美则是对一个事物的美的表现。"③ 这就是说，自然美是事物本身的美，而艺术美则是事物的表现（即形象再现）的美。美的艺术并不一定要求所描写的事物本身是美的，而只是要求对事物的形象描写是美的。这正是艺术美胜过自然美的地方。康德说："美的艺术的优点恰好表现在，它美丽地描写那些在自然界将会是丑的或讨厌的事物。复仇女神，疾病，兵燹等等作为祸害都能够描述得很美，甚至被表现在油画中。"④ 这就是说，艺术美不仅可以拿自然的美作为描写的对象，而且也可以拿自然的丑作为描写的对象。只要自然丑在艺术中能够得到美的描写或表现，那么，自然丑也可以转化为艺术美。但是，康德又认为有一种自然丑不能表现为艺术美，那就是令人作呕的现象，因为"这对象的艺术表象与这对象本身的自然在我们的感觉中就不再有区别，这样，那个表象就不可能被认为是美的了"。⑤ 基于同一理由，他认为雕塑艺术必须把丑恶的对象从它的表现范围中排除出去。这一看法和莱辛在《拉奥孔》中的看法是相似的。其次，康德认为艺术美和自然美的区别还表现在对它们的评判上。他说：

为了把一个自然美评判为自然美，我不需要预先对这对象应当是

① 康德：《判断力批判》，邓晓芒译，人民出版社 2002 年版，第 163 页。
② 同上书，第 155 页。
③ 同上书，第 155 页。
④ 同上书，第 156 页。
⑤ 同上书，第 156 页。

怎样一个事物拥有一个概念；亦即我并没有必要去认识质料的合目的性（即目的），相反，单是没有目的知识的那个形式在评判中自身单独就使人喜欢了。但如果对象作为一个艺术品被给予了，并且本身应当被解释为美的，那么由于艺术在原因里（以及在它的原因性里）总是以某种目的为前提的，所以首先必须有一个关于事物应当是什么的概念作基础；而由于一个事物中的多样性与该事物的内在规定的协调一致作为目的就是该事物的完善性，所以在对艺术美的评判中同时也必须把事物的完善性考虑在内，而这是对自然美（作为它本身）的评判所完全不予问津的。①

这段话对于了解康德美学思想的发展和内在矛盾是很重要的。在康德看来，对自然美的判断不涉及概念、目的，而只是单纯形式本身令人愉快；但对艺术美的判断则必须涉及概念、目的以及对象的完善性。在“美的分析论”中，康德是否定审美涉及概念、目的以及完善性考虑的，但在艺术美的分析中，他却又肯定了这一切，可见美的分析论中对审美的特点的规定，只是符合自然美而不符合艺术美。

关于天才和鉴赏力的关系的另一个问题，是两者在艺术创作中的作用问题，亦即在艺术创作中是天才更重要还是鉴赏力更重要。康德认为这个问题也就是想象力和判断力哪个更重要。他的看法是判断力比想象力重要，也就是鉴赏力比天才更重要。原因是判断力能使想象力和知性相协调，使想象力在自由活动里适合着知性的规律性。康德说：“为了美起见，有丰富的和独创的理念并不是太必要，更为必需的却是那种想象力在其自由中与知性的合规律性的适合。因为前者的一切丰富性在其无规律的自由中所产生的无非是胡闹；反之，判断力却是那种使它们适应于知性的能力。”② 因此，鉴赏力对于天才具有训育和管束的作用，它指导天才的飞翔，使之保持合目的特性。根据以上分析，康德认为如果在艺术作品中鉴赏力和天才发生了矛盾而不得不牺牲一种的话，“那就宁可牺牲天才”。这个结论和前面对于天才的分析明显地存在着矛盾。在分析天才时，康德一再强调天才对于艺术的重要性，认为“美的艺术只有作为天才的作品才有可能”，可是在这里他又认为天才对于艺术是可有可无的；在

---

① 康德：《判断力批判》，邓晓芒译，人民出版社2002年版，第155页。

② 同上书，第164页。

论述天才的特性时，康德强调天才需要想象力和知性的结合，想象力的自由活动对于知性规律性是协调的，可是，在这里他又认为天才只是想象力，和知性、判断力似乎是对立的。形成这一矛盾的思想根源还是在于他把美的形式和内容相割裂的看法。他认为“天才所能做的只是向美的艺术作品提供丰富的材料”，但要“把这形式给予美的艺术却需要鉴赏力”。这就是说，天才涉及的主要是理念内容，而鉴赏力涉及的却是美之所以为美的形式。一方面，康德认为理念内容是美的艺术所不可缺少的，所以他强调天才对于美的艺术是必要的条件；另一方面，康德又认为美在形式而不涉及内容，而缺乏美的形式，艺术也就不成其为艺术，所以他又肯定鉴赏力比天才更重要。康德企图统一美的形式和内容表现之间的矛盾，但他始终没有做到这一点。

在讨论天才时，康德分析了构成天才的心理能力，并且将它和审美理念的形成与表达联系起来。他说：“天才真正说来只在于没有任何科学能够教会也没有任何勤奋能够学到的那种幸运的比例，即为一个给予的概念找到各种理念，另一方面又对这些理念加以表达。”[①] 可见天才作为艺术创作的才能，是同审美理念的形成和表现分不开的。这样，康德就提出了“审美理念”这一重要范畴，并对它进行了分析。

什么是审美理念呢？康德说：

> 我把审美［感性］理念理解为想象力的那样一种表象，它引起很多的思考，却没有任何一个确定的观念、也就是概念能够适合于它，因而没有任何言说能够完全达到它并使它完全得到理解。很容易看出，它将会是理性理念的对立面（对应物），理性理念与之相反，是一个不能有任何直观（想象力的表象）与之相适合的概念。[②]

> 审美［感性］理念是想象力的一个加入到给予概念之中的表象，这表象在想象力的自由运用中与各个部分表象的这样一种多样性结合在一起，以至于对它来说找不到任何一种标志着一个确定概念的表达，所以它让人对一个概念联想到许多不可言说的东西，对这些东西的情感鼓动着认识能力，并使单纯作为字面的语言包含精神。[③]

---

① 康德：《判断力批判》，邓晓芒译，人民出版社 2002 年版，第 161 页。
② 同上书，第 158 页。
③ 同上书，第 161 页。

从以上论述可以看出，康德所谓的“审美理念”具有以下特征：

第一，审美理念是由想象力所形成的表象显现，所以它不同于理性理念，具有感性特征。理性理念是一种概念，是抽象的，没有感性的形象与之相切合。而审美理念却离不开感性形象，它须通过想象力所创造的形象显现出来，所以是个别的、具体的、丰富多样的。

第二，审美理念是从属于某一概念的，它可以使人想起许多思想，所以它不是属于低级的感性认识，不是单纯的表象。表象虽是个别的、具体的、形象的，却并不显示理性理念的内容。审美理念却须在感性形象中显出理性理念的内容，所以，它带有普遍性、概括性、思想性。

第三，审美理念虽然从属于某一概念，却又很难找出它所表现的是“一个确定的概念”；虽然可以使人想起许多思想，却又没有任何确定的思想与之完全相适应。这是为什么呢？因为在审美理念中，理性理念已经转化为感性形象，思想和概念已经渗透在感性形象中，普遍性、概括性是通过个别性、具体性得到表现的，也就是说，理性和感性、思想和形象、普遍和个别，在审美观念中是统一的，所以，它虽然包含理性、思想、普遍，却又不同于“确定的概念”和确定的思想。

综合以上关于审美理念的基本特征，可以看出，康德所说的审美理念，概括地说，就是理性理念的感性形象，是理性理念与感性形象的统一。这和我们今天所说的艺术典型，基本上是相近的。

审美理念是如何形成的呢？康德认为它是创造性的想象力，根据理性中更高的原则，对实际自然所提供的材料进行加工改造而创造出来的。他说：“想象力（作为生产性的认识能力）在从现实自然提供给它的材料中仿佛创造出另一个自然这方面是极为强大的。”① 就是说，形成审美理念的想象力不仅仅是一种对经验的记忆，而且还具有创造性，能够重新把经验加以改造，使其成为“某种胜过自然界的东西”。这种对经验的改造，不仅是根据一般的“联想律”“类比律”，而且是“按照着高高存在理性里的诸原则”。就是说，在形成审美理念中，创造性的想象是与更高的理性原则相结合的，它力求超出经验的范围，以企求达到理性理念的形象显现，从而赋予这些观念以一种客观现实的外貌。康德说：“诗人敢于把不可见的存在物的理性理念，如天福之国，地狱之国，永生，创世等等感性化；或者也把虽然在经验中找得到实例的东西如死

① 康德：《判断力批判》，邓晓芒译，人民出版社 2002 年版，第 158 页。

亡、忌妒和一切罪恶，以及爱、荣誉等等，超出经验的限制之外，借助于在达到最大程度方面努力仿效着理性的预演的某种想象力，而在某种完整性中使之成为可感的，这些在自然界中是找不到任何实例的。”① 按照康德的理解，一个理性理念可以有许多感性形象来显现它，但没有哪一个感性形象能够完全显现它。感性形象显现理性理念的程度是有差别的。只有在感性形象中达到理性的“最高度”，理性理念得到完满、充分显示的，才配称为审美理念。所以审美理念在显现理性理念中所达到的高度，是一般自然事物所不能比拟的，它也就是康德所说的“另一自然”。总之，审美理念虽是感性形象，却不是经验世界的简单复现，而是由想象力根据理性理念，对经验进行加工改造所创造出来的。这里，康德实际上是涉及了艺术创作如何对自然加工改造，亦即艺术创作的典型化问题。

康德的“审美理念”说，说明艺术创作既要有感性形象，又要表达出理性内容，指出了感性与理性、个别与普遍、形式与内容在艺术形象创造中的辩证统一关系。他认为审美理念虽然涉及概念，但是又不是表现某一确定的概念，它比概念更为丰富多样，在思想上具有许多“不可言说的东西”，也就是能够以有尽之言表达出无穷之意，使形象显现联系到许多不能完全用语言来表达的深广思致。这种看法对我们研究审美和艺术创作中形象思维的特点和规律是很有启发作用的。不过，康德虽然提出了感性与理性、形式与内容之间的矛盾，但其前后看法不一致，对二者如何达到有机统一并没有真正给予解决。而且，康德关于审美理念的论点是建立在他的先验唯心主义的哲学基础之上的。他所说的理性理念不是从现实生活中所概括出来的，而是一种先天的、超现实的理念，这就使审美理念丧失了反映客观现实的内容。

在讨论“审美理念”之后，康德又给美下了一个定义。他说：“我们可以一般地把美（不管它是自然美还是艺术美）称之为对审美理念的表达。”② 这个定义和“美的分析论”中所下的“美在形式”的定义显然是不同的。这两个定义最明显地反映出康德美学思想中对立的两个方面，即形式主义和表现主义。康德试图统一这两个方面，但他始终没使两者达到真正的统一。而他美学中的这两个方面，对后来西方美学理论的影响都是巨大的。

---

① 康德：《判断力批判》，邓晓芒译，人民出版社2002年版，第158—159页。

② 同上书，第165页。

第五节　历史贡献和调和特点

西方近代哲学和美学发展到康德，产生了关键性的转折。在此之前，近代自培根、笛卡尔以来的西方哲学和美学思想分为经验主义和理性主义两大派。经验主义和理性主义这两大派别和思潮的分歧和对立，既代表了西方近代认识论发展的基本走向，也反映了西方近代美学思想发展的基本走向。虽然这两派也存在相互作用和影响，但就总的趋势来说，其分歧和对立却是异常分明的。康德处在经验主义和理性主义两派的对立和斗争得到充分发展和展开的时代，他看出两派各有其片面性，又各有其合理性，企图通过批判，在先验唯心主义基础上将两者调和起来，从而形成了他从哲学到美学对经验主义和理性主义的综合。这就推动近代西方哲学和美学思想产生了关键性的转变。

康德的哲学既批评了经验主义，也批评了理性主义，力图将它们妥协或结合到一个体系中。他在美学上的基本立场也是要求达到经验主义和理性主义的调和。英国经验主义美学强调美和审美的感性性质，认为美感就是感性的快感，快感就是美的本质；德国理性主义美学强调美和审美的理性基础，认为美感是对完善的含混认识，完善就是美的本质。康德认为这两派都把美和美感与相关的概念混淆，没有揭示美和美感本身的特质。他认为审美判断不是单纯感官的快感，而是属于先天的综合判断；同时又认为审美判断不同于目的论的判断，“完善”的概念是属于目的论判断力，而不属于审美判断力。这就既批判了经验主义美学，也批判了理性主义美学。他把经验主义美学的快感论和理性主义美学的目的论结合起来，提出审美判断既同愉快和不愉快的情感相联系，又符合“主观的合目的性”；既是个体对于个别事物的判断，又具有普遍性和必然性。他看出经验主义美学片面强调美和审美的感性性质，理性主义美学片面强调美和审美的理性基础，都无法合理解释美和审美的本质问题，试图通过批判和纠正二者的片面性，将它们调和或综合起来，提出美的理想和审美理念是感性与理性、特殊与普遍相结合的观点，使长期分歧中的理性主义和经验主义两派美学达到汇合。这一基本立场在“审美判断力批判”中表现得非常明显，并且贯穿始终。

经验主义美学和理性主义美学在分别强调美和审美的感性性质与强调美和审美的理性基础上，互相分歧和对立，使美和审美中感性和理性的关系问题凸显出来，而解决这一问题自然成为康德美学的基本任务。正如鲍桑葵所说，康德所继承的美学问题包含在这样一个问题中："一种快感怎么也能具有理性的性质?"① 这也是在经验主义美学和理性主义美学两种美学思潮汇合中，摆在近代美学思想界面前的问题。这个问题和摆在近代思想界面前的普遍哲学问题——"怎样才能使感官世界和理想世界调和起来?"是一致的。在"美的分析论"中，康德通过对鉴赏判断中包含的各种矛盾的分析和综合，指出美感虽是一种感性经验，却有理性基础，已经对美和审美中理性和感性的关系问题作出了回答。在"崇高的分析论"中，康德对问题的回答又作了进一步的延伸。康德认为，崇高和美、崇高感和美感作为审美判断的两个方面是具有一致性的。它们都是以反思性的判断为前提的，其愉快依赖于想象力与知性或理性的概念能力协和一致，具有主观合目的性。这两种判断都是单一的，却具有普遍有效性。不过两者却有显著区别。由于崇高和美的内在区别，所以两者在判断者的内心状态上是不同的。康德说："正如同审美的判断力在评判美时将想象力在其自由游戏中与知性联系起来，以便和一般知性概念（无需规定这些概念）协调一致；同样，审美判断力也在把一物评判为崇高时将同一种能力与理性联系起来，以便主观上和理性的理念（不规定是哪些理念）协和一致，亦即产生出一种内心情调，这种情调是和确定的理念（实践的理念）对情感施加影响将会导致的那种内心情调是相称的和与之相贴近的。"② 这就是说，在对美的审美判断中，想象力与知性相联系，以便和不确定的知性概念协调一致；而在对崇高的审美判断中，想象力与理性相联系，以便和不确定的理性的理念协和一致。这两者都是感性和理性的结合，可是结合的具体内容是不一样的，产生的愉快的性质也是有区别的。可以说，从"美的分析论"到"崇高的分析论"，康德从不同方面考察和论述了审美中感性和理性的关系问题，试图以不同的方式将两者调和起来，回答审美中愉快的情感何以具有理性性质的问题。

在"美的分析论"中，康德结合美的合目的性以及自由美和依附美的区分，论述了"美的理想"问题。在"崇高的分析论"中，康德在"纯粹审美判

---

① 鲍桑葵：《美学史》，张今译，商务印书馆1985年版，第368页。

② 康德：《判断力批判》，邓晓芒译，人民出版社2002年版，第95页。

断的演绎”部分，结合艺术和天才，论述了“审美理念”问题。这两个问题，一个是从审美鉴赏方面谈的，一个是从艺术创造方面谈的，但两个问题都集中涉及审美判断力和感性与理性、个别与普遍的关系问题，而且表现着康德美学思想的矛盾和发展，是值得特别重视的。“审美理念”和“美的理想”在基本含义和内容上大致是一致的，但前者比后者在看法上更为成熟、论述上更为充分。按照康德的理解，审美理念是想象力的一个表象，“它引起很多的思考，却没有一个确定的观念、也就是概念能够适合于它，因而没有任何言说能够完全达到它并使它完全得到理解”。[①] 换句话说，这种想象力的表象加入给予的概念之中，却“找不到任何一种标志着一个确定概念的表达，所以它让人对一个概念联想到许多不可言说的东西”。[②] 由此可知，审美理念一方面不同于理性理念，因为理性理念是一个不能有任何直观（想象力的表象）与之相适应的概念，而审美理念则是想象力的表象；另一方面审美理念也不同于单纯的表象，因为想象力的表象要根据理性理念，它从属于一个不确定的概念，让人对一个概念联想到许多不可言说的东西，引起很多的思考。在审美理念中，理性理念已经转化为感性形象，思想和概念已经渗透在个别表象中，普遍性、概括性是通过个别性、具体性得到表现的。也就是说，理性与感性、思想与形象、普遍与个别、内容与形式，在审美理念中是互相结合和统一的。概括地说，审美理念就是理性理念的感性表现，是理性理念与感性形象的统一。从艺术美的创作过程看，审美理念就是形象思维，从艺术美的形象塑造看，审美理念就是艺术典型。显然，康德对审美理念所作的分析和说明，已经包含了后来黑格尔提出的“美是理念的感性显现”说的雏形。通过对审美理念内涵的揭示，康德对审美意识的本质和特征作了最充分的概括，也对审美意识中感性与理性的关系问题作了最深刻的回答。由此，各持一端的经验主义和理性主义两种美学思潮终于在康德美学中达到了汇合。

康德美学虽然突出地提出了审美中感性与理性、个别与普遍、形式与内容之间的矛盾问题，并试图将矛盾双方调和或结合起来，但他的看法前后颇不一致，许多观点甚至互相矛盾和对立。总的看来，他只是努力将矛盾双方加以调和或综合，而对二者如何实现辩证的、有机的统一却始终没有真正地予以解

① 康德：《判断力批判》，邓晓芒译，人民出版社 2002 年版，第 158 页。

② 同上书，第 161 页。

决。在“美的分析论”中，康德从分析鉴赏判断的四个契机，得出美和审美只和对象的形式有关，不涉及对象的内容、意义（利害、概念、目的）的结论，明显地表现出形式主义倾向，似乎肯定了美在形式的观点。但是，他在分析鉴赏判断的合目的性时，又提出存在有自由美和依附美这两种不同的美，“前者不以任何有关对象应当是什么的概念为前提；后者则以这样一个概念及按照这个概念的对象完善性为前提。”① 符合他所提出的“纯粹的鉴赏判断”的只有自由美，而符合他所提出的“美的理想”的却又是依附美，这两者显然是分裂的、对立的。在纯粹鉴赏判断中，康德肯定美不涉及概念、不依赖于完善性概念，而在依附美中，却又肯定它是以概念和对象的完善性为前提的，也就是回到他所批判的看法。从“美的分析论”到“崇高的分析论”，问题越是深入，康德美学思想的矛盾也就暴露得更加突出。如果说，在“美的分析论”中，康德侧重从审美判断的形式去分析美，倾向于美在形式的看法，那么，在“崇高的分析论”中，他却侧重从内容意义方面去分析崇高和艺术创造，不仅认为“真正的崇高不能包含在任何感性的形式中，而只针对理性的理念”，② 而且认为艺术要以目的、概念为基础，以理性理念、道德观念为内容，虽然它的形式必须是审美的。在“崇高的分析论”的“对审美的反思判断力的说明的总注释”中，康德详细探讨了崇高与道德的密切关系，指出“对自然界的崇高的情感没有一种内心的与道德情感类似的情绪与之相结合，是不太能够设想的”。③ 而在“审美判断力的辩证论”中，康德进一步发展了他的思想，明确提出了“美是德性—善的象征”的看法。④ 这与他在“美的分析论”中侧重从形式上分析美、倾向于美在形式的看法是完全不同的，也是互相矛盾的。这种前后互相矛盾对立的观点，固然也反映出康德美学思想的变化，但更根本是在于他的美学思想中存在的内在矛盾，表明他对美和审美中感性与理性、形式与内容、个别与普遍如何达到辩证的、有机的统一的问题，并没有真正予以解决。

康德美学思想中的矛盾以及他无力解决审美中感性和理性的有机统一问题，其原因是多方面的。其中根本的一点就是他基本上沿用了理性主义的形而

① 康德：《判断力批判》，邓晓芒译，人民出版社 2002 年版，第 65 页。

② 同上书，第 83 页。

③ 同上书，第 108 页。

④ 同上书，第 200 页。

上学的方法，从先验的概念出发，侧重从分析理性概念来解释审美现象。康德在哲学上虽然试图调和理性主义和经验主义，但他的重点仍然放在理性主义方面。他从理性主义所接受过来的东西远比从经验主义接受过来的多。他提出的先验唯心主义学说，认为人的认识能力本身就具有一种认识形式，这些认识形式不是来自经验，而是先于经验，是先天的意识形式，而一切知识之构成都必须以这种先天的认识形式为依据或条件。这和笛卡尔的先验论是一脉相承的。他用形而上学的观点看待认识问题，将“自在之物”与“现象界”、主体与客体、认识内容与认识形式、感性认识与理性认识割裂开来，把这些本来是联系起来的东西看成对立的，只是形而上学地把它们拼凑在一起。康德就是运用这种先验的、形而上学的观点和方法来分析美和审美问题的。他经常将美和审美意识中本来互相联系的东西割裂开来，绝对化地把它们对立起来，抽象地去考虑它们的对立关系，然后再机械地将它们加以拼凑和调和。对于美的内容与形式、感性与理性、个别与普遍的关系问题，对于自由美与依附美、自然美与艺术美、鉴赏力与天才、美与崇高、美与善的关系等问题，康德都是用这种方法来认识和处理的。这就是康德对审美中的诸多矛盾只能加以调和而不能达到真正统一的根本原因。

第十一章

现代美育理论的开创之作

——席勒的《审美教育书简》

席勒（Johann Christoph Friedrich von Schiller，1759—1805）是18世纪德国狂飙突进文学运动的主要代表作家之一，也是德国古典美学的重要代表人物之一。在德国古典美学发展中，席勒上承康德，下启黑格尔，在推动德国古典美学从主观唯心主义向客观唯心主义的转变中起到了重要的中介作用。席勒的美学著作都是在受到康德哲学影响以后写成的。从1792年到1796年，席勒连续发表了一系列美学论文，包括《卡里亚斯，或论美》《论秀美与尊严》《审美教育书简》《论崇高》《论质朴的和多情的文学》等。其中最重要、影响最大的便是《审美教育书简》。从1973年到1794年，席勒把自己研究美学的心得陆续写成若干封书信，寄给丹麦国王奥古斯滕堡公爵，以酬谢后者在他困难时期给予他的慷慨帮助。1974年2月哥本哈根宫邸发生火灾，所有信件被焚。后应奥古斯滕堡公爵的要求，席勒根据原稿整理出这套书信，并对原稿做了较大修改和补充，于1975年在他自己创办的《季节女神》杂志上连载。1801年这套书信收入《短小散文集》，题为《审美教育书简》。这部著作问世以来，一直产生着巨大影响。青年黑格尔曾两次认真地研究席勒的这部著作，在他早期著作中可以明显看到席勒思想的影响。车尔尼雪夫斯基曾经引用席勒《审美教育书简》中的论述来阐发自己的进步美学思想。席勒关于通过审美教育恢复人性完整性，实现人的全面发展的理想，经过马克思的革命改造，重新得到科学的阐明。

第一节 人性的分裂与美育的目的

在《审美教育书简》的头两封信中，席勒对自己研究美学和审美教育问题的哲学基础和原因作了说明。席勒的美学研究是从研究康德哲学和美学开始的。在1971年写给克尔纳的信中，席勒说他被康德的《判断力批判》所吸引并进行了深入研究。可见他的美学研究是以康德哲学和美学为基础的。在《审美教育书简》中，他申明自己的看法“大多以康德的原则为依据”①。不过，他也表示自己并不拘于门户之见。关于研究美学的方法论，他认为应“使它的对象与知性相接近而使它的对象离开感官”②。就是说，美虽然与感觉密切相关，但要把握它的本质就必须通过知性分析，而不能依靠感觉经验。这也显然是受到康德的影响。依据先验的方法来提出和阐明美学问题，形成《审美教育书简》在研究方法上的一个重要特点。

康德的哲学和美学体系，探求的是一个关系人类最终前途的命题：从自然向人的生成问题，美学被视为从必然王国向自由王国发展的必然环节，是连接自然的必然和道德的自由的一座桥梁。在论述美、崇高、艺术等各种美学问题中，康德都将人是目的作为准绳。他认为作为目的的人是自由存在者，这只能通过自然的必然和道德的自由的统一才能实现。“只有人不顾到享受而行动着，在完全的自由里不管大自然会消极地给予他什么，这才能赋予他作为一个人格的生存的存在以一绝对的价值。”③ 这个基本思想同样贯穿在席勒的《审美教育书简》中。通过美和审美教育，使自然的人成为审美的人，进而达到道德的人，从而实现人的自由，正是席勒在书简中所要阐发的主题。不过，席勒虽然从康德出发，但他所达到的结论却远远超越了康德的美学思想，比康德前进了一大步。对此，黑格尔曾作过评价。他说：“席勒的大功劳就在于克服了康德所了解的思想的主观性与抽象性，敢于设法超越这些局限，在思想上把统一与

① 席勒：《审美教育书简》，《席勒经典美学文论》，范大灿等译，三联书店2015年版，第205页。

② 同上书，第205页。

③ 康德：《判断力批判》上卷，宗白华译，商务印书馆1987年版，第45页。

和解作为真实来了解，并且在艺术里实现这种统一与和解。”① 康德只是在思想活动中主观、抽象地去解决审美中感性和理性的统一，用主观合目的性去解决自然界的必然与理性的自由之间的矛盾，这种和解和统一“无论就判断来说，还是就创造来说，都还只是主观的，本身还不是自在自为的真实”②。席勒则将这一矛盾的解决建立在人的自我实现这个更为现实的基础之上，论证了感性与理性、必然与自由二者相互转化的辩证统一关系，也就是将二者的相互转化和统一“作为真实来了解”。这就突破了康德的局限。

席勒研究美和美育问题，是和他对于人性和时代问题的思考紧密联系在一起的。关注美和艺术问题，对于他来说，并非单纯出于对理论的兴趣，而是基于对于时代现状的观察和思考。他首先自问道：在当今道德世界的事物对人有着更切身的利害关系，时代的状况迫切地要求建立真正的政治自由的情况下，“为审美世界寻找一部法典，是不是有点不合时宜呢?”③ 接着他就回答说：“我不想生活在另一世纪，也不想为另一世纪而工作。”人是时代的公民，“在选择他的事业时要倾听时代的需要和风尚。”④ 就是说，他选择美和艺术问题来研究，并不是想脱离时代和现实，而是要服从时代的需要。但是，时代的需要和风尚并不利于艺术。艺术是自由的女儿，他只能从精神的必然，而不能从物质的最低需求中接受条规。可是，如今是需要支配一切，有用是这个时代崇拜的大偶像，一切力量都要侍奉它。在这个时代的喧嚣市场上艺术正在消失，艺术的精神功绩没有分量。所以，席勒表示，尽管哲学家和通达人士都把目光聚焦在政治舞台上，他却违抗这迷人的诱惑，“让美在自由之前先行”⑤。他说：

> 这个题目同时代需要的密切程度并不亚于同时代趣味的密切程度；人们在经验中要解决的政治问题必须假道美学问题，正是通过美，人才可以走向自由。⑥

---

① 黑格尔：《美学》第一卷，朱光潜译，商务印书馆 1979 年版，第 76 页。

② 同上书，第 75—76 页。

③ 席勒：《审美教育书简》，《席勒经典美学文论》，范大灿等译，三联书店 2015 年版，第 209 页。

④ 同上书，第 209 页。

⑤ 同上书，第 211 页。

⑥ 同上书，第 211 页。

由此可见，席勒是把美和美育问题，看作是解决政治问题，使人走向自由的必经之路，从而赋予了美和美育研究以时代使命。

为了研究人走向自由的过程，席勒考察和分析了人类社会的历史发展。他指出，人从感官的轻睡中苏醒过来，认识到自己是人，发现自己已处在国家中。最初的自然国家是历史地自然形成的，它源于力，受盲目的物质必然的支配，一切都是靠强制而产生的，故亦称强制国家。当人从童年期进入成年期，就不再满足于这种强制国家，要求建立伦理国家，它源于法则，受道德必然的支配，一切都是人的自由选择。理性要建立自己的国家就得废弃自然国家，这样，为了推论的道德的人就得牺牲现实的物质的人。因此，为了保证道德社会在观念中形成的同时，物质社会也能继续运行，就必须找到一根支柱。这根支柱既不在人的自然性格之中，也不在人的伦理性格之中。它是同两者都有连带关系的第三种性格（即美的性格）。正是这种性格开辟了从纯粹是力的支配过渡到法则支配的道路。因此，关键在于使人身上的这两种性格统一起来，达到性格的完整。既不能为了达到道德的一体性而损伤自然的多样性，也不能为了保持自然的多样性而破坏道德的一体性。席勒认为，只有在这种条件下，理想中的国家才能成为现实，国家与个人才能达到和谐统一。"只有在有能力有资格把强制国家变成自由国家的民族里，才能找到性格的完整性。"①

接着，席勒把观察和分析的视野转向当代，他问道：当代展示给我们的是否是这样一种性格呢？回答是否定的。他分析说，当今世界人已经觉醒，自然国家的基础已经动摇，看来已有物质的可能性可以建立理想的国家，但是还缺少道德的可能性。现在仍然没有完整的性格，一切希望只是徒劳的美梦。一方面是粗野，一方面是懒散，人类堕落的两个极端汇集在同一个时代。在为数众多的下层阶级中，我们看到的是粗野的、无法无天的冲动；在上层文明阶级中，则显出一幅懒散和性格败坏的令人作呕的景象。这两种弊病同时并存是当今时代的特征。席勒这里对时代的看法，明显地是对法国大革命及其社会后果的认识。法国大革命动摇了封建专制国家的基础，进行社会改造的客观条件似乎已经具备。但是，法国大革命的进程却暴露出许多问题。在席勒看来，这正说明进行社会改造的主观条件还没有成熟。席勒的看法，一方面反映了当时代表德国市民阶层的思想家的软弱性，另一方面也表明他已经觉察到资产阶级革

① 席勒：《审美教育书简》，《席勒经典美学文论》，范大灿等译，三联书店 2015 年版，第 222 页。

命的局限性，预见到它所建立的社会并不能达到人的真正自由。这促使他思考达到真正自由的另外的道路。

席勒指出，在时代性格上，人类现在的形式与过去的，特别是古希腊的形式形成鲜明对照。古希腊人具有性格的完整性。“他们既有丰富的形式，同时又有丰富的内容；既善于哲学思考，又长于形象创造；既温柔，又刚毅，他们把想象的青春和理性的成年结合在一个完美的人性里。”① 古希腊人之所以能够保持完整的人性，其重要原因是他们的国家虽然组织简单，但却是一个和谐的整体。在他们的国家里，每个个人都享有独立的生活，必要时又能成为整体。

与此相对照，现代人就完全不是这样。在近代，由于文明的发展和国家变成强制国家，人只能发展他身上的某一种力，从而破坏了他天性的和谐状态，成为与整体没有多大关系的、残缺不全的、孤零零的碎片。席勒指出：“给近代人造成这种创伤的正是文明本身。只要一方面由于经验的扩大和思维更确定因而必须更加精确地区分各种科学，另一方面由于国家这架钟表更为错综复杂因而必须更加严格地划分各种等级和职业，人的天性的内在联系就要被撕裂开来，一种破坏性的纷争就要分裂本来处于和谐状态的人的各种力量。”② 由于人们把自己的活动限制在一定的范围，因而随之在自己身上建立了一个主宰，这个主宰在不少情况下是以压制其他的天禀为己任的。席勒进一步分析说：

> 现在，国家与教会、法律与道德习俗都分裂开来了；享受与劳动、手段与目的、努力与报酬都彼此脱节了。人永远被束缚在整体的一个孤零零小碎片上，人自己也只好把自己造成一个碎片。他耳朵里听到的永远只是他推动的那个齿轮发出的单调乏味的嘈杂声，他永远不能发展他本质的和谐。他不是把人性印在他的天性上，而是仅仅变成他的职业和他的专门知识的标志。③

这种情况对人造成了严重的后果，人日益沦为专业分工的奴隶，已经丧失了全面发展的可能。

---

① 席勒：《审美教育书简》，《席勒经典美学文论》，范大灿等译，三联书店 2015 年版，第 228 页。

② 同上书，第 230 页。

③ 同上书，第 231 页。

以上席勒对古代希腊社会的看法显然受到温克尔曼等德国启蒙思想家的影响，是将古希腊奴隶制社会理想化了。虽然这并不完全符合历史实际，但席勒却以它为标准对现存社会进行了深刻的批判。席勒对近代社会中由于劳动分工而对人的自由发展带来的危害，在一定程度上做了揭露，朦胧地意识到近代社会存在着人的异化问题。当然，由于历史观上的局限，他还不可能对此作出深刻的科学的说明。

席勒承认，对于文明的发展和人类的进步来说，这种人性的片面发展是绝对必要的。但个人却为了这种世界的目的而牺牲了自己，失去了他的性格的完整性。他认为，人不能为了某种目的而忽略自己，“培养个别的力，就必须牺牲这些力的完整性，这肯定是错误的。”① 因此，近代人要做的，就是通过更高的艺术（即审美教育）来恢复人们天性中被破坏的这种完整性。在席勒看来，要恢复人的天性的完整性不能指望现在的国家，同样也不能指望观念中的理想国家，因为它本身必须建立在更好的人性之上。要改革国家，获得政治自由，必须首先改善时代的性格，恢复人的天性的完整性。接着，席勒便指出：

> 为了这个目的，必须找到一种国家不能给予的工具，必须打开尽管政治腐败不堪但仍能保持纯洁的源泉。②
>
> 这个工具就是美的艺术，这些泉源就是在美的艺术那不朽的典范中启开的。③

综上所述，席勒从分析近代国家导致人性的分裂，到提出通过审美教育恢复人性的完整性，始终是围绕着人的问题来说明美和美育问题，是以人为中心，从人的本性的历史演进中来认识美和美育的地位和作用。在他看来，美和审美乃是克服人性的分裂、恢复人性的完整性的必由之路和有效工具。这也正是他重视和倡导审美教育的原因和目的。门罗·C.比尔兹利在《美学简史：从古希腊至当代》中指出，《审美教育书简》这部思想丰富的著作“充满着对人和人类的关怀及人道精神”④，这正是席勒美学的突出特色。

---

① 席勒：《审美教育书简》，《席勒经典美学文论》，范大灿等译，三联书店 2015 年版，第 237 页。

② 同上书，第 246 页。

③ 同上书，第 247 页。

④ 门罗·C. 比尔兹利：《美学简史：从古希腊至当代》，麦克米伦公司 1966 年版，第 225 页。

第二节　游戏冲动与美的本质

席勒指出，时代在两条歧路上彷徨，一方面沦为粗野，另一方面沦为疲软和乖戾，必须通过美克服这双重的混乱。但是，有人怀疑甚至反对美能起到这样的作用，并从经验中提出可怕的理由。经验也确实证明，在一个民族里，国家的繁荣与艺术的昌盛并不一定是同时共存的，政治的自由与审美修养的高度发展并不一定是携手并进的。对此，席勒认为，经验并不是可以判决这样一个问题的法庭。经验中所说的美是否有理由配用这个名称，必须要由预先提出的美的概念来澄清。这个美的概念不是源于经验，它“必须在抽象的道路上去寻找，必须从感性和理性兼而有之的天性的可能性中推导出来，一言以蔽之，美必须表现出它是人的一个必要的条件。因此，我们现在必须使我们自己提高到人的纯粹概念上”①。

席勒用先验的方法对人的纯粹概念进行高度抽象，从人身上分辨出持久不变的和经常变化的两种状态，前者称为人格，后者称为人的状态。人格置身于自身之中，永不变化；状态取决于外界的规定，随着时间永远变化。抽象的人格就是自我、绝对主体、形式或理性；抽象的状态就是现象、世界、物质、材料、内容或感性。这两者在绝对存在（神性）那里是同一的，而在有限存在（经验之人）那里永远是不同一的。人同时是绝对存在和有限存在，人只是在变化时，他才存在；只有在保持不变时，他才存在。

> 由此，就产生了对人的两种相反的要求，同时也就是感性和理性兼而有之的天性的两项基本法则。第一项法则要求绝对的实在性，人必须把凡是形式的东西转化为世界，使他的一切天禀表现为现象。第二项法则要求绝对的形式性，人必须把他身内凡是仅仅是世界的东西消除掉，把一致带入他的一切变化之中；换句话说，他必须把一切内

---

① 席勒：《审美教育书简》，《席勒经典美学文论》，范大灿等译，三联书店 2015 年版，第 259 页。

在的东西外化，给一切外在的东西加上形式。[①]

这样，人便受着两种相反的力的驱使去完成双重任务：使我们身内的必然转化成现实，使我们身外的现实服从于必然的规律。这两种力推动我们去实现各自的对象，它们形成两种冲动。第一种冲动可称为感性冲动。“它是由人的物质存在或者说是由人的感性天性而产生的，它的职责是把人放在时间的限制之中，使人变成物质。”[②] 它要求变化和实在性。由于它扬弃了人的人格，把人局限在某种事物和某个瞬间，存在受到最大限度的限制，人不可能达到完善的程度。第二种冲动可称为形式冲动。“它来自人的绝对存在，或者说来自人的理性天性；它竭力使人得以自由，使人的各种不同的表现得以和谐，在状态千变万化的情况下保持住人的人格。”[③] 它扬弃时间和变化，它要现实事物是必然的和永恒的，它要永恒的和必然的事物是现实的，换句话说，它要求真理和合理。这样，你就已经把个别事件当作一切事件的法则，把生活中的一个瞬间当作永恒来看待。什么地方形式冲动在支配，存在在那里就会得到最高程度的扩展。

感性冲动和形式冲动乍看起来是彼此对立的，人性的一体性好像被这种极端对立给破坏了，那么，怎样才能把它恢复过来呢？席勒解释说，这两种冲动虽然互相矛盾，但它们并不在同一个对象之中，不可能彼此冲突。感性冲动固然要求变化，但它并不要求变化也要扩大到人格及其领域，并不要求更换原则。形式冲动要求一体性和保持恒定，但它并不要求状态也同人格一起固定不变，并不要求感觉统一。因此，这两种冲突从根本上说并不是对立的。监视这两种冲突，确定它们各自的界限，这是文明的任务。文明给这两者同样的合理性，它不仅面对感性冲动维护理性冲动，而且也面对理性冲动维护感性冲动，既要培养感觉功能，又要培养理性功能。“什么地方这两种特性相统一，人在什么地方就会把最大的独立性和自由同生存最高的丰富性结合在一起。”[④] 所以，两种冲动都需要有限制，都必须放松，保持在各自的范围之内。

---

① 席勒：《审美教育书简》，《席勒经典美学文论》，范大灿等译，三联书店 2015 年版，第 265 页。

② 同上书，第 267 页。

③ 同上书，第 269 页。

④ 同上书，第 274 页。

席勒进一步指出，感性冲动和理性冲动之间的相互作用，只是理性提出的一个任务，人只有在他的生存达到尽善尽美的地步才能完全达成这个任务。因此，这是最根本意义上的人的人性观念，是一种无限，人在时间的过程中能够越来越与之接近，但永远不会达到。但是，假使有这个情况：人同时有这双重经验，即他既意识到自己的自由同时又感觉到他的生存，他既感到自己是物质同时又认识到自己是精神，在这样的情况下，人就会完全地观照到他的人性，成为无限的一种表现。假使这种情况能够在经验中出现，将会在人身内唤起一个新的冲动，即游戏冲动。席勒说：

> 感性冲动要求变化，要求时间有一个内容；形式冲动要废弃时间，不要求变化。因此，这两个冲动结合在一起进行活动的那个冲动，即游戏冲动所指向的目标就是，在时间中扬弃时间，是演变与绝对存在、变与不变合二为一。①

感性冲动和形式冲动都须强制人心，一个通过自然法则，一个通过精神法则。“当两个冲动在游戏冲动中结合在一起活动时，游戏冲动就同时从精神方面和物质方面强制人心，而且因为游戏冲动扬弃了一切偶然性，因而也就扬弃了强制，使人在精神方面和物质方面都得到自由。”② 游戏冲动将使我们的形式特性和物质特性都成为偶然的，它把形式送入物质之中，把实在送入形式之中，即使感觉和热情同理性观念相一致，又使理性法则同感官的兴趣相调和。

接着，席勒便从游戏冲动中演绎出美的概念。他说：

> 感性冲动的对象，用一个普通概念来说明，就是最广义的生命，这个概念指一切物质存在以及一切直接呈现于感官的东西。形式冲动的对象，用一个普通概念来说明，就是本义的和转义的形象，这个概念包括事物的一切形式特性以及事物对思维的一切关系。游戏冲动的对象，用一种普通的说法来表示，可以叫做活的形象，这个概念用于表示现象的一切审美特性，一言以蔽之，用于表示最广义的美。③

按照席勒的理解，美是游戏冲动的对象——活的形象。要成为活的形象，

---

① 席勒：《审美教育书简》，《席勒经典美学文论》，范大灿等译，三联书店 2015 年版，第 280 页。

② 同上书，第 280 页。

③ 同上书，第 283—284 页。

必须形象是生活，生活是形象。只有形式在我们的感觉里活着，生活在我们的知性中取得形式时，才会成为活的形象，才会产生美。游戏冲动是形式冲动与感性冲动之间的共同体，是实在与形式、偶然与必然、受动与自由的统一。只有这样的统一才会使人性的概念完满实现。人既不仅仅是物质，也不仅仅是精神。因此，美作为人性的完满实现，既不可能是绝对纯粹的生活，也不可能是绝对纯粹的形象。美是两个冲动共同的对象，也就是游戏冲动的对象，是活的形象。这就是说，之所以美，是因为美强迫人接受绝对的形式性与绝对的实在性这双重法则。“因而理性做出了断言：人同美只应是游戏，人只应同美游戏。说到底，只有当人是完全意义上的人，他才游戏；只有当人游戏时，他才完全是人。”① 席勒认为人同美只应是游戏，在游戏冲动中人才能得到自由。这和他在《卡里亚斯，或论美》中提出的“美是现象中的自由”② 的看法是一致的。

席勒对美的概念或美的本质的结论，是在用先验方法对人性进行完全抽象的分析后得出的。在席勒那里，人或人性是脱离了社会的历史的具体内容的纯粹抽象的东西，人性被当成永恒不变的存在，这显然是一种唯心的形而上学的观点。以此作为探求美的本质的理论根据，当然是不正确的。但他认为美是人性的完满实现，主张通过美恢复人性的完整性，是具有进步的历史意义的。他认为美是活的形象，是感性和理性的统一、物质和形式的统一、必然和自由的统一，包含着辩证的、合理的内容。这种看法虽然受到康德的启发，却比康德的美学思想大大前进了。在《卡里亚斯，或论美》中，席勒已明确表示要“从客观的角度提出美的概念”③，这就超越了康德的主观的美的概念。黑格尔在《美学》中特别赞扬了席勒关于“美就是理性与感性的统一”的看法，并认为“这种统一就是真正的真实”④。他的“美是理念的感性显现”的基本思想实际上就是席勒观点的进一步发展。

席勒继续指出，美是从两个对立原则的结合中产生的，美的最高理想就是

---

① 席勒：《审美教育书简》，《席勒经典美学文论》，范大灿等译，三联书店 2015 年版，第 288 页。

② 席勒：《卡里亚斯，或论美》，《席勒经典美学文论》，范大灿等译，三联书店 2015 年版，第 34 页。

③ 同上书，第 18 页。

④ 黑格尔：《美学》第 1 卷，朱光潜译，商务印书馆 1979 年版，第 78 页。

实在与形式尽可能最完美的结合和平衡。但这种平衡永远只是观念，在现实中是绝对不可能达到的。在现实中，总是一个因素胜过另一个而占优势，因此，观念中的美是一种不可分割的单一的美，而经验中的美则永远是一种双重的美。理想美虽然是不可分割的、单纯的，但在不同关系中显示出溶解的和振奋的特性，因而在经验中就有溶解的美和振奋的美。这两种美的作用各不相同，所以在经验中美的作用是矛盾的。美在现实中的不同作用，不是来自美的一般概念，而是来自它作用的对象，即人在经验中的不同状态。人在经验中基本上处于两种状态。一种是紧张状态，一种是松弛状态。因而，美在经验中对人的作用也有两种：适用前者的是溶解作用，以恢复和谐为目标；适用后者的是振奋作用，以恢复力为目标。美在紧张的人身上恢复和谐，在松弛的人身上恢复振奋，并以这种方式本着它的本性把受到限制的状态再带回到绝对状态，使人成为一个他自身就是完整的整体。最后使美的两种对立的种类变成理想美的一体性，人性的两种对立的形式变成理想的人的一体性。

第三节 审美状态与人的自由

席勒深入论述了美对人的作用。他指出，感性的人通过美被引向形式与思维，精神的人通过美被带回物质，交给感性世界。美把思维与感觉这两种对立的状态连接起来。可是这两者之间没有一个折中状态。前者是由经验确定的，后者是由理性直接确定的。只有圆满地解决这个矛盾，才能找到贯穿美学迷宫的线索。为此，就必须一方面承认对立，严格区分这两种对立状态；另一方面又必须承认结合的可能性，扬弃对立，使这两者完全统一，从而使这两种状态在第三种状态中彻底消失，美就是通过这种审美一体性对感觉发生作用。美本身并不是最终目的，而只是为人类从感觉进到思维铺平道路。“美之所以能成为一种手段，把人从物质引向形式、从感觉引向法则，从一种受限制的存在引向绝对存在，这并不是因为它帮助思维，而是因为它为思维创造了可以根据思维自身的规律来进行外显的自由。”①

席勒指出，如果人是完全的，他的感性和理性两种冲动都已经发展，他就开始有自由；相反，当人是不完全的，两种冲动中有一种被排除的时候，他就必定没有自由；不过，通过重新给人以“完全”，自由也必定能够恢复过来。人始于单纯的生活，终于形式。人先是处于感性规定的状态，然后才过渡到理性规定的状态。处于前一种状态时，人还没有开始是人，感性支配一切。但是现在人需向思维过渡，在思维状态中，理性又成了支配力。人不可能直接从感觉转向思维，要从感性规定状态进入理性规定状态，只有一种办法，即给原来的规定也就是感性规定树立一种对立面，通过理性规定与感性规定的对立达到彼此之间的平衡。所以，心绪从感觉过渡到思想要经过一个中间心境，在这种心境中感性与理性同时活动，但正因为如此，它们那种起规定作用的力又互相抵消，通过对立引起了否定。席勒说：

在这种中间心境中，心绪既不受物质的也不受道德的强制，但却

① 席勒：《审美教育书简》，《席勒经典美学文论》，范大灿等译，三联书店 2015 年版，第 308 页。

以这两种方式进行活动，因而，这种心境有理由被特别地称为自由心境。如果我们把感性规定的状态称为物质状态，把理性规定的状态称为逻辑的和道德的状态，那么，这种实在的和主动的可规定的状态就必须称为审美状态。①

审美的可规定性与纯粹的无规定性虽然都是一种无限，但后者是空的无限，前者是充实了内容的无限。美在心绪中不产生任何具体的个别结果，不论是智力的还是道德的。美只是“从天性方面使人能够从他自身出发为其所欲为——把自由完全归还给人，使他可以是其所应是”②。而这种自由正是人在感觉时或思维时由于片面的强制而被剥夺的。所以，美的作用就是通过审美生活再把由于人进入感性的或理性的被规定状态而失去的人性重新归还给人。这样，“我们就必须把在审美心境中又还给人的功能看作是一切赠品中最高贵的赠品，即赠予了人性。”③ 在这一点上，美同我们原来的创造者——自然是一致的，因为自然也只不过给了我们取得人性的功能。如果自然是人的本来创造者，那么，我们可以把美称为人的“第二‘创造者’”。

席勒分析说，在审美状态中，我们的人性纯洁地、完整地表现了出来。在置身美的享受的片刻，我们均衡地主宰我们的承受力和能动力，轻而易举地同时转向严肃和游戏，转向抽象思维和观照。“精神的这种高尚的宁静和自由再与刚毅和精明相结合，就是真正的艺术作品把我们从禁锢中解脱出来所需要的那种心境，这是检验真正美的品质的最可靠的试金石。”④ 尽管这种纯粹的审美效果在实际中是不会有的，但伟大的艺术家总是努力使他的作品接近于这种审美理想。他善于消除某种艺术种类特有的局限，又善于保持这种艺术特有的长处，通过聪明地运用这种艺术的特点，使它具有普遍的性质，达到完美风格。同时，他还克服了他所加工的特殊材料所具有的局限，用形式来消除材料，使形式起作用，材料不起任何作用。这就是艺术大师的真正秘密。

席勒进一步指出，人从感觉的被动状态到思维和意愿的主动状态的转移，只能通过审美自由的中间状态来完成，“要使感性的人成为理性的人，除了首

① 席勒：《审美教育书简》，《席勒经典美学文论》，范大灿等译，三联书店 2015 年版，第 316 页。

② 同上书，第 320 页。

③ 同上书，第 320 页。

④ 同上书，第 324 页。

先使他成为审美的人以外别无其他途径。”[1] 由于审美心境，理性的自主性在感性领域就已经会显示出来，感觉的支配在它自己之中就会被打破，物质的人已经净化提高到这种地步，只要按照自由的法则他就能发展成精神的人。“因此，文明的最重要任务之一，是使人在他纯粹的物质生活中也受形式的支配，使人在美的王国能够达到的范围内成为审美的人，因为道德状态只能从审美状态中发展而来，而不能从物质状态中发展而来。”[2] 为此，人必须在受自然目的支配的时候就已经为了适应理性目的而训练自己，必须以一定的精神自由——按照美的法则——来实现他的物质规定。

这里，席勒将人的发展分为物质状态、审美状态、道德状态三个不同的时期或阶段。人在他的物质状态中只承受自然的支配，在审美状态中他摆脱了这种支配，在道德状态中他控制了这种支配。只要人处在他最初的物质状态，仅仅被动地接受感性世界，他就与感性世界是完全一体的，世界对他来说还不存在。只有当他在审美状态中把世界置于他自己的身外或观赏世界时，他的人格才与世界分开，对他来说才出现了世界。观赏（反思）是人同他周围的宇宙的第一个自由的关系。美是自由的观赏的作品，我们同它一起进入观念世界，但我们并没有因此脱离感性世界，就像认识真理时的情况那样。真理是抽象的纯正产物，但美的意象却与感觉互为因果。席勒说：

> 当我们因美而感到赏心悦目时，我们就分辨不出主动与被动之间的这种更替，在这里，反思与情感完全交织在一起，以至使我们以为直接感觉到了形式。因此，美对我们来说固然是对象，因为有反思作条件，我们才对美有一种感觉；但同时美又是我们主体的一种状态，因为有情感作条件，我们对美才有一种意象。因此，美固然是形式，因为我们观赏它；但它同时又是生活，因为我们感觉它。总之，一句话，美既是我们的状态又是我们的行为。[3]
>
> 当享受美或审美统一体的时候，在材料与形式之间、被动与主动之间发生着一种瞬息的统一和相互调换。这恰好证明这两种天性的可

① 席勒：《审美教育书简》，《席勒经典美学文论》，范大灿等译，三联书店 2015 年版，第 329—330 页。

② 同上书，第 332 页。

③ 同上书，第 348 页。

相容性，即无限在有限中的可实现性，从而也证明了最崇高的人性的可能性。①

这样，席勒就对审美状态如何能使人获得最崇高的人性，为人找到通向自由的途径，给予了完整的回答。

在《审美教育书简》的最后，席勒对人如何从强力国家走向审美国家进行了历史的考察和分析。他指出，因为审美心境才产生自由，因而审美心境不可能来自自由，它必定是自然的馈赠。由于自然偶然提供的有利条件，感官与精神、感受力与创造力才幸运地得以均衡发展，这种均衡是美的灵魂和人性的条件。人摆脱了动物状态进入人的状态的标志，是对假象的喜爱，对装饰和游戏的爱好。事物的假象与事物的实在性不同，前者是人自己的作品，后者是事物自身的作品。假象有审美假象和逻辑假象，前者不同于现实和真理，后者与现实和真理相混淆。只有审美假象才是游戏，而逻辑假象只是欺骗。美的艺术的本质就是假象，鄙视审美假象，就等于鄙视一切美的艺术。人所以由实在提高到假象是由于自然本身，它给人配备了两个感官，这两个感官使人仅仅通过假象就能认识到现实的东西。当人开始用眼睛来享受，而且观看对他来说具有了独立的价值，他立即就在审美方面成为自由的人，游戏冲动就立刻开展起来。纯粹的假象与实在性有严格区别，把假象与实在分得越仔细，给前者的独立性越多，就不仅越发扩大了美的王国，而且也越发严守了真理的界限。席勒这里提出的审美假象概念，和游戏冲动、审美自由、艺术本质等概念具有紧密联系，是一个具有普遍意义的重要概念。

席勒指出，人从纯粹的物质状态到审美游戏是一个逐步发展的过程，人最初的原始状态只满足最低的需要。随后他就开始要求有剩余，最初只是要求物质的剩余，不久，在物质的剩余之外还要有审美的附加物，以便满足形式冲动的要求。动物活动的动力如果是为了维持生存，它就是在工作；如果是剩余的生命刺激它行动，它就是在游戏。自然从需求的强制或物质的严肃开始，再经过剩余的强制或物质游戏，然后转入审美游戏。观念自由交替的游戏虽是人所特有的，但它仍然属于人的动物生活，还是物质性的。等到想象力试用一切自由形式的时候，物质性的游戏就最终飞跃到审美游戏。这时人必须摆脱一切物

① 席勒：《审美教育书简》，《席勒经典美学文论》，范大灿等译，三联书店2015年版，第349页。

质的束缚，在整个感觉方式上发生一场彻底的革命。“我们在什么地方发现有对纯粹假象作无利害关系的自由评价的痕迹，我们就能推断出那里人的天性已发生了这样一场变革，人身上的人性已真正开始。”① 最初的审美游戏受到感性冲动的干扰，与感性冲动还难以区分。它经历了从低级到高级的发展过程，最初以外界事物为乐，最后以自己为乐。首先是通过属人的东西，最后是通过人本身。审美游戏到了高级阶段，美本身就成为人追求的对象，这时就建立起美的假象的王国。席勒说：

在力的可怕王国的中间与在法则的神圣王国的中间，审美的创造冲动不知不觉地建立起第三个王国，即游戏和假象的快乐王国。在这个王国里，审美的创造冲动给人卸去了一切关系的枷锁，使人摆脱了一切称为强制的东西，不论这些强制是物质的，还是道德的。

如果说，在权力的强力国家中，人与人以力相遇，人的活动受到限制，而在义务的伦理国家中，人与人以法则的威严相对立，人的意愿受到束缚，那么，在美的交往范围之内，即在审美国家中，人与人只能作为形象彼此相见，人与人只能作为自由游戏的对象相互对立，通过自由给予自由是这个国家的基本法则。②

席勒认为，只有在这样的审美国家里，才能恢复人性的完整，才能在个体身上建立起和谐，才能实现自由和平等的理想。

黑格尔在评价席勒的《审美教育书简》时指出，“在这部书里，席勒的基本出发点是：每一个人都有本领去实现理想的人性。”③ 可以说，这部著作的核心问题就是人如何去实现人性的完整和人的自由问题。席勒通过抽象的分析和反复的论证，就是要阐明只有通过审美和美育，才能使分裂的人性重新恢复完整，才能实现依靠政治变革无法实现的政治自由。他对审美活动在提高人的品格，促进人的全面发展中的作用的论述，对人类从必然王国到自由王国的猜想，包含着许多积极的、合理的内容，至今仍然能给人以启发。但是，他寻找的由审美教育取代社会变革走向政治自由的道路，以及在审美游戏基础上构想

① 席勒：《审美教育书简》，《席勒经典美学文论》，范大灿等译，三联书店 2015 年版，第 363 页。

② 同上书，第 369 页。

③ 黑格尔：《美学》第 1 卷，朱光潜译，商务印书馆 1979 年版，第 77 页。

的自由平等的审美王国，却是一种没有现实和科学根据的、无法实现的空想。就连席勒自己也表示，这种美的假象国家仅“存在于任何一个心绪高尚的灵魂之中”，只能在个别少数卓越出众的人当中找到。正如梅林在《席勒评传》中所说：“这种审美哲学的唯心主义自己就宣示为一种游戏。”① 席勒最终并没有找到通向人的自由，实现从必然王国进入自由王国的正确道路。

① 梅林：《席勒评传》，转引自《席勒经典美学文论》，范大灿等译，三联书店2015年版，第202页。

第十二章

德国古典美学的集大成者

——黑格尔的《美学》

黑格尔（Hegel，1770—1831）是德国古典美学的集大成者。正如他的哲学是德国古典唯心主义哲学发展的高峰一样，他的美学也是德国古典唯心主义美学发展的高峰。黑格尔第一次使美学成为一门完整的系统的历史科学，从而在美学领域起了划时代的作用。他的三卷巨著《美学》，受到马克思和恩格斯的高度评价；他的美学思想，成为马克思主义美学思想的一个重要来源。

黑格尔的一生主要是从事学术活动和教育活动。大学毕业后，他先后担任过家庭教师、大学讲师、中学校长、大学教授等。教学和著述占去了他一生中的大部分时间。但是，他和康德不同，不是对政治漠不关心，而是非常关注现实的社会政治。从政治思想上来看，黑格尔一生经历了曲折复杂的发展道路。青年时代，他深受法国大革命的影响，具有激进的资产阶级民主思想。法国大革命爆发时，他表现出热烈拥护的积极态度；但当革命发展到雅各宾派专政时，他又产生了动摇。不过，他始终没有抛弃法国革命的理想。青年黑格尔像启蒙运动者一样，无情地批判宗教，抨击当时德国封建制度的腐朽性。1815年拿破仑失败后，欧洲的政治形势发生巨变，此后，黑格尔思想日趋保守。1818年，他应普鲁士政府的邀请，担任柏林大学的哲学教授，在著作中赞颂普鲁士国家，承认普鲁士专制的合理性。可见，黑格尔晚年时期的政治思想与青年时期有很大差距。这种变化是当时德国社会阶级斗争和政治斗争的复杂情况的反映。

黑格尔的美学是建立在他的客观唯心主义的哲学体系的基础之上的。他的美学本身就是他的客观唯心主义的哲学体系的一个组成部分。所以，我们在分析《美学》这部巨著之前，必须首先对他的客观唯心主义哲学体系以及美学在其中所占的地位有一个了解。

第一节　美学：绝对精神自我认识的一种形式

在哲学上，黑格尔继承了康德、费希特、谢林等人的唯心主义基本路线，同时又对他们作了这样或那样的批判。他在欧洲哲学史上创立了最庞大的客观唯心主义体系，并且第一个系统地阐发了唯心主义辩证法。黑格尔认为，在自然界和人类社会出现以前，就有一种精神的实体存在。这种精神实体不是人或人类的精神，而是客观独立存在的某种宇宙精神。黑格尔把它叫做“绝对精神”或“绝对理念”。“绝对精神”或“绝对理念”是黑格尔哲学的最基本的概念，黑格尔的整个哲学体系就是对“绝对精神”的自我运动和自我认识的辩证发展过程的论述。按照黑格尔的论述，“绝对精神”是整个世界的基础和本原，是构成宇宙万物及其一切现象的核心和灵魂。绝对精神由于自身包含着内在矛盾，因而不断地运动、变化和发展。自然界、人类社会和人的思维都不过是绝对精神的外在表现，是绝对精神实现自己的发展过程中的一个阶段。根据黑格尔的划分，绝对精神自我运动、自我认识的过程经历了三个基本阶段：逻辑阶段、自然阶段、精神阶段。所以，他的哲学体系相应地也是由“逻辑学”“自然哲学”“精神哲学”这三个部分组成的。在逻辑阶段，“绝对精神”仅仅作为纯粹抽象的概念而存在，“绝对精神”的运动和发展只表现为纯粹抽象的概念的转化和过渡。“逻辑学”的内容就是论述概念的辩证运动，它包括三个部分：“存在论”“本质论”和“概念论”，这三个部分就是“绝对精神”在逻辑阶段自我发展过程所经历的三个阶段。在自然阶段，“绝对精神”不再像以前以纯粹概念的形式表现出来，而是披上了自然的、物质的外衣，以感性事物的形式出现。用黑格尔的话说，就是“绝对精神”“自我异化”或“外在化”为自然的、物质的存在。“绝对精神”在自然阶段的发展分为三个阶段：“机械性”“物理性”“有机性”；“自然哲学”也相应划分为“力学”“物理学”“有机物理学”三个领域。在精神阶段，“绝对精神”扬弃了外在性的自然——这个与它自身不相适应的形式，而回复到自身，重新作为精神而出现；这也就是说，“绝对精神”体现到了人类历史之中。“精神哲学”就是描述精神产生自己、发展自己的过程。黑格尔把精神发展的过程分为三个阶段：“主观精神”“客观精神”“绝对精神”；“精神哲学”也就相应分为这三个部分。黑格尔哲学体系所描述的“绝对精神”从逻辑阶段经自然阶段到精神阶段的转化，也就是由思维、精神转化为存在、物质，又由存在、物质转化为思维、精神的过程，这是他的唯心主义的思维与存在同一说的直接表现。在黑格尔看来，精神、思维是整个世界的基础和本质，不是物质、存在决定精神、思维，而是精神、思维派生物质、存在。“这样，一切都被弄得头足倒置了，世界的现实联系完全被颠倒了。”①

黑格尔的美学作为他的哲学体系的一个组成部分，是包括在“精神哲学”的范围之内的。“精神哲学”的最后部分是“绝对精神”。从精神发展过程说，“绝对精神”是“主观精神”和“客观精神”的完全统一，是通过漫长曲折的辩证发展过程之后，完完全全回复到它自身，达到了完全认识自己的阶段。“绝对精神”的自我发展过程又包括三个阶段：“艺术”“宗教”“哲学”。这三个阶段也是“绝对精神”自我认识的三种形式。黑格尔认为，艺术、宗教、哲学三者的内容是相同的，它们的对象都是“绝对精神”；“这三个领域的分别只能从它们使对象，即绝对，呈现于意识的形式上见出。”② 就是说三者在表现形式上各异，艺术是以“感性观照的形式”表现；宗教是以“想象或表象”的形式表现；哲学是以抽象概念的形式表现。按照黑格尔的三段式，宗教是对艺术的否定，而哲学又是对宗教的否定，于是，“艺术和宗教这两方面在哲学里统一起来了”③。在黑格尔看来，哲学乃是“绝对精神”的最后完成，是“绝对精神”认识自己的最高形式。到这里，一切矛盾都调和了，发展也最后停止了。

黑格尔的美学作为“精神哲学”中一个组成部分，就是专门研究艺术的。他在《美学》一开头就规定美学的对象和范围“就是艺术，或则毋宁说，就是美的艺术”④，指出美学所讨论的“并非一般的美，而只是艺术的美”⑤。所以，他认为美学的正当名称应该是“艺术哲学”。根据这种理解，黑格尔的《美学》总共分为三个主要部分。第一部分——艺术美的普遍的理念，讲艺术美的基本

① 《马克思恩格斯选集》第 3 卷，人民出版社 1972 年版，第 64 页。

② 黑格尔：《美学》第 1 卷，朱光潜译，商务印书馆 1979 年版，第 129 页。

③ 同上书，第 133 页。

④ 同上书，第 3 页。

⑤ 同上书，第 3 页。

原理（即第一卷）；第二部分——艺术美的特殊表现形式，讲三种艺术类型：象征型艺术、古典型艺术与浪漫型艺术（即第二卷）；第三部分——艺术美的个别化，讲各门艺术的体系：建筑、雕刻、绘画、音乐、诗歌等（即第三卷）。

黑格尔的美学是以他的客观唯心主义哲学体系作为基础的，所以他的美学的基本观点是唯心主义的。但是，在黑格尔的唯心主义哲学中却充满了丰富的辩证法思想，这是他的哲学的“合理的内核”和最大的成果。他认为整个世界都是一个辩证发展的过程，有力地批判了形而上学的思维方法。他把辩证法提升为普遍规律，并把辩证法、认识论和本体论结合了起来。黑格尔的辩证法贯穿在他的整个唯心主义哲学体系中，并且和唯心主义体系之间存在着深刻的矛盾。这一切也表现在他的美学思想中。他把辩证法运用在对于美和艺术的分析中，从而使他的美学能够把美的艺术的理论和艺术发展的历史结合起来，在辩证的历史观点的基础之上，建立起他自己的庞大的艺术哲学体系。恩格斯说：“黑格尔的思维方式不同于所有其他哲学家的地方，就是他的思维方式有巨大的历史感作基础。”作为例证，恩格斯特别提到黑格尔的《美学》，称赞它“到处贯穿着这种宏伟的历史观，到处是历史地、在同历史的一定的（虽然是抽象地歪曲了的）联系中来处理材料的”①。这正是黑格尔在美学上大大胜过前人的地方，也正是他的《美学》的特殊价值所在。

① 《马克思恩格斯选集》第2卷，人民出版社1972年版，第121页。

第二节 美是理念的感性显现

黑格尔在《美学》第一卷中，首先对美的概念作了总的考察和论述。他从客观唯心主义出发，提出了自己的美的定义。他说：

> 美就是理念，所以从一方面看，美与真是一回事。这就是说，美本身必须是真的，但是从另一方面看，说得更严格一点，真与美却是有分别的。说理念是真的，就是说它作为理念，是符合它的自在本质与普遍性的，而且是作为符合自在本质与普遍性的东西来思考的。……真，就它是真来说，也存在着。当真在它的这种外在存在中是直接呈现于意识，而且它的概念是直接和它的外在现象处于统一体时，理念就不仅是真的，而且是美的了。美因此可以下这样的定义：美就是理念的感性显现。①

这个美的定义在黑尔格全部美学中具有提纲挈领的地位，其他一切论述可以说都是以这个定义为中心而展开的，因而我们在认识黑格尔美学思想时，一开始就必须抓住这个纲。

按照黑格尔自己的解释，他这个美的定义或概念可以从三个层次来理解。第一是理念，这是“内容，目的，意蕴”；第二是感性显现，这是外在表现，即上述“内容的现象与实在”；第三是这两方面的互相融贯、互相统一，也就是内在的理性内容与外在的感性形式的有机统一。如上所述，黑格尔从他的客观唯心主义出发，认为整个世界都是绝对理念自我发展、自我认识的一个过程，都是由理念创造出来的。美和艺术也是理念自我发展到一定阶段的产物，是理念自我认识的一种形式，因此也是由理念所创造出来的。所以，他认为美的内容、美的来源就是理念。他说：“我们已经把美称为美的理念，意思是说，美本身应该理解为理念，而且应该理解为一种确定形式的理念，即理想。”②这就是上文中“美就是理念”的含义。

---

① 黑格尔：《美学》第1卷，朱光潜译，商务印书馆1979年版，第142页。

② 同上书，第135页。

美是理念这种看法并不是黑格尔的首创。远在古希腊柏拉图就提出过这种看法。柏拉图认为美在理念而不在个别事物，个别事物的美是由于分享了美的理念，然后才成其为美。黑格尔虽然也说美是理念，但是他所说的理念和柏拉图所说的理念是有根本区别的。在柏拉图那里，理念是抽象地存在于另外一个世界中，和客观存在及现象是对立的。对此，黑格尔进行了批判。他说：“我们对于美这个逻辑理念必须更深刻地更具体地去了解，因为柏拉图式的理念是空洞无内容的。”[①] 在黑格尔那里，理念不是空洞的、抽象的，而是具体的、和客观存在统一在一起的。他说：“理念不是别的，就是概念，概念所代表的实在，以及这二者的统一。”[②] 在黑格尔哲学里，概念是指事物的普遍性和本质，它是片面的、抽象的，概念和具体的客观存在相结合达到二者统一，概念才变为理念。所以，“理念就是概念与客观存在的统一”[③]。这种统一并不是概念与实在的单纯的中和，而是概念的自生发，即概念从它本身中生发出实在，并在这实在里实现了自己。所以，这种统一是一个辩证发展的过程，按照黑格尔的三段式，就是“正”（概念）、“反”（概念所代表的实在）、合（概念与实在的统一），也就是否定之否定的过程。概念首先在自身里生发出实在作为对立面，以否定自身的抽象性和片面性，然后才由概念与实在的统一来否定这对立，通过否定之否定重新肯定自己。例如“人之所以为人”的概念，只有普遍性，所以还是抽象的、片面的。但这概念本身已潜含着它所代表的实在——个别具体的人作为对立面。经过否定之否定，人的普遍性体现于个别具体的人，也就是概念的普遍性与实在的个别性统一起来，这就是理念。

黑格尔认为，概念只有普遍性，实在只有个别性，所以两者如果孤立地、抽象地看，都是不真实的。只有概念与实在的统一即理念才是真实的。理念因此也就是自在自为的真理。他说：“理念就是真理；因为真理即是客观性与概念相符合。”“一切现实事物之所以具有真理性，都是通过理念并依据理念的力量。”[④] 既然在黑格尔看来，理念便是真，而美就是理念，所以，“美与真是一回事”。这就是说，就其内容和来源来说，美和真都是理念。美本身只是理念

① 黑格尔：《美学》第 1 卷，朱光潜译，商务印书馆 1979 年版，第 27 页。
② 同上书，第 135 页。
③ 同上书，第 137 页。
④ 黑格尔：《小逻辑》，贺麟译，商务印书馆 1981 年版，第 397—398 页。

的一种表现形式，它必须是真的。尽管黑格尔的真理观是头脚倒置的，但是他肯定美和真具有内在联系，美必须以真为基础，却是一个非常深刻的、合理的思想。

然而，美毕竟不同于真，真的理念和美的理念是有区别的。作为真的理念，是就理念本身来说的，它是纯粹思维的对象。因为就理念本身来说的理念虽是自在自为的真实，但是还只是有普遍性，而尚未化为具体对象的真实，所以作为思考对象的不是理念的感性的外在的存在，而是这种外在存在里面的普遍性的理念。可是作为美的理念却与此不同。黑格尔说："就艺术美来说的理念并不是专就理念本身来说的理念，即不是在哲学逻辑里作为绝对来了解的那种理念，而是化为符合现实的具体形象，而且与现实结合成为直接的妥帖的统一体的那种理念。"[①] 就是说，一方面美的理念应该符合理念的本质，应该是理念，另一方面它又应具有一种定性，显现为具体形象。这种与外在现实结合成为直接的统一体，显现为具体形象的理念，就不仅是真的，而且是美的了。可见美与真、美的理念与真的理念的区别，就在于前者须使理念得到感性显现，而后者则不具备这个特点。据此，黑格尔认为美的最妥当的定义，便应是"美是理念的感性显现"。理念的感性显现，是理念自否定即自生发的过程。在这里，理念是内容，是本质的东西，它始终占据主导的地位，是它自己把自己显现为感性的具体形象。所以，"感性的客观因素在美里并不保留它的独立自在性，而是要把它的存在的直接性取消掉（或否定掉），因为在美里这种感性存在只是看作概念的客观存在与客观性相。"[②]

黑格尔强调在美的对象中，实在的东西与观念性的东西，感性的东西与概念，客体的东西与主体的东西，二者必须达到互相融合和协调统一。他说："正是概念在它的客观存在里与它本身的这种协调一致才形成美的本质。"[③] 单纯的概念和单纯的客观存在，互相分裂的主体和对象都是片面的、有限的、不自由的。但是，在美的对象中上述两方面统一起来了，因而也就取消了两方面的片面性、有限性、不自由性。所以，黑格尔强调"美本身却是无限的、自由

① 黑格尔：《美学》第1卷，朱光潜译，商务印书馆1979年版，第92页。
② 同上书，第142—143页。
③ 同上书，第143页。

的”[1]。美既不是有限的知性的对象，也不是有限的意志的对象，既不受知性的局限，也不受欲念和目的的局限。

黑格尔关于美的定义，显然是从他的客观唯心主义哲学体系推演出来的。正如他把整个世界都看成是绝对理念自我发展、自我认识的过程一样，美和艺术在他看来也是从绝对理念中所派生出来的。美的内容、美的根源都是理念，只有理念自己把自己显现为感性形象，美才能出现，这无异于说一切现实事物的美都是理念自生发的结果，客观现实本身是没有真正的美的。这种头足倒置的看法自然是错误的。但是，在黑格尔关于美的定义中，却蕴藏着丰富的辩证法，包含着关于美的本质特点的精辟阐述。他在定义中，提出了美是理性内容和感性形式、普遍性和个别性相统一的重要思想，从而在美学史上具有里程碑意义。

黑格尔关于美的定义包含着理念和形象两种因素，前者是指美的理性内容，后者是指美的感性形式。对于美和艺术来说，最重要的就是要使这两者结合成为融合无间的统一体。他说：

> 艺术的任务在于用感性形象来表现理念，以供直接观照，而不是用思想和纯粹心灵性的形式来表现，因为艺术表现的价值和意义在于理念和形象两方面的协调和统一，所以艺术在符合艺术概念的实际作品中所达到的高度和优点，就要取决于理念与形象能互相融合而成为统一体的程度。[2]

> 艺术的内容就是理念，艺术的形式就是诉诸感官的形象。艺术要把这两方面调和成为一种自由的统一的整体。[3]

黑格尔讲美的理念，实际上就是讲艺术。在他看来，只有艺术才能最充分地体现美的理念。他反复强调美和艺术必须把理念和形象、内容和形式、心灵的东西和感性的东西统一起来，既反对忽视美和艺术的理性内容的片面性，也反对忽视美和艺术的感性形式的片面性。在美和艺术的理性内容和感性形式的统一中，黑格尔又强调理性内容是起主要作用的，因为正是理性内容才能对美的对象起灌注生气的作用并使之达到观念性的统一。美和艺术的内容本身就决

---

① 黑格尔：《美学》第1卷，朱光潜译，商务印书馆1979年版，第143页。

② 同上书，第90页。

③ 同上书，第87页。

定了它必须有与之相符合的一种感性形式和形象。因为“艺术的内容本身不应该是抽象的”，而应该是具体的。单纯的抽象的心灵性和理智性的东西，就不能作为艺术的内容。例如“太一”，“这种不是按照神的具体真实性来理解的神就不能作为艺术的内容”。“希腊的神不是抽象的，而是个别的，最接近人的自然形状的”，所以也最适宜于艺术的表现。由于艺术内容本身是具体的，所以它才能呈现为感性形象，使它的表现形式也是个别的、具体的。黑格尔说：“艺术内容和表现两方面都有这种具体性，也正是这种两方面同有的具体性才可以使这两方面结合而且互相符合。”① 这说明美和艺术的感性形象形式是由它所表现的理性内容本身所决定的，在美和艺术中，理性内容与感性形式的互相符合和统一是具有必然性和内在根据的。

所谓美是理性内容和感性形式的统一，换一种说法也就是理念的普遍性和现象的个别性的统一。黑格尔说：“概念与个别现象的统一才是美的本质和通过艺术所进行的美的创造的本质。”② 所以，美必须具有内在意蕴的普遍性，同时又必须具有外在现象的个别性。艺术如果没有抓住事物的普遍性，就不能通体生气灌注而成其为美。但是这种普遍性在艺术中又不是“抽象形式的普遍性”，而是“仍然融合在个性里”。否则，单纯抽象的普遍性也不属于以美为其特征的艺术。总之，在美和艺术中，“普遍的东西应该作为个体所特有的最本质的东西而在个体中体现”，成为“普遍性与特殊事物的统一体”。③

美是在于理性内容，还是在于感性形式？这是西方美学中一直有争议的问题。到 17、18 世纪，英国经验论派美学和大陆理性论派美学围绕这个问题继续展开论战。理性论派从目的论出发，认为美虽然是属于感性认识，但美的事物应该符合它的本质所规定的内在目的，也就是说符合“完满”的概念，才算是美的。因此，美虽然是感性的，但它的基础却是理性。人之所以能够认识美，是因为人先天地具有理性概念，外在事物的“完满性”恰好符合了内在的理性概念，于是才感到事物是美的。经验论派则与此不同，它强调的是美的感性形式方面。经验论派认为人的一切知识都是来自感性经验，美也是来自感性经验。经验中的快感与不快感就是形成美与丑的真正的本质。美以快感为基

① 黑格尔：《美学》第 1 卷，朱光潜译，商务印书馆 1979 年版，第 88—89 页。
② 同上书，第 130 页。
③ 同上书，第 88 页。

础，而引起快感则是事物的感性形式方面的因素。总之，理性论派强调美在理性，经验论派强调美在感性，各执一端，因而都带有片面性。康德的美学是企图调和理性论派和经验论派的美学思想的。一方面，他认为美只涉及快与不快的感情和对象的外在形式，不凭借概念，不涉及利害，没有任何特定目的；另一方面，他又认为对于美的判断必须具有普遍性和必然性，具有主观的合目的性，也就是要符合理性概念的要求。对于康德的美的分析论，黑格尔在《美学》中作了详细考察，他说："我们在康德的这些论点里所发现的就是：通常被认为在意识中是彼此分明独立的东西其实有一种不可分裂性。美消除了这种分裂，因为在美里普遍的与特殊的，目的与手段，概念与对象，都是完全互相融贯的。"① 黑格尔肯定了康德在美的分析中企图使感性与理性、特殊与普遍、必然与自由等对立面达到统一的努力，认为他的学说对于了解美的概念"确是一个出发点"。同时，他也指出了康德的不足，因为"这种像是完全的和解，无论就判断来说，还是就创造来说，都还只是主观的，本身还不是自在自为的真实"②。就是说，在康德那里，上述对立面的统一还只是在思想中完成的，所以纯粹是主观的。黑格尔克服了康德的缺点，进一步证明这种统一不仅在人的思想中进行着，而且在现实世界中也一直在进行着，所以既是主观的，也是客观的。这就使这种统一"得到更高的了解"。康德美学是充满了内在矛盾的。他始而强调"美在形式"，继而又认为"美是道德的象征"；一方面强调美不能凭借概念，另一方面又指出艺术要以概念作为基础，要以理性理念为内容。美在感性形式还是在理性内容的矛盾，在康德美学中始终没有被完全解决。到了黑格尔，他明确提出美是理念内容与感性显现的统一，并且充分论证了二者达到统一的内在根据。这就在西方美学史上，最完满地解决了这个争论很久的问题。因此，我们可以说，黑格尔的美的定义在当时西方美学思想发展中是具有总结意义的。

① 黑格尔：《美学》第1卷，朱光潜译，商务印书馆1979年版，第75页。

② 同上书，第175—176页。

第三节　自然美和艺术美

黑格尔认为美学研究的对象是艺术美，所以美学就是“艺术哲学”。他说：“根据‘艺术哲学’这个名称，我们就把自然美除开了。”① 可是事实上，他在《美学》中还是既讨论了自然美，也讨论了艺术美。在讨论自然美和艺术美的关系时，黑格尔明确提出艺术美高于自然美。他说：“我们可以肯定地说，艺术美高于自然。因为艺术美是由心灵产生和再生的美，心灵和它的产品比自然和它的现象高多少，艺术美也就比自然美高多少。”② 根据黑格尔的唯心主义哲学，心灵是高于自然的。只有心灵才是有自意识的、独立自在的整体，所以它是无限的、自由的、自在自为的。而自然则不具有心灵的这些特征，它是有限的、不自由的、非自在自为的。所以，黑格尔认为任何一个无聊的幻想，如果是经过了人的头脑，它也就比任何一个自然的产品要优越些，“因为这种幻想见出心灵活动和自由”。另一方面像太阳这种自然物，由于“它本身不是自由的，没有自意识的”，所以，我们也就不把它作为独立自为的东西来看待。按照黑格尔的定义，美是理念的感性显现，所以它是无限的、自由的、自在自为的。而自然却是有限的、不自由的、不是独立自为的，所以，自然根本不符合美的定义，像太阳这种自然物，我们“不把它作为美的东西来看待”。

黑格尔还指出，心灵高于自然，心灵美高于自然美，这里的“高于”不仅是一种量的分别，而且是一种质的分别。他说：“只有心灵才是真实的，只有心灵才涵盖一切，所以一切美只有在涉及这较高境界而且由这较高境界产生出来时，才真正是美的，就这个意义来说，自然美只是属于心灵的那种美的反映，它所反映的只是一种不完全不完善的形态，而按照它的实体，这种形态原已包含在心灵里。”③ 根据黑格尔的唯心主义哲学，只有理念才是永恒存在的、永远真实的，“因为理念是自在自为的存在，也就是说，是返回自身的存

① 黑格尔：《美学》第1卷，朱光潜译，商务印书馆1979年版，第4页。
② 同上书，第4页。
③ 同上书，第5页。

在"[1]，所以说，只有作为理念的心灵才是真实的。而自然则是从理念"异化"出来的，是理念的"他在"形式。所以，自然作为理念、心灵的外壳，只是一种暂时的、不真实的存在。因此，只有作为理念的心灵产生出来的艺术美才真正是美，而作为理念的"他在"形式的自然美，只是美的一种"不完全不完善的形态"，所以，自然美必然低于艺术美。也就是基于上述理由，黑格尔才主张"要把自然美排除于美学范围之外"[2]。

黑格尔虽然轻视自然美，但他并不否认自然美的存在。因为按照黑格尔的哲学体系，自然也是理念发展的一个阶段，自然界的整个丰富多彩的内容都是理念所给予的，所以，自然也是理念的一种表现形态，具有不同水平的理念的显现。这样，自然也就有着不同水平的美。黑格尔说："理念的最浅近的客观存在就是自然，第一种美就是自然美。"[3] 这就是说，自然是理念的最低级的显现，所以，自然美是属于低级的美。正是在这个意义上，黑格尔把自然美当作"美的第一种存在"。

在"自然哲学"中，黑格尔将"绝对理念"在自然阶段的发展分为"机械性""物理性""有机性"三个阶段。在考察自然美时，黑格尔也认为它和自然发展的三阶段相适应，有一个产生和发展的过程。首先在机械性阶段，概念直接沉没在客观存在里，以致见不出主体的观念性的统一，所以不能有自然美。其次在物理性阶段，概念以这样的方式显出它的身份：因为它作为统摄它的一切定性的整体，变成了实在，所以其中个别物体虽各有独立的客观存在，而同时却都统摄于同一系统。例如太阳系就是这样方式的客观存在，其中太阳就是作为全太阳系的统一而存在。不过这种观念性的统一还只是自在的。在这里概念究竟还是沉没在它的实在里，还没有显现为这种实在的观念性和内在的自为存在。所以，在这个阶段也不可能有自然美。只有到了有机性阶段，出现了有生命的自然事物，这第三种自然显现的方式才是理念的一种客观存在形式。生命是灵魂及其身体的统一。灵魂在它的身体里既见出主体性的统一，又见出实体性的统一。所以，生命比起无机自然要高一层。只有有生命的东西才是理念。就是说，"在有生命的有机体里，我们所看到的是一种外在的东西，内在

① 黑格尔：《自然哲学》，梁志学、薛华译，商务印书馆1980年版，第28页。
② 同上书，第6页。
③ 同上书，第149页。

的东西就在这外在的东西里显现出来，这就是说，这外在的东西在它本身上显现出内在的东西，这就是它的概念。”① 所以，黑格尔认为只有有生命的自然事物才是美的。他说：“我们只有在自然形象的符合概念的客体性相之中见出受到生气灌注的互相依存的关系时，才可以见出自然的美。”② “自然作为具体的概念和理念的感性表现时，就可以称为美的。”③ 以上两段话也可以说是黑格尔给自然美所下的定义。在自然美中，黑格尔反复强调的是精神、理念的作用。在自然从低级到高级发展的过程中，精神、理念的作用显现得越多，美的程度也就越高。他把这种精神、理念的作用，称之为“内在的生气灌注”或“主观的观念性的统一”。正是通过生气灌注的作用，有机体各个部分（差异面）才能形成见出内在必然性和协调一致性的统一体。这虽然并没有超越美是“寓多样于统一”的看法，但是强调导致多样成为统一的是“生气灌注作用”，亦即“观念性的统一”，却是黑格尔的创见。

黑格尔认为自然美作为理念的感性表现、作为内在的生气灌注，之所以能使人觉得美，可以从以下三点原因得到说明：第一，由于它符合我们“对于生命的观念”，符合我们“对于某一物种的定型具有的习惯的观念”④。我们说一个动物美或丑，就是由于这种原因。因为活动和敏捷才见出生命的较高的观念性。所以我们对于昆虫、两栖动物都不起美感。混种动物则由于不符合我们对于某一物种的定型的习惯的观念，尽管令人惊奇，却显得不美。第二，由于显现出“外在和谐”。例如对一片自然风景的观照，一方面它是由一系列复杂对象联系在一起的许多不同的有机的或是无机的形体，例如山峰的轮廓、蜿蜒的河流、树林、草棚、民房、城市、宫殿、道路、船只、天和海、谷和壑之类；“另一方面在这种万象纷呈之中却现出一种愉快的动人的外在和谐，引人入胜。”⑤ 第三，“自然美还由于感发心情和契合心情而得到一种特性。”⑥ 例如寂静的月夜，平静的山谷，其中有小溪蜿蜒地流着，一望无边波涛汹涌的海洋的雄伟气象，以及星空的肃穆而庄严的气象，便是属于这一类。“这里的意蕴并

① 黑格尔：《美学》第1卷，朱光潜译，商务印书馆1979年版，第157页。
② 同上书，第168页。
③ 同上书，第168页。
④ 同上书，第169页。
⑤ 同上书，第170页。
⑥ 同上书，第170页。

不属于对象本身，而是在于所唤醒的心情。”① 有时我们说动物美，也是因为“联系到人的观念和人所特有的心情”。从以上分析可以见出，黑格尔并不认为自然美是在自然本身，而是往往将它和人的观念、人的心情联系在一起。所以他说：“自然美只是为其他对象而美，这就是说，为我们，为审美的意识而美。”② 这种观点完全否定了自然美是一种客观存在的现象，显然是不符合实际的。后来，车尔尼雪夫斯基从唯物主义立场上，对黑格尔否认自然本身有美的观点作了有力的批判。

在黑格尔看来，自然美的顶峰是动物的生命。动物的生命虽然已经表现出生气灌注，却还是很有局限的。因为动物的生命不能看到它自己的灵魂，不是“自己意识到的自我”，所以它只是“自在”的，而不是“自为”的。“动物的灵魂，像我们已经说明的，不是自为地成为这种观念性的统一；假如它是自为的，它就会把这种自为存在的自己显现给旁人看见。”③ 只有作为有自意识的具体的统一体，自我才把自己显现给旁人看见。可是动物却不能做到这一点，它只能使人从观照它的形状而猜想到它有灵魂。黑格尔认为，这就是自然美的基本缺陷。“也就是这种缺陷使得我们有必要去进一步认识理想，即艺术美。”④

黑格尔说：“我们真正的研究对象是艺术美，只有艺术美才是符合美的理念的实在。”⑤ 艺术美的必要性就是由于自然美有缺陷，是不完满的美。艺术美的要求就在于须把心灵的生气灌注现象按照它们的自由性，表现于外在事物，同时使这外在事物符合它的概念，从而达到完满的美。在艺术美中，心灵自为地把理念显现于感性形象，理念和外在现实、心灵和形象是结合为统一体而且都包含在这统一体里，所以才真正见出自由和无限。关于艺术美的这一本质特点，黑格尔以人的形体为例来作最浅近的说明。在人体上，整个灵魂究竟在哪一个特殊器官上最能充分地显现出来呢？那是在眼睛上。因为灵魂不仅要通过眼睛去看事物，而且也要通过眼睛才被人看见，所以，灵魂集中在眼睛里。“艺术也可以说是要把每一个形象的看得见的外表上的每一点都化成眼睛

① 黑格尔：《美学》第1卷，朱光潜译，商务印书馆1979年版，第170页。
② 同上书，第160页。
③ 同上书，第171页。
④ 同上书，第171页。
⑤ 同上书，第183页。

或灵魂的住所，使它把心灵显现出来。”[①] 黑格尔说：

> 艺术把它的每一个形象都化成千眼的阿顾斯[②]，通过这千眼，内在的灵魂和心灵性在形象的每一点上都可以看得出。不但是身体的形状、面容、姿态和姿势，就是行动和事迹，语言和声音以及它们在不同生活情况中的千变万化，全都要由艺术化成眼睛，人们从这眼睛里就可以认识到内在的无限的自由的心灵。[③]

这就是说，艺术必须使它的外在形象的每点都像眼睛一样，能够充分地显现出内在的灵魂和心灵，也就是形象上的每一点都要显现出理念。也只有达到这种形象和心灵、外在现实和理念的融合无间和高度统一，才能产生艺术美。这种艺术美，黑格尔又称之为“理想”。

艺术如何才能使形象上的每一点都化成灵魂的眼睛，从而成为艺术美、艺术理想呢？黑格尔从以下三个方面作了说明：

第一，艺术美的根源既然在灵魂，那么，这种灵魂究竟应该是怎样的呢？黑格尔认为，单纯的自然物如石头、植物之类还不配称为灵魂。能感觉的心灵作为自然生命（如昆虫之类低等动物）也是有局限的，因为它们“只是自在地出现于实在，还不能返躬自察，来认识到自己”。“只有受到生气灌注的东西，即心灵的生命，才有自由的无限性”[④]，因为它是自觉的，能以本身为认识的对象。心灵是人所特有的，“而人作为心灵却复现他自己，因为他首先作为自然物而存在，其次他还为自己而存在，观照自己，认识自己，思考自己”[⑤]，所以只有人的心灵才是艺术的来源和表现内容。“但是就连心灵也只是由于实现了它的普遍性，而且把它自己所定的目的提高到这种普遍性，它才是自由无限的”[⑥]，所以，艺术所表现的是“普遍的无限的绝对的心灵”。

第二，艺术须对外在现象进行“清洗”，把现象中凡是不符合概念的东西一齐抛开，把被偶然性和外在形状玷污的事物还原到它与它的真正概念的和谐，只有这样，它才能把理想表现出来。譬如画家画人像，不应该将人物的表

---

① 黑格尔：《美学》第1卷，朱光潜译，商务印书馆1979年版，第198页。

② 阿顾斯（Argus），古希腊神话中的怪物。

③ 黑格尔：《美学》第1卷，朱光潜译，商务印书馆1979年版，第198页。

④ 同上书，第199页。

⑤ 同上书，第39页。

⑥ 同上书，第199页。

面形状“完全依样画葫芦地模仿出来”，而应该“把足以见出主体灵魂的那些真正的特征表现出来”，“因为艺术理想始终要求外在形式本身就要符合灵魂”①。如拉斐尔所画的圣母像，它们向我所展示的一些面孔、腮颊、眼、鼻和口的形式，单就其为形式而言，就已与幸福的快乐的虔诚的而且谦卑的母爱完全契合。

第三，艺术理想的本质在于使外在事物还原到具有心灵性的事物，使外在现象成为心灵的表现。黑格尔指出：

> 但是这种到内在生活的还原却不是回到抽象形式的普遍性，不是回到抽象思考的极端，而是停留在中途一个点上，在这个点上纯然外在的因素与纯然内在的因素能互相调和。……因为个别的主体性既含有一种有实体性的内容（意蕴），同时又使这内容显现为外在的，它所处的就是一个中途点，在这个点上，内容的实体性不是按照它的普遍性而单独的抽象地表现出来，而是仍然融会在个性里。②

这样，外在现象也就解脱了单纯的有限性，而与灵魂的内在生活结合为一种自由的和谐的整体。只是由于这个缘故，理想也才能托身于它自己融合在一起的那种外在现象里，享着感性方式的福气，自由自在，自足自乐。理想才真正是美的。

从以上对艺术美的本质特点及其形式所作的分析可以看到，黑格尔反复强调的是外在形象和内在心灵、外在形式和精神内容、个别性和普遍性必须互相调和、互相融合，“结合为一种自由和谐的整体”，实际上，这也就是讲的艺术典型。通过艺术美的分析，黑格尔深刻地揭示出艺术典型的要义就是要使内在的普遍性在外在形象里“显现为活的个性”，也就是要使个性成为内在普遍性的充分的显现。这种艺术典型亦即是艺术美。艺术美既然在艺术典型，所以，艺术美的创造离不开典型化。黑格尔说：“理想就是从一大堆个别偶然的东西之中所拣回来的现实”③，“艺术作品的任务就在于抓住事物的普遍性，而把这普遍性表现为外在现象之中，把对于内容的表现完全是外在的无关重要的东西

① 黑格尔：《美学》第1卷，朱光潜译，商务印书馆1979年版，第200页。

② 同上书，第201页。

③ 同上书，第201页。

一齐抛开"①。这可以说是对于艺术创造的典型化的含义及其重要性所作的精彩论述。

艺术美既然是外在形式与精神内容的统一，这就要涉及艺术的理想表现对于自然的关系问题，也就是说，"艺术究竟根据现前的外在形状照实描绘呢？还是要对自然现象加以提炼和改造呢？"在这个问题上，黑格尔既反对当时德国流行的"追求空洞理想"的观点，也反对另一种同样流行的"妙肖自然"的观点。关于后者，他批评说："每个人看到日常家庭故事以及它的妙肖自然的描绘，心里都感到生厌了。"② 因为这一切麻烦和苦恼，每个人在他自己家里都可以看到，而且还比在戏剧里所看到的更好更真实些。为什么黑格尔反对艺术妙肖自然呢？因为在他看来，艺术固然也要从自然取得它的外在形式，但是它和自然却有根本区别。艺术是比自然更高的东西。关于这一点，黑格尔是从以下几方面加以说明的。首先，艺术是由人创造的，它用"观念性把本来没有价值的事物提高了"③。在艺术里的自然是经过观念化的自然，不是生糙的自然。所谓"观念化"，就是把自然纳入心灵，受到心灵的渗透和影响，成为表现心灵的材料。"心灵把全部材料的外在的感性因素化成了最内在的东西。"④ 就这个意义上说，艺术也就是征服了自然。其次，自然地存在着的东西都只是一种个别体，它是个别分立的。可是艺术作为来自心灵及其观念成分的东西，不管它如何活像实物，它都必须具有普遍性，把这普遍性表现为外在现象之中。所以，黑格尔强调艺术要从自然中提炼出本质的、显出特征的东西，不必"把所有的细节都要按照实际存在情况一一描绘出来"，"如果把每件事或每个场合中现在目前的东西按其细节一一罗列出来，这就必然是干燥乏味、令人厌倦，不可容忍的。"⑤ 再次，黑格尔认为平凡的自然也可以用作艺术题材，但是由于"艺术家通过他自己的理解，使这种内容变得更深广"，结果显得并不平凡，反而达到了高度的完美。例如荷兰画家的风俗画，所表现的虽是平凡的自然，却并不像一般人所设想的那样平凡。因为它是画家从他们当前现实生活中选择来的，表现了和自然斗争以及和敌人斗争的胜利感和民族自豪感。"正

① 黑格尔：《美学》第1卷，朱光潜译，商务印书馆1979年版，第211页。

② 同上书，第207页。

③ 同上书，第210页。

④ 同上书，第209页。

⑤ 同上书，第214页。

是这种在无论大事小事上，无论在国内还是在海外所表现的市民精神和进取心，这种谨慎的清洁的繁荣生活，这种凭仗自己的活动而获得一切快慰和傲慢，组成了荷兰画的一般内容”①，“正是这种新唤醒的心灵的自由活泼被画家掌握住和描绘出来了，荷兰画的崇高精神也就在此。”② 这里，黑格尔完全是从 16、17 世纪荷兰的现实生活和历史发展出发，分析荷兰画家如何在貌似平凡的风俗画题材中，体现出了普遍的时代精神，从而在平凡的题材中显示出不平凡的内容。这种分析集中地体现了他的现实主义文艺观点。

综上所述，黑格尔对于自然美和艺术美的基本观点是认为艺术美高于自然美，自然美是低级的美，艺术美才是高级的美。由于他是从客观唯心主义体系出发来看待自然美和艺术美，认为自然美和艺术美都是理念的感性显现，都是来自理念，所以必然要否认自然本身有美，也必然要否认艺术美是来自现实生活。这表现出他的理论的根本弱点。尽管如此，黑格尔对于艺术美的本质特点以及艺术美与自然美关系的看法，却是深刻地体现了他的辩证法的。他强调在艺术美中形象与心灵、形式与内容、个别与普遍必须达到自由和谐的统一，强调艺术应该将自然的东西加以“清洗”“提炼”，抓住“本质的、显出特征的东西”，“抓住事物的普遍性”，而不要一一罗列“自然的个别细节”，强调“艺术家必须是创造者”，应当充分发挥在艺术创造中的主观能动作用，而不应止于“搜集和挑选”等。这些都是符合艺术美及其创造的客观规律的，其论述也是非常精辟的。黑格尔生活的时代，一方面消极的浪漫主义文艺思潮正在兴起，另一方面自然主义文艺倾向也初露端倪。前者“遗世独立”“怕沾染有限事物”，后者“逼肖自然”，见不出艺术和自然的区别。黑格尔对艺术美及其与自然关系的看法，是注意克服这两方面的片面性的，因此显得特别珍贵。

① 黑格尔：《美学》第 1 卷，朱光潜译，商务印书馆 1979 年版，第 216 页。
② 同上书，第 217 页。

第四节 人物性格理论

如上所述，黑格尔的《美学》主要是研究艺术美的。所谓艺术美，按照黑格尔的解释，就是理念通过感性形式得到了显现的艺术形象。理念是怎样转化为艺术形象的呢？这就涉及人物性格问题了。

黑格尔说："性格就是理想艺术表现的真正中心。"① 他认为艺术表现的中心对象是人及其心灵，艺术美的中心问题就是人物性格问题。性格是普遍精神力量在个别人物身上的具体体现，因而也就是理念的感性显现。艺术美只有在描写人物性格上，才能得到最完满、最充分的表现。但是，性格并不是抽象的东西，它具体表现在动作上。人物的动作是由外因和内因的相互矛盾和推动而形成的。形成人物动作的外因，黑格尔称为"情境"；形成人物动作的内因，黑格尔称为"情致"。"情境"是"一般世界情况"在人物的客观环境方面的具体化；"情致"是"普遍力量"在人物的主观情绪方面的具体化。所以，黑格尔在《美学》第一卷第三章中分别论述了"一般世界情况""情境"和"动作"(包括"情致")，也就是"作为性格整体中的各个因素"，集中地讨论了艺术中的人物性格问题。

(一) 关于"一般世界情况"

所谓"一般世界情况"，也就是人物所处的社会时代背景。用黑格尔的说法，就是"艺术中有生命的个别人物所借以出现的一般背景"②。它把"心灵现实的一切现象都联系在一起"，"形成一般的精神方面的客观存在"③。从黑格尔列举的具体内容看，它包括一定时代的教育、科学、宗教、法律、道德乃至于财政、家庭生活以及其他类似现象的"情况"。在这里，黑格尔着重讨论了"一般情况应该具有怎样的性质，才可以显出符合理想的个性"这个问题，

① 黑格尔：《美学》第1卷，朱光潜译，商务印书馆1979年版，第300页。

② 同上书，第251页。

③ 同上书，第251页。

他认为理想的人物个性必须具有“独立自足性”，就是说能够支配环境，能够个人决定自己的行动并对行动负责，具有个性自由。要实现这一点，就必须达到个性与普遍性的交融和统一。“只有在个性与普遍性的统一和交融中才有真正的独立自足性，因为正如普遍性只有通过个别事物才能获得具体的实在，个别的特殊的事物也只有在普遍性里才能找到它的现实存在的坚固基础和真正内容（意蕴）。”① 所以，只有普遍性与个别性直接统一才是艺术的理想，也才是形成理想的人物性格的理想的世界情况。这种理想的世界情况，黑格尔认为就是“英雄时代”或“史诗时代”。在“英雄时代”，人物个性是比较独立自由的，他们能够按照个人的意志去行动，而不与社会发生对立。例如古希腊英雄们便都出现在法律尚未制定的时代，或者他们自己就是国家的创造者，正义和秩序、法律和道德，都是由他们制定出来的。“这种有实体性的东西与个人的欲望，冲动和意志的直接的统一就是希腊道德的特点，所以在这种情况之下，个人自己就是法律，无须受制于另外一种独立的法律，裁判和法庭。”② 古代英雄都是些个人，他们根据自己性格的独立自足性，服从自己的专断意志，承担和完成自己的一切事务。例如赫克里斯就是这样的英雄。他具有完满的独立自足的能力和膂力，为了实现正义和公道，他出于自己意愿的自由选择，承担了无数辛苦的工作。没有什么法律规定的约束可以取消他的按照自己个性去独立行动的权利。同时，在“英雄时代”，“个人在本质上是个整体，客观行动既是由他做出来的，就始终是属于他的”。人物既然和他的全部意志、行为和成就直接联系在一起，那么就能对自己行为的后果完全负责。独立自足的英雄性格是不肯卸脱自己的责任的。例如俄狄浦斯就是如此。尽管打死父亲娶母亲完全出于他的无知，但当他知道之后，却完全承认了这宗罪行，并把自己当作一个弑父娶母者来惩罚。根据以上理由，黑格尔认为“英雄时代”是最理想的“一般的世界情况”。在这样的情况里，个人行动与社会理想是统一的，普遍的理想最能通过个人的行为体现出来，所以也最有利于形成独立自由的人物性格。

与“英雄时代”对立的有两种世界情况，一种是“牧歌式的情况”，另一种是“散文气味的现代情况”。黑格尔认为这两种情况都不适宜于形成具有

① 黑格尔：《美学》第1卷，朱光潜译，商务印书馆1979年版，第230—231页。

② 同上书，第237页。

"独立自足性"的人物性格，因而也都不是艺术所要表现的理想的世界情况。所谓"牧歌式的情况"，即牧歌诗人和作家所描写的田园牧歌式的生活情况。在这种时代，自然能满足人所感到的一切需要，人也在天真纯朴状态中与自然相处相安。乍看起来这种情况似乎带有几分理想色彩。可是从它所特有的内容（意蕴）来看，却没有什么旨趣可以作为表现理想的基础和土壤。"因为这种乡村牧歌式生活和人生一切意义丰富深刻的复杂的事业和关系都失去了广泛的联系"，"它没有英雄性格所有的那些重大的动机，例如祖国、道德、家庭等等，以及这些动机的发展"①，所以它形成的人物性格显不出较高尚的理想，不能成为理想的人物性格。

所谓"散文气味的现代情况"，即资产阶级的社会情况。在这种情况里，法律、道德和政治的关系和制度都已形成，"作为一个个人，不管他向哪一方转动，他都隶属于一种固定的社会秩序，显得不是这个社会本身的一种独立自足的既完整而又是个别的有生命的形象，而只是这个社会中的一个受局限的成员。"② 所以，个人自作决定和自由行动的独立自足性是很小的。现代个人已不再像英雄时代那样，可以看成是具有普遍性的法律道德规律的体现者，相反，"在这种普遍性里个人的生命显得是被否定了的或是次要的，无足轻重的"。人物行动既然主要决定于外因而不是自己的自由选择，因此个人对它也不能负多大责任。总之，在这种情况里，个人与社会处于对立地位，不能体现个人行动与社会普遍理想的统一，所以也就不能形成具有独立自足性的理想的性格，不适宜作为艺术所表现的理想的世界情况。

在分析"一般世界情况"时，黑格尔指出了人物性格和社会时代背景的联系，强调个人性格需与普遍的社会力量统一起来，并具体分析了不同的时代背景对个人性格形成的巨大影响，这是一个很大的贡献。关于人物性格和时代的关系，恩格斯后来有非常重要的论述。他指出，艺术作品中的主要人物应"是他们时代的一定思想的代表，他们的动机不是从琐碎的个人欲望中，而正是从他们所处的历史潮流中得来的"③。黑格尔的认识虽然没有达到这个高度，但他却看到了人物性格和历史时代是有紧密联系的。他把"独立自足性"作为理

---

① 黑格尔：《美学》第 1 卷，朱光潜译，商务印书馆 1979 年版，第 243 页。

② 同上书，第 247 页。

③ 《马克思恩格斯选集》第 4 卷，人民出版社 1972 年版，第 343 页。

想的人物性格的主要特征，认为个性独立自由才符合艺术的理想，这鲜明地反映出新兴资产阶级在艺术上对理想人物的要求。他认为“英雄时代”个人与社会统一，个人既有行动的独立自由，又可以代表社会的普遍理想，因而最适宜形成理想的个性，也最适宜艺术的繁荣；而近代资产阶级社会则是个人与社会分裂，个人既丧失了行动的独立自由，也代表不了社会的普遍理想，因而不利于形成理想的个性，也不利于艺术的发展。这种看法也包含合理的因素。它很容易使我们想起马克思关于“希腊艺术和史诗同一定社会发展形式结合在一起”的著名论断，以及资本主义生产对于艺术和诗歌“是敌对的”著名论断。不过，黑格尔由此对艺术的发展得出悲观主义的结论，认为艺术的黄金时代已经一去不复返了。这和马克思认为共产主义社会必然会出现真正的艺术繁荣的科学论断，就相距甚远了。

（二）关于“情境”

所谓“情境”，就是推动人物行动的具体的客观环境。黑格尔说：“情境一方面是总的世界情况经过特殊化而具有定性，另一方面它既具有这种定性，就是一种推动力，使艺术所要表现的那种内容得到有定性的外观。”[①] 就是说“一般世界情况”经过具体化、特殊化，成为有定性的环境，这才是情境。在这种具体化过程中，情境揭开冲突和纠纷，从而成为一种机缘，引起不同人物作不同反应，这才形成具体的动作。所以，情境是处于一般世界情况和具体动作这两端的中间阶段。

黑格尔认为“情境”有三种。第一种是“无定性的情境”，普遍力量还处于未分裂状态，“还保持着普遍性的形式”，因而还是没有定性的。例如古代庙宇建筑就是如此，它表现出“一种在严峻的静穆中泰然自足的神情”。第二种是“平板状态”的情境，情境由普遍性转到特殊化，有了定性，但这种定性还没有产生矛盾对立，“还不是在本质上见出差异和冲突”。例如古希腊早期神像雕刻和许多抒情诗便是如此。以上两种情境，都不是激发真正动作的原因，所以，黑格尔认为都不是理想的情境。理想的情境应该是第三种，即见出“冲突”的情境。黑格尔说：“只有在定性现出本质上的差异面，而且与另一面相

---

① 黑格尔：《美学》第1卷，朱光潜译，商务印书馆1979年版，第254页。

对立，因而导致冲突的时候，情境才开始见出严肃性和重要性。”① 冲突不是动作，但它却是形成真正动作的出发点。人物性格只有在冲突中才能充分显现出来。“因为人格的伟大和刚强只有借矛盾对立的伟大和刚强才能衡量出来……环境的互相冲突愈众多，愈艰巨，矛盾的破坏力愈大而心灵仍能坚持自己的性格，也就愈显出主体性格的深厚和坚强。”黑格尔指出，这种充满冲突的情境“特别适宜于用作剧艺的对象”。

冲突也有三种。第一种是“自然的情况所产生的冲突”。如自然所带来的疾病、罪孽和灾害，破坏了原来的生活的和谐，结果造成差异对立。黑格尔认为，这种冲突单就它们本身而言，是没有什么意义的。其所以采为艺术的题材，只是因为自然灾害可以发展出心灵的分裂作为它的结果。例如索福克勒斯的悲剧《菲罗克忒忒斯》的冲突就是起于主人公的脚被毒蛇咬伤。第二种是“由自然条件产生的心灵冲突”。凡是以自然的家庭出身为基础的冲突都属于这一类。例如莎士比亚的《麦克白》的冲突，就是起于主人公是国王最近而且最长的亲属，在王位继承上有优先权。在这类冲突中，黑格尔还提到阶级出身差别所产生的冲突，以及天生性情所造成的主体情欲所产生的冲突。第三种是“由人的行动本身引起来的”冲突，“这种方式的冲突的根源在于精神的力量以及它们之中的差异对立”②，也就是两种对立的普遍力量的矛盾斗争。黑格尔认为只有这种冲突才是“真正重要的矛盾”，才是理想的冲突的情境。在这种冲突中，“一方面须有一种由人的某种现实行动所引起的困难、障碍和破坏；另一方面须有本身合理的旨趣和力量所受到的伤害。只有把这两方面定性结合在一起，才是这后一种冲突的深刻的根源。”③ 例如莎士比亚的悲剧《哈姆雷特》就是这样的冲突。这冲突起于他的父亲暗中被谋杀，他的母亲很快就嫁给谋杀者，因而侮辱了死者的魂灵。

黑格尔关于“情境”的理论，实际上讨论了人物性格和具体环境的关系问题。他认为人物须受到情境的推动，才能引起动作，从而“使个别人物现出他们是怎样的人物”。所以，情境对于人物性格具有重要作用。他说：

① 黑格尔：《美学》第1卷，朱光潜译，商务印书馆1979年版，第250页。
② 同上书，第270页。
③ 同上书，第271页。

一般地说，情境一方面是总的世界情况经过特殊化而具有定性，另一方面它既具有这种定性，就是一种推动力，使艺术所要表现的那种内容得到有定性的外观。特别是从后一个观点看来，情境供给我们以广阔的研究范围，因为艺术的最重要的一方面从来就是寻找引人入胜的情境，就是寻找可以显现心灵方面的深刻而重要的旨趣和真正意蕴的那种情境。①

另一方面，黑格尔又指出“情境本身还不是心灵性的东西，还不能组成真正的艺术形象”，“只有把这种外在的起点刻画成为动作和性格，才能见出真正的艺术本领。”② 这就是说，环境描写必须与性格刻画结合和统一起来，为表现人物性格服务。黑格尔关于人物性格和环境的互相依存、互相统一的辩证思想具有很高的价值。它和后来恩格斯提出的“典型环境中的典型人物”的重要美学思想，是有着内在联系的。

结合情境问题，黑格尔着重地讨论了矛盾冲突，这也是他对美学和文艺理论的一个重要贡献。按照黑格尔的冲突说，人物性格的冲突是根源于普遍力量的分裂和对立。普遍力量本是抽象的、浑整的，结合到具体的情境和具体的人物，它才“得到定性”。在这具体化或得到定性的过程中，它才“现出本质上的差异面，而且与另一方面相对立，因而导致冲突”。冲突既然是两种普遍力量的矛盾斗争，因此，它们本身必须是有辩护道理的。黑格尔说：“在真正的美里，冲突所揭露的矛盾中每一对立面还是必须带有理想的烙印，因此不能没有理性，不能没有辩护的道理。”③ 冲突引起人物的动作和反动作，经过否定的否定，使冲突消除而达到调和统一。这些看法充满辩证，论证了冲突的必然性，揭示了冲突和性格的互相依存关系，能够给人以深刻的启发。

（三）关于“动作”

黑格尔说：“能把个人的性格、思想和目的最清楚地表现出来的是动作，人的最深刻方面只有通过动作才见诸现实。”④ 如果说一般世界情况和情境是形成人物性格的外部条件，那么动作就是人物性格的具体表现。把动作作为一

---

① 黑格尔：《美学》第 1 卷，朱光潜译，商务印书馆 1979 年版，第 254 页。
② 同上书，第 274 页。
③ 同上书，第 279 页。
④ 同上书，第 278 页。

种完整的运动来表现，这特别是诗才有的本领，至于其他种类的艺术只可以在动作过程中抓住某一顷刻把它表现出来。

关于艺术所表现的动作，黑格尔提出了以下三个要点：第一，引起动作的普遍力量；第二，发出动作的个别人物；第三，以上两方面的统一——人物性格。在分析以上三个要点时，黑格尔提出了著名的“情致说”和“理想性格说”。

什么是情致呢？黑格尔解释说，它是那种“不是本身独立出现的而是活跃在人心中，使人的心情在最深处受到感动的普遍力量”[①]。就是说，情致是“普遍力量”和个别人物相统一而形成的人物的主观情绪。所谓“普遍力量”，就是指一定时代所流行的伦理、宗教、法律等方面的观念和理想，它们都是来自黑格尔所说的绝对理念，是“某一绝对理念的儿子”。按照黑格尔的说法，作为理念的普遍力量要在艺术中得到表现，必须具体化。普遍力量具体化为“神”，“神”与个别人物结合起来，便形成人物性格中的情致。就是说，情致是由“神们”即各种“普遍力量”演变而来的。但它又不能脱离个别人物独立存在和出现，而是要“活跃在人心中”，成为人物的一种主观情绪力量。所以黑格尔说：“‘情致’是一件本身合理的情绪方面的力量，是理性和自由意志的基本内容。”[②] 例如悲剧《安提戈涅》的女主角不顾国王禁令收葬她的弟兄所表现出的兄妹情谊，就是一种情致。黑格尔认为属于艺术的情致范围是很窄的。其中主要是“恋爱，名誉，光荣，英雄气质，友谊，母爱，子爱之类的成败所引起的哀乐”等。黑格尔认为情致来自普遍力量和理性，同时又必须具体化为个别人物的主观情绪，这是体现了普遍与特殊、理性与情感相统一的辩证思想，也体现出艺术的特殊规律。但是，从他所讲的情致的范围来看，基本上是一些所谓普遍永恒的人性。他一方面认为个人的情致来自“一般世界情况”中的“普遍力量”，而“一般世界情况”是随历史发展的；另一方面又认为这种情致是一些普遍永恒的人性。这就显得自相矛盾了。

黑格尔很重视情致在艺术中的作用。艺术的中心是人物的性格，人物性格须具体表现为行动，而驱遣人物采取行动的内因正是情致。例如在埃斯库罗斯的悲剧中，古希腊神话中的英雄俄瑞斯特为替父报仇杀死自己的母亲，就是由

① 黑格尔：《美学》第1卷，朱光潜译，商务印书馆1979年版，第295页。

② 同上书，第295页。

情致所驱使的。黑格尔说："我们应该把'情致'只限用于人的行动，把它了解为存在于人的自我中而充塞渗透到全部心情的那种基本的理性的内容（意蕴）。"[①] 情致不但是决定人物行动的内因和力量，而且是艺术具有强烈感动力的主要因素和来源。黑格尔说：

> 情致是艺术的真正中心和适当领域，对于作品和对于观众来说，情致的表现都是效果的主要的来源。情致所打动的是一根在每个人心里都回响着的弦子，每一个人都知道一种真正的情致所蕴含的价值和理性，而且容易把它认识出来。情致能感动人，因为它自在自为地是人类生存中的强大的力量。[②]
>
> 艺术应该通过什么来感动人呢？一般地说，感动就是在感情上共鸣，人们，特别是现在的人们，往往是太容易受感动了。……但在艺术里感动的应该只是本身真实的情致。[③]

情致在本质上需要一种表现，这就形成人物性格。黑格尔于是由情致的探讨进入对人物性格的探讨。他说，"情致如果要达到本身具体，像理想的艺术所要求的那样，就必须作为一个丰富完整的心灵的情致而达到表现"，"而在具体活动状态中的情致就是人物性格"。[④] 按照黑格尔的理解，情致是构成人物性格的具体内容，而人物性格则为各种情致的集中表现。因此，他对理想的人物性格的要求，便处处都是联系到情致来谈的。

在黑格尔看来，只有人物性格才是理想艺术表现的真正中心。前面所讨论的各个方面，都是"性格整体中的各个因素"，它们在性格中都统一在一起了。黑格尔说："真正的自由的个性，如理想所要求的，却不仅要显现为普遍性，而且还要显现为具体的特殊性，显现为原来各自独立的这两方面的完整的调解和互相渗透，这就形成完整的性格。"[⑤] 这就是说，自由的个性、完整的性格，必须是普遍性和特殊性的互相渗透和统一。这可以说是黑格尔对艺术中理想的性格的总体要求。在这个总体要求下，黑格尔从三个方面来研究人物性格，对艺术中理想的人物性格提出了以下三个具体要求。

---

① 黑格尔：《美学》第1卷，朱光潜译，商务印书馆1979年版，第296页。

② 同上书，第296页。

③ 同上书，第296—297页。

④ 同上书，第300页。

⑤ 同上书，第301页。

首先，性格要具有丰富性。“因为人不只具有一个神来形成他的情致；人的心胸是广大的，一个真正的人就同时具有许多神，许多神只各代表一种力量，而人却把这些力量全包罗在他的心里。”① 所以，人物性格必须具有丰富的内容，显出丰满性和多方面性。例如荷马所写的人物性格就是如此。在荷马笔下，每一个英雄都是许多性格特征的充满生气的总和。阿喀琉斯是个最年轻的英雄，但是他一方面有年轻人的力量，另一方面也有人的一些其他品质，荷马借种种不同的情境把他的这种多方面的性格都揭示出来了。所以，关于阿喀琉斯，我们可以说：“这是一个人！高贵的人格的多方面性在这个人身上显出了它的全部丰富性。”② 通过这些分析，黑格尔总结荷马所写的人物性格的特色说：“每个人都是一个整体，本身就是一个世界，每个人都是一个完满的有生气的人，而不是某种孤立的性格特征的寓言式的抽象品。”③ 可见黑格尔要求人物性格要完整、丰满、有血有肉，而反对将人物抽象化、单一化。

其次，性格要具有明确性。“要显出更大的明确性，就须有某种特殊的情致，作为基本的突出的性格特征，来引起某种确定的目的、决定和动作。”④ 所以，性格既要丰富、多样，又要“有一个主要的方面作为统治的方面”。例如莎士比亚所写的朱丽叶，是从许多关系的整体中显出她的性格，像她对父母、保姆、巴里斯伯爵以及神父劳伦斯的各方面关系都写到了。“尽管有这些复杂的关系，她在每一种情境里也一心一意地沉浸在自己的情感里，只有一种情感，即她的热烈的爱，渗透到而且支持起她的整个的性格。”⑤ 总之，性格既要保持丰富性、完满性，又要有主导的性格特征，把多方面的特质融会成为一个整体，达到多样与一致的统一。

最后，性格要具有坚定性。所谓坚定性，就是要“一贯忠实于它自己的情致所显现的力量”，使性格成为一个“本身坚定的统一体”⑥。性格的坚定性与前面提到的“独立自足性”是一致的。具有坚定性和决断性的性格须根据自己的意志发出动作，并且对自己的行动负责任。人物性格还必须“自己与自己融

---

① 黑格尔：《美学》第1卷，朱光潜译，商务印书馆1979年版，第301页。
② 同上书，第303页。
③ 同上书，第303页。
④ 同上书，第304页。
⑤ 同上书，第305页。
⑥ 同上书，第311页。

贯一致”，不能在一个人物性格里摆上许多不能融会成为一个统一体的差异面，因而使性格失其为性格。例如莎士比亚，他的特点正在于把人物性格描绘得果断而坚强。哈姆雷特固然没有决断，但是他所犹疑的不是应该做什么，而是应该怎样去做。结合人物性格的坚定性问题，黑格尔对近代资产阶级感伤主义、颓废主义的文艺进行了切中要害的批判。他描述这派作家笔下的主角的特点说：“这种‘幽美的灵魂’对于人生的真正有价值的道德方面的旨趣是漠不关心的，他只孤坐默想，像蜘蛛吐丝一样，从自己肚子里织出他的主观的宗教和道德的幻想。”“这就产生了永无止境的忧伤抑郁，愤愤不平，悲观失望……没有人能同情这种乖戾心情，因为一个真正的人物性格必具有勇气和力量，去对现实起意志，去掌握现实。”① 从这里可以看出黑格尔的人物性格的理想是积极的、健康的，是与文艺中的病态表现对立的。它在当时具有纠正时弊的作用。

黑格尔所说的理想的性格也就是典型性格。他运用辩证法观察文艺现象，总结艺术创作经验，提出理想的性格应该是一定社会的普遍力量与具体个性的统一，性格的丰富性、多样性与明确性、坚定性的统一，是符合艺术的特点和规律的，也是符合现实主义文艺精神的。他的许多合理的思想、精辟的论述，都由马克思、恩格斯在其美学著作中加以批判地吸收和继承了。不过，黑格尔的人物性格理论像他的整个美学思想一样，终究是从客观唯心主义的理念论出发的。他一再强调人物性格是植根于普遍永恒的理念，这就使他看不到人物性格所反映的具体的社会历史内容。只有到了马克思主义美学建立以后，运用辩证唯物主义和历史唯物主义观察分析人物性格问题，才使典型人物性格的问题得到了完全科学的说明。

① 黑格尔：《美学》第 1 卷，朱光潜译，商务印书馆 1979 年版，第 309 页。

第五节　悲剧和喜剧理论

黑格尔的《美学》是由三个主要部分组成的。在讨论了艺术美的基本原理之后，《美学》又分别论述了艺术美发展的各种类型和各门艺术的体系。这两部分中包括了黑格尔的艺术史观，内容相当丰富。这里仅就其中包括的一个理论问题——悲剧和喜剧的本质问题，略作介绍和分析。

依照黑格尔的看法，艺术美是理念与形象的统一。由于理念和形象之间三种不同的关系，便形成了象征型艺术、古典型艺术和浪漫型艺术三种艺术类型，它们显示了艺术发展的三个阶段。而各门艺术则组成了艺术类型的真正存在。在象征型艺术中，理念本身不确定，形象也不确定，理念和形象还不能互相符合，其代表是古代东方建筑；在古典型艺术中，理念与形象达到了完满的和谐一致，其代表是古希腊雕刻；在浪漫型艺术中，对内心生活的侧重使理念溢出了形象，又形成了理念与形象的不一致，其代表是绘画、音乐、诗歌。在各门艺术中，黑格尔认为最重要的是诗歌。他说："诗比任何其他艺术的创作方式都要更涉及艺术的普遍原则。"① 诗包括史诗、抒情诗和戏剧体诗。其中，黑格尔又认为戏剧体诗最重要。因为"戏剧无论在内容上还是在形式上都要形成最完美的整体，所以应该看作诗乃至一般艺术的最高层"②。了解了黑格尔以上的理论构架，才能明白悲剧和喜剧理论在他的全部美学体系中所占的地位。

有人曾经说过，如果谈论黑格尔的艺术哲学而不去考察他关于悲剧的本质的概念，那就等于演《哈姆雷特》这出戏缺了丹麦王子的角色。从悲剧理论在黑格尔美学中所占的重要地位来讲，这个说法是有道理的。黑格尔的悲剧理论是以他的冲突说为基础的。他认为悲剧的本质是表现两种对立的普遍伦理力量的冲突及其和解。悲剧冲突具有以下三个因素：

① 黑格尔：《美学》第3卷下册，朱光潜译，商务印书馆1981年版，第14页。
② 同上书，第240页。

（一）悲剧冲突的动力

黑格尔说："形成悲剧动作情节的真正内容意蕴，即决定悲剧人物去追求什么目的的出发点，是在人类意志领域中具有实体性的本身就有理由的一系列的力量。"[①] 就是说，悲剧冲突的真正内容和动力，是各种本身合理的伦理力量。属于这种力量的有：夫妻、父母、儿女、兄弟姊妹之间的亲属爱；国家的政治生活、公民的爱国心以及统治者的意志；还有宗教生活等等。真正的悲剧人物性格就要有这种本身合理的伦理力量作为动力，要有这种优良品质。这些伦理力量是具有普遍性的，"是处在人世现实中的神性的因素"[②]，这种神性的因素也就是实体性，它提供引起动作的内容，同时也就在动作本身中展现出它的本质。

（二）悲剧冲突的形成

各种不同的伦理力量须由抽象概念转化为具体现实，显现于动作，从而使自己获得实现。在悲剧中，它们进入人类的意志，化为各种特殊化的孤立的力量，各自提出片面性的极端的要求，悲剧人物就是这些特殊化要求的体现者。悲剧中相互对立的人物各自代表一种伦理力量，追求某一种人类情致所决定的某一具体目的，这样，各种力量之间原有的和谐就被否定，从而转向互相对立，导致不可避免的冲突。冲突中对立的双方，就它们本身来说都是合理的，但它们在实现自己的要求时，却要否定和损害对方的同样合理的力量，因此，它们就陷入了罪过和不正义之中。黑格尔说：

> 这里基本的悲剧性就在于这种冲突中对立的双方各有它那一方面的辩护理由，而同时每一方拿来作为自己所坚持的那种目的和性格的真正内容的却只能是把同样的辩护理由的对方否定掉或破坏掉。因此，双方都在维护伦理理想之中而且就通过实现这种伦理理想而陷入罪过中。[③]

这段话最集中地表现了黑格尔对悲剧冲突实质和特性的理解，对于掌握黑格尔关于悲剧的本质的概念至关重要。

---

① 黑格尔：《美学》第3卷下册，朱光潜译，商务印书馆1981年版，第284页。

② 同上书，第285页。

③ 同上书，第286页。

（三）悲剧冲突的解决

悲剧的人物性格各有辩护的理由和必然性，同时又有起损害作用的片面性。悲剧冲突的解决，就是通过代表片面性和特殊化要求的悲剧人物的毁灭，使破坏伦理的实体和统一的片面的特殊因素遭到否定，“把伦理的实体和统一恢复过来”，以显示“永恒的正义”[①]。正因为如此，所以黑格尔认为悲剧所产生的心理效果，不仅是亚里士多德所说的“恐惧与怜悯”，而是“在单纯的恐惧和悲剧的同情之上还有调解的感觉。这是悲剧通过揭示永恒正义而引起的”[②]。在阐明悲剧理论时，黑格尔举出的最有代表性的例子就是索福克勒斯的悲剧《安提戈涅》。剧中女主人公安提戈涅的弟兄因争王位，借外兵进攻祖国忒拜，在战斗中被打死。国王下令禁止人收葬他。和国王的儿子订了婚的安提戈涅不顾禁令，收葬了她的弟兄。国王于是下令把她烧死，结果她自杀了，王子也自杀了。黑格尔认为，这个悲剧中冲突的双方都受到一种伦理力量的鼓舞。国王的禁令是照顾到国家安全的王法，安提戈涅安葬弟兄是表现骨肉至亲的情谊。它们都是有道理的。但是处在互相对立的情境中，它们又都具有片面性。双方都把片面的特殊因素推向极端，互相否定，因而变成一种错误。通过冲突的解决，双方都遭到毁灭。这种悲剧结局所否定的只是双方具有的片面性而不是国家王法和骨肉情谊这两种普遍的伦理力量。对立双方通过冲突的解决，重新取得“和解”，恢复到冲突以前的统一，这就是“永恒的正义”的胜利。

黑格尔对于悲剧理论的突出贡献，就是用矛盾冲突的观点解释悲剧的本质，强调悲剧来自具有普遍性的重大力量之间的冲突，并且指出这种冲突及其导致的悲剧结局都是具有必然性的。黑格尔所说的导致悲剧冲突的不同伦理力量，实际上就是不同的社会道德观念，因而悲剧冲突在本质上也就是一种社会性的冲突。这说明黑格尔对悲剧本质的理解比前人大大前进了一步。但是，黑格尔的悲剧理论也是从客观唯心主义出发的。他只是把精神性的伦理实体当作造成悲剧冲突的原因，而看不到社会现实中的矛盾斗争才是产生悲剧冲突的真正源泉。这样，他就看不到形成悲剧冲突的社会阶级基础。他认为悲剧冲突的双方都是合理的、正义的，但由于它们各自具有片面性，又都是有罪的、不正

---

① 黑格尔：《美学》第3卷下册，朱光潜译，商务印书馆1981年版，第287页。

② 同上书，第289页。

义的。这种看法完全抹杀了悲剧冲突的双方之间正义和非正义、善与恶、有罪与无罪的原则界限。他认为悲剧冲突的解决不是靠矛盾双方的斗争，而是靠矛盾双方的退让与和解，并宣称这种“和解”即是“永恒正义”的胜利。这显然是用矛盾调和来代替辩证法的革命精神。所有这些带有唯心色彩的看法，既不符合艺术中大量优秀的悲剧创作的实际，也表现出他在理论上的根本弱点。

关于喜剧的原则，黑格尔是将它和悲剧对照比较来看的。依黑格尔的看法，冲突和动作是一切戏剧所特有的因素，悲剧和喜剧的差异，就要看冲突和动作中起决定作用的本质性的因素有何不同。“这有两方面，一方面是在实质上合乎道德的伟大的理想，即在人世中实际存在的那种神性的基础，亦即个别人物性格及其目的中所包含的绝对永恒的内容意蕴；另一方面是完全自由自决的主体性格。”① 前一方面，黑格尔称为“实体性因素”；后一方面，黑格尔称为“主体性”。这两者都是产生冲突和动作的“基本根由”。悲剧和喜剧的区别，就是“要看在个别人物，动作和冲突中起决定作用的是实体性的因素还是主观任意性，愚蠢和乖僻”②。如果说在悲剧里是永恒的实体性因素以和解的方式达到胜利，那么在喜剧里情况就相反，“无限安稳的主体性却占着优势”。

喜剧动作内容的基本特点，黑格尔认为主要表现于以下几个方面：

（1）喜剧人物所追求的目的本身没有实体性，因此不能使自己实现。例如贪吝，无论就它所追求的目的来看，还是就它所采取的卑鄙手段来看，都显出它本身根本是无意义的。同时因为它在目的和手段上都毫无力量去防御阴谋诡计和拐骗之类，也就不能达到它的目标。所以，尽管主体以非常认真的样子，采取周密的准备，去实现一种本身渺小空虚的目的，他的意图仍然要失败。喜剧中也有一种与此相反的情况：“个别人物本想实现一种具有实体性的目的，但是为着实现，他们作为个人，却是起完全相反作用的工具。”③ 这就造成了目的和人物之间的矛盾，使所幻想的目的不能实现。例如阿里斯托芬的喜剧《公民大会妇女专政》就是这种例子。在这部作品中，妇女们想建议建立一种新政体，但她们却照旧保留妇女们的全部情趣和情欲。此外还有第三种情况，就是运用外在偶然事故导致情境的转变，使得目的和现实之间形成了喜剧性的

① 黑格尔：《美学》第3卷下册，朱光潜译，商务印书馆1981年版，第283页。
② 同上书，第284页。
③ 同上书，第292页。

矛盾。

(2) 喜剧人物作为主体使自己成为完全的主宰，他们自信能驾驭一切。"主体一般非常愉快和自信，超然于自己的矛盾之上，不觉得其中有什么辛辣和不幸；他自己有把握，凭他的幸福和愉快的心情，就可以使他的目的得到解决和实现。"① 由于喜剧人物追求的目的本身渺小无足轻重，因此在意图失败时，"他也并不感到遭受什么损失，他认识到这一点，也就高高兴兴地不把失败放在眼里，觉得自己超然于这种失败之上"②，不是灰心丧气，而是一笑置之。如果说悲剧人物是通过性格的片面性遭到毁灭以显示实体性的胜利，那么，"喜剧人物却单凭自己而且就在自己身上获得解决，从他们的笑声中我们就看到他们富有自信心的主体性的胜利。"③

(3) 喜剧性自始至终要涉及目的本身和主体性格之间的矛盾对立，这就迫切地需要一种解决。但"在这种喜剧性解决之中遭到破灭的既不是实体性因素，也不是主体性本身"④。喜剧作为真正的艺术，也要显示出绝对理性，但不是用遭到破灭的事例来显示，"而是把绝对理性显示为一种力量，可以防止愚蠢和无理性以及虚假在对立和矛盾的现实世界中得到胜利和保持住地位"⑤。例如阿里斯托芬的喜剧中开玩笑的对象只是雅典民主制度下的一些流弊，像古代信仰和古代道德的败坏，诡辩，悲剧中的哭哭啼啼，无聊的闲言蜚语和争辩之类，这些正是与当时政治、宗教和艺术的真理相抵触的。他把这些描绘出来，使我们看到这类蠢人所干的蠢事，以自作自受的方式而得到解决。另一方面，"单纯的主体性在喜剧里也不应遭到破灭。"⑥ 就是说，喜剧中遭到毁灭的只是空虚的无足轻重的东西，主体本身并没有遭到什么损害，所以他仍安然自得。

在分析喜剧冲突和动作内容的特点时，黑格尔指出喜剧性和可笑性是两个不同的审美范畴，不能混为一谈。可笑的现象并不都具有喜剧性。例如笨拙或无意义的言行尽管可以惹人笑，但它本身却没有多大喜剧性。喜剧性较之可笑

---

① 黑格尔：《美学》第 3 卷下册，朱光潜译，商务印书馆 1981 年版，第 291 页。
② 同上书，第 292 页。
③ 同上书，第 290 页。
④ 同上书，第 293 页。
⑤ 同上书，第 293 页。
⑥ 同上书，第 293 页。

性有较深刻的要求。另外，黑格尔还提出真正的喜剧性应是“由剧中人物本身感觉到的”，而不应是“由听众感觉到的”[1]。喜剧人物的喜剧性并不仅在对旁人可笑，主要是对自己可笑。他认为真正的喜剧家阿里斯托芬的基本原则是喜剧人物逗自己笑，而后来的喜剧特别是近代喜剧则是专逗听众笑了。这种喜剧见不出古代喜剧中喜剧人物那种爽朗的谑浪笑傲的精神，所以没有真正的喜剧性。具有古代喜剧优点的，黑格尔认为只有莎士比亚的喜剧。

黑格尔关于喜剧性本质的概念，主要是根据希腊古典喜剧总结出来的。它并没有把喜剧的审美特点全面地概括进去。但是，它较之以前的各种喜剧理论，却更带思辨的色彩。他认为喜剧性在于目的与实现、目的内容与主体性格的矛盾，这是一个深刻的见解。按照他的理解，喜剧人物的特征在于他们在意志、思想以及在对自己的看法等方面，都自以为有一种独立自足性，但是通过他们自己和他们的内外两方面的依存性，这种独立自足性马上就被消灭了。这种假想的虚幻的独立自足性之所以消灭，是由于它碰上了外在的情境，与喜剧人物自己假想的身份不符合。这就是说，喜剧人物的主体性格、主观方面是假想的、虚幻的，与外在情境是矛盾的。喜剧所表现的，不过是在超现实的幻想中生活的人物，经过种种与现实碰壁的可笑情境，最后仍不得不回到现实生活而结束。这对于我们把握、认识喜剧人物性格的特点，是很有启发性的。不过，黑格尔从体系的需要出发，认为喜剧破坏了体现绝对真理于现实世界的企图，把精神和物质的同一割裂开来，所以，艺术发展到喜剧就到了顶峰，就马上导致艺术的解体，这是让事实屈从其体系格式的又一表现。他认为喜剧人物主要来自社会下层，说“喜剧性更多地出现在社会下层的实际生活中”[2]，这仍是受到西方传统喜剧观念的影响，表现了阶级的偏见。

① 黑格尔：《美学》第 3 卷下册，朱光潜译，商务印书馆 1981 年版，第 316 页。

② 同上书，第 316 页。

第十三章

俄国革命民主主义美学的代表作

——车尔尼雪夫斯基的《艺术与现实的审美关系》

被列宁称为“俄国社会民主主义的先驱者”之一的车尔尼雪夫斯基（Н. Г. Чернышевский，1828—1889），是俄国解放运动第二阶段，即资产阶级民主主义革命时期的杰出思想家和活动家。他在哲学、政治经济学、美学、文学批评以及文学创作等方面，都有重要建树。他的美学思想在唯物主义美学发展中占有重要地位。

车尔尼雪夫斯基的主要活动时期，是俄国19世纪五六十年代农奴制改革和农民运动蓬勃发展时期。在政治观点上，他捍卫农民利益，宣传农民革命的思想，主张推翻专制农奴制，没收地主土地分给农民，通过农民公社实现社会主义。这些观点使他成为一个杰出的革命民主主义者，同时也是一个空想社会主义者。因为他幻想通过旧的、半封建的农民公社过渡到社会主义，没有看见而且也不可能看见，只有资本主义和无产阶级的发展，才能为社会主义的实现创造物质条件和社会力量。他一生同沙皇专制制度斗争。他的革命民主主义立场直接影响到他的美学思想。

在哲学思想上，车尔尼雪夫斯基是一个唯物主义者。他批判贝克莱、康德、黑格尔等的唯心主义观点，捍卫唯物主义的基本原则，同时力图以唯物主义精神改造黑格尔的辩证法。在他的主要哲学著作《哲学中的人本主义原理》中，他明确地把“精神和物质的关系”看作是哲学的基本问题，并认为只有唯物主义才能解决这个问题。车尔尼雪夫斯基把自己的哲学称作“人本主义”，正说明他深受费尔巴哈哲学思想的影响。在《艺术与现实的审美关系》的《第三版序言》中，他称自己是费尔巴哈的“追随者”，并声称“这本小册子里一切具有更广泛的性质的思想都属于费尔巴哈”①。费尔巴哈的人本主义认为“人”是自然界的一部分，反对把人割裂为精神和肉体，反对认为精神是第一性的唯心主义，但是它把人仅仅看成是生物界的人，而没有把人理解为社会和历史的人，这就把人抽象化了。在《哲学中的人本主义原理》中，车尔尼雪夫斯基说：“这个原理（指人本主义——引者）是要把人看作只具有一种本性的生物，而不应该把人的生命切成属于各种不同本性的几半，应该把人的活动的每个方面看作是从头到尾都包括在内的人的整个机体的活动，而如果它是人的机体中某个特殊器官的特殊机能，那么，就应该在它和整个机体的天然联系中

① 车尔尼雪夫斯基：《艺术与现实的审美关系》，周扬译，人民文学出版社1979年版，第9页。

去考察这个器官。”[①] 这仍然是和费尔巴哈一样，把人作为生物学上的人来看待。列宁指出：“费尔巴哈和车尔尼雪夫斯基所用的术语——哲学中的‘人本主义原理’——是狭隘的。无论是人本主义原理，无论是自然主义，都只是关于唯物主义的不确切的肤浅的表述。”[②]

《艺术与现实的审美关系》是车尔尼雪夫斯基于1855年出版的学位论文，当时作者仅二十七岁。但它却成为作者美学思想的代表作。作者后来的其他美学著作，如对《艺术与现实的审美关系》的《作者自评》《第三版序言》，以及《当代美学概念批判》《论崇高与滑稽》（这两篇在作者生前没有发表）等，大都是对学位论文中提出的思想的补充、解释和发挥。在《第三版序言》中，车尔尼雪夫斯基写道：“作者需要写的这篇论文的主题是关涉文学的。他想用他觉得是从费尔巴哈的思想中得出的结论来解释那些关于艺术，特别是诗歌的概念，以满足这个要求。这样，我正在给它写序的这本小书，就是一个应用费尔巴哈的思想来解决美学的基本问题的尝试。”[③] 这段话对于我们了解《艺术与现实的审美关系》一书的写作主旨和指导思想是至关重要的。紧紧地把握住这一基本思想线索，我们就可以更好地认识车尔尼雪夫斯基在美学上的重大贡献和不可避免的局限。

① 《车尔尼雪夫斯基选集》（下卷），季谦等译，三联书店1959年版，第294页。

② 《列宁全集》第38卷，人民出版社1959年版，第78页。

③ 车尔尼雪夫斯基：《艺术与现实的审美关系》，周扬译，人民文学出版社1979年版，第4页。

第一节 “美是生活”的定义

车尔尼雪夫斯基试图应用费尔巴哈思想来解决的“美学的基本问题”，首先就是美是什么的问题，亦即“美的概念”问题。在《艺术与现实的审美关系》中，他首先批判了黑格尔派流行的美的概念，即“美就是观念在个别事物上的完全的显现”的定义。指出这个定义既“太空泛”，“也太狭隘”。说它太空泛，是因为它只说明在那类能够达到美的事物和现象中间，只有其中最好的事物和现象才是美的；但是它并没有说明为什么事物和现象的类别本身有些是美的，有些却不美。根据黑格尔派的美的定义，凡是出类拔萃的东西就是美的。可是，车尔尼雪夫斯基指出：“一切美的东西都是出类拔萃的东西。但并非所有出类拔萃的东西都是美的。”[①] 说黑格尔派的美的定义太狭隘，是因为按照这个定义，美的事物一定要包含所有在同类事物中堪称为好的东西，兼有同类事物的一切优点，这就否定了同一类事物中“美的典型的多样性”。车尔尼雪夫斯基对黑格尔派“美是观念与形象的统一”的说法也表示不同意。他认为这种说法不能说明一般的美的特征，而只能说明艺术美的特征，即“只有当艺术家在他的作品里传达出了他所要传达的一切时，他的艺术作品才是真正美的”。但是，“美好地描绘一副面孔”和“描绘一副美好的面孔”，这是两件全然不同的事。“观念与形象的统一”，虽然适用于美的艺术，却不适用于美的自然。车尔尼雪夫斯基在这里主要是根据“尊重现实生活、不信先验假设”的认识原则，对黑格尔派的美的定义本身进行批判。与此同时，他也肯定了上述美的定义的正确方面，那就是：“‘美’是在个别的、活生生的事物，而不在抽象的思想。”[②]

在批判黑格尔派的唯心主义美的定义之后，车尔尼雪夫斯基接着就提出他自己的定义。他说：

---

① 车尔尼雪夫斯基：《艺术与现实的审美关系》，周扬译，人民文学出版社 1979 年版，第 4 页。

② 同上书，第 4 页。

美是生活；任何事物，我们在那里面看得见依照我们的理解应当如此的生活，那就是美的；任何东西，凡是显示出生活或使我们想起生活的，那就是美的。①

这个关于美的论点共有三句话。第一句“美是生活”是定义，接着两句是对这一定义的补充解释和特别说明。“任何事物，我们在那里面看得见依照我们的理解应当如此的生活，那就是美的”，这就是说，所谓“美是生活”，并不是包括一切社会生活的事物和现象，而是只包括“应当如此的生活”的事物和现象。社会生活中的丑的事物和现象，不属于“应当如此的生活”范围之内，所以是排除在美的定义之外的。“任何东西，凡是显示出生活或使我们想起生活的，那就是美的”，这就是说，自然界的美的东西，由于它是“显示出生活或使我想起生活的”，所以才是美的。所以，自然美也是符合上述“美是生活”的定义的。

为什么说“美是生活”呢？车尔尼雪夫斯基是怎样得出这个定义的呢？他是从人对美的感受出发的。他说：“美的事物在人心中所唤起的感觉，是类似我们当着亲爱的人面前时洋溢于我们心中的那种愉悦。我们无私地爱美，我们欣赏它，喜欢它，如同喜欢我们亲爱的人一样。由此可知，美包含着一种可爱的，为我们的心所宝贵的东西。”② 而在人觉得可爱的东西中最有一般性的，人觉得世界上最可爱的，就是生活。由此可见，车尔尼雪夫斯基使用的方法是由人的美感寻找美的特性，最后再由美的特性推导出美的本质。

为了证实上述美的定义，车尔尼雪夫斯基分析了现实中各种美的表现。在分析人体美时，车尔尼雪夫斯基强调处于不同社会地位的人，由于生活条件的不同，对“应当如此的生活”理解不同，因而对于人体美的看法也就不同。如他所说，在普通农民看来，“丰衣足食而辛勤劳动”就是“应当如此的生活”，所以，鲜嫩红润的面色、强壮结实的体格，就成了乡下美人的必要条件。而上流社会的美人就完全不同了。因为在上层阶级的人看来，唯一值得过的生活是“奢侈的无所事事的生活”，这种生活需要寻求“强烈的感觉、激动、热情”，因而也就会很快使人憔悴。所以，病态、柔弱、苍白、慵倦，在上流社会的人

① 车尔尼雪夫斯基：《艺术与现实的审美关系》，周扬译，人民文学出版社 1979 年版，第 6 页。

② 同上书，第 5—6 页。

们的心目中，就具有了特殊的美的价值。车尔尼雪夫斯基力图用上述例证说明："凡是我们看见其中表现了生活，尤其是表现了我们陶醉的那种生活、我们自己也倾心向往的那种生活的那一点，就是我们认为是人体美的那一点。"①

在分析自然美时，车尔尼雪夫斯基认为一切自然界的事物的美，都不过是人的生活的一种暗示。如他所说，对于动物，我们所喜爱的是它适度的丰满和形象的对称。为什么呢？因为我们在这点上发现它与人的健美生活的表现有相同之处。对于植物，我们喜欢的是它色彩的新鲜和形状的多样。又为什么呢？因为那显示着力量横溢的蓬勃生命。至于太阳和日光之所以美，那也是"因为它们是自然界一切生命的源泉，同时也因为日光直接有益于人的生命的机能，增进他体内器官的活动，因而也有益于我们的精神状态"②。据此，车尔尼雪夫斯基总结说："构成自然界的美是使我们想起人来（或者，预示人格）的东西，自然界的美的事物，只有作为人的一种暗示才有美的意义。"③

车尔尼雪夫斯基力图从人的生活中探求美的本质，他的"美是生活"的定义，出发点是唯物主义的。和黑格尔派的唯心主义的美在观念说相对立，车尔尼雪夫斯基是力图肯定美的客观性的。他在说明自己的美的定义与黑格尔派的美的学说的根本区别时指出：

> 在通常的概念中，主要的是观念，在我们的概念中，主要的是生活；就审美范围而言，别人把生活了解为仅仅是观念的表现，而我们却认为生活就是美的本质。因此，我们不认为美的物象照它存在于现实中的这个样子是不十分美的，我们也不认为想象力的干涉能够把美注入物象之中；我们认为自然美是真正美的，而且十分美的，而一般美学家却认为自然美不是真正美的，不是十分美的，不过通过我们的想象力我们才觉得它十分美罢了。④

从这段话看来，车尔尼雪夫斯基显然既不同意美是客观观念的表现，也不

① 车尔尼雪夫斯基：《美学论文选》，缪灵珠译，人民文学出版社1959年版，第59页。

② 车尔尼雪夫斯基：《艺术与现实的审美关系》，周扬译，人民文学出版社1979年版，第10页。

③ 同上书，第10页。

④ 车尔尼雪夫斯基：《美学论文选》，缪灵珠译，人民文学出版社1959年版，第64页。

同意美是主观想象的产物，是反对唯心主义美学对于美的本质的观点的。他认为真正的美是在客观现实生活本身，事物和现象之所以美，是因为美本来就客观地存在于现实界的事物和现象之中。这种看法，无疑是坚持了唯物主义的基本原则的。

车尔尼雪夫斯基充分看到了美与人类社会生活的联系，在这一点上，他和那些仅从事物的自然形式中去解释美的本质的观点也有原则区别。如果从西方美学史上美的学说的发展演变来看，车尔尼雪夫斯基“美是生活”的定义无疑是一个前进，普列汉诺夫称它是“天才的发现”，也并不过分。

但是，在车尔尼雪夫斯基美的论点中，也存在着严重的缺陷，这主要表现在以下三个方面：

第一，车尔尼雪夫斯基虽然认为“生活就是美的本质”，但他对于“生活”的概念却缺乏科学的理解，带有费尔巴哈人本主义所不可避免的抽象性、局限性。费尔巴哈所理解的“人”，不是处于一定历史条件和社会关系中的人，而仅仅是生物学意义上那种有生命、有肉体的自然人。车尔尼雪夫斯基从这种观点来理解人的生活，于是便把“生活”基本上等同于抽象的、自然人的“生命”概念。他说：“世界上最可爱的就是生活；首先是他愿意过，他所喜欢的那种生活；其次是任何一种生活，因为活着到底比不活好：但凡活的东西在本性上就恐惧死亡，恐惧不存在，而爱生活。”[①] 又说，“假使说生活和它的显现是美的，那么，很自然的，疾病和它的结果就是丑。”[②] 这些说法，很显然是把生活归结为生命、健康等自然特性，而忽视了生活这一概念所应当包括的具体的社会历史存在的客观内容，基本上是从生物学的观点来理解人的生活的。这就必然走向脱离社会历史存在、脱离客观社会实践，抽象地看待人的生活的历史唯心主义。马克思说：“人的本质并不是单个人所固有的抽象物。在其现实性上，它是一切社会关系的总和。”[③] 又说，“社会生活在本质上是实践的。”[④] 不理解人的社会关系、社会实践，就不能科学地理解社会生活的本质。而这一点，恰恰是车尔尼雪夫斯基所不能做到的，因而，他要用生活来解释美

---

① 车尔尼雪夫斯基：《艺术与现实的审美关系》，周扬译，人民文学出版社 1979 年版，第 6 页。

② 同上书，第 8 页。

③ 《马克思恩格斯选集》第 1 卷，人民出版社 1979 年版，第 18 页。

④ 同上书，第 18 页。

也就缺乏正确的哲学基础。

第二，车尔尼雪夫斯基“美是生活”的定义虽然出发点是唯物主义的，是力图肯定美是在客观现实事物本身的，但是，当他对定义作进一步解释和说明时，他却陷入了不可避免的自相矛盾之中，从而否定了他的唯物主义的出发点。一方面，他认为美是存在于现实生活中，现实生活本身就是美的，它是不依存于人的主观意识而独立存在的；另一方面，他又认为只有当我们在对象上看到“依照我们的理解应当如此的生活”、“我们自己倾心向往的那种生活”，对象才是美的。这样一来，一个对象之所以美，便不是由于它本身的原因，而完全是由于它符合了我们自己“应当如此的生活”的主观的观念，就是说，美是依存于人的主观意识的东西了。我们知道，不同时代、不同阶级或阶层的人对于“应当如此的生活”的主观理解和观念是有很大差异的，如果都用各自的主观观念来规定美的本质，那么美的本质就是绝对相对的了。这显然是错误的。在我们看来，社会生活中的美的事物、美的人物都是由于自身而美，它们美的本质并不是由各个人所理解的主观的生活概念所规定的，而是由于它们符合了社会生活发展的客观规律，代表了推动社会历史前进、促进人类社会实践向前发展的客观要求。所以，美的本质不是绝对相对的。车尔尼雪夫斯基由于不理解“社会生活发展的客观过程”（普列汉诺夫语），所以，在对美的本质的理解中不能把唯物主义贯彻到底。

第三，如果从车尔尼雪夫斯基对于自然美的解释来看，他的美的定义的缺陷也就显得更突出。如上所述，车尔尼雪夫斯基在肯定美的客观性时，坚决地批判了否认自然本身有美，而认为自然美是由人的主观想象注入对象之中的唯心主义的观点。但是，他又一再指出，自然之所以美，是由于它“使我们想起生活”、“使我们想起人”。这样一来，自然美就不是存在于自然本身，而是由人的联想、想象所形成的。这不是重新回到他所批判的唯心主义美学观点上去了吗？所以，车尔尼雪夫斯基“美是生活”的定义，虽然从根本上说是唯物主义的，但在结合实际的具体论述中，却因费尔巴哈人本主义的局限和旧思想方法的影响，终于表现出不彻底性。

第二节　崇高和悲剧的概念

《艺术与现实的审美关系》中所要解决的另一个美学基本问题，是崇高和悲剧的本质。关于崇高，车尔尼雪夫斯基首先批判了流行的美学体系中关于崇高的两个定义，即“崇高是观念压倒形式”和“崇高是‘绝对’的显现”。这两个定义代表了黑格尔派的关于“崇高”的理论。黑格尔在《美学》中说：“崇高一般是一种表达无限的企图，而在现象领域里又找不到一个恰好能表达无限的对象。”“因此，用来表现的形象就被所表现的内容消灭掉了，内容的表现同时也就是对表现的否定，这就是崇高的特征。”① 上述两个“崇高”的定义，实际上就是从黑格尔的“崇高”理论中提取出来的。按照黑格尔派的看法，崇高与滑稽都是美的变种，是由于美的两个要素即观念与形象之间不同的关系而产生的。观念与形象的纯粹统一就是美，但观念与形象之间并不总是均衡的：有时观念占优势，把它的无限性对我们显示出来，把我们带入绝对观念的领域、无限的领域，这便是崇高；有时形象占优势，歪曲了观念，这便是滑稽。车尔尼雪夫斯基对黑格尔派这种崇高理论，是持否定态度的。

在批评“崇高是观念压倒形象”这个定义时，车尔尼雪夫斯基提出了两点反驳。首先，观念压倒形象的结果，得出来的只是丑的或模糊的东西。但是丑和模糊这两个概念都与崇高的概念完全不同。“并不是每一种崇高的东西都具有丑或朦胧模糊的特点；丑的或模糊的东西也不一定带有崇高的性质。”② 其次，“观念压倒形象”，指的是对象本身由于在它内部发展的力量的过剩而毁灭。但是，由于内在力量压倒它的暂时显现而发生的毁灭本身，还不能算崇高的标准。“只有那被毁灭的现象本身的伟大，才能使它的毁灭成为崇高。”③ 由此，车尔尼雪夫斯基得出结论：“崇高是观念压倒形象”这条定义并不适用于崇高。

① 黑格尔：《美学》第2卷，朱光潜译，商务印书馆1979年版，第79、80页。

② 车尔尼雪夫斯基：《艺术与现实的审美关系》，周扬译，人民文学出版社1979年版，第12页。

③ 同上书，第13页。

对于“崇高是‘无限’的观念的显现”这个定义，车尔尼雪夫斯基也提出两点反驳。第一，这个定义用普通的话来表现就是：“凡能在我们内心唤起‘无限’的观念的，便是崇高。”但是，“我们觉得崇高的是事物本身，而不是这事物所唤起的任何思想；例如，卡兹别克山的本身是雄伟的，大海的本身是雄伟的，恺撒或伽图个人的本身是雄伟的。”① 第二，“我们觉得崇高的东西常常决不是无限的，而是完全和无限的观念相反。”② 例如见不到海岸的时候，海好像是无边际的；可是看见岸比看不见岸的时候，海看起来雄伟得多。所以，“无限”的观念并不一定是与崇高的观念相联系的。

以上说明，车尔尼雪夫斯基在批判黑格尔派的崇高理论时，所根据的也还是“尊重现实生活，不信先验的假设”的唯物主义原则。他对黑格尔派两个崇高定义的驳斥，都是在于说明它们不符合事实，在理论上自相矛盾。除了否定黑格尔派的观点之外，车尔尼雪夫斯基这里提出的一个比较重要的看法是肯定崇高在于“事物本身”，在于“现象本身的性质”，而不是在于人的任何观念和思想。他说：“我们对于崇高的本质的看法是承认它的实际现实性，但人们通常却认为，仿佛现实中的崇高事物之所以显得崇高，只是由于有我们的想象干预。”③ 这就是说，崇高是客观的，不是主观的。这种看法和他主张美是客观的唯物主义思想是一致的，既不同于黑格尔的崇高来源于绝对理念的看法，也不同于康德的崇高来源于主观思想感情（道德情操、理性观念）的看法。

那么，到底什么是崇高呢？崇高的定义应该是什么呢？车尔尼雪夫斯基认为有一条很简单的崇高的定义，似乎能完全包括而且充分说明一切属于这个领域内的现象。这个定义就是：

> 一件事物较之与它相比的一切事物要巨大得多，那便是崇高。
>
> 一件东西在量上大大超过我们拿来和它相比的东西，那便是崇高的东西；一种现象较之我们拿来和它相比的其他现象都强有力得多，那便是崇高的现象。④

---

① 车尔尼雪夫斯基：《艺术与现实的审美关系》，周扬译，人民文学出版社 1979 年版，第 14 页。

② 同上书，第 15 页。

③ 同上书，第 19 页。

④ 同上书，第 17 页。

为说明这个定义，车尔尼雪夫斯基既举了自然现象为例，也举了社会现象为例。前者如勃兰克峰和卡兹别克山比我们所习见的平常的山巨大得多，伏尔加河比很多河都要宽得多，所以成为崇高的现象；后者如恺撒之为大将和政治家，远远超越了当时其他所有的大将和政治家，奥赛罗的爱和妒忌远比常人更为强烈，所以都是崇高的人。总之，"'更大得多，更强得多'——这就是崇高的显著特点。"①

我们知道，康德在论数学的崇高时，认为崇高"就是全然伟大的东西"，"是一切和它较量的东西都是比它小的东西"②。康德以后的美学家的著作中，也有的认为崇高是超越于周围事物的结果，"一件事物必须和周围的事物相比较，才能显出自己的崇高"。车尔尼雪夫斯基承认他所提出的崇高的定义和这种思想是很接近的。但他又指出他的定义和这种类似的意见有两点区别。其一是，这种思想通常只用于空间的崇高，而他却把它应用到一切种类的崇高上去；其二是，他给崇高下定义时，将数量的比较和优越从崇高之次要的特殊的标志提升到主要的和一般的标志。

显然，车尔尼雪夫斯基这个崇高的定义是把数量上的"巨大得多"作为崇高的本质和特点的。这就很难说明崇高作为一个美学范畴的特殊内容和特殊意义。事实上，仅仅数量上、体积上"巨大得多"，并不能说明某一事物和现象何以为崇高，而且所谓"巨大得多"也没有一个确定的标准。如果像车尔尼雪夫斯基所说，勃兰克峰和卡兹别克山之所以崇高，是因为它们比习见的平常的山和山丘"巨大得多"，那么它们与珠穆朗玛峰相比，不就又显得矮小得多了吗？它们又如何能成为崇高呢？这种仅从数量上的特点来规定崇高本质的看法，显然是把复杂的问题简单化了。如果用它来说明社会现象和精神领域中的崇高，那就更显得捉襟见肘、破绽百出了。

再则，车尔尼雪夫斯基关于崇高的定义，强调事物的崇高是由于人将它和其他事物进行比较的结果，也就是强调人的比较辨别在确定事物为崇高中的决定作用。他明确指出，崇高和美一样，都和人的概念、和人对事物的看法有关。"任何东西，凡是我们在其中看见我们所理解和希望的，我们所欢喜的那

① 车尔尼雪夫斯基：《艺术与现实的审美关系》，周扬译，人民文学出版社 1979 年版，第 17 页。

② 康德：《判断力批判》（上），宗白华译，商务印书馆 1964 年版，第 89 页。

种生活的，便是美的。任何东西，凡是我们拿来和别的东西比较时显得高出许多的，便是伟大。”[①] 这样一来，车尔尼雪夫斯基便遇到了他在美的定义中所遇到的同样的矛盾。一方面，他认为“崇高的是事物本身”，而并非我们的想象力所移入的；另一方面，他又认为崇高依赖于人的比较、人的认识，也就是说，崇高并不在于事物本身，而是依赖于把它们同另一些事物加以比较的主体。这个矛盾显然是难以解决的。

按照黑格尔派的美学体系，美是观念与形象的均衡，崇高是观念压倒形象，所以美与崇高这两个概念之间有着直接联系。可是，按照车尔尼雪夫斯基的看法，美是生活，崇高是比一切近似的或相同的东西都大得多的东西，所以，“美与崇高是完全不同的两个概念”[②]，彼此之间没有任何内在联系。崇高的对象可能是美的，也可能是丑的。崇高的对象在本质上同美的对象有所不同，正如崇高感同美感有所区别那样。“美感的主要特征是一种赏心悦目的快感，但是我们都知道伟大在我们心中产生的感觉的特点完全不是这样的；静观伟大之时，我们所感到的或者是畏惧，或者是惊叹，或者是对自己力量和人的尊严的自豪感，或者是肃然拜倒于伟大之前，承认自己的渺小和脆弱。”[③] 这些对于美与崇高、美感与崇高感不同的看法，和康德的美学观点倒是更接近的。

关于悲剧，车尔尼雪夫斯基同意将它看作是崇高的最高、最深刻的一种。在论述他自己对于悲剧的概念之前，他先介绍了黑格尔派的悲剧理论。其要点是：人在活动中把意志加于外在世界，破坏了大自然的自然进程，和支配外在世界的必然规律发生冲突。大自然及其规律起而反抗，引起反作用，结果主体自受痛苦和毁灭。主体虽死，却能在他的净化了的和胜利了的事业中长存。“这一切的运动便叫做命运或者‘悲剧’。”悲剧有各种不同的形式，最高形式是道德冲突的悲剧。悲剧双方表现为道德律的两种要求之间的斗争。两种要求在它的片面性中是既合理又不合理的，因而双方在反对对方的斗争中同样陷于非正义，招致灭亡或痛苦，这样，悲剧双方的片面性也就消失，互相矛盾的倾

① 车尔尼雪夫斯基：《艺术与现实的审美关系》，周扬译，人民文学出版社 1979 年版，第 19 页。

② 同上书，第 20 页。

③ 车尔尼雪夫斯基：《美学论文选》，缪灵珠译，人民文学出版社 1959 年版，第 97—98 页。

向终于和解。车尔尼雪夫斯基由此认为黑格尔派的悲剧理论包含两个要点：第一，悲剧的概念是和命运的概念联结在一起的，人的悲剧命运通常总是表现为人与命运的冲突，表现为命运干预的结果。第二，伟大人物的性格里总有弱点，在杰出人物的行动当中，总有某些错误或罪过，这弱点、错误或罪过就毁灭了他。但是这些必然存在他性格的深处，使得这些伟大人物正好死在造成他的伟大的同一根源上。根据以上认识，车尔尼雪夫斯基把他对于黑格尔派悲剧理论的批判，也就集中在讨论“命运的问题”和“弱点与道德上的罪过”两个问题上。

关于“命运的问题”，车尔尼雪夫斯基主要是对命运的观念的发生发展作了若干历史考察，指出用命运的概念来解释悲剧的本质是“为了把非科学的人生观和科学的概念调和起来”。关于“弱点与道德上的罪过”，他认为伟大人物的死亡和他自己的罪过没有必然联系。“伟大人物的苦难和毁灭是没有什么必然性的，不是每个人死亡都是因为自己的罪过，也不是每个犯了罪过的人都死亡，并非每个罪过都受到舆论的惩罚，等等。因此，我们不能不说，悲剧并不一定在我们心中唤起必然性的观念，必然性的观念决不是悲剧使人感动的基础，也不是悲剧的本质。”①

车尔尼雪夫斯基所批判的这两个问题，其实并不是黑格尔派悲剧理论中的要点。黑格尔的悲剧理论是他关于对立面的统一和斗争、肯定和否定的辩证法思想在美学中的具体应用。他用矛盾冲突的观点来解释悲剧，把悲剧的本质看作是不同伦理力量之间的冲突，这个思想是深刻的，也有其合理的一面。黑格尔不满足于仅仅把悲剧看作个人之间的矛盾冲突和个人的悲惨遭遇，而力图寻找这些个人背后的更深刻的带普遍性的力量。他认为各种具有普遍性的伦理力量才是悲剧冲突的原动力，悲剧人物就是这些伦理力量的体现者。悲剧人物所代表的特定的伦理力量，就它们本身来说是合理的，但它们在实现自己的要求时却侵犯了对方同样合理的权利。为此，它们就有过错，就应当受到惩罚，于是代表它们的片面性的悲剧人物就遭到毁灭。正因为如此，在黑格尔看来，悲剧人物的悲惨结局是必然的，悲剧是具有必然性的。车尔尼雪夫斯基在批判黑格尔的悲剧理论时，并没有对他这些深刻思想进行认真的分析，而在论到黑格

① 车尔尼雪夫斯基：《艺术与现实的审美关系》，周扬译，人民文学出版社 1979 年版，第 30 页。

尔悲剧理论的关键之点时，仅仅根据“伟大人物的苦难和毁灭是没有什么必然性的”这个大前提，就否定了黑格尔关于悲剧的必然性的思想，这就使他的批判显得简单而无力。而且他用于否定悲剧必然性的这个大前提本身也只是一句似是而非的判断，是不能作为否定悲剧的必然性的充分理由的。

在否定了黑格尔关于悲剧的必然性的思想之后，车尔尼雪夫斯基接着对悲剧的本质作出了自己的解释。他说：

> 悲剧是人物的苦难或死亡，这苦难或死亡即使不显出任何“无限强大与不可战胜的力量”，也已经完全足够使我们充满恐怖和同情。无论人的苦难和死亡的原因是偶然还是必然，苦难和死亡反正总是可怕的。①

紧跟这段话之后，他又提出了悲剧的定义：“悲剧是人生中可怕的事物”，并说，“这个定义似乎把生活和艺术中一切悲剧都包括无遗了。”②

究竟如何看待车尔尼雪夫斯基这个悲剧定义呢？我们不能不说它是过于笼统，又过于简单了。人生中可怕的事物、人的苦难和死亡，并不一定都能构成悲剧。例如一个人偶然被正在建筑的房屋的墙壁塌下来压死，或者忽然被毒蛇咬伤，这都可说是人生中可怕的事，但由此造成的苦难和死亡却不一定是悲剧性的。在批判黑格尔的悲剧理论时，车尔尼雪夫斯基否定了悲剧的必然性，而在此处，他又进一步强调悲剧的偶然性。虽然他也承认大多数艺术作品中，“人所遭遇到的可怕的事物，或多或少是不可避免的”；但是随即他又说：“艺术中所描写的可怕的事物，几乎总是不可避免的，这一点正确到什么程度，是很可怀疑的，因为，在现实中，在大多数情形之下，可怕的事物完全不是不可避免的，而纯粹是偶然的。”③ 显然，车尔尼雪夫斯基并没有正确了解悲剧中偶然性和必然性的关系，而是把两者对立起来了。在这个问题上，黑格尔的看法比车尔尼雪夫斯基的观点要深刻得多。在黑格尔看来，在悲剧中占支配地位的始终是必然性，虽然这种必然性往往借助于偶然性而表现出来。“真正的悲剧以历史必然性的观念作基础。”（普列汉诺夫）黑格尔强调悲剧中的必然性是

---

① 车尔尼雪夫斯基：《艺术与现实的审美关系》，周扬译，人民文学出版社 1979 年版，第 30 页。

② 同上书，第 31 页。

③ 同上书，第 31 页。

正确的，问题是他不能对这种必然性作出科学的解释。车尔尼雪夫斯基不是在黑格尔关于悲剧必然性的深刻思想的基础上前进，而是根本否认悲剧与必然性观念的联系，以至于把悲剧看作是纯粹偶然的可怕事件，这就无法看到悲剧矛盾冲突的深刻性，也无法真正说明悲剧的实质。应该说，这个不可避免的局限，主要也是由于费尔巴哈的人本主义不了解人的社会历史制约性、不理解社会冲突的必然性所造成的。

第三节 艺术美和现实美的关系

在讨论了美与崇高的本质的概念之后，车尔尼雪夫斯基接着就讨论“关于艺术之本质的概念”。这里所要解决的第一个基本问题，就是艺术中的美与现实中的美的关系问题。他在《艺术与现实的审美关系》的“结论”中说：“作者的任务是研究艺术作品与生活现象之间的审美关系的问题，并且考察那种认为真正的美（那是被视为艺术作品的主要内容的）不存在于客观现实中，而只能由艺术来体现的流行见解是否正确。”① 可见艺术和现实、艺术美和现实美的关系问题，正是作者试图在书中加以研究和考察的中心问题。对于这个问题的研究和考察，不仅和前面讨论的美的定义等问题密切相连，而且还要涉及艺术的起源、艺术的内容以及艺术的作用等一系列艺术理论的基本问题。所以，车尔尼雪夫斯基特别重视这个问题，并且在著作中用了大量的篇幅来讨论它。

在艺术美和现实美的关系问题上，黑格尔是主张艺术美高于现实美的。他说：“我们可以肯定地说，艺术美高于自然。因为艺术美是由心灵产生和再生的美，心灵和它的产品比自然和它的现象高多少，艺术美也就比自然美高多少。”② 按照黑格尔的唯心主义哲学，只有理念才是永恒的、真实的存在，而自然则是从理念“异化”出来的，是一种暂时的、不真实的存在。因此，只有作为理念的心灵产生出来的艺术美才真正是美，而作为理念的“他在”形式的自然美，只是美的一种“不完全不完善的形态”，所以，自然美必然低于艺术美。车尔尼雪夫斯基是反对黑格尔这种观点的。虽然他在学位论文中没有直接提到黑格尔，但却详细地引述了黑格尔派美学的代表人物费肖尔批评现实中美的缺点的文字，然后就对方贬低现实美的论点逐一作了批驳。在黑格尔派美学看来，“客观现实中的美有缺点，这破坏了美，因此我们的想象就不得不来修改在客观现实中见到的美，为的是要除去那些与它的现实的存在分不开的缺

① 车尔尼雪夫斯基：《艺术与现实的审美关系》，周扬译，人民文学出版社 1979 年版，第 30 页。

② 黑格尔：《美学》第 1 卷，朱光潜译，商务印书馆 1979 年版，第 14 页。

点，使它真正地美。”[①] 在车尔尼雪夫斯基看来，事情恰恰相反，“现实中的美，不管它的一切缺点，也不管那些缺点有多么大，总是真正美而且能使一个健康的人完全满意的。”[②] 依照黑格尔派美学的看法，“艺术是由于人们企图弥补美的缺陷而产生的，那些缺陷使得现实中实际存在的美不能令人完全满意。艺术所创造的美是没有现实中的美的缺陷的。”[③] 依照车尔尼雪夫斯基的看法，事情恰恰不是这样的。“一般地说，艺术作品具有在活的现实的美里面可以找到的一切缺陷”，“假若艺术真是从我们对活的现实中的美的缺陷的不满和想创造更好的东西的企图产生出来的，那么，人的一切美的活动都是毫无用处、毫无结果的，人们既见到艺术不能达到他们原来的意图，也就会很快放弃美的活动了。”[④]

车尔尼雪夫斯基是怎样具体地批驳黑格尔派美学对现实美的责难，并为现实美辩护的呢？这主要集中在以下几点上。

(1) 黑格尔派美学认为，自然中的美是无意图的，艺术中的美是照人的意图制造的，所以，现实美不如艺术美。车尔尼雪夫斯基则指出，有意图的产品不一定都比无意图的产品有更高的价值。人的力量远弱于自然的力量，他的作品比之自然的作品粗糙、拙劣、呆笨得多，自然中的美虽然不能说是有意图的，但是，也不能说自然根本就不企图产生美。“当我们把美了解为生活的丰富的时候，我们就必得承认，充满整个自然界的那种对于生活的意向也就是产生美的意向。”[⑤] 自然美的无意图性毫不妨碍它的现实性。另外，艺术家和诗人有意图的努力，对美的关心，也不一定就是艺术美的真正来源。艺术家和诗人内心也有许多倾向影响他对美的努力，损害他的作品的美。所以，艺术虽因意图性而有所增益，同时却也因它而有所丧失。

(2) 黑格尔派美学认为，现实中的美是少见的，不如艺术美。车尔尼雪夫斯基则认为，现实美并不稀少。美的和雄伟的风景非常之多，随处可见。人生中美丽动人的瞬间也总是到处都有。人的生活充满美和伟大事物达到什么程

① 车尔尼雪夫斯基：《艺术与现实的审美关系》，周扬译，人民文学出版社 1979 年版，第 32 页。

② 同上书，第 39 页。

③ 同上书，第 52 页。

④ 同上书，第 58 页。

⑤ 同上书，第 43 页。

度，全以他自己为转移。生活是无限广阔和丰富多彩的，只有在平淡无味的人看来它才是空虚而平淡无味的。比起现实美来，艺术中的美则显得更为稀少，因为伟大的诗人和艺术家是很少的，正如同任何种类的天才人物都很少一样。

（3）黑格尔派美学认为，现实中的美是瞬息即逝的，不经常的，艺术美则不然。对此，车尔尼雪夫斯基批驳说，现实美的迅速变化和不经常，一点也不妨碍它之所以为美，反而使它更能成为活生生的美。“每一代的美都是而且也应该是为那一代而存在”；“当美与那一代一同消逝的时候，再下一代就将会有它自己的美、新的美，谁也不会有所抱怨的。”① 活着的人不喜欢生活中固定不移的东西，所以他永远看不厌活生生的美，而固定不变的、千篇一律的美却会使他厌倦。自然不会变得陈腐，它总是与时更始，新陈代谢；艺术却没有这种再生更新的能力，而岁月又不免要在艺术作品上留下印迹。在艺术中，美也不总是永久的。不仅艺术作品也易于湮没或偶然损毁，而且，文明的发展，思想的变迁，趣味的改变，有时会剥夺诗歌和艺术作品中所有的美，有时竟使它变为不愉快甚或讨厌的东西。

（4）黑格尔派认为，现实中的美只有从一定的观点上看才是美的，它包含许多不美的部分和细节，故较之艺术美要低。车尔尼雪夫斯基则认为这种对现实美的指责同样可以用在艺术美上。一处美的风景当然只有从某一点看才最美，但是，一幅画也必须从一定的地方来看，它所有的美才能显示出来。艺术作品几乎都要从一定观点上来看才是美的。因为如果我们不能置身到创造那些作品的时代和文化里去，那些作品在我们看来是一点也不美的。如果说现实中的美包含不美的部分或细节，那么艺术中不也是如此吗？几乎没有一件艺术作品是找不到缺点的。太阳上也有黑点。假如在自然和活人中没有完美的话，那么，在艺术中就更难找到了。但是，美并不等于完美。在生活的任何领域寻求完美，都不过是抽象的、病态的或无聊的幻想而已。

以上就是车尔尼雪夫斯基对黑格尔派关于现实美和艺术美关系的论点所作的主要批驳。通过这些批驳，车尔尼雪夫斯基强调他与黑格尔派的分歧的焦点在于：后者认为现实中的美不是真正的美，而他则认为“客观现实中的美是彻底的美的”；后者认为艺术美无条件地高于自然美，而他则认为“艺术创作低

① 车尔尼雪夫斯基：《艺术与现实的审美关系》，周扬译，人民文学出版社 1979 年版，第 45 页。

于现实中的美的事物”。这两种对现实美和艺术美的不同看法，是基于对美的本质的两种不同理解。正如车尔尼雪夫斯基在《艺术与现实的审美关系》的作者自评中所说：

假如说美是“观念在各别事物中的彻底表现”，那么在现实事物中就不可能有美，因为观念只有在宇宙整体中而不是在个别事物中彻底表现；由此推论，则只有我们的幻想才能把美带到现实中来，而美的真正领域就是幻想的领域，因此体现幻想之理想的艺术就高于现实。……反之，从他所提供的“美是生活”这个概念就得到如下结论：真正的美是现实的美，而艺术（他这样想）是不能创造出可以与现实现象相媲美的东西的。①

车尔尼雪夫斯基对艺术美和现实美关系的看法，显然也是他应用费尔巴哈的思想来解决美学的基本问题的结果。尊重现实，反对虚幻的想象，是费尔巴哈哲学思想的基本原则。车尔尼雪夫斯基在他的学位论文的《第三版序言》中指出，费尔巴哈关于现实世界和想象世界关系的观点和以前流行的黑格尔的观点是完全不同的。按照这种观点，“想象世界仅仅是我们对现实世界的认识的改造物，而这种改造物是我们的幻想按照我们的愿望而产生的，改造物同现实世界事物在我们心中所引起的印象比较起来，在强度上是微弱的，在内容上是贫乏的。”② 这种对现实世界的推崇，从根本上说是唯物主义的。车尔尼雪夫斯基应用这种观点解决现实美和艺术美的关系问题，必然要推崇现实美，肯定现实中的美是真正美的，也就是要肯定现实中的美是艺术美的来源。这又一次表现出他在解决美学基本问题上的唯物主义立场。

但是，肯定现实中的美是真正美的，却不一定就能肯定现实美高于艺术美。因为这是两个不同的问题。车尔尼雪夫斯基没有经过更多的论证，就从第一个问题引出第二个问题的结论，这是明显地把两个不同的问题混为一谈了。为了证明艺术美是远远低于现实美的，他也分析了各种艺术与现实的关系，但他从中得出的结论却是不符事实的，非常勉强的，自相矛盾的。如在论雕塑时说：“没有一个雕像在面孔轮廓的美上不是远逊于许多活人的面孔的”，“一个

① 《车尔尼雪夫斯基选集》（上卷），周扬等译，三联书店 1958 年版，第 127 页。

② 车尔尼雪夫斯基：《艺术与现实的审美关系》，周扬译，人民文学出版社 1979 年版，第 9 页。

雕像的美决不能超过一个活人的美”。[①] 又如在论绘画时说：“绘画的颜色比之人体和面孔的自然颜色，只是粗糙得可怜的模仿而已，……绘画把最好的东西描绘得最坏，而把最坏的东西描绘得最令人满意。”[②] 而在论诗时，则一再强调：“诗歌作品中的形象对于真实的、活的形象的关系……无非是对现实的一种苍白的、一般的、不明确的暗示罢了。”[③] 这些论断都表现出极大的片面性，根本不符合艺术作品的实际情况。如果车尔尼雪夫斯基的论断能够成立，那么，米开朗基罗的雕塑、拉斐尔的绘画、塞万提斯的小说、莎士比亚的戏剧……还有什么必要存在呢？还有，在论音乐时，车尔尼雪夫斯基为了论证现实美高于艺术美，便认为只有自然的歌唱才可能有真挚的感情，而人工的歌唱，即艺术的歌唱则只讲究技巧，必然缺乏感情。但是，随即他又说：“一个熟练的富于感情的歌唱者能够钻进他所担任的角色里面去，内心充满歌中所要表现的情感，在这情形下，他登台当众歌唱，唱得比另外一个不登台当众、仅仅由于表现丰富的情感而歌唱的人更好；但是在这种情形下，那歌唱者就不再是一个演员，他的歌唱变成了自然本身的歌唱，而不是艺术作品。”[④] 这不仅不符合事实，而且在论证上前后矛盾，不能自圆其说。

车尔尼雪夫斯基之所以会得出艺术美低于现实美的片面的结论，除了他在思想方法上的问题之外，主要还是由于他所应用的费尔巴哈的思想本身的局限性。马克思说：“从前的一切唯物主义——包括费尔巴哈的唯物主义——的主要缺点是：对事物、现实、感性，只是从客体的或者直观的形式去理解，而不是把它们当作人的感性活动，当作实践去理解，不是从主观方面去理解。”[⑤] 费尔巴哈的唯物主义是人本主义的，它具有直观的，形而上学的性质。他不理解真正的实践活动，不了解实践在认识中的重大作用，不了解人的认识的主观能动性。这恰恰也就是车尔尼雪夫斯基美学思想局限性的哲学根源。车尔尼雪夫斯基正确地把艺术作品看作是现实的反映，但他却把这种反映说成“只是生

---

① 车尔尼雪夫斯基：《艺术与现实的审美关系》，周扬译，人民文学出版社 1979 年版，第 63 页。

② 同上书，第 64 页。

③ 同上书，第 71 页。

④ 同上书，第 69 页。

⑤ 《马克思恩格斯选集》第 1 卷，人民出版社 1979 年版，第 16 页。

活现象的可怜的再现”，认为“艺术作品任何时候都不及现实的美和伟大”①。他无法理解艺术创造中主观和客观的辩证统一关系，也看不到艺术家在反映现实中的主观能动作用。他认为“从诗人和他的人物的关系上来说，诗人差不多始终只是一个历史家或回忆录作家”②，这就是说，诗人只能记述现实中真实的人物，真实的事件，不能对现实生活进行加工改造和艺术概括。他甚至说：“现实中有许多的事件，人只须去认识、理解它们而且善于加以叙述就行，它们在历史家、回忆录作家或者逸事搜集家的纯粹散文的叙述中不同于真正的‘诗歌作品’的，只有下面几点：它们比较简洁，场景、描写以及诸如此类的细微末节的发展较少。而这就是诗歌作品和真实事件的精确的散文叙述的主要区别。”③ 这显然是把艺术创作和纪录真人真事混为一谈了。正因为如此，车尔尼雪夫斯基也看不到创造的想象在艺术创作中的重要作用。他坚持唯物主义立场，批判唯心主义的虚假的幻想是对的。但是，他却由此认为一切想象的产品都不如现实的直接印象，“想象的形象只是现实的一种苍白的、而且几乎总是不成功的改作”④，这就走向另一个极端了。具体到艺术创作上，他明确地说：“‘创造的想象’的力量是很有限的：它只能融合从经验中得来的印象；想象只是丰富和扩大对象，但是我们不能想象一件东西比我们所曾观察或经验的还要强烈。”⑤ 这就是说，想象对于印象只能在量上有所扩大，不能在质上有所增强。所以，他又说：“诗人‘创造’性格时，在他的想象面前通常总是浮现出一个真实人物的形象，他有时是有意识地，有时是无意识地在他的典型人物身上‘再现’这个人。”⑥ 这实际上已经把创造的想象贬低到记忆的表象的水平，说不上是真正的创造性的想象了。它既不符合艺术创作的实际，也与心理学的科学成果大相径庭。比起黑格尔在《美学》中关于艺术中创造性想象的作用的精辟论述，车尔尼雪夫斯基的理论上的弱点就更加明显了。

车尔尼雪夫斯基在考察艺术和现实的关系时，对于艺术典型化的意义和作

---

① 车尔尼雪夫斯基：《艺术与现实的审美关系》，周扬译，人民文学出版社 1979 年版，第 86 页。

② 同上书，第 74 页。

③ 同上书，第 75—76 页。

④ 同上书，第 102 页。

⑤ 同上书，第 62 页。

⑥ 同上书，第 72 页。

用也没有予以正确的理解。他在批判黑格尔派美学观点时，批驳了“美是绝对的”这一看法，肯定了美的个体性，指出“我们作为不能越出个体性范围的个体的人，是很喜欢个体性的，很喜欢同样不能越出个体性范围的个体的美的”①。这包含正确的思想。但是，车尔尼雪夫斯基却没有真正理解个别与一般的辩证关系。他过于强调个别性而贬低了一般性，甚至认为“一般不过是个别的一种苍白的、僵死的抽象”。他对现实事物和艺术形象中个别与一般的关系也有错误的看法。一方面，他认为现实中任何真人真事，“那原来之物在个性上已具有一般的意义”，本身就是真正的典型人物；另一方面，又认为诗的形象具有更大的概括性、一般性，就会“把一切个别的东西抛弃”，“写出的不是活生生的人”②。就前一方面说，他是把现实中的一切个别都当作典型；就后一方面说，他又是把艺术中的典型和类型化混为一谈。这就使他不能认识典型化在艺术创作中的作用，也必然要否认艺术中的形象可以比现实中的人物具有更大的典型性、更完美。所以他说：“在情节、典型性和性格化的完美上，诗歌作品远不如现实”③，“诗是企图但又决不能达到我们在现实生活中的典型人物身上常常见到的东西的，因此，诗的形象和现实中的相应的形象比较起来，显然是无力的、不完全的、不明确的。”④ 这里，充分表现出车尔尼雪夫斯基的唯物主义带有形而上学的性质。他不理解艺术和现实之间的辩证关系，所以只是看到了现实生活的美，却看不到艺术作品所反映的生活可以而且应该比现实生活更高、更典型、更美。

由于车尔尼雪夫斯基认为现实美高于艺术美，所以他也反对黑格尔关于艺术的起源是由于人有填补现实中美的缺陷的要求的看法。那么，为什么人还是需要和偏爱艺术呢？这就涉及艺术的目的和作用问题了。应该说，车尔尼雪夫斯基关于这个问题的阐述，是他的学位论文中有关艺术理论的论述中最精彩的部分。他首先指出“艺术的第一目的是再现现实”⑤，“艺术的第一个作用，一

---

① 车尔尼雪夫斯基：《艺术与现实的审美关系》，周扬译，人民文学出版社 1979 年版，第 52 页。

② 同上书，第 72 页。

③ 同上书，第 76 页。

④ 同上书，第 71 页。

⑤ 同上书，第 81 页。

切艺术作品毫无例外的一个作用，就是再现自然和生活”[①]。虽然这种看法在美学史上并不是新的东西，在他之前的俄国革命民主主义批评家别林斯基也早论述过，但是车尔尼雪夫斯基也不仅仅是重复已有的结论。尽管他对“再现现实”也有机械的、简单的理解，可是他还指出“再现说”与黑格尔所批判的“自然模拟说”有别，并引用黑格尔的话，以为艺术要“尽可能去复写现实中已经存在的事物”，这不仅是多余的，而且是不可能的。这实际上又是订正了对“再现”的机械的、简单的理解。另外，车尔尼雪夫斯基认为所谓“再现”只是提供“形式的原则”，因而需要进一步规定它的内容。接着就讨论了艺术的内容问题。他指出：“艺术的范围并不限于美和所谓美的因素，而是包括现实（自然和生活）中一切能使人……发生兴趣的事物；生活中普遍引人兴趣的事物就是艺术的内容。”[②] 这种看法大大扩充了艺术反映现实生活的范围，使艺术和现实生活、和整个人生有了更为广泛、更为密切的联系，应该说是对现实主义艺术理论的一个重要贡献。

在“再现现实”之外，车尔尼雪夫斯基还提出“艺术的另一个作用是说明生活”[③]。他说：

> 艺术的主要作用是再现现实中引起人的兴趣的事物。但是，人既然对生活现象发生兴趣，就不能不有意识或无意识地说出他对它们的判断；诗人或艺术家不能不是一般的人，因此对于他所描写的事物，他不能（即使他希望这样做）不作出判断；这种判断在他的作品中表现出来，就是艺术作品的新的作用，凭着这个，艺术成了人的一种道德的活动。[④]

本来，艺术作品不只是反映着客观的现实生活，而且也表现着作家、艺术家对现实生活的理解和评价，艺术的现实性和思想性，认识作用和教育作用总是联系在一起的。所谓说明生活、判断生活，对于艺术作品来说，当然不能用抽象概念，而仍然是要通过艺术形象自然流露出来。但是，强调艺术的思想性和教育作用并不意味着忽视艺术的特点。在这个问题上，车尔尼雪夫斯基也是

---

① 车尔尼雪夫斯基：《艺术与现实的审美关系》，周扬译，人民文学出版社 1979 年版，第 86 页。

② 同上书，第 91 页。

③ 同上书，第 94 页

④ 同上书，第 96 页。

继承了别林斯基的现实主义的理论传统的。不过，他把这个问题讲得更明确，并且从更高的角度来审视这个问题。他要求艺术“成为人的生活教科书”①，从而使艺术影响社会生活的巨大作用得到了更充分的说明。

总的说来，《艺术与现实的审美关系》是车尔尼雪夫斯基应用费尔巴哈的思想来解决美学问题的尝试。虽然由于费尔巴哈的思想的局限，他在关于美、关于崇高和悲剧、关于艺术美和现实美的关系等基本问题的论述中存在着缺陷和不足，但是，他解决美学问题的出发点是唯物主义的。他批判了黑格尔派的唯心主义美学观点，试图以唯物主义原则作指导去说明美的本质，肯定美的客观存在。他对艺术的内容、艺术的目的和作用，都作了明确的说明和重要的补充论述，从而发展了现实主义艺术理论。所以，他的这部著作对于唯物主义美学的发展是作出了重要贡献的，对于当时革命民主主义的现实主义文艺运动的发展也起到有力的推动作用。

① 车尔尼雪夫斯基：《艺术与现实的审美关系》，周扬译，人民文学出版社 1979 年版，第 100 页。

第十四章

作为精神哲学的表现论美学

——克罗齐的《美学原理》

19世纪中叶以后，随着西方哲学从近代到现代的转折，西方美学的发展产生了很大的变化。从那时到现在的一百多年中，在欧美各国出现了形形色色的现代美学流派和思潮。人们一般把它统称为现代西方美学。它既与马克思主义美学有着根本区别，又与从文艺复兴之后产生的西方近代美学有很大不同。

在现代西方美学中，意大利哲学家和美学家克罗齐（B. Croce 1866—1952）是一个具有相当影响的人物。克罗齐的主要美学著作是《作为表现科学和一般语言学的美学》（1902），简称《美学》。这是他的四卷本《精神哲学》的第一部，也是他所写的第一部著作。《精神哲学》的其他三部是《逻辑学》（1905—1909）、《实践哲学》（1909）、《历史学》（1914）。《作为表现科学和一般语言学的美学》分理论和历史两部分。《美学原理》（又译《美学的理论》）是此书的第一部分。此外，他还出版了《美学纲要》（1913）。

克罗齐的美学是他的精神哲学的一个组成部分。在分析他的《美学原理》之前，我们必须先对他的精神哲学的理论体系以及美学在他的哲学体系中的地位有一个大致了解。

在哲学流派上，克罗齐属于新黑格尔主义。他和其他新黑格尔主义者一样，把从右的方面批判黑格尔当作自己哲学的出发点。他承袭了黑格尔把绝对精神当作世界本源的客观唯心主义的观点，但是他又把黑格尔所说的先于人而存在的绝对精神和人的主观的心灵混为一谈，从而带上了更多的主观唯心主义成分。克罗齐否认人以外的自然界和物质世界的存在，认为只有精神才是唯一的真实的实在，一切经验和认识的对象都是由精神所创造的。所以，他的哲学只研究精神活动，称为“精神哲学”（或“心灵哲学”）。他说：“精神就是整个实在；……除了精神没有其他实在；除了精神哲学，没有其他哲学。”① 在克罗齐哲学体系中，有时也提到“物质”“自然”的概念，但他认为“自然”只是“精神辩证法”活动的一个方面，“物质”不过是精神的“假定”。总之，整个世界是精神活动的体现，人的一切认识和行动的对象无不是精神的产物。这就是克罗齐所要建立的“纯粹精神哲学”的根本点。正是从这一点出发，所以他认为黑格尔的唯心主义和康德的唯心主义都不够彻底。克罗齐的认识论和唯物主义反映论是根本对立的。在他看来，认识不是反映现实，而是由精神“创造”现实的过程，也就是精神自我认识的过程。他把修正过的康德哲学、黑格

---

① 转引自金增嘏主编：《西方哲学史》下册，上海人民出版社1985年版，第514页。

尔哲学同柏格森哲学、马赫主义等结合在一起，组成了一个庞大而复杂的唯心主义思想体系。

根据克罗齐的精神哲学，哲学只以精神活动为研究对象。他把精神活动分为认识活动和实践活动两大类。认识活动又分为直觉和概念两种；实践活动又分为经济和道德两种。这四种精神活动各不相同，但又互相联系，形成一个由低到高的阶梯，即认识的（直觉→概念）→实践的（经济→道德）。克罗齐称它们为精神活动的“四阶段或四度”。这四个阶段，都是后者包含了前者。概念包含了直觉，经济包含了概念，道德包含了经济，而道德又通向新的直觉。四个阶段都各有其正价值和反价值。在直觉活动中为美与丑；在概念活动中为真与假；在经济活动中为利与害；在道德活动中为善与恶。以上四种精神活动，即是精神活动的全部内容，此外再没有其他形式。整个世界的变化都是在这四种精神活动范围内进行的。这四种活动各有专门科学负责研究。研究直觉的是美学；研究概念的是逻辑学；研究经济活动的是经济学；研究道德活动的是伦理学。这四门合起来就是哲学，也就是历史。克罗齐强调，在四种精神活动中，直觉是最基本的活动，也是其他精神活动的基础。直觉不依赖概念，而概念却须依赖直觉。在各种活动中，唯有直觉是独立的，而其余三者都有所依赖。他认为只有直觉才能掌握事物的内容，而概念的理智活动却只能抓住事物之间的关系，所以理智是无能的。这表明克罗齐的哲学具有明显的反理性主义倾向。

克罗齐的《美学原理》作为他的《精神哲学》的第一部著作的理论部分，并不限于讨论普通的美学问题。他初步论述了精神活动的四个阶段以及相互之间的关系，从中可以看出他的全部哲学的雏形，以及美学在全部哲学中的地位。他讨论美学问题，都是从“直觉论”这一基本的哲学思想出发的。因为克罗齐把“直觉”和“表现”看作是同一的，所以，他的美学理论被西方美学家称为“表现论”美学。

第一节　直觉：克罗齐美学的出发点

克罗齐把美学称为“直觉（或表现的知识）的科学”，他的全部美学观点都是建立在“直觉即表现”这个基本论点之上的。他说：“美学只有一种，就是直觉（或表现的知识）的科学。这种知识就是审美的或艺术的事实。”① 又说，“我们已经坦白地把直觉的（即表现的）知识和审美的（即艺术的）事实看成统一，用艺术作品做直觉的知识的实例，把直觉的特性都付与艺术作品，也把艺术作品的特性都付与直觉。”② 按照他的美学公式，直觉即表现，就是审美，就是艺术，也就是美。所以，我们要分析《美学原理》中的美学思想，必须从分析“直觉即表现”这个基本论点入手。

前面我们已指出，克罗齐认为直觉是一种精神活动，在精神活动的四阶段中，直觉是最低的阶段，但它却是全部精神活动的基础。那么，直觉这种精神活动究竟具有什么特点呢？《美学原理》一开始就是讨论直觉的性质。概括说来，克罗齐认为直觉有以下特点。

第一，直觉是离理智而独立的低级的感觉活动。按照克罗齐的理解，认识活动包含两个阶段，低级阶段为直觉，高级阶段为概念。概念不能脱离直觉，而直觉却不依存概念。在《美学原理》中，克罗齐把直觉和逻辑（理智）这两种认识形式对比加以说明：“知识有两种形式：不是直觉的，就是逻辑的；不是从想象得来的，就是从理智得来的；不是关于个体的，就是关于共相的；不是关于诸个别事物的，就是关于它们中间关系的；总之，知识所产生的不是意象，就是概念。”③ 这里所说的直觉的认识形式，从认识过程上看是和理智即理性认识相对立的，从认识内容上看则是完全和事物的共相、关系即本质意义不相关的。这就是说，所谓直觉实际上只是相当于一种低级的感性认识活动。按照马克思主义的认识论，人的认识阶段固然有感性和理性之别，但感性认识

① 克罗齐：《美学原理》，朱光潜译，作家出版社1958年版，第14页。
② 同上书，第12页。
③ 同上书，第1页。

和理性认识不是毫不相关的，而是辩证统一的。理性认识依赖于感性认识，感性认识有待于发展到理性认识。但是按照克罗齐的看法，作为低级的感性活动的直觉是和理性认识绝然分割、毫不相关的。他一再强调“直觉是离理智作用而独立自生的”，“直觉知识可离理性知识而独立”①，这就片面地将直觉的认识和理性的认识完全对立起来。

克罗齐不仅把直觉同理智完全对立起来，同时也把直觉同属于感性认识中的知觉区别开来。他认为知觉是对于眼前实在事物的知识，可是，在直觉中还不能有实在与非实在的区别。所以，“直觉品就不能说是对于实在判别是非的，就还不是知觉品而是纯粹的直觉品”②。这就是说，纯粹的直觉是在知觉的认识以下的，连事物是什么也不能分辨的那种最低级、最原始的感觉活动。据此，克罗齐认为只有婴儿难辨事物真伪的那种混沌的感受和纯朴的心境，才是纯粹的直觉。可见，直觉不仅与理性认识无关，而且和感性认识中的知觉也有根本区别。知觉已具有一定概括性，要涉及对象的内容、意义，而直觉则只是对事物产生一种很混沌的形象，完全不涉及对象的内容、意义。不仅如此，克罗齐还认为直觉中混沌的形象，根本不是在具体时空中的对象。他说：“我们可以离开空间时间而有直觉品：例如天的一种颜色，一种情感的色调，一声苦痛的嗟叹，一种意志的奋发，在意识中成为对象，都是我们的直觉品，它们的形成都与空间时间无关。”③ 这种与时空无关的直觉当然更不可能是知觉了。

第二，直觉是心灵赋予物质以形式的活动。克罗齐虽然认为直觉是一种认识的形式，却否认它是客观现实的反映。他在论到直觉的形成和作用时说：“在直觉界线以下的是感受，或无形式的物质。这物质就其为单纯的物质而言，心灵永不能认识。心灵要认识它，只有赋予它以形式，把它纳入形式才行。单纯的物质对心灵为不存在，不过心灵须假定有这么一种东西，作为直觉以下的一个界线。”④ 又说，“物质与形式并不是我们的两种作为，互相对立，它们一个是在我们外面的，来侵袭我们，撼动我们；另一个是在我们里面的，常要吸收那在外面的，把自身和它合为一体。物质，经过形式打扮和征服，就产生具

① 克罗齐：《美学原理》，朱光潜译，作家出版社 1958 年版，第 2 页。

② 同上书，第 3 页。

③ 同上书，第 4 页。

④ 同上书，第 5 页。

体形象。这物质，这内容，就是使这直觉品有别于那直觉品的：这形式是常住不变的，它就是心灵的活动；至于物质则为可变的。”① 这两段话的中心意思是，直觉是赋予本来无形式的物质以形式的一种心灵活动。这种直觉活动，克罗齐又称之为“心灵综合作用”。这种“心灵综合作用”就是要把物质纳入形式，物质被赋予形式就产生具体形象，这种具体形象也就是直觉品。这里最值得注意的是，克罗齐用来规定直觉活动的两个概念——“物质”和“形式”，都是具有特定含义的。克罗齐所说的“物质”并不是我们所说的客观的物质存在。我们在前面已经指出，克罗齐的哲学体系只承认有精神活动的存在，不承认有物质世界的存在。在他看来，整个现实世界都是由精神活动所创造的，都只是精神活动的体现。他所说的要由心灵来赋以形式的“物质”，并不是和精神相对的客观世界，而只是由精神所假定的一种东西，是心灵活动所利用的“材料”。这种“材料”并不来自物质世界，而是来自精神世界。在克罗齐使用的概念中，“物质”和“感受”（sensation）、“印象”（impression）、“情感”（feeling）是完全同义的。和“物质”相对立的就是“形式”。“物质”“感受”“印象”“情感”，都是“无形式的”“被动的”，未经心灵认识的。心灵要认识它，就必须赋予它以形式。形式须通过心灵的综合作用，是由心灵所创造的，所以“它就是心灵的活动”。它和物质的区别就是“活动”和“被动”的区别。物质通过心灵的综合作用得到形式，感受、印象、情感也就得到对象化，形成具体意象。这就是直觉的心灵活动。由此可见，克罗齐所说的直觉，不是客观现实的反映，而是主观感受和情感的表现，直觉的来源不是客观现实，而是主观心灵。

第三，直觉就是表现。克罗齐认为直觉是赋予物质以形式的心灵活动，物质、感受、印象、情绪一旦经心灵的综合作用，获得形式，这个形式，就是表现。所以，直觉和表现其实是一回事。他说：

> 每一真直觉或表象同时也是表现。没有在表现中对象化了的东西就不是直觉或表象，就还只是感受和自然的事实。心灵只有借造作、赋形、表现才能直觉。若把直觉与表现分开，就永没有办法把它们再联合起来。②

---

① 克罗齐：《美学原理》，朱光潜译，作家出版社 1958 年版，第 5—6 页。
② 同上书，第 7 页。

克罗齐这里所说的“表现”（expression）一词，和普通的用法与含义有根本的区别。按照普通用法，“表现”一词大致有以下两种意义：一种即克罗齐所谓的“自然科学的意义”，即人的内心感觉流露于外在形体上，如恐惧时面色灰白，愤怒时咬牙切齿。克罗齐认为这些情绪流露的自然表现，和依照审美原则把情绪表现出来，“中间有天渊之别”。在这些“自然科学意义的表现之中简直就没有心灵意义的表现”，因此它和直觉的表现完全是两回事；另一种意义的“表现”，指艺术家借助于物质媒介或手段，将内心里已形成的思想感受传达出来，如文学家借文字将内容“表现”出来等。克罗齐称这种艺术传达活动为“直觉的外射”，认为它是属于“物理的事实”而不属于“审美的事实”，是实践的活动而不是认识的活动，所以也不是直觉的表现。克罗齐所说的“表现”和前面两说都不同，它是指心灵赋予印象以形式，使其成为具体意象的活动，这具体意象在心内形成，即是表现。所以，在克罗齐的概念中，“表现”和“直觉”“心灵综合作用”等，都是同义的，它们都是指心灵本身的活动。“直觉是表现，而且只是表现”，明确这一点，对于了解克罗齐“直觉＝表现＝艺术＝美”的美学公式，是十分重要的。

第二节 “艺术即直觉”说

在确定了直觉的性质和特点以后，克罗齐便把这种直觉的或表现的知识等同于艺术的或审美的事实，把直觉的特性看作艺术的特性。他说：“我们已经坦白地把直觉（即表现的）知识和审美的知识（即艺术的）事实看成统一，用艺术作品做直觉的知识的实例，把直觉的特性都付与艺术作品，也把艺术作品的特性都付与直觉。”① 由此，克罗齐得出了“艺术即直觉”的结论，并以此作为他的艺术定义。他说：

> 艺术是什么——我愿意用最简单的方式说，艺术是幻象或直觉。
>
> 简单地把直觉作为艺术的定义，就已经替艺术下了完整的定义。②

按照克罗齐的理解，哪里出现直觉，哪里也有了艺术。当人以直觉的方式在心中形成一个具体意象时，也就是成就了一件艺术作品。人人都能够直觉，因此人人都能够进行艺术活动。艺术的直觉或直觉品与一般的直觉或直觉品没有种类上的分别，也没有强度上的分别，它们的分别只是宽度上的和经验的。“有些人本领较大，用力较勤，能把心灵中复杂状态尽量表现出来。这些人通常叫做艺术家。有些很繁复而艰巨的表现品不是寻常人所能成就的，这些就叫做艺术作品。”③ 叫做艺术的表现品或直觉品，与通常叫做“非艺术”的表现品或直觉品比较，它们的界限只是经验、相对的。所以，克罗齐不同意“艺术的天才”的说法。他认为“人是天生的诗人”④，有些人天生成大诗人，有些人天生成小诗人。天才就是人性本身。既然人人有直觉，人人有艺术天才，所以少数艺术家创作的作品才能为大多数人所欣赏。这种看法在否定艺术只是属于少数天才人物的观点方面有一定的合理性，但是，把每个人的直觉都等同于

---

① 克罗齐：《美学原理》，朱光潜译，作家出版社 1958 年版，第 12 页。

② 克罗齐：《美学原理·美学纲要》，朱光潜等译，外国文学出版社 1983 年版，第 209 页、229 页。

③ 克罗齐：《美学原理》，朱光潜译，作家出版社 1958 年版，第 13 页。

④ 同上书，第 14 页。

艺术创造，否认艺术家需有更高的艺术修养和创作才能，这又是片面的、不符实际的。

从艺术（即审美）就是直觉（即表现）这个根本观点出发，克罗齐对审美或艺术的性质提出了以下几点重要看法。

第一，审美或艺术都是主观精神的产物，不是客观现实的反映。克罗齐认为审美既不单纯在内容（指单纯的印象、情感、材料），也不单纯在形式（指心灵的活动和表现），而是印象、情感借心灵的活动和表现而得到形式。他说："材料指未经审美作用阐发的情感或印象，形式指心灵的活动和表现……在审美的事实中，表现的活动并非外加到印象的事实上面去，而是诸印象借表现的活动得到形式和阐发。"① 按克罗齐的解释，无论是"材料""情感""印象"，还是"形式""心灵""表现"，都不过是主观精神的活动，所以，从"情感""印象"得到形式和表现的审美和艺术，必然是主观精神的产物，是心灵本身的表现。这就完全否定了审美或艺术的客观现实来源。由此可见审美或艺术即直觉说的主观唯心主义的性质。

第二，审美或艺术是一种低级的感性认识活动，和理性、理智的认识是无关的。根据克罗齐的精神活动的四阶段说，直觉是离理智作用而独立自主的，所以，作为直觉的"审美的知识完全不依靠理性的知识"。直觉与理性的对立和区别，也就是艺术与科学的对立和区别。他说：

> 直觉的知识（表现品）与理性的知识（概念），艺术与科学，诗与散文诸项的关系，最好说是双度的关系。第一度是表现，第二度是概念。第一度可离第二度而独立，第二度却不能离第一度而独立。②

换句话说，艺术与直觉可以离科学和理性而独立，科学与理性却不能离艺术和直觉而独立。科学与理性给我们的是共相和本体，而艺术与直觉给我们的却是个别和现象。"心灵想到了共相，就破坏了表现，因为表现是对于殊相的思想。"所以，审美或艺术是绝对排斥对于共相的认识和理性的作用的。经过这样严格的区别，克罗齐就只能将审美或艺术归结为低级的、原始的、简单的感性活动，它所提供的只能是朦胧的、混沌的、不知意义的形象。关于这一点，朱光潜先生在《文艺心理学》中有如下转述和说明："'美感经验'可以说

① 克罗齐：《美学原理》，朱光潜译，作家出版社1958年版，第15页。

② 同上书，第24—25页。

是‘形象的直觉’。形象是直觉的对象，属于物；直觉是心知物的活动，属于我，在美感经验中心所以接物者只是直觉，物所以呈现于心者只是形象。心知物的活动除直觉以外，还有知觉和概念。物可以呈于心者除形象以外，还有许多与它相关的事项，如实质、成因、效用、价值等。在美感经验中，心所以接物者只是直觉而不是知觉和概念，物所以呈于心者是它的形象本身，而不是与它有关的事项，如实质、成因、效用、价值等意义。"[①]

审美或艺术究竟只是一种单纯的感性活动，还是感性与理性的统一？艺术认识的内容究竟是只关系对象的形式、现象，还是关系着对象的形式和内容、现象和本质的统一？这是在如何看待审美或艺术的性质和特性上存在着的一个原则性分歧。克罗齐的艺术即直觉说显然是主张前者而否定后者。用感性和理性相统一的观点来说明审美和艺术的性质，是德国古典美学的一个基本观点，是美学思想上的一大发展。克罗齐继承康德、黑格尔的唯心主义传统，却抛弃了这个非常有价值的基本观点。在后来所写的《美学纲要》中，他特别批评了德国古典美学家关于"在艺术的意象里可以见出感性与理性的统一"的看法。他把感性认识活动和理性认识活动的对立加以绝对化，把作为感性认识的直觉提到独尊的地位，把审美或艺术归结为直觉的活动，这就抽去了审美或艺术的一切理性内容，否定了审美或艺术的任何思想意义。这可以说是将非理性主义的审美和艺术理论发展到极端，因而也是完全违背审美和艺术性质的。

由于克罗齐否认艺术和理性思考有关，所以他也反对艺术种类说。因为把艺术分成不同种类，就意味着丢开在审美中所依据的个别的表现事实，而要涉及共相和概念。这样一来，"原是表现品的观照者，现在却变成推理者。"[②] 既已开始作科学的思考，就已不复作审美的观照。克罗齐认为艺术分类需经科学的思考当然是不错的，但他认为考虑艺术种类就必定破坏审美（欣赏或创作），却是与事实不符的。

克罗齐有时也不得不承认直觉和艺术中还是有概念、理念的因素，但他强调这些混化在直觉品里的概念、理念，"已成为直觉品的单纯原素"，所以不再是概念和理念。如果从艺术中的理性内容具有特殊的表现形式来看，克罗齐这种说法是有一定启发性的，但他据此否定艺术和理性认识有关，则是根本错

① 《朱光潜美学文集》第一卷，上海文艺出版社 1982 年版，第 13 页。

② 克罗齐：《美学原理》，朱光潜译，作家出版社 1958 年版，第 33 页。

误的。

克罗齐关于直觉与理性、艺术与科学相对立的看法，显然是受到意大利历史哲学派美学家维柯的影响。他在《美学的历史》(《美学》第二部分)中称赞维柯是“美学科学的发现者”，肯定了维柯将诗和哲学、幻想和知性对立起来的观点。维柯在《新科学》中提出：“诗人们可以说是人类的感官，而哲学家就是人类的理智。”① 这已经表现出将诗与理性对立起来的倾向。克罗齐则进一步发展了这一倾向。有的论者认为克罗齐关于直觉与理性、艺术与科学对立的看法，对分清形象思维与抽象思维的区别作出了贡献。这是值得商榷的。因为克罗齐所说的直觉不过是低级的感性认识，是剥夺了一切理性内容的，不能将它完全和形象思维混为一谈。

第三，审美或艺术是独立的、“无目的”的活动，它和任何实践活动都是相对立的，既和实践的功利活动无关，也和实践的道德活动无关。根据克罗齐的精神哲学，整个精神活动分为认识和实践两类。认识活动和实践活动是属于低高“两度”的关系。认识活动是离开实践活动而独立的，实践活动却不能离开认识活动。“直觉就其为认识活动来说，是和任何实践活动相对立的。”② 审美或艺术既是直觉，当然就须排除实践活动。克罗齐承认用文字或其他媒介将心中的意思和情感表达出来，是一种实践的事实，但却认为这并不是审美的事实，也不在审美的范围之内。因为“审美的事实在对诸印象作表现的加工之中就已完成了。我们在心中作成了文章，明确地构思了一个形状或雕像，或是找到一个乐曲的时候，表现品就已产生而且完成了，此外并不需要什么”③。前面我们说过，克罗齐认为直觉在内心中形成，即是表现，也就是艺术。所以，艺术作品(审美的作品)都是“内在的”，不是“外现的”。将艺术用物质手段“传达”或“外射”出来，只是实践的活动，却不是艺术的活动。依照克罗齐对精神活动的分类，实践活动中也包含低高“两度”，即经济和道德。经济的价值是利害，道德的价值是善恶。可是，艺术既与经济的利害无关，也与道德的善恶无关。艺术不可能是功利的活动，因为功利的活动是倾向求得快感和避

① 维科：《新科学》，朱光潜译，人民文学出版社 1986 年版，第 152 页。

② 克罗齐：《美学原理·美学纲要》，朱光潜等译，外国文学出版社 1983 年版，第 213 页。

③ 克罗齐：《美学原理》，朱光潜译，作家出版社 1958 年版，第 47 页。

免痛感的，而艺术则和“有用”“快感”“痛感”之类的东西无缘。艺术也不可能是一种道德的活动。一个审美意象可能显现出一个道德上可褒或可贬的行为，但是这个意象本身在道德上是无所谓褒贬的。所以，道德的区分根本就不能用于艺术。从道德上加给艺术的目的，如：把人们引向善良，使人们憎恨邪恶，纠正或改善风俗习惯，传播勤劳朴素的生活理想等，都是道德学说的派生物。它们是艺术做不到的。由此，克罗齐断定：“就艺术之为艺术而言，寻求艺术的目的是可笑的。”① 就艺术对于科学、实践和道德都是独立的而言，就艺术无目的而言，“为艺术而艺术”是正确的。这样，克罗齐就为现代西方美学和艺术理论中提倡“为艺术而艺术”、排斥艺术的社会作用的思潮，构筑了完整的美学理论形态。

① 克罗齐：《美学原理》，朱光潜译，作家出版社1958年版，第47页。

第三节 “美即表现”说与审美快感说

克罗齐认为任何精神活动都是价值与反价值两对立面的统一。“价值是自由生展的活动，反价值则与此相反。”① 心灵活动自由发展，则有成功的表现、理解或道德行为，即为价值；心灵活动与被动互相矛盾而受到阻碍，则有不成功的表现、理解或道德行为，即为反价值。直觉的或审美的活动，其价值与反价值就是美和丑。所以，克罗齐便从直觉即表现说出发，进一步讨论了美、丑概念以及与此相关的审美快感问题。

按照克罗齐的理解，直觉是赋予印象、情感以形式的心灵活动。印象、情感在未经心灵的观照与综合作用以前，还是被动的、自然的。印象、情感经过心灵的观照和综合作用才得到形式，形成具体形象，这便是表现。表现有成功的，有不成功的。成功的表现就是美，不成功的表现就是丑。据此，克罗齐对美的概念作出了自己的解释。他说：

> 我们觉得以“成功的表现”作“美”的定义，似很稳妥；或是更好一点，把美干脆地当作表现，不加形容字，因为不成功的表现就不是表现。②

> 美与丑的奥妙都可以纳在“成功的表现”和“不成功的表现”这两个平易的定义里面。③

因为不成功的表现就不是表现（还没有克服活动与被动的矛盾），所以，美就是表现。

前面我们曾指出，克罗齐所说的“表现”和我们通常所说的“表现”在意思上是很不相同的。他所谓的“表现”，是指心灵赋予物质以形式的活动，也就是一种精神活动，是在人的内心中进行的。既然如此，美当作表现，必然也被看作是一种精神活动或主观内心的产物。而且，克罗齐所谓表现的成功与不

① 克罗齐：《美学原理》，朱光潜译，作家出版社 1958 年版，第 72 页。
② 同上书，第 73 页。
③ 同上书，第 74 页。

成功，也是指的心灵活动能否自由产生发展，印象、情感能否恰如其分地被意象表现出来，说到底，美当作表现的价值，只能是由心灵活动本身来决定的。所以，在美是主观的还是客观的这个美学的根本问题上，克罗齐是直言不讳地主张美是主观心灵的。他认为美是“属于心灵的力量”，“凡是不由审美的心灵创造出来的，或是不能归到审美的心灵的东西，就不能说是美或丑”①。这显然是要由审美意识活动来规定事物的美丑，创造事物的美丑，而否认美是存在于客观事物之中的，是不依赖于人的主观心灵而客观存在的。由此，克罗齐断然否定自然本身有美，而认为一切自然美都是人的心灵的发现和创造。他说只有当人以审美的方式去欣赏自然界事物时，自然才显得美。比如，“如果我们把头摆在两条腿中间去观照自然风景，如此把物我之间习惯的关系消去，那自然风景就会以纯意象现于目前”②，这样，自然就会变为直觉品，也就成为美。再如，“有眼光和想象力的人们对于自然风景所指点出来的各种观点，后来有几分知道审美的游人到那里朝拜时，就跟着那些观点去看，这就形成了一种集体的暗示”③，这种借助于人的想象力所形成的集体暗示，就是使自然显出美的原因。总之，自然美在于人的心灵的观照和主观的想象。“如果没有想象的帮助，就没有那一部分自然是美的；有了想象的帮助，同样的自然事物或事实就可以随心情不同，显得有时有表现性，有时毫无意味，有时表现这个，有时表现那个，愁惨的或欢欣的，雄伟的或可笑的，柔和的或是滑稽的。”④ 这种说法和后来“移情说”的提倡者里普斯的看法——认为自然美是移情作用的产物，实质上是一样的，都是把自然美看作人的主观想象和心情的表现，自然的美丑也都是以人的主观想象和心情为转移的，离开了人的精神活动，自然美也就不存在。这种看法，和克罗齐主张精神活动创造整个世界的主观唯心主义的基本立场，是恰相吻合的。

从表现的成功与不成功来界定美与丑，克罗齐还引出了一些其他的结论。他认为“美现为整一，丑现为杂多”⑤。所谓“整一”，就是指美的艺术作品“是完整的融会，通体就只有一种价值。生命流注于全体，不退缩到某某个别

---

① 克罗齐：《美学原理》，朱光潜译，作家出版社 1958 年版，第 97 页。
② 同上书，第 91 页。
③ 同上书，第 91 页。
④ 同上书，第 91 页。
⑤ 同上书，第 73 页。

部分”[①]。我们不能只是指出它的某某部分为美，而是感到它的通体都美。所以，克罗齐强调“每个表现品都是一个整一的表现”，强调“艺术作品的整一性与不可分性”[②]。这虽然还是从人的心灵活动本身来讲的，但指出艺术美应是一种通体融会的有机整体，还是有意义的。另外，克罗齐还指出，美没有程度上的差别，而丑却必有程度上的差别。他说：“所谓较美的美，较富于表现性的表现，较恰当的恰当，是不可思议的。丑却不同，它有程度上的差别，从颇丑（或几乎是美的）到极丑。”[③] 这就是说，美是绝对的，不能比较的；丑是相对的，可以比较的。这种看法实际上否定了艺术作品的美还可以进行比较，还可以作出程度不同的评价，与艺术欣赏和批评的实践是大相径庭的。

克罗齐认为成功的表现，就价值方面来说是美，而就效果方面来说，便产生审美的快感。所以，审美的快感不同于一般的快感，而是同表现联系在一起的一种快感。“诗人或其他艺术家在初次见到（直觉到）他的作品，在他的印象获得形式，而他的面孔放射出创造者的神圣的喜悦的时候，他所感到的就是纯粹的审美的快感。”[④] 前面我们说过，克罗齐认为艺术和审美不是功利的实践的活动，和“利害”以及“快感”“痛感”之类的东西是无缘的。所以，克罗齐在讲审美的快感时，特别注意将它与经济的、道德的、理智的活动所产生的快感严格区别开来。“美学上的快感主义”把艺术和审美所产生的快感与一般感官方面的快感混为一谈，克罗齐是反对这种学说的。他也批评了审美的快感主义的其他表现，如“游戏说”“性欲说”“同情说”等。他认为审美的快感与非审美的快感的根本分别在于：审美的快感起于见到成功的表现，而非审美的快感则起于实用需要的满足。例如一个艺术家由于他的印象获得形式，得到表现，产生喜悦，这是审美的快感；而他在工作完成时，由于沾沾自喜的心情得到满足，甚至想到他的作品所能得到的经济的利益，这就是非审美的快感。在欣赏和创作中，审美的快感和非审美的快感可能混杂在一起，审美的快感也往往为起于题外事实的快感所加强。但是，真正的审美的快感与陪伴的或偶来的其他快感还是不同的。例如，“一个人做了一天工作，进戏院去看喜剧，他

① 克罗齐：《美学原理》，朱光潜译，作家出版社 1958 年版，第 73 页。
② 同上书，第 19 页。
③ 同上书，第 74 页。
④ 同上书，第 74 页。

所尝到的就是一种混合的快感：休息与娱乐的快感，笑着在他的棺材上拔去一根钉似的快感，这种快感只是剧作者与演剧者的来自艺术的真正审美快感的陪伴。”① 克罗齐这些看法，对于分清审美快感与非审美快感的区别，探索审美快感的特殊性，还是有启发性的。不过，他自己把审美快感仅仅归结为由心灵自由生展获得成功的表现所产生的，却并没有科学地解释审美快感的来源和特质。同时，他在强调审美快感与非审美快感的区别时，把审美的快感和理智的满足、道德的满足完全对立起来，也表现出绝对化的倾向。这和他前面强调艺术的独立，与真和善的目的无关，在思想逻辑上是一致的。

由于克罗齐将审美的快感限于成功的表现所生的快感，所以，他认为由艺术作品的内容和表象所引起的各种变化多样的快感与痛感，都是属于“同情的感觉”或“外表的感觉”，而与纯粹的审美的快感有区别。例如，我们陪着戏剧或小说中的人物、图画中的形体，或音乐的曲调一齐焦急发抖、欢欣鼓舞、胆战心惊、笑、哭或想望。这些感觉、情绪和实际生活的感觉、情绪在性质上相同，但是却不像艺术之外实际生活所引起的感觉、情绪那样强烈，它们在分量上是冲淡了的。克罗齐认为，由艺术作品的内容和表象所引起的“同情的感觉”或“外表的感觉”，既不同于实际生活中的感觉，也不同于审美的快感，它们就是直觉品、表现品本身。他说：“它们究竟是什么呢？可不就是一般感觉经过对象化，经过直觉和表现么？它们当然不能像实际生活中的感觉那样热烈生动地搅扰我们，因为那些感觉是素材，而它们是形式，是活动；那些感觉是真正生活中的感觉，而它们是直觉品、表现品。”② 这些看法，对于我们探讨艺术中的情感活动与生活中的情感活动的关系、审美的快感与艺术内容引起的各种情感的关系，也有一定借鉴作用。但是，克罗齐把艺术中的情感活动都说成是由心灵创造的低级原始的直觉，却是根本错误的。对于这些情感活动与审美快感的关系，克罗齐也没有科学地加以阐明。

---

① 克罗齐：《美学原理》，朱光潜译，作家出版社 1958 年版，第 74 页。

② 同上书，第 75 页。

第四节　审美的创造和再造的统一

在《美学原理》中，克罗齐还论述了审美创造和再造（欣赏）以及二者的统一问题。

克罗齐将审美的创造（艺术的创造）的全过程分为四个阶段：（1）诸印象；（2）表现，即心灵的审美的综合作用；（3）快感的陪伴，即美的快感，或审美的快感；（4）由审美事实到物理现象的翻译（声音、音调、运动、线条与颜色的组合之类）。这四个阶段中，克罗齐指出“真正可以算得审美的，真正实在的，最重要的东西是在第二阶段”①，即表现这个阶段。第四个阶段只是为了给心灵中已造成的表现品或直觉品制造一些“备忘工具”，以便我们看到它们时，可以把原已造成的表现品或直觉品回想起来。这些“备忘工具”不过是引起审美的再造的“物理的刺激物”，它们属于“物理的事实”，而不属于审美的事实。克罗齐把这种用媒介传达直觉品的活动，又称做“直觉的外射”或“艺术的外射”。他认为直觉和艺术本身是与实践活动和物理事实无关的，只有直觉的外射或艺术的外射，才同实践活动和物理事实有关。审美的活动虽然常伴随实践的活动，审美的事实虽然常与物理事实有联系，但是两者之间的关系纯粹是外在的。单就审美活动或审美事实来说，审美或艺术的创造在表现阶段也就完成了。在心中获得表现品并得到审美的快感，就是真正的审美创造或艺术创造的标志。这实际上是完全否定了特殊的物质材料和手段对于艺术家创作活动的重要意义。

克罗齐认为，作为直觉的备忘工具的物理的事实，虽然本身并非艺术和审美的事实，但是它却是使人们进行审美的再造或回想，以便窥见艺术的必要的刺激物。因为记忆的心灵的力量，需借助于物理的事实的刺激，才能使人所创造的直觉品可以再造或回想起来。那些叫做诗、散文、小说、悲剧的文字组合，叫做交响乐、奏鸣曲的声音组合，叫做图画、雕像、建筑的线条组合，便都是再造或回想所用的物理的刺激物。克罗齐所谓审美的再造或回想，就是指

① 克罗齐：《美学原理》，朱光潜译，作家出版社 1958 年版，第 88 页。

艺术的鉴赏或审美的判断。他指出“再造或回想的历程就依下列次序：e，物理的刺激物；d—b，原有艺术综合所伴着的那些物理的事实（如声音、音调、模仿的姿态、线条与颜色的组合之类）所生的知觉；c，快感或痛感的陪伴，这也是再造（或回想）起来的”①。这个过程和创造的过程，在阶段的顺序上刚好是相反的。

克罗齐指出，审美的创造与审美的再造虽然所经历的阶段的次序是不同的，但两者却是统一的，因为两者都要用直觉，都要形成美丑价值并产生审美的快感或痛感。他描述审美创造的过程说：“某甲感到或预感到一个印象，还没有把它表现，而在设法表现它。他试用种种不同的字句，来产生他所寻求的那个表现品，那个一定存在而他还没有找到的表现品。他试用文字组合 M，但是觉得它不恰当，没有表现力，不完善，丑，就把它丢掉了；于是他再试用文字组合 N，结果还是一样。……经过许多其他不成功的尝试，有时离所瞄准的目标很近，有时离它很远，可是突然间（几乎像不求自来的）他碰上了他所寻求的表现品，‘水到渠成’。霎时间他享受到审美的快感或美的东西所产生的快感。”② 这个寻找表现品、发现美、产生审美快感的过程，在审美再造或欣赏中是和审美创造中一样的。克罗齐描述审美鉴赏过程说：“现在如果有另一个人，我们称它为乙，要来判断那个表现品，决定它是美还是丑，他就必须把自己摆在甲的观点上，借助于甲所供给他的物理的符号，再循原来的程序走一过。如果甲原来看清楚了，乙（既已把自己摆在甲的观点）也就会看得清楚，看见这表现品是美的。如果甲原来没有看清楚，乙也就不会看清楚，就会发现这表现品有些丑，正如甲原来发现它有些丑。”③ 这就是说，审美的欣赏和创造不仅在过程上是一样的，而且欣赏者与创造者在观点上、在所得的表现品的价值上，也都是一样的。欣赏与创造的统一，也就是鉴赏力与天才的统一。德国古典美学家康德认为创造须凭天才，欣赏只凭鉴赏力，鉴赏力或趣味判断和天才是对立的。克罗齐不同意这种看法。他说：

> 批评和认识某事为美的那种判断的活动，与创造那美的活动是统一的。唯一的分别在情境不同，一个是审美的创造，一个审美的再

① 克罗齐：《美学原理》，朱光潜译，作家出版社 1958 年版，第 89—90 页。
② 同上本，第 109 页。
③ 同上书，第 110 页。

造。下判断的活动叫做“鉴赏力”，创造的活动叫做“天才”；鉴赏力与天才在大体上所以是统一的。[1]

正因为如此，所以，艺术家应有批评家的鉴赏力，批评家也应有几分艺术家的天才。要判断但丁，我们就必须把自己提升到但丁的水平。“在观照和判断的那一顷刻，我们的心灵和那位诗人的心灵就必须一致，就在那一顷刻，我们和他就是二而一。”[2]

克罗齐指出艺术的创作和欣赏具有一致性和内在联系，创作里有欣赏的成分，欣赏里也有创作的成分，这从实际来看是有合理因素的。他纠正了康德将鉴赏力与天才对立起来的观点，在美学思想史上也有一定的意义。不过，克罗齐在强调创作与欣赏的统一时，认为两者在过程上完全没有差别，欣赏者的再造和创作者的创造，在观点、评价、感受上都是完全一致的，却是不符合实际的。欣赏与创作固然具有内在联系，但两者在具体过程以及心理活动上还是有较大差别的。鉴赏力与创作才能虽然也有关系，但两者也不是等同的。鉴赏力很高的人不一定有很高的创作才能。欣赏者的再造固然须以创作者的创造品为基础，须达到基本一致，但再造与创造在观点、评价、印象、感受上，却难得达到“二而一”的完全一致。恰恰相反，欣赏者与艺术家在对艺术作品的感受和看法上存在差异，以及欣赏者之间在对同一部艺术作品的感受和看法上存在差异的情况，倒是经常发生的。连克罗齐自己也不得不承认“判断的分歧却是一个无可置疑的事实”。因为“无终止的社会的变动，以及我们个人生活的内心状态的变动”，必然会使不同的欣赏者对同一作品产生不同的印象。但克罗齐又认为这种心理情况的差别是可以克服的。他认为通过“历史的解释”，就能够“把在历史过程中已经改变的心理情况在我们心中恢复完整”，“以便我们去看一个艺术品（一个物理的东西）如同作者在创作时看它一样”[3]。这种解释十分牵强，对欣赏者提出这样的要求（达到与作者在创作时完全一样），既不可能，也无必要，因为它不符合艺术欣赏的客观规律。克罗齐之所以要坚持欣赏与创作的完全一致，根子还是在于他认为审美或艺术就是直觉或表现的基本看法。既然一切审美和艺术活动都是直觉的或表现的活动，创作和欣赏作为

---

① 克罗齐：《美学原理》，朱光潜译，作家出版社 1958 年版，第 111 页。

② 同上书，第 112 页。

③ 同上书，第 116 页。

直觉或表现的活动，当然也必然是完全一致的。正如他自己所说："表现的活动，正因其为活动，不是随意任便，而是心灵的必然，它只有一个正确的方法，去解决某一固定的审美问题。"① 说到底，克罗齐的创造与欣赏统一说，还是建立在"直觉即表现"这一主观唯心主义的哲学公式之上的。这可以说是"万变不离其宗"。

克罗齐的《美学原理》是以"语言学与美学的统一"作为全书结论的。他认为，语言学和美学的研究对象都是表现，两者都是"表现的科学"。语言是表现，艺术也是表现。所以，"艺术的科学与语言的科学，美学和语言学，当作真正的科学来看，并不是两事而是一事。"② 这种看法可以说是将"直觉即表现"说发展到了极致，也确实是克罗齐的独创。但是，它也最明显地暴露出克罗齐美学的错误和乖谬。对此，《近代美学史评述》一书的作者、英国的李斯托威尔有如下批评："把美学和语言科学或语言学等同起来，是由于完全混淆了这些科学的实际研究对象。语言科学，无疑是研究句法、语源以及词汇的历史，怎么能够把丰富多彩的美感经验局限在通常意义上的语言里面，并把它们等同起来呢？再者，如果所说的话都是艺术，那么，每一个人，一当他学会了调弄舌头，从婴儿的喃喃学语开始，就已经事实上是诗人了。这一错误是如此彰明昭著，以至三尺孩童都可以辨识其非了。"③ 这段批评应该说是相当中肯的。这大概也就是西方某些美学家和哲学家认为克罗齐的美学理论"不过是哲学上的失常现象"和"怪事"的原因之一吧。

① 克罗齐：《美学原理》，朱光潜译，作家出版社1958年版，第110页。

② 同上书，第131页。

③ 李斯托威尔：《近代美学史评述》，蒋孔阳译，上海译文出版社1980年版，第129—130页。

第十五章

实用主义的美学经典

——杜威的《艺术即经验》

20 世纪的西方美学，思潮更迭，学派林立，各种不同观点的美学著作可谓汗牛充栋。但是，真正具有重要学术创新价值、在美学发展中产生重大影响、经得起历史检验的著作，并不很多。美国著名实用主义哲学家杜威（John Dewey，1859—1952）的《艺术即经验》（1934）便是这些为数不多的著作之一。翻开近几十年欧美出版的西方经典美学著作选本，杜威的这部名著都被视为必选的 20 世纪最重要的美学著作之一。美国著名美学家门罗·C. 比尔兹利在其 20 世纪出版的《美学简史：从古希腊至当代》中评价《艺术即经验》说："人们普遍认为，这是我们这个世纪到现在为止用英语（也许是用所有语言）写成的美学著作中最有价值的一部。"①

杜威是实用主义哲学的集大成者。他早年在约翰·霍普斯金大学获得哲学博士学位。曾任芝加哥大学、哥伦比亚大学教授，美国心理学会、美国哲学学会会长。杜威一生写了大量著作，其中最能体现他的哲学观点的有《哲学的改造》（1920）、《经验与自然》（1925）、《确定性的寻求》（1929）、《逻辑：探究的理论》（1938）、《人的问题》（1946）以及《认知与所知》（1949）等。他自称其哲学为"经验的自然主义"和"工具主义"，并竭力把哲学理论广泛运用于政治、教育、宗教、道德以及现实生活的许多领域，使其产生了广泛的影响。他的《艺术即经验》就是实用主义哲学理论在美学领域的具体运用和体现。

① 门罗·C.比尔兹利：《美学简史：从古希腊至当代》，麦克米伦公司 1966 年版，第 332 页。

第一节　经验：杜威美学的核心范畴

在《经验与自然》一书中，杜威将自己建立的哲学称为“经验的自然主义”或“自然主义的经验主义”，强调把经验当作哲学思想的出发点。经验是他哲学思想的核心范畴，也是他美学思想的哲学基础。我们要深入理解杜威美学思想，首先要从深入分析他所阐明的经验范畴入手。

经验这一概念，西方古代哲学中早已有之。近代哲学的认识论转向，使经验问题成为哲学研究和讨论的中心问题。尽管各派对经验性质和作用的认识存在分歧，但都把经验当作主观意识，当作主体对于对象的一种认识。这实际上就是把认识的主体和认识的对象分属于两个不同的领域，将经验和自然、精神和物质的关系看作二元分立的关系。唯物主义和唯心主义在经验的来源问题上虽然彼此对立，但在把精神和物质、经验和自然分割开来上则是一致的。杜威认为，这种建立在主、客分裂二元论基础上的经验概念，是被传统哲学非经验的反思所歪曲的产物。他说：“自 17 世纪以来，这种把经验和主观自私的意识等同起来的对经验的概念，就一直和全部由物理对象构成的自然对立起来，并且大大地蹂躏了哲学。”① 他之所以要重新解释经验，就是要纠正对经验概念的误解，进而改造传统哲学二元论的思维方式。

杜威认为，经验和自然不是互相隔绝和对立的，而是互相联系和结合的。“经验并不是把人和自然隔绝开来的帐幕；它是不断地深入自然的心脏的一种途径。”② “经验是关于自然的，也是发生在自然以内的。”③ 自然是被经验的对象，当它和另一种自然对象——人的机体相联系时，就是事物如何被经验到的方式。经验就是主体和对象、有机体和环境之间的相互作用过程。杜威这种看法是以达尔文生物进化论为基础的，认为人作为生物有机体，为了生存必须对环境作出反应，并且要适应于环境。人与环境的交互作用在彼此之间确立了连

① 杜威：《经验与自然》，傅统先译，江苏教育出版社 2005 年版，第 10 页。
② 同上书，第 3 页。
③ 同上书，第 3 页。

续性，使有机体和环境、主体和对象、经验和自然连接成一个不可分割的统一整体。所以，在杜威看来，经验既不是主观对客体的认识，也不是独立的精神存在，而是主体和客体、有机体和环境的相互作用和有机统一，也就是人的行为、活动和过程。

对于经验这个不可分割的整体，杜威做了进一步的具体分析和阐明。他说：

> “经验”是一个詹姆士所谓具有两套意义的字眼。好像它的同类语“生活”和“历史”一样，它不仅包括人们做些什么和遭遇些什么，他们追求些什么，爱些什么，相信和坚持些什么，而且也包括人们是怎样活动和怎样受到反响的，他们怎样操作和遭遇，他们怎样渴望和享受，以及他们观看、信仰和想象的方式——简言之，能经验的过程。“经验”指开垦过的土地，种下的种子，收获的成果以及日夜、春秋、干湿、冷热等等变化，这些为人们所观察、畏惧、渴望的东西；它也指这个种植和收割、工作和欣快、希望、畏惧、计划，求助于魔术或化学、垂头丧气或欢欣鼓舞的人。它之所以是具有“两套意义”的，这是由于它在其基本的统一之中不承认在动作与材料、主观与客观之间有何区别，但认为在一个不可分析的整体中包括着它们两个方面。①

这里，杜威指出经验范畴的内涵包括不可分割的“两个方面”或“两套意义”。它们分别是被经验的事物和能经验的过程。杜威在其他地方也明确称这两方面为“所经验的对象和能经验的活动”、“能经验的主体和被经验到的自然”。被经验的事物，包括人们所作、所遭遇、所追求、所爱的事物，人们所观察、畏惧、渴望的东西等，属于自然和客体；能经验的活动包括人们的活动、反响、操作、渴望、享受，以及他们观看、信仰和想象的方式，人们的劳动、工作、希望、畏惧、计划、失落和欢欣等，属于人和主体。无论从对象还是从主体来看，这里所包含的内容都大大超出了传统哲学把经验仅仅看作人对客体的认识的观念。杜威认为，将一切经验过程都当作是认识的一种方式，是一种武断的“理智主义”，它和原始所经验到的事实背道而驰。因为事物在它们是被认知的对象之前，它们便已是为我们所对待、使用、作用与运用、享受

① 杜威：《经验与自然》，傅统先译，江苏教育出版社 2005 年版，第 8 页。

和保持的对象，是被享有的事物。人们并不是首先认识事物，而是拥有、使用和享受事物，由此而产生的人的意志和情感、希望与信仰等在经验中具有更重要的地位。这实际上肯定了经验包括非理性的内容。

杜威对经验的独特理解和阐释，突破了传统哲学把经验当做一个认识论概念的看法，纠正了近代哲学中居于支配地位的将人与自然、主观和客观、心灵与物质割裂分立的二元论，代表着西方现代哲学试图超越以二元对立为特征的传统形而上学的思潮。从认识和实践来看，强调经验和自然、主体和对象、主观和客观相互联系、相互作用，是不可分割的统一，确有其合理性。但是，杜威对经验的解释，是以有机体适应环境的学说作为基础的，具有明显的生物学色彩。他在否定主客、心物分裂的二元论时，也将自然和物质世界的客观存在问题排除在哲学研究范围之外。

在具体阐述经验和自然的关系时，杜威提出了两种互相矛盾的观点。一方面，他承认自然是经验的对象，不等于经验本身；经验的存在，需要以生物有机体和特殊的环境为先决条件。这实际上是肯定了经验的存在是以自然为前提，而自然界的存在是不以经验为转移的。另一方面，他又把自然界和环境的存在当作人的经验对象化了的存在，因而它们的存在要以人经验到它们为转移。他说："凡是我们视为对象所具有的性质，应该是以我们自己经验它们的方式为依归的，而我们经验它们的方式又是由于交往和习俗的力量所导致的。"① 这就是说，自然界和环境作为经验对象存在要依赖于人的经验。诚然，自然界和客观事物在人的实践中成为人的对象化的存在，但是，如果将此无限夸大，否定自然界和物质世界是不以人的意志为转移的客观存在，就会通向唯心主义。

杜威认为经验和历史、生活、文化具有同样的意义。他认同泰勒的文化概念，认为文化是一个错综复杂、变化多端的整体，包括知识、信仰、艺术、道德、习俗等等。其中，他特别重视以艺术形式表现出来的经验。正如他所说："艺术既代表经验的最高峰，也代表自然界的顶点。"② 他从经验出发研究艺术，把艺术研究当作经验范畴的运用和延伸。这样，他便从经验转向艺术，从哲学中走向美学。

---

① 杜威：《经验与自然》，傅统先译，江苏教育出版社 2005 年版，第 12 页。

② 同上书，第 5 页。

第二节　作为经验的审美和艺术的性质

《艺术即经验》是杜威的美学专著，也是实用主义美学的代表作。在本书第一章中，杜威便开宗明义，指出他的任务是要“恢复作为经验的精炼和强化形式的艺术作品与公认的构成经验的日常事件、活动和苦难之间的连续性”[①]。流行的传统艺术观念把艺术从日常经验的事物中分离出来，一味强调艺术的超脱性、精神性、独立性，使之不再同具体经验中的事物相联系，从而使人们对艺术的产生和性质形成了错觉。要建立另一种审美哲学，就必须依靠一种新的研究方法，恢复审美经验与生活的正常过程之间的延续关系，把艺术和美感与经验联系起来，从人们的日常经验中去寻找和说明艺术和美感的萌芽和根源。如果说，《经验与自然》是要纠正传统哲学对经验概念的错误理解，重建经验和自然的联系；那么，《艺术即经验》就是要纠正流行艺术哲学对艺术观念的错误认识，重建艺术和经验的联系。

杜威认为，经验是审美和艺术的萌芽，“艺术的根源存在于人的经验之中”[②]，所以必须要探寻经验的审美性质。如前所述，杜威把经验理解为作为有机体的人与周围环境的相互作用。在这种相互作用过程中，存在着人与环境相协调的丧失和统一的恢复这种周期性运动。人作为活的存在物不断地与周围的事物失去与重建平衡。“在两种可能的世界里，审美经验不会发生。在一个单是不断变动的世界中，变化不会被积累；它不是朝向一个终极的运动，因此就没有稳定和休止。可是，同样真实的是，一个完成和结束了的世界，没有暂时停止和危机等特征，也不会提供任何转化的机会。在一切都已完成之处，没有完满。”[③] 但是，人与环境的交互作用，是变化与稳定、失衡与平衡、冲突与和谐、欲望与实现的往复循环。据此，杜威指出：

---

① 杜威：《艺术即经验》，纽约，企鹅普特南出版公司 1980 年版，第 3 页。中译本可参看高建平译，商务印书馆 2005 年版；孙斌译，收入《杜威全集》第十卷，华东师范大学出版社 2015 年版。

② 同上书，第 3 页。

③ 同上书，第 16—17 页。

由于我们生活在其中的实际的世界，是运动与到达顶点、中断与重新联合的结合，所以活的生物的经验可以具有审美的性质。生命存在物不断地与周围的事物失去平衡又重建平衡。从失调（disturbance）转向和谐（harmony）的片刻是生命最强烈的片刻。[①]

就是说，在生活过程从不规则运动恢复到统一和谐的那一刻，它就获得了审美性质。“审美不是通过无益的奢侈或超验的理想而从外部侵入到经验之中的，而是属于每一个正常的完整经验之特征的清晰而强烈的发展。”[②]

为了阐明普通日常经验如何发展成审美经验，杜威提出了一个重要概念：“一个经验”（an experience）。依他的看法，由于人与环境的互动，经验不断地发生。然而，由于外在干扰或内在惰性，经验往往达不到预定目的，不能形成完整经验。与这些普通经验不同，有一种经验是真正完满的经验，这就是所谓“一个经验”。杜威解释说：

当所经验的材料走完其过程而达到完善时，我们就拥有了与上述经验不同的一个经验。那时，也只有那时，经验才在内部形成整体，并在总的经验之流中与其他经验区别开来。一件作品以一种令人满意的方式完成，一个问题得到解答，一个游戏玩结束；一种境遇，不管是吃一餐饭、玩一盘棋、做一次谈话、写一本书，或者参加一场政治活动，都会完满发展，其结果是一个圆满完成而不是一个中断。这样一种经验是一个整体（whole），并且带有自己的个性化的性质（individualizing quality）和自我满足（self-sufficiency）。它就是一个经验。[③]

这里，杜威指出“一个经验”是内部实现整合、得到完全发展的经验，具有整体性、独特性、自足性。这可以说是指出了“一个经验”与其他经验不同的具体特点。对于这些特点，他在以后的论述中多有展开。其中，最重要的是整体性，其他特性也都是由整体性产生并包含在整体性之中的。杜威认为，整体性是经验的各个部分和阶段的多样性和独特性与经验整体的统一性和完整性的结合，是多样性的统一。他说：“一个经验具有一个整体，这个整体使它具

① 杜威：《艺术即经验》，纽约，企鹅普特南出版公司 1980 年版，第 17 页。
② 同上书，第 46 页。
③ 同上书，第 35 页。

有一个名称，那餐饭、那场暴风雨、那次友谊的破裂。这一整体的存在是由渗透在全部经验中的单一的性质构成的，尽管它的组成部分是变化的。”[①] 又说，“在一个经验中，流动是从某件事到某件事。由于一部分引起另一部分，所以这一部分是继续此前的一部分，每一部分都获得一种自身的独特性。持续的整体由于强调其多种色彩的相连的阶段而呈现出多样化。”[②] 杜威进一步指出，在形成经验的整体中，情感性起着重要作用。“情感是运动和结合的力量。它选择适合的东西，再用自己的色彩渲染所选的东西，因而赋予外表上根本不同和互相区别的材料一个质的统一。因此，它在一个经验的多种多样的部分中，并通过这样的部分，提供了统一性。当整体一经这样被描绘，经验就具有了审美的特征，尽管它主要不是一种审美经验。”[③]

在杜威看来，凡是具有上述特点的完整的一个经验，便都具有了审美性质。但是一个经验却不等于审美经验。“一个经验（按其所包含的意义说）与审美经验既有相通性，也有相异性。”[④] 一个经验的审美性质虽然为审美经验提供了基础和来源，但是，审美经验却不等于一般的审美性质，而是比一般审美性质具有更高的要求。杜威并没有明确界定审美经验和具有审美性质的一个经验的区别究竟有哪些方面。但是，他用描述方法说明了一个经验成为审美经验的条件和要求：

> 在一个独特的审美经验中，那些在其他经验中属于屈从的特征取得主导地位；从属的特征变成了统治的特征，正是依靠这些特征，经验成了完整、完全而又独立的经验。[⑤]
>
> 使一个经验成为审美经验的独特之处在于，将抵抗、紧张和本身倾向于分离的刺激，转化为一种向着包容一切而又臻于完善的结局的运动。[⑥]

结合他在其他地方的阐述，可以说他认为审美经验就是具有审美性质的一个经验的特征取得了主导地位，从而使这些特征得到了清晰、强烈、集中、完

---

① 杜威：《艺术即经验》，纽约，企鹅普特南出版公司 1980 年版，第 37 页。
② 同上书，第 36 页。
③ 同上书，第 42 页。
④ 同上书，第 54 页。
⑤ 同上书，第 55 页。
⑥ 同上书，第 56 页。

善的发展。

审美经验是艺术产生和发展的基础，然而，审美经验并不完全属于艺术，艺术也不能等同于审美经验。杜威认为在英语中没有一个词明确地包含艺术的与审美的这两个词所表示的意思。艺术和审美属于两个过程。“‘艺术的’主要指生产的行为，而‘审美的’主要指感知和欣赏的行为。”① 艺术表示一个做或造的过程。每一种艺术都以某种物质材料，以身体或身体外的某物，使用或不使用工具，来做某事，从而制作出某件可见、可听或可触摸的东西。而审美是指一种鉴别、感知、欣赏的经验。它代表一种消费者而不是生产者的立场。但是，在一个经验中做与受是互相联系的，所以不能将艺术和审美之间的区别扩展到将它们分开。一方面，艺术作为生产和审美作为享受是相互支持的。“要使一部作品成为真正艺术的，它必须同时也是审美的——也就是说，适合欣赏的接受感知。”② 艺术家在制作时也将接受者的态度体现在自身中。艺术家不断地制作再制作，直到他在知觉中对他所做的感到满意为止。艺术家的直接知觉和鉴赏力指导着他去制造。所以，艺术中的生产过程与接受中的审美是有机地联系在一起的。另一方面，审美、欣赏的接受活动也不是被动性的，它与创作者的活动具有类似之处。为了进行感知和欣赏，观赏者必须创造他自己的经验。他的创造必须包括与作品创作者所经历的相类似的关系，并按照自己的观点和兴趣完成这些活动。“没有一种再创造的活动，对象就不会作为艺术作品被感知。”③ 这里，杜威区别了“艺术产品”和“艺术作品”。前者是物质的、潜在的，后者是能动的、被经验的。只有后者才可以被称为艺术。这些看法揭示了艺术和审美的辩证关系，是颇为深刻的。

由于将艺术与日常生活经验相分离，导致传统和流行的艺术理论把美的艺术高高供奉，将其与实用艺术、大众艺术彼此分割和对立起来。杜威从艺术与经验的连续性出发，反对对艺术的这种人为分割。他认为审美和实用、美的艺术和实用艺术并不存在截然的界限。对它们作出分割的观点是简单地依照对某种现存社会状况的接受作出的，是外在于作品本身的。具有实用价值的作品同样可以具有审美和艺术价值，例如黑人雕塑家所作的偶像对他们的部落群体来

① 杜威：《艺术即经验》，纽约，企鹅普特南出版公司 1980 年版，第 46 页。
② 同上书，第 48 页。
③ 同上书，第 54 页。

说具有最高的实用价值，但是，由于艺术家在制作中完美的生活与体验，它们现在是美的艺术，在20世纪对已经变得陈腐的艺术起着革新的作用。杜威还指出，把美的艺术与大众艺术分割开来是现代资本主义社会条件下形成的。一些人把博物馆、画廊、歌剧院中的作品称为大写字母A开头的艺术，奉为经典，却把大众艺术排除在艺术门外。这种区分造成了严重的后果。“当这些对象被文雅之士定评为美的艺术作品时，由于它们高高在上，人民大众就会觉得它们显得苍白无力，他们出于审美饥渴就会去寻找廉价而粗俗的东西。”① 这些论述带有艺术民主性的色彩，值得肯定。

① 杜威：《艺术即经验》，纽约，企鹅普特南出版公司1980年版，第6页。

第三节　从经验看审美和艺术的表现性

艺术的表现或表现性是艺术理论历来研究的一个重要问题。但是，如何看待感情与表现的关系以及艺术表现的性质，却一直存在分歧。其中影响较大的是表现主义和形式主义两种表现理论。前者把艺术表现看成作家、艺术家个人感情的发泄，是创作者的自我表现；后者认为艺术的表现性仅仅在于客观事物和艺术形式本身，与意义无关。杜威认真审视和批判了这些流行的表现理论，他从艺术与经验的联系出发，对艺术的表现行为（the act of expression）和表现性对象（the expressive object）重新进行了考察和研究，形成了艺术表现的新理论。

杜威认为，表现的行为根源于经验中的冲动。每一个经验，不管其重要性如何，都随着一个冲动。冲动来源于人和环境作用中产生的需要，是有机体整体的运动。冲动是任何完满的经验的最初的一步。冲动才能导致表现。但是仅仅受本能的冲动所支配的活动并不是表现。如果纯粹是冲动，那只是一次发泄。情感的发泄是表现的一个必要的但不是充分的条件。发泄是消除、排解，表现则是留住，向前发展，努力达到完满。那些被称为自我表现的活动，就其本身而言只是一种情感的发泄，不是表现。

那么，情感的发泄怎样才能转变成表现的活动呢？杜威认为必须具有两个条件。首先，情感的表现需要借助和通过材料和媒介。媒介与表现行为之间的联系是内在的。一个发泄的活动缺乏媒介，只有在材料被使用而起媒介作用时，才有表现与艺术。杜威分析说，从词源上讲，表现的行为是压出(express)。当葡萄在榨酒机中被压碎时，汁就被压出了。“要想压出果汁，既需要有葡萄，也需要有榨酒机：同样，要构成情感的表现，既需要有内在的情感和冲动，也需要有周围的、作为阻力的对象。”① 没有对于客观状况的控制，没有为了使刺激得以体现而为物质材料造型，就没有表现。杜威强调，在表现行为中，内在情感和外在材料始终是互相结合、互相作用的，二者不能分割。

① 杜威：《艺术即经验》，纽约，企鹅普特南出版公司 1980 年版，第 64 页。

他说：

> 所有关于表现行为性质的错误观点都源于这样一种看法：一个情感是在其内部完成的，只有在其表露出来以后，才会对外在的材料施加影响。但实际上，一个情感总是朝向、来自或关于存在于事实中或者思想中的某种客观的事物。①

在表现活动中，情感发挥着对所呈现的材料进行选择和结合的引导作用。情感就像磁铁一样将适合的材料吸向自身。对材料的选择和组织，既是所经验到的情感的性质的一个功能，也是对它的一个检验。在与客观材料相互作用过程中，内在情感也发生了很大变化。总之没有情感，就没有艺术：但如果直接显示，尽管有情感而且很强烈，其结果也不是艺术。情感只有在间接地被使用在寻找材料上，并被赋予秩序，而不是被直接发泄时，才会被充实并向前推进。“审美情感是通过对客观材料的发展和完成而转化了的天然情感。”② 这样的一种情感的“客观化”就是审美和艺术的表现。

其次，情感的表现需要融入先在经验所赋予的价值和意义。杜威认为，没有一种从内向外的情感发泄就没有表现，但是，所发泄的情感“必须通过接受先在经验所赋予的价值以进行清理，才能成为一个表现行动”。他举例说，一个婴儿的哭与笑，与他转头去追逐光线一样，没有表现什么。当这个婴儿长大后，他知道特定的动作造成不同的结果，哭与笑带来周围人不同反应。因此，他开始知道他所做的动作的意义，这时他就具有了做出真正的表现行为的能力。在艺术表现活动中，存在着一种当下具体存在的特征与过去经验已经在人格中加以吸收的价值之间的紧密联系。杜威分析道：

> 当对于题材的激动走向深入时，它便激起了许多来自先前经验的态度与意义。它们在被唤醒进入活动以后，就成为有意识的思想与情感，成为情感化的意象（emotionalized images）。③

所以，在情感的表现中，融汇着思想和意义，它们是一种“情感化的思维”或“情感化的思想”。这种直接依据色彩、语调、图像所作的思维，是与用语词所作的思维不同的运作过程。艺术表现的价值和意义只能由直接可见与

---

① 杜威：《艺术即经验》，纽约，企鹅普特南出版公司 1980 年版，第 66—67 页。

② 同上书，第 79 页。

③ 同上书，第 65 页。

可听的性质来表现，不能从它们可被用语词表达的含义上来问它们具有什么意义。这里，既肯定了艺术表现中思想与情感的关联，又指出了艺术表现中意义和情感与具体形象融合为一的特点。特别是情感化的意象、情感化的思维等提法，显示了艺术表现的思维特点，颇为可取。

在考察和分析了表现行为之后，杜威又考察和研究了表现行为的结果即作为艺术作品的表现性对象。作为个人活动的表现行为与作为客观结果的表现性对象是有机联系在一起的。在分析表现行为时，杜威批判了认为表现仅仅是个人情感发泄过程的观念，而在分析表现性对象时，他又批评了主张艺术对象纯然是已经存在的其他对象的再现的理论。他指出，艺术对象并不是原有对象本身的再现，即像照相机那样如实地再现自然景观中的物体。精确地再现一个具体物体，在表现性上必然是有限的。它们或者只是如像人们有时说的那样“现实主义地”表现一个事物，或者表现一般化的事物的种类，通过它们我们认识到所属的物种——人、树、圣徒，或其他什么事物。这不是艺术表现具有的性质。艺术知觉不是仅仅再现客观对象本身，而是主客体相互作用的结果，是实际的景观与艺术家带入的东西相互作用后产生的应变量。它所提供的是艺术家自身所经历的关于这个世界的一个新经验。艺术家先前的经验方面和状态被熔铸进了他创造的新经验的对象之中，从而给予新创造的对象以表现性。杜威以凡·高描绘罗纳河铁桥的绘画为例，分析艺术家的内在情感与外部事物如何融合在一个体现新经验、具有独特意义的对象中，从而形成艺术对象的表现性，说：

> 这幅画不是仅仅对罗纳河上的那座特定的桥的“再现”，也不是对一颗破碎的心，甚至不是对凡·高自己凄凉的情感的“再现”，这凄凉情感首先不知何故被刺激起来，然后又被景色吸收（并进入）于其中。他的目的是，通过对任何在场的人可能“观察”到的、成千上万的人已经观察过的材料进行绘画的呈现，从而提供一种如同具有其自身的独特意义的新的经验对象。情感的骚动与外部事件融合在一个对象中，它的“表现性”既不是体现为两者的分离，也不是体现为两者的机械结合，而是体现在“彻底地使人心碎”的意义上。他并没有倾泻这种凄凉的情感；这是无法做到的。他用某种相当特别的眼光选择并组合了一个外在题材——这就是表现。并且，就他成功完成的程

度而言，这幅画必然是表现性的。①

这段叙述可以说把艺术表现性形成的原因和内在机制精妙而又深入地揭示出来了。

杜威指出，正确理解艺术对象中直接感性材料与由于先前经验而与它结合的材料之间的关系问题，是正确认识对象表现性问题的核心。由于看不到两者是内在的和固有的整合，导致了两个相互对立却同样错误的关于表现的性质的观念。一种观念认为，审美的表现性仅仅属于直接的感性形式，与所表现的题材和意义无关。这就是弗莱倡导的形式主义理论。这种理论把绘画的审美表现性归结为属于线条和色彩本身。对此，杜威批评道："在一位艺术家能够依据他的绘画中色彩和线条关系的特点而重构他面前的景色之前，他先要依据由先前经验将意义和价值引入其中的感知来观察景色。"② 艺术家对于景色的重构，不能排除他过去与环境交往中所提供的意义，他对各种题材先前的经验已经熔铸进新审美视觉的再造之中。"不同的线条和不同的线条关系在下意识中已经充满着价值，这些价值是我们在每一次与周围世界接触时的所作所为而形成的。绘画中的线条与空间关系的表现性只有在这个基础上才能被理解。"③ 这种批评和分析的确是相当深刻的。与此相对立的另一种错误观念，是否认直接的感觉性质具有任何表现性，而将表现性完全归因于所联想到的材料，如浮龙·李的移情说。对此，杜威也给予了批评。他指出："艺术对象的表现性应归于这样一个事实，即它呈现出一种经受材料与行动材料的彻底而完全的相互渗透，而行动材料包括对来自我们过去经验的材料的重新组织。因而，在这种相互渗透中，行动材料不是通过外在的联想的方式，也不是通过强加在感觉性质上的方式而增添的材料。"④ 如果过去的经验材料没有与艺术作品的直接感性性质融为一体，它们就只是外在的联想和提示，而不是对象本身的表现性的一部分。

总的看来，杜威从审美和艺术的经验性质出发，对审美和艺术的表现性做

① 杜威：《艺术即经验》，纽约，企鹅普特南出版公司，1980 年，第 86 页。

② 同上书，第 89 页。

③ 同上书，第 101 页。

④ 同上书，第 103 页。

了新的探索和阐述，构建了独特的表现理论。它比较深入地揭示了艺术表现的特殊规律和审美特点，颇具启发性。对于艺术表现中主体与客体、情感与材料、情感与思想、表现与再现、形式与意义等关系的论述，也比较全面、辩证、深刻，多有可圈可点之处。它在杜威艺术理论中是比较精彩的部分。

第四节　思想价值与当代意义

综上所述，杜威《艺术即经验》一书的主旨，是要从经验出发重新审视艺术的性质、特征和作用，恢复艺术和经验、审美经验和日常经验、审美情感和日常情感之间的有机联系和统一，以纠正将艺术和审美与普通经验和日常生活隔离分裂的传统和流行艺术观念。正是这一主旨，集中体现出杜威美学思想的创造性。他从各个方面对艺术问题展开的论述都是围绕着这一主旨，并由此获得了新的视点。杜威认为传统和流行的各种美学和艺术理论都是从艺术本身和抽象的艺术概念出发，去寻找艺术问题的解答，而他要提出新的理论，必须采用新的研究方式。他说："为了理解艺术产品的意义，我们必须暂时忘记它们，避开它们，以求助于经验的普通力量与条件；通常情况下，我们并不把这样的力量和条件看作是审美的。我们必须通过绕道，已达到一种艺术理论。"① 正是这种从经验出发的新的美学研究方式，引出了一系列与传统艺术观念迥异的理论结论。

和以往的艺术理论不同，杜威在《艺术即经验》中并没有对艺术是什么作一个抽象概括、表述明确的定义，他对艺术性质的界定主要是用描述的方法，用众多的事例和反复的论证对艺术的经验性质和特征进行描述性的阐述。这使得他的许多论述缺乏概念的明晰性和逻辑的严密性。正是这一点，受到致力于艺术概念分析和看重逻辑性的分析美学家的诟病。但是，杜威对艺术定义的回避，从另一方面看也使他的艺术论说具有广泛包容性和开放性。正如门罗·C.比尔兹利所说，《艺术与经验》"极富于启发性"，"每一次重新读它，都会产生意外的新见识"②。它的更重要价值与其说在于个别理论和结论，不如说在于观察艺术的视角和研究艺术的路径。正是后者使他的理论不仅在当时而且在今天仍然具有特殊价值。

---

① 杜威：《艺术即经验》，纽约，企鹅普特南出版公司 1980 年版，第 4 页。

② 门罗·C.比尔兹利：《美学简史：从古希腊至当代》，麦克米伦公司 1966 年版，第 332 页。

杜威把艺术和审美纳入经验范畴，强调艺术和审美与日常生活经验的连续性，扩大了人们对艺术和审美认识的视野，拓展了美学和艺术研究的对象和范围，为艺术发展开辟了广阔的空间，因而对美学和艺术理论建设、对艺术实践发展都具有重要的作用和影响。尽管在 20 世纪中叶，由于分析美学在西方和美国的盛行，杜威的美学曾经一度被冷落，但是，从 20 世纪末叶以来，西方美学和艺术理论家又将目光投向杜威美学。这和西方当代艺术和审美实践发生的巨大变化和新的转向有着密切关系。

从 20 世纪下半叶以来，随着时代条件的变化，从西方开始，在审美和艺术领域发生了许多新的、重要的转变，致使美学和艺术研究产生转向。首先是艺术日常生活化打破艺术与非艺术的壁垒，引起关于艺术边界问题的大讨论。20 世纪下半叶开始，波普艺术、行动绘画、人体艺术、大地艺术、环境艺术、观念艺术、照相写实主义艺术等西方现代艺术和后现代艺术流派先后登场，其共同特点是向传统艺术概念发起挑战，企图突破传统审美和艺术范畴，打破艺术与实际生活的界限，推动艺术日常生活化。艺术的触觉伸展到过去人们并不认为是艺术的层面，使如何重新界定艺术与非艺术的界限成为一个无法回避的理论问题。分析美学试图以现代和后现代艺术实践为基础重新确立艺术的边界。阿瑟·丹托和乔治·迪基把沃霍尔的《布里洛盒子》和杜尚的《泉》（两者都把日常用品置入博物馆或画廊展览而称为艺术品）作为案例进行分析，提出了“艺术界”理论和“艺术惯例”说，但至今未得到美学和艺术理论界的共识。其次是日常生活审美化填平生活审美与艺术审美的鸿沟，使美学研究领域扩大并转向实际生活。随着现代工业创意设计的发展，人们的衣食住行都渗透着美的观念。审美的态度渗透在大众日常生活的各个层面，审美经验大大超越了艺术的范围，与人们的日常生活经验融为一体。这就是后现代主义所谓的“审美泛化”。随着审美活动和审美经验领域的扩大，美学的疆域也得到极大的扩展，包括日常生活美学、环境美学、生态美学、身体美学等名目的实用美学成为美学研究的新热点。再次是大众文化和文化产业与艺术相互渗透，消除高雅艺术与大众艺术的界限，形成艺术走向大众和生活的新方式和新形态。大众文化的崛起是后现代时期的一大文化景观，美国文化批评家詹明信称它为“审美的民本主义”。他说：“在现代主义的巅峰时期，高等文化跟大众文化（或称商业文化）分别属于两个不同的美感经验范畴，今天，后现代主义把两者之间的界限彻底取消了。后现代主义为我们今天的文化带来一种全新的文本——其内容形式及经验范畴，皆与昔日的文化产品大相径庭。”① 在当代科技条件下，借助于大众传媒技术，精英艺术与大众艺术之间的界限被消融了。大众艺术和文化产业互为推手。文化产业的发展，使艺术由手工制作变为机械复制和大批量生产，为艺术走向大众、走向社会、走向日常生活开辟了广阔的道路。伴随信息技术产生的网络影视、网络音乐、网络动漫、网络文学等文艺新形态，给人们带来全新的审美体验。

面对上述审美和艺术实践中产生的新变化和出现的新问题，美学和艺术研究必须从理论上作出新的阐释和回答。对于如何理解正在发生的艺术日常生活化与日常生活审美化的变化进程来说，杜威的美学思想无疑是一把合适的钥匙。因此，一些美学家和艺术理论家在构建新的美学和艺术理论中，不约而同地回到杜威的美学思想中去寻找思想资源，并从新的审美和艺术实践需要出发，对杜威的美学思想进行新的阐释。接受美学的创始人汉斯·罗伯特·耀斯在《审美经验与文学解释学》中探讨了“关于审美经验和日常现实世界中其他意义领域之间的关联”问题。这与杜威探讨的主题几乎是相同的。作者称赞“《艺术即经验》一书是审美经验领域的一项开创性成果”。他通过对杜威关于审美经验与日常经验关系的理论的分析和评论，重新探讨了日常生活中审美经验的地位、特征和界定问题。他认为审美经验不仅和艺术相关联，也与日常世界具有密切联系。“审美经验可以与日常世界或者任何现实进行交流，并能够消除虚构和现实之间的对立。”② 这无疑是杜威美学思想的发展。美国当代实用主义美学家、身体美学的倡导者理查德·舒斯特曼坦承杜威的美学思想对他的理论产生了最大的影响。在《实用主义美学》一书中，他重新审视了杜威旨在恢复审美经验同生活的正常过程之间连续性的审美自然主义，认为杜威的连续性美学，揭示了艺术与生活、美的艺术与实用艺术、高级艺术与通俗艺术、时间艺术与空间艺术、审美的与认识的和实践的等传统二分观念在根本上的连续性，是对当代审美和艺术实践的最好辩护。他说：“重新思考艺术即经验，激发我努力为大众文化的艺术合法性进行辩护，而且，通过把生活塑造成艺术

---

① 詹明信：《晚期资本主义的文化逻辑》，陈清侨等译，三联书店、牛津大学出版社1997年版，第424页。

② 汉斯·罗伯特·耀斯：《审美经验与文学解释学》，顾建光等译，上海译文出版社1997年版，第184页。

的样式，它也能给生活之美的伦理理想打下基础。艺术不再局限于某种在传统上有特权的形式和媒体（由历史上艺术过去的实践所认可和统治），作为审美经验的有目的的生产，艺术变得更值得向未来的在大量不同生活经验的素材中的实验开放，对这些生活经验进行审美塑造和美化。”① 这可说是对杜威美学当代价值的最好注脚。

杜威的美学思想强调审美和艺术与经验的连续性，强调艺术与生活不可分割的联系，并从经验出发解释艺术的来源、性质和特征，丰富了西方美学和艺术理论。其中符合艺术客观规律的观点和论述，是我们构建美学和艺术理论可供借鉴的思想资料。但是，他用人的经验的对象代替客观存在的现实世界，因而无法理解艺术是对客观现实的审美反映这一本质特征。他强调审美经验和日常经验的连续性，却没有明确地指出审美经验的要素是什么，以及它与其他经验有何不同。在强调艺术同日常生活的联系时，他没有充分认识到艺术既源于生活又高于生活的基本规律。对于科学的美学和艺术理论来说，杜威美学的局限性也是十分明显的。

① 理查德·舒斯特曼：《实用主义美学》，彭锋译，商务印书馆2002年版，第86页。

第十六章

存在主义的艺术哲学

——海德格尔的《艺术作品的本源》

在西方20世纪存在主义哲学的形成和发展中，德国哲学家海德格尔(Martin Heidegger，1889—1976)无疑是最具代表性、最有影响的人物。海德格尔早年就读于弗赖堡大学并获得博士学位，后历任马堡大学、弗赖堡大学教授。1933年希特勒上台后，被任命为弗赖堡大学校长。1945年从弗赖堡大学退休后专事著述。海德格尔一生学术著作很多，其学术思想发展变化也很大。20世纪20年代末，他发表了代表作《存在与时间》(1927)，认为人是领悟自身之存在的存在者，是"此在"，它是追问存在的意义问题的出发点，建立了通过对"此在"的生存状态分析寻求存在的意义的基础存在论。20世纪30年代初期起，海德格尔思想发生"转向"。他从对"此在"的生存状态的分析转到侧重于阐述存在的意义之被遗忘的过程，突出讨论了"存在之真理"问题。这期间主要著作有《柏拉图的真理学说》(1942)、《论真理的本质》(1943)等。以1947年发表的《关于人道主义的书信》为开端，海德格尔明确提出存在的更深刻的根源在于"天道"的显露，追问存在的意义问题也就成了"天道"的探寻。这一时期主要著作有《林中路》(1950)、《走向语言之途》(1959)等。

海德格尔作于20世纪30年代的《艺术作品的本源》(1950年收入《林中路》正式出版)，是他美学思想的代表作，集中而完整地表达了他对艺术本质问题的看法。他在这部著作的开头说："对艺术作品之本源的追问就是追问艺术作品的本质之源。"① 这是海德格尔美学思想的主题。通过对艺术本质的追问去思考和认识艺术之谜，是他在这部著作中所要达到的目的。海德格尔对艺术问题的思考是从他的存在论哲学和真理观出发的，他探讨艺术本质问题的思维方式迥异于西方传统美学，所提出的艺术本质的理论几乎前所未有，因而在20世纪以来的西方美学发展史上，受到高度关注和重视。

① 海德格尔：《林中路》，孙周兴译，商务印书馆2015年版，第1页。

第一节　探索艺术本源的新路径

海德格尔为什么要探讨艺术问题？他对艺术本质的追问基本思路是什么？他探讨艺术问题的路径和传统美学有什么根本区别？要了解这些问题，必须首先了解海德格尔的基础存在论哲学以及后期哲学思想的转向。

海德格尔在其前期哲学代表著作《存在与时间》中建立了基础存在论。他认为西方传统形而上学仅仅将目光聚焦于存在者，而遗忘了存在是什么，致使存在的意义仍然隐藏在晦暗中。而存在论的基本任务，就是要澄清存在的意义。它不是追问存在者是什么，而是追问存在者怎样存在。如何去掇取存在的意义呢？海德格尔认为必须从"此在"出发。"此在"是海德格尔哲学的独特的、关键的术语，它其实就是指人这种存在者。确立此在的"优先地位"，通过对此在特加阐释以进入存在，便是海德格尔存在论的基本思路。他把此在的存在称为生存，着重分析了此在的基本结构——"在世"，认为此在与世界处于不可分割的联系之中，由此对以主客二分为基本特点的传统形而上学作了批判。但他认为世界的存在完全依赖于人的存在，又陷入了主观主义，终究未能跳出主体形而上学。

海德格尔后来自觉感到出现的问题，开始了后期的哲学思路的转向，从前期从此在出发追问存在，着重于对此在的生存状态的分析，转到着眼于存在本身，集中探讨存在之真理。由此，"存在之真理"问题成为他在 20 世纪三四十年代思考和研究的哲学主题。海德格尔对艺术本质问题的思考和探讨，就是围绕着存在之真理问题展开的，他以存在之真理的思考为基础研究艺术，同时也以艺术研究论证和丰富对存在之真理的哲学思考。

正是由于海德格尔研究艺术的出发点和哲学基础完全不同于传统美学，所以他探讨艺术本质的路径也迥异于传统美学。传统美学的艺术本质论是以主客二分的认识论为基础的，而这恰恰是海德格尔的存在论所批判的。传统美学对艺术本质的探究要么从既定的概念出发，要么从主体的体验出发。在海德格尔看来，这两条路都不能达到目的。从概念或理念出发的艺术研究在西方长期占有统治地位。黑格尔的美学便是根据形而上学而做的沉思。但海德格尔认为这样从基本原理和更高级概念做出推演，是得不到艺术的本质的。“因为这种推演事先也已经看到了那样一些规定性，这些规定性必然足以把我们事先就认为是艺术作品的东西呈现给我们。”① 至于另一种途径，海德格尔称之为“美学的考察”。美学把艺术作品当作一个对象，而且把它当作 aisthesis 的对象，即广义上的感性知觉的对象，这种知觉称为体验。于是，“人体验艺术的方式，被认为是能说明艺术之本质的”②。实际上，这类谈论所用的语言“并不认真对待一切本质性的东西”，往往只不过是一些肤浅的论述。

在《存在与时间》中，海德格尔称自己的哲学探索是现象学存在论，他对胡塞尔的现象学做了存在论的改造，使之成为存在论的方法。他在《艺术作品的本源》中探索艺术本质，用的就是现象学方法，排除了既定的理论和经验，“面向事情本身”，即存在本身。研究艺术现象，必然涉及三个方面：艺术家、艺术作品和艺术。海德格尔首先从分析三者的关系入手，寻找探究艺术本质的切入点。艺术家、艺术作品、艺术三者互相循环、互为本源。艺术家是作品的本源。作品是艺术家的本源。艺术家和作品都通过一个第一位的第三者而存在，那就是艺术。但艺术和作品也是互为依赖、互相循环的，双方都只能从对方获得答案。于是，我们只能在艺术无可置疑地起现实作用的地方寻找艺术的本质。海德格尔说：“为了找到在作品中真正起支配作用的艺术的本质，我们还是来探究一下现实的作品，追问一下作品：作品是什么以及如何是。”③

海德格尔认为，为了找到真实的艺术，必须找到艺术作品直接的和全部的现实性，必须弄清作品的物因素。“所有作品都具有这样一种物因素。”④ 在建筑中有石质的东西，在绘画中有色彩的东西，在语言作品中有话音，在音乐中有声响。作品的物因素是本真的东西筑居于其上的基础。为了弄清作品的物因素，必须弄清物之存在，亦即物之物因素。通常所说的物是指自然物和用具，纯然物即本真的物，是连用具也排除在外的。西方思想对物之物性的解释概括起来有三种，即物是其特征的载体；物是感官上被给予的多样性之统一体；物

① 海德格尔：《林中路》，孙周兴译，商务印书馆 2015 年版，第 3 页。
② 同上书，第 73 页。
③ 同上书，第 3 页。
④ 同上书，第 4 页。

是具有形式的质料。海德格尔对其逐一进行了考察分析，认为这三种解释都没有把握物因素的本质，不足以用来把握作品的物性因素。流行的关于物的概念阻碍了人们去发现物之物因素、器具之器具因素，当然也就阻碍了人们对作品之作品因素的研究。为此，应该回转到存在者那里，从存在者之存在的角度去思考存在者本身。长期以来，在对存在者的解释中，器具存在一直占据着十分重要的优先地位。器具是通过我们人自己的制作而进入存在的，在物与作品之间占取了一个特别的中间地位。要认识物之物因素和作品之作品因素，首先要找出器具之器具因素。

海德格尔指出，要找到器具之器具因素，就要径直去描绘一个器具。为此，他选了一双农鞋作为例子。但这不是一双农鞋的实物，而是凡·高的一幅画着农鞋的著名油画。按照常识，器具的器具存在就在其有用性中。但是，在凡·高的画上除了一双农鞋再无别的，这双农鞋的用处和所属只能归于无。然而，面对画上的这双农鞋，我们却进入了另一个天地。海德格尔描写道：

> 从鞋具磨损的内部那黑洞洞的敞口中，凝聚着劳动步履的艰辛。这硬邦邦、沉甸甸的破旧农鞋里，聚集着那寒风料峭中迈动在一望无际的永远单调的田垄上的步履的坚韧和滞缓。鞋皮上粘着湿润而肥沃的泥土。暮色降临，这双鞋底在田野小径上踽踽而行。在这鞋具里，回响着大地无声的召唤，显示着大地对成熟的谷物的宁静的馈赠，表征着大地在冬闲的荒芜田野里朦胧的冬眠。这器具浸透着对面包的稳靠性的无怨无艾的焦虑，以及那战胜了贫困的无言的喜悦，隐含着分娩阵痛时的哆嗦，死亡逼近时的战栗。这器具属于大地（erde），它在农妇的世界（welt）里得到保存。[①]

海德格尔进一步分析指出，凡·高的油画揭开了这器具即一双农鞋真正是什么。“器具之本质存在”，即农鞋这个器具的存在意义，我们称之为可靠性。凭借可靠性，这器具把农妇置入大地的无声的召唤之中，农妇才把握了自己的世界。于是，这个存在者进入它的存在之无蔽之中。古希腊人把存在者之无蔽状态命名为 ἀλήθεια，即我们所说的真理。在艺术作品中存在者是什么和存在者如何被开启出来，存在者走进了它的存在的光亮里，作品的真理就出现了，

---

① 海德格尔：《林中路》，孙周兴译，商务印书馆 2015 年版，第 20 页。

存在者的真理便已被置入其中了。据此，海德格尔认为，“艺术的本质或许就是：存在者的真理自行设置入作品。”① 这样，通过现象学存在论方法，从寻求艺术作品的现实性出发，回到存在者，海德格尔重新对艺术的本质做出了界定。

① 海德格尔：《林中路》，孙周兴译，商务印书馆2015年版，第23页。

第二节 艺术本质：存在者之真理自行设置入作品

艺术的本质是存在者之真理自行设置入作品，换言之，艺术就是设置入作品的存在者之真理。这可以说是海德格尔首创的存在论的艺术定义。这个定义的核心是作品与真理、真理与艺术的关系。因此，要深入理解这一艺术定义，需要弄清作为艺术而发生出来的真理本身究竟是什么？真理在作品中如何可能发生？真理自行置入作品是什么意思？这些问题正是海德格尔在《艺术作品的本源》中所论述的重点问题。

我们在前面指出，海德格尔对艺术问题的思考是围绕存在之真理问题展开的，而存在之真理问题是他于 20 世纪 30 年代思想转向后的哲学主题。在作于 20 世纪 30 年代初的《论真理的本质》中，海德格尔全面批判了传统的、流俗的真理概念，明确提出了存在主义真理观。他说："'真理'并不是正确命题的标志，并不是由人类'主体'对一个'客体'所说的、并且在某个地方——我们不知道在哪个领域——'有效'的命题的标志；不如说，'真理'乃是存在者之解蔽，通过这种解蔽，一种敞开状态才成其本质（west）。"① 长期以来，传统哲学都是从认识论来讲真理，真理便意味着知识与事实的符合一致，表达知识的命题与事实的符合一致被当作真理的本质。海德格尔认为这种真理的本质是未曾被经验和未曾被思考过的东西。如果事实本身没有处于无蔽领域之中，它又怎样能显示自身，命题又如何能与事实相一致呢？他追索西方思想的开端，认为希腊词语 ἀληθεια 即存在者之无蔽状态，就是我们所说的真理。"真理是存在者之为存在者的无蔽状态。"② 按照海德格尔的理解，真理是作为澄明与遮蔽的原始争执而发生的，澄明与遮蔽的原始争执就是存在之真理。"就其本身而言，真理之本质即是原始争执。"③ 在这种原始争执中，发生在存在者整体中的敞开的中心被争得了。在存在者整体中间有一个敞开的住所，一种

① 海德格尔：《海德格尔选集》（上），孙周兴选编，上海三联书店 1996 年版，第 225 页。

② 海德格尔：《林中路》，孙周兴译，商务印书馆 2015 年版，第 75 页。

③ 同上书，第 45 页。

澄明。唯当存在者站进和出离这种澄明的光亮领域之际，存在者才能作为存在者而存在。由于这种澄明，存在者才在确定的和不确定的程度上是无蔽的。存在者之无蔽即存在者之真理源于存在之真理。所以，存在者之真理也是一种争执。在这种争执中，存在者整体之无蔽亦即真理被争得了。

那么，在艺术作品中真理作为这种无蔽是如何发生的呢？海德格尔认为，艺术作品建立一个世界和制造大地，世界和大地按其自身各自的本质形成争执，从而进入澄明与遮蔽的争执之中，作品因之是那种争执的实现过程，在这种争执中存在者之真理便在作品中自行发生了。

对此，海德格尔选择了一件建筑作品——希腊神庙加以具体描述和说明。希腊神庙单朴地置身于巨岩满布的岩谷中。这个建筑作品包含着神的形象，并且在这种隐蔽状态中，通过敞开的圆柱式门厅让神的形象进入神圣的领域。贯通这座神庙，神在神庙中在场。

> 正是神庙作品才嵌合那些道路和关联的统一体，同时使这个统一体聚集于自己周围；在这些道路和关联中，诞生和死亡，灾祸和福祉，胜利和耻辱，忍耐和堕落——从人类存在那里获得了人类命运的形态。这些敞开的关联所作用的范围，正是这个历史性民族的世界。出自这个世界并在这个世界中，这个民族才回到它自身，从而实现它的使命。①

这个建筑作品阒然无声地屹立于岩石上。作品的这一屹立道出了岩石那种笨拙而无所促迫的承受的幽秘，同时也照亮了人在其上和其中赖以筑居的东西。海德格尔将它称之为“大地”。“神庙作品阒然无声地开启着世界。同时把这世界重又置回到大地之中。”② 通过对神庙作品的描述，海德格尔认为，建立一个世界和制造大地，乃是作品之作品存在的两个基本特征。

这里需要弄清楚海德格尔所说的世界和大地的内涵是什么。“世界”这一术语最早出现在《存在与时间》一书中。书中通过对此在在世的分析，对世界提出了一种新的解释，认为世界是此在本身的一种性质，“世界本质上是随着

① 海德格尔：《林中路》，孙周兴译，商务印书馆2015年版，第29—30页。

② 同上书，第30—31页。

此在的存在展开的”[①]。所以，世界离不开人。转向之后的海德格尔虽然更多着眼于存在本身而非此在，但他这里所讲的世界仍然脱离不了人的内容。他说：“世界是自行公开的敞开状态，即在一个历史性民族的命运中单朴而本质性的决断的宽阔道路的自行公开的敞开状态。”[②] “由于一个世界开启出来，世界就对一个历史性的人类提出胜利与失败、祝祷与亵渎、主宰与奴役的决断。”[③] 可见，世界关乎历史性民族和人类的命运，关乎人的历史和生存。一块石头是无世界的。植物和动物同样也没有世界。相反，凡·高画中的农妇却有一个世界，因为她居留于存在者之敞开领域中。神庙赋予人类以他们自身的展望，所以才开启了一个世界。“大地”一词德文原文中包括土地、地球等含义。海德格尔这里使用它，既有自然物的意思，也有构成艺术作品的质料的意思。他说：“在被当作对象的作品中，那个看来像是流行的物的概念意义上的物因素的东西，从作品方面来了解，实际上就是作品的大地因素。”[④] 又说，“作品把自身置回到石头的硕大和沉重、木头的坚硬和韧性、金属的刚硬和光泽、颜料的明暗、声音的音调和词语的命名力量之中。作品回归之处，作品在这种回归中让其出现的东西，我们称之为大地。”[⑤]

海德格尔进一步指出，在艺术作品中，世界和大地由于各自本性而形成对立和争执。世界是敞开领域和敞开状态。大地的本质是自行锁闭。世界不能容忍任何锁闭，因为它是自行公开的东西。大地是庇护者，它总是倾向于把世界摄入它自身并扣留在它自身中。世界和大地本质有别，互相争执，但却相依为命，相互统一。世界建基于大地，大地穿过世界而涌现出来。作品建立一个世界并制造大地，同时就完成了这种争执。作品因之成为澄明与遮蔽的争执的实现过程，在这种争执中，存在者整体之无蔽亦即真理便被争得了。

> 在神庙的矗立中发生着真理。这并不是说，在这里某种东西被正确地表现和描绘出来了，而是说，存在者整体被带入无蔽状态并保持于无蔽状态中。……在凡·高的油画中发生着真理。这并不是说，在

---

① 海德格尔：《存在与时间》，陈嘉映、王庆节合译，三联书店 1999 年版，第 233 页。

② 海德格尔：《林中路》，孙周兴译，商务印书馆 2015 年版，第 37 页。

③ 同上书，第 54 页。

④ 同上书，第 61 页。

⑤ 同上书，第 35 页。

此画中某种现存之物被正确地临摹出来了，而是说，在鞋具的器具存在的敞开中，存在者整体，亦即在冲突中的世界和大地，进入无蔽状态之中。①

由此，海德格尔从作品建立世界和制造大地——世界与大地争执——存在者整体之无蔽，顺理成章地完成了对“作品的本质就是真理的发生”这一命题的逻辑推论，并划清了存在论艺术本质观与认识论艺术本质观的根本区别。

海德格尔对世界与大地构成艺术作品的两个基本特征，世界与大地互相争执又互相统一，并在争执中显示存在者之真理的论述，可以说是他关于艺术本质理论中最富有创造性的部分，它不但从观点、概念到话语都是以前的艺术理论中所没有的，而且其中涉及艺术作品中物与人、象与意、隐与显等多个对立方面的辩证统一关系，其含义非常深刻，对我们深入理解艺术本质特征很有启发意义。

① 海德格尔：《林中路》，孙周兴译，商务印书馆2015年版，第46页。

第三节　艺术作品的创作、保存及诗意

结合艺术本质是存在者之真理自行置入作品这一基本规定，海德格尔探讨了艺术的创作、保存和诗意问题，借此也进一步具体论述了真理是如何在作品中自行发生和生成的。

按照海德格尔的理解，真理之发生就是真理在通过真理自身敞开的争执和领地中设立自身。真理并非事先在某处自在地现存着，然后再在某个地方把自身安置在存在者中去。真理在生成之中。敞开性之澄明和在敞开中的设立是共属一体的。它们是真理之发生的同一个本质。真理发生有许多种方式。真理把自身设立于由真理开启出来的存在者之中的一种根本性方式，就是真理自行设置入作品。此外，真理设立自身的方式还有建立国家的活动、本真生活、本质性的牺牲（宗教）和思想者的追问（哲学）。由于真理的本质在于把自身设立于存在者之中从而才成其为真理，所以在真理的本质中存在着与作品的牵连，作品乃是真理本身得以在存在者中间存在的一种突出可能性。

海德格尔指出，作品中真理之发生需要创作参与。创作是什么？创作的本质是由作品的本质决定的。作品的本质就是真理的发生。在作品中真理之发生起着作用，所以，“我们就可以把创作规定为：让某物出现于被生产者之中。”① 真理之进入作品的设立是一个存在者的生产。“当生产过程特地带来存在者之敞开性亦即真理之际，被生产者就是一件作品。这种生产就是创作。作为这种带来，创作毋宁说是在与无蔽状态之关联范围内的一种接受和获取。”② 可见，海德格尔所说的创作，并非我们通常理解的艺术家的创作活动，即艺术家对生活素材进行构思和加工以塑造艺术形象并使其对象化。他所谓创作就是真理把自身设立于作品的生产过程。生产过程把存在者置入敞开领域带来存在者之真理，作为这种带来，创作是对存在之真理的一种接受和获取。

海德格尔分析说，通过创作而生产的作品的被创作存在，具有以下两个特

① 海德格尔：《林中路》，孙周兴译，商务印书馆 2015 年版，第 51 页。

② 同上书，第 54 页。

性。其一，作品的被创作存在通过裂隙（Riβ）让真理被固定于形态之中。真理作为世界与大地的争执被置入作品中。争执将存在者本身带入裂隙，裂隙是描绘存在者之澄明的涌现的基本特征的剖面图。在作品创作中，作为裂隙的争执必定被置回到大地之中并且被固定起来，这种争执乃是形态（Gestalt）。“作品的被创作存在意味着：真理之被固定于形态中。”① 大地与世界的争执在作品的形态中固定下来，并通过这一形态才得以敞开出来。其二，作品的被创作存在由冲力而构成唯一性。在艺术作品中，被创作存在本身以特有的方式被寓于作品中，从创作品中突现出来。“在艺术家以及作品形成的过程和条件都尚不为人知的时候，这种冲力，被创作存在的这个‘如此’（Daβ），就最纯粹地从作品中出现了。”② 作为这个“如此”的无声的冲力进入敞开领域中。这种冲力越是本质性地进入敞开领域中，作品就变得越是令人意外，越是孤独。那唯一性，即作品存在着这一事实的唯一性，也就愈加明朗。虽然海德格尔的上述分析使用了生僻难懂的词语，但它指出被创造的作品存在具有形态化和唯一性的特点，对于深入认识艺术创作的基本规律和特点还是颇具启发性的。

海德格尔进一步指出，被创造的作品存在不但需要创作，而且需要保存。如果作品没有被创作便无法存在，因而本质上需要创作者；同样地，如果没有保存者，被创作的东西也将不能存在。唯有保存，作品在其被创作存在中才表现为现实的，亦即作品式地在场着的。“作品之保存意味着：置身于在作品中发生的存在者之敞开性中。”③ 作品之保存并不是把人孤立于其私人体验，而是把人推入与在作品中发生着的真理的归属关系中，逗留于在作品中发生的真理那里。海德格尔所说的作品的保存，类似于我们通常所说的作品的接受。但他认为保存并非对作品的欣赏、体验和享受。保存并没有把作品强行拉入纯然体验的领域。“在保存意义上的知道与那种鉴赏家对作品的形式、品质和魅力的鉴赏力相去甚远。”④ 经过对作品创作和保存的分析，海德格尔重新定义艺术说：“艺术就是：对作品中的真理的创造性保存。”⑤

结合艺术本质与存在者之真理的发生的关系，海德格尔还探讨了艺术的诗

---

① 海德格尔：《林中路》，孙周兴译，商务印书馆 2015 年版，第 55 页。

② 同上书，第 57 页。

③ 同上书，第 59 页。

④ 同上书，第 60 页。

⑤ 同上书，第 64 页。

意创造本质问题。他说：

> 作为存在者之澄明与遮蔽，真理乃是通过诗意创造而发生的。凡艺术都是让存在者本身之真理到达而发生；一切艺术本质上都是诗(Dichtung)。①

由于艺术的诗意创造本质，艺术就在存在者中间打开了一方敞开之地，在此敞开之地的敞开性中，一切存在遂有不同之仪态。这里，海德格尔区分了宽泛意义上的诗艺创造与作为语言作品的狭义的诗，指出后者只是前者的一种方式，只是真理之澄明着的筹划的一种方式。同时，他还论述了诗与语言的关系，认为语言本身就是根本意义上的诗，诗歌在语言中发生，因为语言保存着诗的原始本质。诗乃是存在者之无蔽状态的道说（die Sage）。真正的语言是那种道说之生发，在其中，一个民族的世界历史性地展开出来，而大地作为锁闭者得到了保存。总之，作为真理之自行设置入作品，艺术就是诗。不仅作品的创作是诗意的，作品的保存同样也是诗意的。这些论述颇为新颖，有助于揭示艺术深藏的内在意蕴。

① 海德格尔：《林中路》，孙周兴译，商务印书馆2015年版，第64页。

第四节　深刻意蕴与理论困境

海德格尔的艺术本质论，从探寻思路、基本观点到词语概念、论述方式，都具有前所未有的独特性，和我们熟悉的西方传统艺术理论几乎对不上号，确实从思维方式到理论观点都超越了建立在主客二分认识论基础上的传统艺术理论。传统艺术理论或把艺术本质理解为对客观对象的模拟和反映，或将艺术本质看作是艺术家主观情感的表现，或将形式及形式美当作艺术的本质特征，等等。而这些理论恰恰是海德格尔所批判的对象。他以主客一体的存在论为基础，从存在之真理出发，对艺术本质作出新的解释，建构了全新的艺术哲学，拓展了艺术探讨的理论视野。

海德格尔认为艺术的本质是真理之自行设置入作品。作品建立一个世界并制造大地，世界和大地在争执和统一中被带进敞开领域，存在者之无蔽亦即真理即在作品中发生。在这里，海德格尔反复强调，艺术作品所敞开的世界，是历史性民族的世界，是与人类存在和人类命运相关联的世界，是揭示出人的生存价值和意义的世界。艺术乃是“一个民族的历史性此在的本源”①。这就充分肯定了艺术与人生的紧密联系及其社会历史意义。美国美学家 M. C. 比尔兹利指出，海德格尔所要回答的美学问题是：“从最深刻的意义上看，艺术以什么样的方式，对人的存在的真实性的实现产生作用。”② 这正是海德格尔艺术本质论深刻的思想意蕴所在。海德格尔哲学对人类生存命运的关注和思考，对当代思想界产生深刻影响。他对艺术的社会历史意义的强调，与此是紧密联系的。面对技术制造和环境破坏等所造成的人类生存困境，海德格尔提出“人诗意地栖居”这一重要哲学命题。他认为人之栖居以诗意为基础，作诗是本真的让栖居。人以神性度量自身，根据诗意之本质而作诗。“这种诗意一旦发生，

---

① 海德格尔：《林中路》，孙周兴译，商务印书馆 2015 年版，第 72 页。

② 门罗・C. 比尔兹利：《美学简史：从古希腊至当代》，麦克米伦公司 1966 年版，第 374 页 。

人便人性地栖居在这片大地上。”① 这就将艺术和诗同人类生存命运的关联提升到一个新的高度。

不过，海德格尔的艺术本质论也存在许多理论上让人困惑难解之处。首先，他对艺术本质的界定仅限于艺术与真理、作品与真理的关系。“艺术的本质是存在者之真理自行置入作品”和“作品的本质就是真理的发生”两个具有定义性质的表述，都是从艺术与存在者之真理的关系出发，来规定艺术的本质。为了强化这一结论，海德格尔批判了西方传统美学一直认为艺术是与美有关的，而与真理无关的看法，指出了传统美学理论将真理归属于逻辑而把美留给美学的弊端。的确，在西方美学中，从休谟到康德，我们都可以看到将理智与情感、认识与审美分属于逻辑和美学的倾向。海德格尔指出它们的片面性也是对的。但是，他反过来只讲艺术与真理相关，而与美无关，认为“不能根据被看作自为的美来理解艺术”，这是否也是一种片面性看法呢？当然，海德格尔在论述艺术本质时，也论到美，并且给美下了一个定义：“美是作为无蔽的真理的一种现身方式。”② 这实际上是将美与真理等同起来了。所以他说：

> 美与真理并非比肩而立的。当真理自行设置入作品，它便显现出来。这种显现（Erscheinen）——作为在作品中的真理的这一存在和作为作品——就是美。因此，美属于真理的自行发生（Sichereignen）。③

这里只强调美与真理的一致，却忽视了两者的区别，忽视了美的独特性质，从而也就掩盖了艺术的审美特质。在我们看来，艺术作为人的头脑掌握现实的一种特殊方式，它与哲学、道德、宗教等掌握现实的方式的根本区别，正在于它是人对现实的一种审美掌握。如果忽视了艺术的审美特质，那就不可能全面完整地阐明艺术的本质。海德格尔认为，真理之发生和设立自身有许多方式。艺术作为真理自行设置入作品，只是真理之发生的一种根本方式。此外，建立国家、本真生活、宗教、哲学也都是真理设立自身和现身运作的不同方

---

① 海德格尔：《海德格尔选集》（上），孙周兴选编，上海三联书店 1996 年版，第 480 页。

② 海德格尔：《林中路》，孙周兴译，商务印书馆 2015 年版，第 46 页。

③ 同上书，第 76 页。

式。但是，他却始终没有说明各种真理发生方式究竟有何区别。这与他忽视艺术的审美特性是密切相关的。

其次，海德格尔对艺术本质的规定和论证存在着相互矛盾和含混模糊之处。他在提出艺术本质是真理自行设置入作品的规定之后，同时提出了两个需要回答的问题，即真理本身是什么和真理如何“自行设置入作品”并在作品中自行发生。关于第一个问题，海德格尔对真理作出了完全不同于传统看法的理解，这里我们暂不评论。单说第二个问题，真理是如何自行设置入作品并在作品中自行发生？他的论述就模棱两可、相互矛盾。正如海德格尔自己所说，在“真理之自行设置入作品”的命题中，真理同时既是设置行为的“主体”，又是设置行为的“客体”，这是一种根本性的模棱两可。是先行存在的真理作为主体，将自身自行设置入作品之中，还是通过人的创作和保存，将真理作为客体设置入作品之中，在艺术本质规定中始终是含混模糊的。海德格尔自己也不得不承认，在“真理之设置入作品”这一标题中，“始终未曾规定但可规定的是，谁或者什么以何种方式‘设置’”。在论述艺术的创作中，海德格尔解释真理之自行置入作品说：“因为真理的本质在于把自身设立于存在者之中从而才成其为真理，所以在真理之本质中就包含着那种与作品的牵连（Zug zum Werk），后者乃是真理本身得以在存在者中间存在的一种突出可能性。”[①] 这就是说，真理本身已经先于存在者自在地存在着，真理的本质要求把自身设立于存在者，所以包含着与作品的牵连，成为在作品中自行发生的突出可能性。这和他另一处否认真理事先存在的说法显然是自相矛盾的。实际上，这就是将真理本身当作自行置入作品的主体，而回避了人的作用。这也许就是海德格尔虽然认为探求艺术本质涉及艺术家、艺术作品和艺术三个方面，但在论述中却极少提到艺术家的根本原因。在谈到“作品的纯粹自立”时，海德格尔说：“正是在伟大的艺术中（我们在此只谈论这种艺术），艺术家与作品相比才是某种无关紧要的东西，他就像一条为了作品的产生而在创作中自我消亡的通道。”[②] 如此忽视艺术家在创作中的地位和作用，让人颇感惊讶。艺术是经过艺术家的创造性精神活动，对现实生活的加工改造和能动反映。看不到艺术家在作品创造

① 海德格尔：《林中路》，孙周兴译，商务印书馆 2015 年版，第 53 页。

② 同上书，第 28 页。

中的能动作用，是难以深刻认识艺术的本质的。海德格尔矢口否认艺术是一种“精神现象”，实际上也就是否认艺术的意识形态属性，这与他忽视艺术家的能动作用是相联系的。这无异于在通往艺术本质的道路上设置了一座屏障，要真正解开艺术之谜是不可能的。

第十七章

现象学的审美经验理论体系

——杜弗莱纳的《审美经验现象学》

德国哲学家胡塞尔创立的现象学哲学，是20世纪影响最大、最广泛的西方现代哲学思潮之一。受其影响形成的现象学美学，产生了两位具有世界影响的现象学美学家。一位是波兰美学家R.英伽登；一位是法国美学家M.杜弗莱纳（Mikel Dufrenne，1910—1995）。前者侧重于文学艺术作品的本体论研究，后者侧重于艺术的审美经验研究。如果说，英伽登是现象学美学理论体系的奠基者，那么，杜弗莱纳则可视为现象学美学理论体系的完成者。杜弗莱纳曾任法国美学协会主席、《美学评论》杂志社社长。他的代表作是《审美经验现象学》(1953)，这本著作以独特完整的现象学美学体系，为他带来了现象学美学当代巨擘的声誉。权威现象学史家施皮格尔伯格在《现象学运动》一书中对这部著作在现象学美学中的重要地位给予了极高评价。此外，杜弗莱纳还著有多卷本论文集《哲学与美学》，继续阐明《审美经验现象学》中的主要观点并做了进一步发展。

现象学美学建立在现象学哲学基础之上。杜弗莱纳主要通过法国存在主义哲学家萨特和梅洛-庞蒂接受了胡塞尔的现象学哲学。他认为，现象学的理论和方法和审美经验研究具有内在的统一性。“审美经验在它是纯粹的那一瞬间，完成了现象学的还原。”① 在呈现中被给予的和被还原为感性的审美对象，也就是现象学还原所想要达到的现象。他还认为“审美经验揭示了人类与世界的最深刻和最亲密的关系”②，它在意向性概念中可以得到深刻阐明。《审美经验现象学》就是把现象学理论和方法贯穿在对审美经验的研究中，从而对审美经验、审美对象、审美知觉、审美主客体关系等问题做出了独到的现象学分析，构建了原创的完整的现象学的审美经验理论体系。

① M.杜弗莱纳：《美学与哲学》，孙非译，中国社会科学出版社，1985年，第53页。
② 同上书，第3页。

第一节　审美经验与审美对象

杜弗莱纳在《审美经验现象学》引言中明确指出："描述由艺术引起的审美经验是本书专注的主要内容。"① 他不仅把分析审美经验作为他自己的任务，而且还认为整个美学的任务也在于研究审美经验。他说，美学"主要的是把握本原，即审美经验本身的意义，这既包括构成审美经验的东西，又包括审美经验所构成的东西"②。以审美经验为中心研究美学，这是杜弗莱纳美学研究的显著特点。他的《审美经验现象学》就是一部名副其实的现象学审美学。

审美经验既包括欣赏者的审美经验，也包括艺术创作者的审美经验。杜弗莱纳选择欣赏者的审美经验作为研究对象。他说："我想要描述、随后进行先验分析并从中引出形而上学意义的审美经验，指的是欣赏者的而不是艺术家本人的审美经验。"③ 为什么要选择研究欣赏者的审美经验呢？因为在杜弗莱纳看来，研究艺术家的创作经验有滑向心理主义的危险，而且艺术创作者久久不能平静的激情和欣赏者对于审美对象的静观，是两种不一样的审美经验。欣赏者应该比艺术家创作作品时更需要有鉴赏作品的能力。所以，欣赏者的经验是一种独特而关键的审美经验，更值得重视和研究。

研究审美经验从何入手呢？杜弗莱纳认为，首先面临的是审美经验和审美对象的关系问题。这也是现象学美学提出和探讨的一个关键的美学问题。按照胡塞尔意向性学说，意识活动总是指向某个对象，意识活动和意识对象作为纯粹意识的有机因素，二者是不可分割的。一切意识都是关于对象的意识；一切对象都是意识的对象。意识存在着一种基本的结构，即意向性。意识对象便是由意识的意向性所构成的东西。现象学美学把这种理论贯穿在对审美经验和审

① M.杜弗莱纳：《审美经验现象学》，爱德华·S.凯西等译，伊文斯顿，西北大学出版社 1973 年版，第 lxviii 页。中译本可参看韩树站译，陈荣生校，文化艺术出版社 1996 年版。

② M.杜弗莱纳：《美学与哲学》，孙非译，中国社会科学出版社，1985 年，第 1 页。

③ M.杜弗莱纳：《审美经验现象学》，爱德华·S.凯西等译，伊文斯顿，西北大学出版社 1973 年版，第 xlv 页。

美对象的研究中，认为正如意向性永远表现着意识和对象的相互依赖关系一样，审美经验和审美对象也是相互依赖、相互制约、不可分割的。一方面审美经验构成着审美对象，另一方面审美对象又规定着审美经验。如果说，离开了审美经验，我们便不能了解审美对象，那么，同样可以说，离开了审美对象，我们也不能认识审美经验。我们当然应该用审美对象来界定审美经验，然而，审美对象只能作为审美经验的关联物来界定自己。这样就产生了一个循环：用审美经验来界定审美对象，又用审美对象来界定审美经验。这个循环集中了主体-客体关系的全部问题，也集中了现象学审美经验研究的全部问题。

杜弗莱纳认为，为了克服这种循环造成的理论困难，可以从审美经验中区分出审美对象和审美知觉，对其分别加以研究。《审美经验现象学》便是把界定审美对象作为分析审美经验的首要问题。关于审美对象的界定，杜弗莱纳首先提出的是方法问题。如前所述，现象学美学认为审美对象是在审美经验中形成并与审美经验相关联的。那么，是否可以从审美经验出发去界定审美对象呢？杜弗莱纳认为不能这样做，原因是如果从审美经验出发，那就要力图使审美对象从属于审美经验，结果是赋予审美对象以宽泛的意义，即把被任何种类的审美经验审美化了的一切客体都看作审美对象。这样一来，审美对象就可以包括自然界中的对象，以及艺术家在着手创作以前想象中的意象等。但是，在这里为审美经验所下的定义是不严格的，因而也就不能赋予审美对象以严格的定义。根据现象学创始人胡塞尔晚年提出的“主体间性”（intersubjectivity）的概念，尽管没有意识便没有对象，但我们却可以预先设定意识对象并先于意识论述。作为“意向性的分析”，现象学方法倾向于从分析意识对象开始，而把分析意识活动（意识对象的必然关联）放到下一步。因为分析涉及经验的对象要比分析作为行为的经验方便些。所以，现象学美学界定审美对象的方法是“把经验从属于对象，而不是把对象从属于经验”。这样才能赋予审美对象以严格的意义，并进而为审美经验找到准确的定义。

既然不能从审美经验出发去界定审美对象，那么，究竟从何入手来为审美对象下定义呢？杜弗莱纳明确提出，现象学美学的途径是“要通过艺术作品来界定对象自身”，也就是说“从艺术作品的基础上出发给审美对象下定义”①。

① M.杜弗莱纳：《审美经验现象学》，爱德华·S.凯西等译，伊文斯顿，西北大学出版社 1973 年版，第 li 页。

这样做的好处是："由于没有人怀疑艺术作品的存在和完美作品的真实无伪，因之根据与作品关系来给审美对象下定义，审美对象就很容易确定了。"① 只要我们把艺术作品作为世界上存在物加以研究，就找到了审美对象存在的基础。

尽管杜弗莱纳主张从艺术作品出发去界定审美对象，但他反复强调的却是审美对象和艺术作品之间的区别，并把区分审美对象和艺术作品作为进一步界定审美对象的关键问题。他虽然承认艺术作品是界定审美对象的基础，但是又强调审美对象只能在观赏者的审美知觉中才能形成，所以离不开主体的审美知觉。这也是英伽登曾经一再强调的看法。杜弗莱纳说："审美对象是审美地被知觉的对象，亦即作为审美物被知觉的对象。"② 但是，艺术作品作为一种存在物，可能被这样一种知觉所把握，这种知觉或者忽视其审美特质，例如观看演出时心不在焉；或者想要理解和解释它而不是感受它，例如艺术批评家所可能做的那样。在这样非审美地被感知时，艺术作品还不能成为审美对象。只有当艺术作品被审美地感知时，艺术作品才能实现它的审美特质，形成审美对象。他说：

> 审美对象乃是作为艺术作品被感知的艺术作品，这个艺术作品获得了它所要求的和应得的、在欣赏者顺从的意识中完成的知觉。③
>
> 审美对象和艺术作品的区别是：必须在艺术作品之上加上审美知觉，才有审美对象的显现。④

总之，审美对象就是被审美地感知的艺术作品。

前面说过，杜弗莱纳主张以艺术作品为基础来界定审美对象，但是，在说明了审美对象和艺术作品的区别之后，他又提出审美对象只能依凭审美知觉才能界定自己，审美知觉是审美对象的基础，从而强调审美对象和审美知觉是互相关联、不可分割的，"审美对象只有在审美知觉中才能完成"⑤。例如博物馆

---

① M.杜弗莱纳：《审美经验现象学》，爱德华·S.凯西等译，伊文斯顿，西北大学出版社 1973 年版，第 li 页。

② 同上书，第 lii 页。

③ 同上书，第 lii 页。

④ 同上书，第 lxv 页。

⑤ M.杜弗莱纳：《美学与哲学》，孙非译，中国社会科学出版社，1985 年，第 67 页。

中展出的美术作品，如果没有被参观者进行审美的感知，那么，这些作品便不是作为审美对象而存在；如果它们只是被修养不高的人漫不经心地打量一下，那么，这些作品在这个人面前也没有作为审美对象而存在。

杜弗莱纳对审美对象所作的分析和界定，无疑是相当独特的。“审美对象”这个概念虽然在西方美学理论中早已有之，但不同的美学家对它的理解和解释并不完全一致。在当代西方影响甚大的“审美态度”理论中，审美对象简单地被理解为审美态度的衍生物。这种理论认为存在着一种特殊的审美态度——主体的某种精神状态，任何对象，无论它是人工制品还是自然对象，只要主体对它采取一种审美态度，它就能变成一个审美对象。总之，审美对象是由审美态度决定的。世界上并不存在一种固定不变的审美对象，审美对象与非审美对象也没有严格区别，一切要以审美主体的态度为转移。如果我们将杜弗莱纳对审美对象的界定和上述理论加以比较，就会看出它们之间的差别。杜弗莱纳不但将审美对象严格限制在艺术作品的范围内，而且明确提出艺术作品是审美对象形成的基础。虽然艺术作品必须经过审美感知才能变为审美对象，但是审美感知或审美态度却不是构成审美对象的唯一条件。对于现象学美学家来说，与其说审美对象是由审美感知或审美态度决定的，不如说是由作为客体的艺术作品和作为主体的审美知觉共同创造的。正是从这里出发，现象学美学把审美对象和艺术作品看成是既互相联系又互相区别的东西，从而赋予了审美对象以严格的定义。现象学美学对审美对象与艺术作品、审美对象与审美知觉相互关联的阐述，形成了一套逻辑严密、自成一体的审美对象学说，它较之以前的有关审美对象的论述，不但理论上更为完备，而且在内容上也更为丰富。但是，也由于现象学理论和方法上的固有弊病，免不了使现象学美学家对于审美对象的界定时常显得自相矛盾，如杜弗莱纳一方面声称界定审美对象不能从属于审美经验，另一方面又说审美对象只能依凭审美经验才能界定自己。虽然杜弗莱纳首先强调要通过艺术作品界定审美对象，反对将审美对象从属于审美知觉，可是，他又强调“审美知觉是审美对象的基础”，“审美对象只有通过审美知觉才能实现”，也就是承认仍然要由审美知觉去界定审美对象。这里，仍然存在着由于意识和对象的往复循环所造成的理论困难。

第二节 审美对象的形成和本质

杜弗莱纳指出，为了描述和把握审美对象，必须进一步研究艺术作品是如何转化为审美对象的，也就是说，审美对象是如何在艺术作品的基础上出现的。他认为，艺术作品和审美对象是互相参照、互相依赖才能被理解的。审美对象的形成离不开艺术作品，而艺术作品也只有成为审美对象才能真正成为艺术作品。但是，审美对象毕竟不等于艺术作品。艺术作品只是审美对象未被感知时留存下来的东西——在显现以前处于可能状态的审美对象。那么，艺术作品如何才能转化成审美对象呢？杜弗莱纳认为，从艺术作品的潜在的存在到审美对象得以出现，需要两个条件：一方面，作品要充分呈现。就是说，至少对某些艺术而言，在一定意义上对所有艺术而言，作品必须得到表演。另一方面，要有一个欣赏者，或者要比有一个欣赏者更好的观众出现在作品面前。

首先，艺术作品必须要有充分的感性呈现。这是审美对象形成的前提条件。对此，杜弗莱纳以瓦格纳的歌剧为例进行描述。瓦格纳写了一个剧本和一个乐谱，就是写在纸上的、印刷出的那些符号，这就是作品吗？是又不是。作品虽然已经存在了，但尚未上演，尚未呈现。音乐作品只有演奏时才是音乐作品，这就是呈现。通过演奏，它有了被人们听到的可能，即以它特有的方式呈现在人的意识中，并成为这个意识的一个审美对象的可能。我们可以阅读没有音乐的歌剧剧本，但那是戏剧体诗，而绝非歌剧这个审美对象。如果可能我们也可以阅读乐谱，但这些符号写出来只是一种指示，命令演奏者应该将其变为声音，命令听众应该作为声音来听，而不是作为符号来读。我们来到上演歌剧的歌剧院，全神贯注地观赏舞台上的表演，通过在我们面前表演的故事，领略在造型、图画和几乎是舞蹈的一致配合下的音响的激扬。我们所感知的是歌唱，是配有音乐的歌唱。我们来听的就是这歌词和音乐的整体。这整体对我们来说，就是实在的东西，就是它构成审美对象。通过上述描述，杜弗莱纳总结说："无法替代的东西，也就是成为作品的实质本身的东西，就是仅仅在其呈现时才能给予的感性，就是我试图沉浸在其中的这种音乐的满溢，就是我试图把握其细微差别并跟随其展开的这种色彩、歌唱与乐队伴奏的结合。”[①] 他把这种作品的呈现称为“感性的最高峰”。观赏者正是通过这种感性，获得内在于感性的意义。

杜弗莱纳认为，作品的感性呈现离不开作品的表演。他说：“作品必须呈现于知觉。为了从潜在的存在过渡到实际的存在，作品必须经过表演。”[②] 这里所说的“表演”，意义比我们通常理解的要广泛，大体相当于英伽登所说的“具体化”。作品的表演有两种形式。一种是表演者不是作者的艺术。这种艺术中表演构成与创作有明显区别的一个阶段，通过表演才能把自己呈现为审美对象，如戏剧作品。另一种是表演者即作者的艺术。如画家绘制或“表演”肖像画，雕刻家雕刻或“表演”半身像，这里创作就是表演。艺术家先是进行冥思苦想，产生创作要求，继而调动各种创作工具，给予作品以具体存在。这两种表演形式既有不同之处，又有相似之处。向实现作品的表演者要求的东西，也就是向边创作边表演的作者要求的东西。对于艺术作品而言，问题就是过渡到一种它的呈现相当于它的存在的具体存在。这种呈现就是审美对象出现的前提条件。通过这些分析，杜弗莱纳总结说：“艺术作品的存在只是随艺术作品的感性呈现而出现。感性呈现使我们能把艺术作品作为审美对象来理解。”[③]

其次，需要欣赏者的参与。这是审美对象得以形成的必要条件。杜弗莱纳指出，审美对象需要公众欣赏，为了完成作品，艺术家需要欣赏者的合作，作品是通过欣赏者才得到自己的充分现实性的。审美对象之所以只能显示，任何知识之所以不能与之相当，任何翻译之所以不能取代于它，都是因为它的根本现实性首先存在于感性之中。“但感性是知觉者和知觉物的共同作用。”[④] 审美对象的出现需要有承认它是审美对象的知觉。只有当欣赏者集中注意，只依照知觉全神贯注于作品的时候，作品才作为审美对象出现在他面前。杜弗莱纳进一步指出，欣赏者以双重职能作用于作品。一方面，他们是“表演者”，在欣赏中协助表演，为审美知觉创造了最有利的环境。另一方面，欣赏者又是“见证人”，在欣赏中进入作品与作品构成一致，在作为欣赏者的同时属于作品。

---

① M.杜弗莱纳：《审美经验现象学》，爱德华·S.凯西等译，伊文斯顿，西北大学出版社1973年版，第11页。

② 同上书，第19页。

③ 同上书，第44页。

④ 同上书，第48页。

"见证人在感知的同时，或者就小说而言，在想象的同时，进入作品的世界。其目的不是作用于它，也不是被它作用，而是为了作证，使整个世界通过他的呈现而获得意义，使作品的创作意图得以实现。"① 就是说，欣赏者同时参与了作品的再创造。

杜弗莱纳对审美对象形成条件的分析和探讨，基本上是从艺术的审美实际经验出发的，不仅描述和分析具体详尽，而且有许多新的提法和见解，揭示了创作和欣赏的许多审美规律，是颇具理论价值的。其中所论"感性是知觉者和知觉物的共同作用"中的"感性"一词，法文原文为 le sensible，英译为 the sensuous 或 the sensuous element，中文又译作"审美要素"。它是杜弗莱纳审美经验理论中的一个核心概念，是审美对象赖以构成和审美主客体形成统一的关键因素。

在描述审美对象的形成之后，杜弗莱纳系统论述了审美对象的存在，探讨了审美对象的本质问题。这可以说是审美对象论述中最富有理论色彩的部分。在杜弗莱纳之前，现象学美学家对审美对象的存在和本质问题已有各种学说，其中有代表性的是萨特和英伽登提出的理论。萨特将审美对象看作想象的对象，认为它既没有物的本质，又没有表象的本质，它"是由一种想象意识构成和把握的"东西，是非现实的。杜弗莱纳不同意这种看法。他认为作为审美对象的意义的非现实之物不是想象物，它存在于审美对象之内，存在于感知物之中。想象物和感知物不是二元的，而是统一的。英伽登的观点则是将审美对象看作理智的对象，认为文学对象是他律的，是由意识的主观活动构成的意义体系。杜弗莱纳也不同意这种看法。他认为，语言艺术中，词本身具有意义，意义内在于语言。词语不会消失在自己的意义后面，它们像事物一样被感知，并且最终赋予自己的意义以这种可感知物的同样特质。所以，即使在语言艺术中，审美对象也不仅仅是一个观念的存在，它仍然是知觉对象。由此，杜弗莱纳指出："审美对象实质上是知觉对象，这就是说，审美对象是注定被知觉的，它只有在知觉中才能被完成。"②

依据存在主义哲学家梅洛-庞蒂的主客体调和的理论，杜弗莱纳认为作为

① M.杜弗莱纳：《审美经验现象学》，爱德华·S.凯西等译，伊文斯顿，西北大学出版社 1973 年版，第 59 页。

② 同上书，第 218 页。

审美对象的知觉对象是主体与客体形成的整体，是梅洛-庞蒂所说的“自在-为我们”这一公式的体现。它既是自在的，又是为我们的。审美对象由两个世界构成，一个是再现世界，如小说中的背景、人物、事件等；一个是表现世界，表现出唤起情感时得到传达的特质，并赋予再现物以意义。他说：

> 表现世界如同再现世界的灵魂，再现世界如同表现世界的躯体。联合它们的关系使它们不可分离。它们共同构成审美对象的世界，通过这个世界审美对象获得一种深度。[①]

表现使审美对象超越自身，走向一种意义。审美对象因而含有创造它的那个主体的主体性，“主体在审美对象中表现自己；反过来，审美对象也表现主体。”[②]，因此，我们把审美对象当作是一个“准主体”（quasi subject）。

审美对象既要求统一性，又要求自律。它展现为两个方面。首先，审美对象具有感性的充实性和鲜明性。“它把感性当作自身印象深刻的、对本身有价值的东西来把握。”[③] 感性对知觉行使一种统治权，唤起感知的迫切性、超越性和自信性。在这方面，审美对象已经有别于普通对象。普通对象是通过贫乏的、暗淡的和短暂的感觉出现的。这些感觉很快就消失在概念之后。而审美对象的特质是用它这种激发感性而抹去其余的能力来衡量的。对象的感性使我们心醉神迷，我们完全沉湎在感性之中，只有感性在我们心中回荡。其次，审美对象具有内在于感性的意义。审美对象的感性不是作为纯感性而出现的。“它具有一种意义，这种深长意义有助于构成感性并把感性作为自身加诸我们。”[④] 面对审美对象，我们必须首先发现感性，即审美对象的全部现实，并且在某种程度上把它孤立开来，进而把握它的意义。这种意义不是外加的观念意义，而是既内在于感性又是感性所特有的意义。“它的意义是暗含的，或者至少是完全蕴含于感性之中的。”[⑤] 审美对象本身含有它自身内在的意义，所以它是自律存在。这种意义不仅是再现对象的明显意义。审美对象通过再现对象，还向

---

① M.杜弗莱纳：《审美经验现象学》，爱德华·S.凯西等译，伊文斯顿，西北大学出版社 1973 年版，第 190 页。

② 同上书，第 196 页。

③ 同上书，第 225 页。

④ 同上书，第 226 页。

⑤ M.杜弗莱纳：《美学与哲学》，孙非译，中国社会科学出版社 1985 年版，第 25 页。

我们陈述另外一些东西。这些东西，它不是明白陈述的，而是把我们引入它自己的一个独特的情感性质的世界来表现的。这种意义在我们更深入地与对象进行交流时才能体会到。根据以上分析，杜弗莱纳对审美对象的本质或特质作了归纳。他说：

> 审美对象就是在感性的高峰实现感性与意义的完全一致，并因此引起感性与理解力的自由协调的对象。①

在杜弗莱纳看来，这也就是艺术作品审美价值之所在。在《审美经验现象学》中，杜弗莱纳曾说“我们不去界定美，而只考察什么是对象”，但在后来的《美学与哲学》中，他仍然回答了“美到底是什么”的问题，认为“美是感性的完善，它以某种必然性的面目出现”，“美是某种完全蕴含在感性之中的意义”②。可见，他对审美对象本质的概括实际上也就是对美是什么的回答。

杜弗莱纳对审美对象存在和本质的论述，逻辑严密，自成一体。其中不乏独到新颖的见解。尽管美和审美中感性和理性关系问题在康德和黑格尔的美学中已有深入研究和探讨，但杜弗莱纳运用现象学观点和方法对这个问题作出的重新思考和阐明，从研究出发点、论述内容和阐释方式上看，都是具有新意和特色的。通过对审美对象中的主体与客体、再现与表现、感性与意义相互依存和统一关系的深入探讨和阐述，杜弗莱纳揭示了美和审美中的一些根本性、本质性问题，对美学研究进一步思考和解决这些问题是具有重要启发作用的。

① M.杜弗莱纳：《美学与哲学》，孙非译，中国社会科学出版社1985年版，第25页。
② 同上书，第20页。

第三节　审美知觉的过程和特点

杜弗莱纳从审美经验中区分出审美对象和审美知觉分别加以研究，所以，他的审美经验现象学既包括审美对象现象学，也包括审美知觉现象学。前者不但为后者作准备，而且还必须以后者为前提。审美对象是在审美知觉中完成的，要深入研究审美对象和审美经验，必须专门研究审美知觉。杜弗莱纳指出，对审美知觉的专门探讨主要是阐明审美知觉自身的特征。为此，他通过对审美知觉与普通知觉进行比较，同时将知觉的三个阶段——呈现、再现与思考，与审美对象的三个方面——感性、再现对象和表现世界进行配合对比，分三个阶段系统阐明了审美知觉的独特性以及其在审美对象形成中的特殊作用。

杜弗莱纳对审美知觉特性的分析，集中在对审美知觉三个阶段中呈现与感知、再现与想象、思考与情感等关系的论述中。其中，比较新颖独特的见解主要有以下几点：

第一，审美对象的感性呈现，必须由身体来接受，具有感受的直接性。杜弗莱纳说："审美对象首先是感性的完全高峰，它的全部意义是在感性中被给予的。感性当然必须由身体来接受。所以审美对象首先呈现于身体，立刻吸引身体同它相结合。"[①] 这里的身体，就是指感官——视觉和听觉。审美愉快是由身体感受的，这种愉快是纯真的愉快。审美对象的意义本身因内在于感性必须通过身体。"只有意义首先被身体接受和体验，只有身体从开始是有智力的，意义才能由感觉去读解或由思考去阐明。"[②] 作品词句的意义——至少在诗的语言中——只有凭借词句在我身上唤起的共鸣和引起的反应才能弄懂。对意义的体验是贯穿在对词句给说它的口和听它的耳朵所产生的感性效果的体验之中的。身体同审美对象的立刻结合，不同于身体与普通对象的接触。后者通常导

---

① M.杜弗莱纳：《审美经验现象学》，爱德华·S.凯西等译，伊文斯顿，西北大学出版社 1973 年版，第 339 页。

② 同上书，第 341 页。

致使用这些对象的行动，而前者则“导致对这些对象的神圣化的静观”[①]。对审美对象的感知是“无利害关系的感知”。杜弗莱纳的这些论述表明，审美感知是审美对象在感官中的直接呈现，具有感受的直接性，并且导致审美静观的产生。

第二，在审美对象的再现中，知觉与想象互相结合，想象参与审美知觉完成构造形象的功能但不脱离再现对象的外观。杜弗莱纳认为，想象是精神与肉体之间的纽带，具有使形象得以显现的功能。它调动知识，并把通过经验获得的东西转变成可见的东西。他说：“想象的基本功能是把这种经验转变成可见的东西，赋予它再现状态。”[②] 想象包括先验的想象和经验的想象，先验的想象是一种观看的可能性，经验的想象则把外观转变成对象。“在经验阶段和先验阶段，想象总是一种试图获得可见物的能力。”[③] 它们的结合引起一些形象，使我们走上通向可见物的道路，并不断借助于知觉以求得确认。这充分说明了想象使经验再现并形成形象的功能，以及它和知觉的紧密联系。所以，在审美知觉中想象的作用是不可或缺的。不过，杜弗莱纳又指出，想象在审美知觉中的作用是有一定限定的。想象可以引起知觉，但没有丰富知觉的义务。审美对象的再现对象只有通过外观才能存在，外观的意义必须在它自身寻找，这就给予外观一种内在必然性，并因此一下子成为可理解的东西。想象只是更好的感知外观而不是预感其他东西，只是在外观之中而不是在外观之外观看意义。他说：

> 想象力当然应该活跃于外观直至再现对象获得某种确定性：绘画的线条当然应该为我们构成图形，小说的字句应该构成故事，舞蹈演员的蹦蹦跳跳应该构成一连串舞姿。构成这种具有意义的整体当然需要想象。但是尽管想象力的干预在这里和在任何知觉中一样，是为了赋予再现对象以确定性，它仍然是有节制的，它不唤起那些借口丰富知觉的意义而使知觉阻塞的形象，它并不一直达到完成想象物。[④]

如果在听音乐时，任凭自己去想象，如果在听到德彪西的交响诗的和声、

---

① M.杜弗莱纳：《审美经验现象学》，爱德华·S.凯西等译，伊文斯顿，西北大学出版社 1973 年版，第 343 页。

② 同上书，第 349 页。

③ 同上书，第 349 页。

④ 同上书，第 360 页。

节奏、旋律时只把它当作想象的题材，那么对音乐的理解就只能像不懂音乐的人所理解的那样。想象的任务是在外观中把握再现对象，而不是用一个更加真实的、外观如其类似物的想象对象来代替再现对象。所以，杜弗莱纳认为，审美对象不是萨特所说的想象的东西，而仍然是感知对象，想象在审美知觉中并不起主要作用。关于想象在审美中的作用问题，是美学史上一直被探讨的课题。杜弗莱纳从审美对象是知觉对象的观点出发，重新阐明审美知觉中想象与知觉的特殊关系以及想象的特殊作用，丰富了对这一课题的探讨，是富有新意的。

第三，在审美知觉中，情感和思考互相依存，彼此交替，推动审美经验走向高峰。杜弗莱纳认为，由于审美对象被人们认出是通过它的表现性，因而聚集在表现中的那些情感便构成决定性的契机。在审美知觉中读解表现需要求之于情感，并与思考相结合。审美知觉的思考通向情感，形成具有理解性的更深刻的审美情感，以读解审美对象的表现和意义。他指出，对审美对象的感知涉及理解能力的构成活动。审美对象显示出来的那种必然性，需要借助理解力去把握。所以，“审美对象要求思考。由于审美对象是为我们创造的，由于它是某人力求向我们表示什么的一种符号，因而它更加迫切地要求思考。”① 但是，对于审美对象的思考，不同于一般认识将对象纳入概念的确定性的思考。对审美对象的思考可以有两种：一种是对审美对象结构的思考和对再现对象的意义的思考。这种思考是寻求阐释的思考。它使审美经验中的直接因素被破坏，失去了它特有的魅力。另一种形式的思考则可以把我们带回来与审美对象接触。这不是把我们与对象隔离的思考，而是使我们依附对象的思考，“通过依附性思考，我听从作品，不是作品听从我，我听任作品把它的意义置入我的内心。”② 我不再把作品完全看成一个应该通过外观去认识的物，而是相反，把它看成一个自发地和直接地具有意义的物。亦即把它看成一个准主体。有关审美对象的“共感思考”(sympathetic reflection) 就是这样进行的。这种思考竭力从内部而不是从外部去把握作品，它通过持续的注意熟悉对象，达到与对象同体。理解不再是通过发现作品外部的一个原因，而是通过对作品内部必然性

---

① M.杜弗莱纳：《审美经验现象学》，爱德华·S.凯西等译，伊文斯顿，西北大学出版社 1973 年版，第 388 页。

② 同上书，第 393 页。

的感觉得到的。“共感思考在情感中达到顶峰。”[1] “它通向情感，情感也可能启发它”[2]。审美情感就是这种深度的情感，它有别于普通的印象，情感而非印象才是对象中表现的保证。深度是对有深度的人而言的。审美情感之所以有深度，是因为对象达到所有构成我的东西。“面对审美对象，我既不是先验我思意义上的一种纯意识，也不是一种纯观照，因为这种观照充满了我之所是的一切。只有我属于审美对象，审美对象才真正属于我。”[3] 这种情感是我把自己整个存在都介入进去的相通行为，它要达到对象所表现的东西的内心，就如同要使我们呈现于哈姆雷特的世界，让我们被他感动，被他侵占。这种深度的审美情感具有智力无法达到的那种理解力，使我们能够读解审美对象的表现。这种理解不再是解释，而是情感，一种进入对象深处的情感。杜弗莱纳说：

> 思想首先培养情感，然后阐明情感；反过来，情感首先诉诸思考，然后指导思考。思考和情感的交替构成对审美对象愈益充分理解的、辩证的前进运动。[4]

审美对象本身的召唤使情感和思考这种交替成为可能，因为它既需要思考，也需要情感。只有这两方面不断相互参照，审美对象才能通过客观存在的确实性达到富有表现力的主体性，成为作为完美对象的“准主体”。所以，“审美经验在情感中达到高峰，但又不能脱离思考。它处于情感和思考这二者的交接点上。”[5] 杜弗莱纳的这些论述深刻阐明了审美知觉中情感与思考的特殊性以及两者之间的特殊关系，可谓鞭辟入里，从观点、论述到话语，都给人以新颖独到的感觉。其中许多见解不仅符合审美实际，而且具有辩证法和理论深度，是特别值得重视的。

---

① M.杜弗莱纳：《审美经验现象学》，爱德华·S.凯西等译，伊文斯顿，西北大学出版社 1973 年版，第 393 页。

② 同上书，第 395 页。

③ 同上书，第 404 页。

④ 同上书，第 423 页。

⑤ 同上书，第 424 页。

第四节　现象学美学特点与审美主客体关系

从美的本质转向审美经验研究，是20世纪以来西方现代美学实现的一个重大转变。杜弗莱纳的审美经验现象学就是这种美学转向的典型代表。对于杜弗莱纳来说，把美学的任务和对象确定为研究审美经验，更多的是出于一种自觉的哲学意识。胡塞尔的现象学认为，哲学研究既不应从物质出发，也不应从精神出发，而是要回到“事物本身”，也就是回到“现象”，以此作为哲学研究的出发点。所谓“现象”，就是指呈现于人的意识中的一切东西。回到现象，也就是返回到人的意识领域，从呈现在意识中的现象之中去把握事物的观念的、先验的本质。杜弗莱纳认为审美经验就是现象学还原所寻求的现象。美学从审美经验出发和现象学哲学从现象出发是一致的。正如现象学哲学要求回到事物本身，回到现象本身，美学也应回到审美经验。他指出：审美经验处于根源的位置上，处在人类在与万物混杂中感受到自己与世界的亲密关系的这一点上。所以，只有审美经验才是美学的原点和出发点。如果研究审美经验，就可以实现现象学为哲学规定的任务。我们可以说，杜弗莱纳的审美经验现象学研究，既是从现象学走向审美经验，也是从审美经验走向现象学。

杜弗莱纳的审美经验研究，突出特点是始终在审美经验和审美对象的互相依存关系中来阐明审美经验。以往的审美经验理论都是着眼于审美主体，主要从审美主体意识活动寻找审美经验的性质和特点。有的从心理学出发，将审美经验归结为心理距离，或等同于移情作用；有的从某种哲学观念出发，将审美经验看成直觉，或归结为情感、无意识活动等。而杜弗莱纳从现象学对审美经验的研究，却基本上摆脱了将审美经验的分析局限于审美主体的心理态度和意识活动的传统模式，而从审美经验与审美对象的相互联系中，从审美主体和审美客体的相互作用中，来阐明审美经验的特点和实质。胡塞尔的意向性理论认为，意向性结构将意识对象和意识活动合二为一。意识活动和意识对象作为纯粹意识的有机因素，二者是不可分割的。他说：“在广义上，一个对象——

‘不论它是否是现实的’——是在某种意识关联体中‘被构成的’。”[①] 是“对象和意识之间的本质关联体”[②]。杜弗莱纳便是将意向性理论运用在审美经验研究中，据此认为，审美经验和审美对象是相互依存、不可分割的。一方面审美经验构成着审美对象，另一方面审美对象又规定着审美经验。如果说，离开了审美经验，我们便不能了解审美对象，那么，同样可以说，离开了审美对象，我们也不能认识审美经验。他的审美经验现象学便是以此为基础，将审美经验区分为审美知觉和审美对象，先从艺术作品出发，在与审美知觉的结合中阐明审美对象，再结合审美对象阐明审美知觉，从而通过二者结合阐明审美经验的本质和特征。他的许多深刻见解，如审美对象是在感性的高峰实现感性与意义完全融合的对象，审美知觉是感性与理解力的自由协调，审美经验以情感为节点实现主体与对象的融汇交流等，都是在审美经验与审美对象互相依存、审美知觉与审美对象互相结合的前提下进行研究而获得的。尽管这里仍然无法摆脱审美经验和审美对象往复循环的理论困境，但毕竟开辟了一条审美经验研究的新途径，构建了一种原创的审美经验理论体系，这无疑是对西方现代美学的重要贡献。

在杜弗莱纳的现象学审美经验论述中，贯穿的一个核心理论问题，就是审美中主体和客体的关系问题。这是西方美学中长期存在争议的一个问题。胡塞尔把意向性的概念置于哲学思考的中心，通过这一概念，他重新提出了主客体关系这一老问题，通过意识的意向性结构，论证了主体和客体、意识和意识的对象是相互关联而不可分割的。这也是现象学美学家探讨审美中主体和客体关系问题的理论依据。杜弗莱纳认为，意向性的概念所表明的主体与客体的特殊相关性，即主体与客体的姻亲关系，在审美经验中可以得到最充分的说明。一方面，审美对象必须通过审美知觉才能实现；另一方面，审美知觉也必须在指向审美对象中才能存在。所以，在审美经验中，达到了知觉与对象、主体与客体、意识活动与意识对象的互相依存和统一。在阐明审美对象和知觉主体怎样共同形成审美经验时，杜弗莱纳指出，作为审美对象的构成成分和审美知觉的指向对象的感性或审美要素，是知觉主体和审美对象共有的某种东西。审美要

① 胡塞尔：《纯粹现象学通论》，李幼蒸译，商务印书馆 1996 年版，第 327—328 页。
② 同上书，第 326—327 页。

素“是知觉者与知觉物的共同作用”[①]。它表明主体和客体、意识和对象在审美中具有同一性。审美要素作为中介物，联结着两种主要的审美深度——被表现世界（审美对象）的深度和这一世界的观察者（审美主体）的深度，这两种深度都涉及情感。按照杜弗莱纳对审美知觉过程的分析，“审美知觉最高峰是揭示作品表现性的那种情感”[②]，“通过情感，唯有通过情感，人这一主体才在审美对象之中呈现”[③]。情感体现了两种审美深度的相互作用。“情感不仅是审美知觉的顶点，而且也是主体和客体融合在审美经验之中，从而实现一种独特的‘交流’的关节点。”[④] 所以，通过情感这种关键因素，知觉主体和审美对象便达到了谐调一致。

现象学美学在分析审美经验时，将审美主体和审美客体结合起来进行研究，强调审美中主体和客体之间的互相关联和互相作用，这种看法和以往美学研究强调主客分离和对立的观点及方法有着明显的不同，其中包含着一些有价值并富有启发性的论点。对于那些以主客二元对立为基础，将审美对象简单地看作是引起审美经验的刺激物，或者将审美知觉简单地看作是对审美对象的接受的观点来说，现象学美学对审美中主客体关系的新见解，无疑是提出了一种严峻的挑战。但是，现象学美学对审美中主客体关系的分析，并不是建立在一种正确的哲学基础之上的，因为现象学的理论和方法是以意识的存在、意识的活动为基础、为前提的。胡塞尔的意向性概念是和所谓先验的概念相关联的。他认为意识不仅总是指向对象，而且具有“构造”对象的能动作用。意识构造对象的活动是“先验的”，先验的“构造”是意识的一种形式的能力、规范的能力，是将特殊事物的经验加以统一并使其具有意义的必要的前提条件。由于意识的这种活动、这种“构造”是先验的，所以胡塞尔又把它称为“先验的意识”。尽管杜弗莱纳对胡塞尔的先验意识和主观唯心主义有所保留并为其辩解，说它既反对自然主义，又反对唯心主义，可是，胡塞尔关于先验的意识、先验的构造的理论与康德的先验唯心主义却是一脉相承的，它的基本立场是主张世

---

① M.杜弗莱纳：《审美经验现象学》，爱德华·S.凯西等译，伊文斯顿，西北大学出版社 1973 年版，第 xlviii 页。

② 同上书，第 49 页。

③ 同上书，第 xxx 页。

④ 同上书，第 xxxi 页。

界是由人的意识活动“构造的”，也就是意识“构造”对象、主观创造客观。杜弗莱纳对于审美中主、客体关系的基本观点和这一基本立场是一致的。他不仅强调审美对象是由审美经验、审美知觉所“构造”的，而且也肯定审美主体和对象的协调和统一是在先验的意识、先验的构造中实现的。为此，他在“审美经验批判”部分，从现象学进到先验论和本体论，提出了“情感先验”（the affective a priori）理论。

杜弗莱纳说：“审美经验运用一种真正的情感先验，这种先验与康德所说的感性先验和知性先验的意思相同。”① 在他看来，先验表示一个主体在万物面前所处的绝对地位，以及主体瞄准、体验与改造万物的方式和主体联系万物以创造自己的世界的方式。在审美经验中起先验作用的东西，就是对象中的情感经验，即处在对象世界的根源的某种情感特质（affective quality）。“审美对象的世界是按一种情感特质构成的；这种情感特质对它起着先验作用。”② 情感特质作为主体先验的构成因素，它构成审美对象，赋予审美对象以统一性和意义。被自己的情感特质界定的主体实际上总与一个世界有关，“这个世界不是主体认识的世界，而是主体在其中认识自己并就此成为他自己的世界。这个世界与主体的联系如此紧密，以致作为它的基础的情感先验就是主体：莫扎特就是明朗，贝多芬就是悲伤激烈。”③ 杜弗莱纳进一步分析说，情感特质作为先验既是宇宙论的，又是存在的，既先于主体，又先于客体，既构成主体，又构成客体。主体与客体互相依存、不可分离，拉辛创造了拉辛的世界，拉辛的世界创造了拉辛。“拉辛和拉辛的世界之所以处于平等地位，那是因为两者都被看作从属于一种我们可以称之为前拉辛的情感特质。”④ 所谓“前”，就是强调情感特质的先验性。先验具有本体论意义，“先验只是因为它是存在的一种属性，这种属性既先于主体又先于客体，并使主客体的亲缘关系成为可能，所

① M.杜弗莱纳：《审美经验现象学》，爱德华·S.凯西等译，伊文斯顿，西北大学出版社1973年版，第437页。

② 同上书，第447页。

③ 同上书，第449页。

④ 同上书，第454页。

以他同时是客体和主体的一种规定性。”① 显而易见，杜弗莱纳的情感先验理论不过是另一种形式的先验唯心论。他以此为基础构建的审美主客体关系理论，和建立在辩证唯物主义的实践论和能动的反映论的哲学基础之上的科学的审美主客体辩证统一的理论，显然是具有本质区别的。

① M.杜弗莱纳：《审美经验现象学》，爱德华·S.凯西等译，伊文斯顿，西北大学出版社 1973 年版，第 455—456 页。

第十八章

符号学的艺术理论探讨

——苏珊·朗格的《艺术问题》

第一节　符号学美学的兴起和特点

符号学是研究符号的一般理论的科学。它研究符号的本质、符号的意义、符号的发展规律、符号与人类各种活动的关系等。虽然对于符号的研究有着古老的历史，但符号学作为一门学科，是19世纪末、20世纪初才兴起的。美国实用主义哲学创始人皮尔斯和瑞士语言学家索绪尔对符号学的创立作出了重要贡献。20世纪30年代，美国哲学家莫里斯系统地总结了符号应用的规律。他的著作《符号学说的基础》《符号、语言和行动》给符号学奠立了科学基础，使符号学正式成为一门独立的科学。

符号学理论在各个领域得到广泛应用。它和哲学认识论有着重要联系；语言、文学、音乐、建筑、宗教等领域都有自己的符号学问题。德国新康德主义哲学家恩斯特·卡西尔将符号学广泛应用于人类文化领域的研究，进一步扩大了符号学的范围。卡西尔认为，人的特点就在于他的符号活动，人就是进行符号活动的动物。一切文化现象，诸如语言、神话、艺术和科学等，都是人类符号活动的结果。“所有这些文化形式都是符号形式。”[①] 神话、艺术也是一种符号的形式。它们和语言一样，都是运用符号形式来表示人类的各种经验的。卡西尔一生著述颇丰，虽然没有专门的美学著作，但在《符号形式的哲学》(1923—1929)、《语言与神话》(1925)、《文化科学的逻辑》(1942)、《人论》(1944)等著作中，都涉及美学问题，对于推动符号学美学的形成起了开创性作用。

卡西尔强调艺术的符号特性。他认为艺术是一种特殊的符号形式的创造。按照卡西尔的说明，人类所创造的一切符号形式，都是为了使人类经验能够被他所理解和解释。所以，作为一种特殊的符号形式的艺术，既不是对物理事物的模仿，也不是强烈感情的流溢。它是对实在的再解释，不过不是靠概念而是靠直观，不是以思想为媒介而是以感性形式为媒介。从对实在的再解释，对人类经验的深层的认识来说，艺术和科学所担负的任务都是相同的。但是，艺术

① 恩斯特·卡西尔：《人论》，甘阳译，上海译文出版社1985年版，第34页。

和科学作为两种不同的符号形式却具有明显区别。在科学中我们得到的是概念的解释，在艺术中我们得到的是直观的解释。卡西尔说："有着一种概念的深层，同样，也有一种纯形象的深层。前者靠科学来发现，后者则在艺术中展现。前者帮助我们理解事物的理由，后者则帮助我们洞见事物的形式。在科学中，我们力求把各种现象追溯到它们的终极因，追溯到它们的一般规律和原理。在艺术中，我们专注于现象的直接外观，并且最充分地欣赏着这种外观的全部丰富性和多样性。"① 在考察和阐明艺术特性时，卡西尔明显受到康德美学思想的影响。他将康德的观点和他的符号形式哲学结合起来，进一步强调审美和艺术的特性即在于对于对象纯形式的直观。他说："在艺术中我们是生活在纯粹形式的王国中而不是生活在对感性对象的分析解剖或对它们的效果进行研究的王国中"，"它并不追究事物的性质或原因，而是给我们以对事物形式的直观。"② 审美经验和普通感觉经验的根本区别，就在于它专注于对象的形式，审美享受"是对形式的享受"③。这些看法带有浓厚的形式主义色彩。卡西尔虽然也承认艺术表现情感，但他强调审美和艺术中的情感不同于日常经验中的实在情感。"在审美和艺术中，所有的情感在其本质和特征上都经历了某种质变过程。情感本身解除了它们的物质重负，我们感受到的是它们的形式和它们的生命而不是它们带来的精神重负。"④ 情感体现在"激发美感的形式"中。卡西尔的哲学和美学思想直接影响了苏珊·朗格。

苏珊·朗格（Susanne Langer，1895—1985）是美国当代哲学家和艺术理论家，符号学美学的完成者和最著名代表人物。她生于纽约，早年师从怀海特和卡西尔，并获得哲学博士和文学博士学位，后来在美国多所大学任教，被聘为教授。在哲学和美学思想上，苏珊·朗格深受卡西尔的影响。她在卡西尔人类文化哲学的艺术理论的基础上发展和完善了符号学的艺术理论，形成了完整的独创的符号学美学体系。同时，她还继承了美国实用主义、经验主义哲学传统，力求在经验分析的基础上对艺术作出哲学概括。朗格著述甚丰，主要著作有《哲学新解》(1942)、《符号逻辑导论》(1953)、《情感与形式》(1953)、

① 恩斯特·卡西尔：《人论》，甘阳译，上海译文出版社 1985 年版，第 215 页。
② 同上书，第 183 页。
③ 同上书，第 203 页。
④ 同上书，第 189 页。

《艺术问题》(1957)、《心灵：论人类情感》(1967) 等。其中，《情感与形式》是她最著名的美学著作。在这本美学巨著中，朗格延续了卡西尔的符号学的哲学思想和美学思想，进一步把符号区分为推理的符号（即语言的符号）和表现的符号（即非语言的符号），并运用表现符号—情感符号理论来解释艺术问题，提出了一种新的美学理论和艺术哲学。书中从艺术符号引出艺术定义，对表现、创造、符号、意义、直觉、生命力和有机形式等概念和范畴详细作了阐释，并对各类艺术符号的创造分别作了细致的分析说明。《艺术问题》是朗格继《情感与形式》之后的一部重要著作。虽然这本书作为多次讲演的结集，不如《情感与形式》那样系统，但它突出了《情感与形式》中的主要观点，不仅作了更为明晰、透彻的阐述，而且使其得到了进一步的发展、完善。正如朗格在该书"前言"中所说："虽然这里面的每一次讲演看上去似乎都是为了解决一个专门的问题，实际上却是从各个不同的方面射向艺术的中心问题（亦即艺术的本质问题）的聚光灯。"在《艺术问题》中，朗格以她提出的艺术定义为中心，对"与艺术有关的哲学问题"进行了独特的探讨，其中关于艺术本质与作用、艺术创造与欣赏以及各类艺术相互关系的一系列见解，都是符号学美学的重要的新成果。乔治·迪基在《美学引论》中，称朗格的艺术表现符号论是"当代最有影响的艺术哲学之一"，"是当代最流行的理论"①。

在现代西方美学界，一般将卡西尔和朗格的符号学美学和艺术理论统称为"卡西尔-朗格的符号说"。符号学美学不仅提出了一种新的艺术理论、艺术观念，而且从研究方法、研究角度来看，也有许多新颖、独特之处。力图从人类文化活动的总体和发展中来揭示艺术的本质、特征和功能，是符号学美学的重要特点。卡西尔的艺术哲学本来就是他的人类文化哲学的一个组成部分。它不是孤立地就艺术本身研究艺术，而是从艺术与人类所创造的"文化世界"的相互关系中，从艺术与其他各种文化形式的联系和区别中，去考察和研究艺术的性质和特点。卡西尔强调人类的各种文化形式是一个有机整体。"语言、艺术、神话、宗教决不是互不相干的任意创造。他们是被一个共同的纽带结合在一起的。"② 各种文化形式都是人为了展示自己的本性，为了使人类经验能够被认识和理解而建造的符号世界。艺术与语言、宗教、科学的区别，不仅与它们的

① 乔治·迪基：《美学引论》，美国罗博斯-梅墨尔公司 1971 年版，第 78、79 页。
② 恩斯特·卡西尔：《人论》，甘阳译，上海译文出版社 1985 年版，第 87 页。

基本统一性不相排斥，而且是与统一性互相依存的。艺术和各种文化形式是“同一主旋律的众多变奏”①。这些看法具有辩证因素。苏珊·朗格在阐述各种不同艺术的符号创造时，就是紧密结合人类历史和文化活动的发展来说明它们的形成和特点的。

符号学美学的另一个重要特点，是从符号学角度结合审美经验来研究艺术的本质和特性。卡西尔和朗格都强调艺术是一种特殊的符号形式，并且着重研究艺术的符号形式和其他符号形式的区别。卡西尔论述了艺术的符号和语言的符号在目的和特征上的不同之处。朗格进一步发挥了这一观点，明确区分出语言符号和非语言符号、推理性形式和表现性形式，从而使艺术与语言、艺术与科学的区别得到进一步强化。无论是卡西尔还是朗格，都力图从审美经验的分析中去把握艺术的特性，去寻找艺术与非艺术的界限。卡西尔强调艺术是对于形式的直观，认为将情感赋予审美形式，是将日常经验转变为审美经验和艺术的关键。朗格进一步完善了形式与情感关系的理论，并且以此作为揭示审美经验和艺术特性内在奥秘的钥匙。西方美学自康德以后，对形式和情感关系的研究，越来越成为人们理解审美和艺术的关键。“整个艺术心理学必然要讨论关于形式对情感和情感对形式的关系问题。”而朗格正是抓住这个关键问题来探讨艺术的特性，提出了许多新颖、独特的见解。当然，无论是卡西尔还是朗格，他们从符号学对审美经验和艺术的分析毕竟是偏重于感性、偏重于形式的，这就使他们对艺术特性的阐述难免存在相当大的偏颇。

① 恩斯特·卡西尔：《人论》，甘阳译，上海译文出版社 1985 年版，第 91 页。

第二节 艺术：表现人类情感的符号形式

在《情感与形式》中，朗格从符号论出发，提出了一个艺术的定义，这就是："艺术，是人类情感的符号形式的创造。"① 在《艺术问题》中，她又以不同的表述方式，反复地重申了这一艺术定义。她说：

> 我曾经大胆地为艺术下了如下的定义，这就是：一切艺术都是创造出来的表现人类情感的知觉形式。②
>
> 在我看来，所谓艺术，就是"创造出来的表现性形式"或"表现人类情感的外观形式"。③

总之，艺术是创造出来的表现人类情感的符号形式或表现性形式，这就是朗格对艺术的中心问题——艺术的本质问题所作的独特回答。

朗格的这个艺术定义，是由一系列具有特定含义的概念组成的。其中，最为重要的是符号、形式、情感、表现性四个基本概念。还有一些重要概念，如虚象、幻象、抽象化，它们没有直接出现在朗格的艺术定义中，但她在说明和解释艺术定义中的有关概念时，却经常要结合说明这些相关的概念。在《艺术问题》中，朗格的艺术理论大部分都是在说明、解释、区分各种专门概念，因此，我们要弄清她的艺术定义，了解她对艺术本质问题的看法，必须从说明她的这些专门概念入手。

朗格对艺术本质的基本看法，就是将艺术看作是人类创造的一种"特殊符号形式"。为什么说是一种特殊的符号呢？因为根据语义学和分析哲学中为符号下的定义，符号是"一种可以通过某种不言而喻的或约定俗成的传统或通过

---

① 苏珊·朗格：《情感与形式》，刘大基等译，中国社会科学出版社 1986 年版，第 51 页。

② 苏珊·朗格：《艺术问题》，滕守尧、朱疆源译，中国社会科学出版社 1983 年版，第 75 页。

③ 同上书，第 105 页。

某种语言的法则去标示某种与它不同的另外的事物的事物。”① 如果按照符号的一般定义，艺术品就不能称作符号。但艺术品却具有符号的某些功能。所以，这是一种与纯粹符号不同的特殊的符号。朗格指出，迄今为止，人类创造出的一种最为先进和最令人震惊的符号就是语言。“语言是理性思维的符号形式”，是“推论性的形式”，它能表达我们称之为观念的东西，也能表达我们称之为“事实”的东西。但是，语言作为“推论性的形式”，它的用途是有限度的。有大量可知的经验，是不能通过推论性的形式表现出来的，当然也就是不能通过语言表现出来的。这些经验就是我们有时称为主观经验方面的东西或直接感受到的东西。这些东西常常被人们称为“情绪”“情感”，它们是一些交融为一体而不可分割的“主观现实”或“内在生活”。“对于这样一些内在的东西，一般的论述——对词语的一般性运用——无论如何是呈现不出来的。即使谈及，也只能是一种一般的或浮浅的描绘。那些真实的生命感受，那些互相交织和不时地改变其强弱程度的张力，那些一会儿流动、一会儿又凝固的东西，那些时而爆发、时而消失的欲望，那些有节奏的自我连续，都是推论性的符号所无法表达的。主观世界呈现出来的无数形式以及那无限多变的感性生活，都是无法用语言符号加以描写或论述的，然而它们却可以在一件优秀的艺术品中呈现出来。”② 艺术品表现人的“主观世界”“内在生活”，不是运用“推论性符号”，而是运用一种特殊的符号。这种符号不是诉诸像语言符号那样的“推论性形式”，而是诉诸另一种形式——“表现性形式”。“一种表现性形式也就是一种知觉的或想象的整体，这一整体可以展示出整体内容的各个部分、各个点，甚至各种特征和方位之间的特定关系模式。因此，用这种整体就可以再现出另一种具有同种关系模式的整体。”③ 朗格认为，艺术品都是一种“表现性形式”，这种表现性形式又可称作“艺术符号”。在朗格使用的专门概念中，“表现性形式”和“艺术符号”是同一含义的两个概念。“所谓艺术符号，也就

① 艾思斯特·纳盖尔：《符号学和科学》，转引自苏珊·朗格：《艺术问题》，第 125 页。

② 苏珊·朗格：《艺术问题》，滕守尧、朱疆源译，中国社会科学出版社 1983 年版，第 128 页。

③ 同上书，第 19 页。

是表现性形式。”① 在《情感与形式》中，朗格把艺术品称为“艺术符号”，引起了不少批评。为了避免引起歧义，她后来更多地使用了“表现性形式”这一概念，认为“表现性形式”比“艺术符号”这个名称要好得多。但是，在《艺术问题》中，她仍然是经常把两个概念混用。总之，在她看来，“一件艺术品就应该是一种不同于语言符号的特殊符号形式”②，或者说，“是一种在某些方面与符号相类似的表现性形式”③。

朗格认为，弄清“艺术符号”不同于其他符号，特别是语言符号的区别和特点，对于理解艺术的本质是重要的。艺术符号作为一种特殊的符号，作为表现性形式，虽然具有符号的某些功能，但不具有符号的全部功能。它不能像纯粹的符号那样，去代替另一件事物，也不能像语言符号那样，去表现一个概念。艺术符号的主要功能是“将经验形式化并通过这种形式将经验客观地呈现出来以供人们观照”④，换句话说，它是要“为情感、主观经验的表象或所谓的‘内在生活’的种种特征赋予形式”⑤。这种功能，朗格称之为“逻辑表现功能”。这才是每一个艺术符号、每一件优秀的艺术作品所应具备的功能。据此，朗格强调艺术的符号作用不是再现，而是表现。他说：

> 通常，人们总以为艺术是再现某种事物的，因此总认为它的符号作用就是再现。然而，这种看法恰恰是我所不同意的。在我看来，艺术甚至连一种秘密的或隐蔽的再现都不是，因为很多艺术品是什么东西也没有再现的。一座建筑、一件陶器或一种曲调。并没有有意在再现任何事物，但它们仍然是美的，当然，许多非再现性的作品有时也可能是丑的和低劣的。然而，任何作品，如果它是美的，就必须是富有表现性的，它所表现的东西不是关于另外一些事物的概念，而是某种情感的概念。当然，同样的道理也适合于再现性的艺术。这就是说，如果一件再现性的艺术品想成为美的，它就必须像一件非再现性

---

① 苏珊·朗格：《艺术问题》，滕守尧、朱疆源译，中国社会科学出版社 1983 年版，第 134 页。

② 同上书，第 120 页。

③ 同上书，第 122 页。

④ 同上书，第 128 页。

⑤ 同上书，第 128 页。

的艺术品那样，富有表现性。[①]

朗格的意思是，艺术并不一定是再现的，但却必须是表现的。无论是非再现性艺术品，还是再现性艺术品，如果它是美的，就必须是富有表现性的。只有表现性，才是艺术符号的主要功能，才是区别艺术与非艺术、艺术作品的美与不美的标准和尺度。"'表现性'（在其确定的意义上说来）是所有种类的艺术的共同特征"，"因为通过它们就可以确定什么是艺术，什么是非艺术。"[②]

艺术作品作为"表现性的形式"或"艺术符号"，它的主要功能在于使主观经验得到供人观照的形式，在于表现。那么，它所表现的具体东西又是什么呢？朗格直截了当地回答说："它所表现的东西就是人类的情感。当然，这里所说的情感是指广义的情感。亦即任何可以被感受到的东西——从一般的肌肉觉、疼痛觉、舒适觉、躁动觉和平静觉到那些最复杂的情绪和思想紧张程度，还包括人类意识中那些稳定的情调。"[③] 在另一处，朗格又解释说："所谓情感活动，就是指伴随着某种十分复杂但又清晰鲜明的思想活动所产生的有节奏的感受，还包括全部生命感受、爱情、自爱，以及伴随着对死亡的认识而产生的感受。"[④] 总之，艺术是情感的表现，艺术品是将情感呈现出来供人观赏的，艺术符号所表现的东西就是人类情感。这种情感是指广义的情感，"亦即人所能感受的一切"，一切主观经验或"内在生活"，从一般的主观感觉、感受到最复杂的情绪、情调、情感。凡是令人难以捉摸的、不可用言语表达的主观世界的"情感生活"，都可以由艺术品来加以表现。"艺术品在本质上就是一种表现情感的形式，它们所表现的正是人类情感的本质。"[⑤]

这里应该注意的是，朗格虽然认为艺术是情感的表现，但她却一再强调"艺术家表现的决不是他自己的真实情感，而是他认识到的人类情感"。例如一个舞蹈，它的可感知的形式表现了人类情感的种种特征，这是它的创造者对各种人类情感的认识的一种表现，而不是演员个人的情感的表现，不是舞蹈演员本人情感的征兆。她强调说：

---

① 苏珊·朗格：《艺术问题》，滕守尧、朱疆源译，中国社会科学出版社 1983 年版，第 120 页。

② 同上书，第 13 页。

③ 同上书，第 14 页。

④ 同上书，第 109 页。

⑤ 同上书，第 7 页。

艺术品的情感表现——使艺术品成为表现性形式的机制——根本就不是症兆性的。一个专门创作悲剧的艺术家，他自己并不一定要陷入绝望或激烈的骚动之中。事实上，不管是什么人，只要他处于上述情绪状态之中，就不可能进行创作，只有当他的脑子冷静地思考着引起这样一些情感的原因时，才算是处于创作状态中。然而对于自我表现来说，却根本不需要构思，也不需要冷静清晰地阐述。①

按照朗格的理解，艺术家所要表现的情感，“决不是他自己的真实情感，而是他认识到的人类情感”②。艺术作为情感的表现，不是艺术家的“自我表现”，不是艺术家个人情感的自然流露，也不是情感呈现出来的征兆（就像啼哭是啼哭者情绪失调的症状一样）。我们知道，从 19 世纪初叶开始，在西方美学中表现论的艺术观越来越占有突出的地位。一般的表现论的艺术理论，大都认为艺术是艺术家主观情感的表现，有的则明确主张艺术就是艺术家的“自我表现”。朗格虽然也认为表现性是艺术的必备特征，主张艺术是情感的表现，但是却明确地将“表现”与“自我表现”区别开来，认为艺术并非表现艺术家个人的情感。这是朗格的艺术理论的一个非常显著的特色。由于她强调艺术所表现的是艺术家认识到的人类情感，强调艺术家对情感生活的认识、理解，使情感理智化，强调艺术品“是艺术家为自己认识到的机体的、情感的和想象的生命经验画出的图画”③，所以，有的西方美学家甚至认为她的美学观点严格说来并不是属于表现论的，而是“一种单纯的模仿的艺术理论”④。

从以上分析可以看出，朗格的艺术定义实际上包括两个互相联系的、不可分割的方面：一个方面是使情感意义得到显示的符号形式；另一个方面是符号形式所表现的情感意义。朗格强调说，在艺术品中，符号形式和它所表现的情感意义（或“意味”），这两者是直接融合为一体的。这是艺术符号与语言符号的又一个重要区别。一个语言符号，比如一个词，它仅仅是一个记号，在领会它的意义时，我们的兴趣就会超出这个词本身而指向它的概念。词本身仅仅是一个工具，它的意义存在于它自身之外的地方，一旦我们把握了它的内涵或识

① 苏珊·朗格：《艺术问题》，滕守尧、朱疆源译，中国社会科学出版社 1983 年版，第 23 页。

② 同上书，第 25 页。

③ 同上书，第 87 页。

④ 参见乔治·迪基：《美学引论》，美国罗博斯-梅墨尔公司 1971 年版，第 78 页。

别出某种属于它的外延的东西，我们便不再需要这个词了。然而一件艺术品便不同了，它并不把欣赏者带往超出它自身之外的意义中去，如果它表现的意味离开了表现这种意味的感性的或诗的形式，这种意味就无法被我们掌握。在一件艺术作品中，情感意味并不是由符号形式象征出来的，而是情感意味直接地包含在符号形式之中。符号形式不是象征着情感意味，而是本身就包含着情感意味。我们看到的或直接从中把握的是浸透着情感的表象，而不是标示情感的记号。据此，朗格概括艺术的符号形式与情感内容的相互关系说：

> 在我看来，艺术符号的情绪内容不是标示出来的，而是接合或呈现出来的。一件艺术品总是给人一种奇特的印象，觉得情感似乎是直接存在于它那美的或完整的形式之中。①

> 一件优秀的艺术品所表现出来的富有活力的感觉和情绪是直接融合在形式之中的，它看上去不是象征出来的，而是直接呈现出来的。形式与情感在结构上是如此一致，以至于在人们看来符号与符号表现的意义似乎就是同一种东西。②

朗格认为艺术形式或艺术符号与它所表现的情感生活，两者之间具有结构上的一致性和逻辑上的类似性，“艺术形式与我们的感觉、理智和情感生活所具有的动态形式是同构的形式”，“艺术品就是‘情感生活’在空间、时间或诗中的投影”③，这就是形式与情感、符号与意义在艺术中能达到直接融合，以致一件艺术品看上去就是情感本身的原因。

为了防止人们的误解，朗格在《艺术问题》中，还提出了“艺术符号”和“艺术中的符号”的区别问题。她指出，“艺术符号”是指作为一个整体来说的艺术品。“这种艺术符号是一种单一的有机结构体，其中的每一个成分都不能离开这个结构体而独立地存在，所以单个的成分就不能单独地去表现某种情感。”④ 这就是说，艺术符号是一种单一的和不可分割的符号，它的意味并不是各个部分的意义相加而成的，像语言符号中不同的字和词加到一起就构成整句话的整体意思那样。在语言符号中，每个字每个词都有自己单独的意义；但

---

① 苏珊·朗格：《艺术问题》，滕守尧、朱疆源译，中国社会科学出版社 1983 年版，第 129 页。

② 同上书，第 24 页。

③ 同上书，第 24 页。

④ 同上书，第 129 页。

在艺术符号中，其中每一个成分如果离开了整体就无法单独赋以意味。至于“艺术中的符号”，那就不同了。艺术作品中可以包含着种种符号，它们都具有自己的意义，而且是一些可以用语言表达出来的意义。如人们熟悉的大圣人头上的光环、代表女性的玫瑰花、代表贞洁的百合花等等，这类符号都分别象征着不同的意义。然而，这些符号的含义却不是整个艺术品传达的“意味”的构成成分。它只能作为传达这种意味的形式的构成成分或表现性形式的构成成分。它们所起的作用是一般性符号所能起到的作用。总之，艺术符号和艺术中的符号之间的区别，既是发挥功能上的区别，又是类型上的区别。

苏珊·朗格对艺术本质的理解和她提出的艺术定义，固然是对符号论的一种应用，但它同当代西方比较流行的一些艺术理论也有着明显的联系。在《艺术问题》中，她非常推崇英国艺术评论家克莱夫·贝尔提出的“艺术乃是‘有意味的形式’”的美学论点。所谓“有意味的形式”，按照贝尔的解释，就是艺术作品的“线条和色彩构成的关系和组合”，而这些关系和组合是能够唤起审美情感的。贝尔认为这种“有意味的形式”便是一切真正的艺术所应具有的一种基本性质。朗格完全同意贝尔的这种看法。在《情感与形式》一书中，她称“有意味的形式”“是各类艺术的本质”，“是我们所以把某些东西称为‘艺术品的原因所在”①。在《艺术问题》中，她直接把“有意味的形式”和她所说的“表现性形式”看成是同一含义的术语，并经常将两者交互并用。贝尔在《艺术》中强调形式和表现，否定再现在艺术和审美中的地位和作用，这和朗格强调只有表现性才是区别艺术与非艺术的标尺的观点也是互相吻合的。此外，朗格的某些论点和格式塔心理学美学的代表人物鲁道夫·阿恩海姆在《艺术与视知觉》一书中提出的观点，也有明显的类似。例如她认为形式与情感之间具有结构上的一致性，形式对于情感的表现不是象征，而是包含。这很容易使我们想起阿恩海姆的“异质同构”论。按照这一理论，“造成表现性的基础是一种力的结构”②，外在事物和形式之所以能直接表现内在情感，就是因为它们的“力的图式”在结构上是一致的。

---

① 苏珊·朗格：《情感与形式》，刘大基等译，中国社会科学出版社 1986 年版，第 33 页。

② 鲁道夫·阿恩海姆：《艺术与视知觉》，滕守尧、朱疆源译，中国社会科学出版社 1984 年版，第 625 页。

在《情感与形式》中，朗格批评了克罗齐和科林伍德的表现论的美学观点。虽然在强调艺术表现情感这方面，朗格和后者是一致的，但科林伍德认为艺术是“一个人情感的吐露”，是“自我表现的活动”，这是朗格所不同意的。如前所述，朗格反对只把艺术看作是艺术家本人情感的自我表现，而强调艺术所表现的是艺术家认识到的人类情感。再者，朗格强调艺术必须将情感形式化、客观化，使之直接包含在表现性形式或艺术符号中。然而，按照克罗齐和科林伍德的表现说，艺术表现却不需要媒介和外在形式，所谓艺术表现只是发生在艺术家头脑中的活动，是在艺术家头脑中形成的意象，作为表现的艺术品在艺术家创造可感知时形象之前就已经完成了。这与朗格强调艺术是一种符号形式的创造的观点，当然是相矛盾的。

尽管如此，朗格在理解艺术本质上毕竟是强调情感、强调表现的，在这一点上，她的理论和当代西方美学理论的基本倾向是完全一致的。在朗格看来，只有人的情感、人的主观世界、内心生活，才是艺术表现的内容。任何一件艺术品，“本质上都是内在生活的外部显现，都是主观现实的客观显现”，一切艺术形象都是“主观经验和情感的对象化”。这种主观现实、内心生活是同客观现实、外部事物不同的对象，它们分别为语言符号和艺术符号所把握。“推理符号系统——语言——能使我们认识到我们周围事物之间的关系以及周围事物同我们自身的关系，而艺术则是使我们认识到主观现实、情感和情绪。”[①] 这些看法显然是把主观情感、内心生活与客观现实、社会存在分割开来了，既否定了主观情感有它的客观来源，也否定了客观现实、客观事物是艺术反映的对象。这是既不符合艺术创作的实际，又同辩证唯物主义的反映论的原则相违背的。艺术创作虽然必须而且应当表现人的主观情感和内心生活，而且应当以此作为艺术反映的特殊对象，但是艺术的反映对象又不仅限于人的主观情感和内心生活，它以人的整个社会生活和客观现实作为反映对象。人的主观情感和内心生活虽然也是社会生活的组成部分，但不是人的社会生活的全部，并且主观情感和内心生活本身也只不过是客观现实生活的一种反映。艺术通过描写和表现人的主观感情和内心生活，仍然是要反映客观现实和整个社会生活。所以，

---

① 苏珊·朗格：《艺术问题》，滕守尧、朱疆源译，中国社会科学出版社 1983 年版，第 66 页。

把艺术仅仅看作是主观情感的表现，把表现主观情感和反映客观现实绝然对立起来，也就会否认艺术是客观的社会生活的反映。这样，也就不可能科学地阐明艺术的本质。

在强调情感表现的同时，朗格也强调表现形式，并且把形式看作是构成艺术本质的因素。她认为只有“表现性形式”和“艺术符号”才能显示出艺术的表现活动和其他活动的区别。探讨艺术符号和语言符号、表现性形式和推理性形式的区别，成为她说明艺术本质和特性的一个关键。在这方面，最易看出形式主义美学理论对于朗格的艺术理论的深刻影响。艺术虽然也有形式问题，而且对于艺术来说，形式问题还是相当重要的问题，但是，决定艺术本质和特征的又不仅仅是形式问题。然而，在朗格的艺术定义中，符号形式问题既是她理解艺术本质的出发点，也是她的定义的最后归属。所以，她才把贝尔提出的“有意味的形式”看作是艺术的“精髓本质”。西方有的美学家指出，对形式的过分强调，是恩斯特·卡西尔、克莱夫·贝尔、罗杰·弗莱、苏珊·朗格和阿恩海姆的艺术理论的共同特征。这种说法指明了西方当代美学中的一个基本倾向，是符合实际的。艺术首先是对客观现实生活的认识和反映，是反映社会生活的一种特殊的审美的意识形态，因此，对于了解艺术的本质来说，艺术的思想内容应当是主要的、根本的。而一切形式主义美学对于艺术本质的理解，却恰恰是抛弃了这个主要的、根本的方面。这样规定出的种种艺术定义，也就必然只能是舍本逐末。艺术作品可不可以说是一种特殊的符号呢？从某种方面、某种意义上说，当然是可以的。艺术创作首先是艺术家对现实生活的审美的认识和反映，其次是对现实生活的艺术的表现和传达。艺术家对现实生活的感受、认识、体验，他的审美意识，首先在脑海里构思为艺术形象。为了使这种构思的艺术形象为读者、观众所把握，它必须通过一定的物质手段来加以客观化。这种被物质手段客观化的艺术形象，对于再现艺术家对现实生活的认识和表现艺术家的思想感情来说，是具有符号性质的。因此，从艺术的传达功能方面说，艺术可以被看作是一种特殊性质的符号。但是，艺术创造的整个性质，艺术的本质，并不仅仅是由艺术的传达功能或传达手段决定的。朗格的艺术定义的根本缺陷之一，就是把艺术当作不过是一种传达手段，当作仅仅是创造出来为传达包含在符号内部的一定意义的一种特殊的符号。她根本看不到艺术是反映社会生活的一种特殊的社会意识形态，而把艺术的整个性质归结为一种传达功能。她把艺术的性质称作艺术符号，并使之与语言符号并列，实际上也就是把艺术看作是另一种语言符号，这样，艺术的社会意识形态性质便被掩盖了。这又怎么能够真正科学地解决艺术的本质问题呢？

第三节　幻象、艺术抽象和艺术知觉

要进一步了解苏珊·朗格的艺术理论，了解她的艺术定义，还必须注意到她所使用的另外一些专门术语：幻象或虚象、艺术抽象以及艺术知觉等。这些术语的阐述，构成了朗格关于艺术创造、欣赏以及艺术分类的理论。

朗格认为，艺术品作为表现性形式或特殊的符号，是一种创造品。人们通常把一首乐曲称为“创造品”，而把一双鞋子称为“产品”，这说明艺术创造和其他类型的生产活动之间是有区别的。这种区别是什么呢？对此，朗格用一件普通的产品和一幅画的对比作了回答。他说，一件普通的产品，比如一双鞋子，它是拿皮革制造出来的，皮革是原来就存在的材料，而鞋子就是由皮革构成的，它虽然有变化，但仍然是一个皮革制品。然而一幅画就与此不同了。虽然绘画是通过色彩在画布上“创造”出来的，但绘画本身却不是一件“色彩-画布”构造物，而是一种特定的空间结构；这个空间结构是从可见的形状和色块中浮现出来的，但在此之前它却并不存在于房间里。从这种具体的比较中，朗格提出了自己的观点。她认为艺术创造和其他类型生产活动的区别，就在于它们所创造的东西不同。其他类型生产活动创造的是和原来的物质材料一样的实物，而艺术创造所产生的却是和原来使用的物质材料完全不同的另一种东西，这另一种东西，朗格把它称之为“虚象”或“幻象”。她认为，艺术家的整个创造过程中都在创造着这个幻象。每一种艺术都要创造出一种特殊的幻象，幻象是任何一种艺术创造的“最基本的创造物”。所以，对于朗格来说，要说明艺术创造的实质，就必须分析艺术创造的特殊产物——幻象。

那么，究竟什么是朗格所说的“幻象”或“虚象”呢？让我们先引述她在《艺术问题》关于“幻象”所讲的两段话：

> 每一门艺术都有自己的基本幻象，这种幻象不是艺术家从现实世界中找到的，也不是人们在日常生活中使用的，而是被艺术家创造出来的。艺术家在现实世界中所能找到的只是艺术创造所使用的种种材料——色彩、声音、字眼、乐音等等，而艺术家用这些材料创造出来

的却是一种以虚幻的维度构成的“形式”。[1]

> 我们说艺术形象是一种幻象，这仅仅是指艺术形象是非物质的。这就是说，它不是由画布、色彩等事物构成的，而是由互相达到平衡的形状所组成的空间构成的，在这些形状中蕴含着能动的关系、张力和弛力等等。这种空间与实际的空间是不一样的，因为在实际的空间中不存在这种具有一定的组织结构的形象。[2]

以上两段论述说明，朗格所说的幻象或虚象就是指艺术家创造的艺术形象或表现性形式，之所以把它称作幻象或虚象，是因为它不是真实的、实际存在的，而是过去任何时候和任何地方都没有见到过的，是完全被艺术家创造出来的，还因为它虽然是用各种物质材料创造的，但是它却不是一种物理事实，也不是物质材料本身，而是以虚幻形式存在的、位于虚空中的感性形象。这种虚幻形象仅仅是为欣赏者的知觉而创造和存在的，并且也仅仅存在于知觉之中。例如，“绘画是一种虚象，它可以被眼睛看到，但不能用手触摸到；它的可见空间虽然无限广大，然而却不具有任何通常的声学特性，以便为耳朵所感知；存在于其中的那些坚固的立体虽然是显而易见的，但却不能像感觉普通的物理事物那样去感觉它们，因为它们仅仅存在于视觉之中，整幅画都是一幅只能为视觉感知的空间，它不是别的，而是一种虚象。”[3]

朗格进一步指出，每一门艺术都创造出特定的基本幻象，这种基本幻象便是每门艺术的本质特征。不同门类的艺术是由不同的幻象构成的，绘画创造的幻象不同于音乐的幻象，音乐的幻象也不同于舞蹈的幻象，如此等等。对绘画、音乐、舞蹈、诗等艺术门类各自创造的幻象及其区别，朗格也作了一些具体的、比较的分析。例如，她认为绘画所创造的是一种“虚幻的空间幻象”，而音乐所创造的则是一种“虚幻的时间幻象”。“音乐所揭示的是一种由声音创造出来的虚幻时间，它本质上是一种直接作用于听觉的运动形式。……虚幻时间与音乐之间的关系就像虚幻的空间与绘画之间的关系”[4]。如果说在绘画中空间的体积是虚幻的，那么在音乐中则是时间的运动是虚幻的。又如舞蹈，朗

① 苏珊·朗格：《艺术问题》，滕守尧、朱疆源译，中国社会科学出版社 1983 年版，第 76 页。

② 同上书，第 33 页。

③ 同上书，第 27 页。

④ 同上书，第 39 页。

格认为它所创造的是既不同于音乐也不同于绘画的“力的虚象”。“我们从一个完美的舞蹈中看到、听到或感觉到的应该是一些虚的实体，是使舞蹈活跃起来的力，是从形象的中心向四周发射的力或从四周向这个中心集聚的力，是这些力的相互冲突和解决，是这些力的起落和节奏变化。”[①] 总之，舞蹈演员创造了一种活跃的力的形象、动态的形象，但我们看到的这种“力”，却不是由演员的肌肉活动所产生的那些引起实际动作的物理力，而仅仅是为知觉而创造的“虚的实体”，即力的虚象。至于诗，朗格指出：“诗人用语言创造出来的东西是一种关于事件、人物、情感反应、经验、地点和生活状况的幻象。”[②] 他强调正是这种幻象构成了所谓“诗的意象”或“外观”。这种创造出来的诗的外观并不一定要与真实的事物、事实、人物或经验的外观等同或对应，它在标准状态下是一种纯粹的虚构事物。

通过对于以上诸种艺术所创造的幻象的比较，朗格肯定地指出，“每门艺术都是由它创造出来的基本幻象来规定的，而不是由它所使用的材料和技巧来规定的。”[③] 每门艺术都有自己独特的材料，但是它也可以运用其他艺术使用的材料。例如，雕塑中可以运用绘画所特有的标准材料——色彩，诗中也可以运用音乐所特有的标准材料——乐音，但是雕塑仍然是雕塑，诗仍然是诗。因为它们虽然使用了其他艺术所特有的标准材料，但是它们的基本创造物——基本幻象，却并不因此而有所改变。而正是这种独特的基本创造物、基本幻象，才使这一门类艺术和另一门类艺术互相区别开来。

朗格的艺术创造幻象说，曾经受到广泛的批评。这不仅因为“幻象”这个词很易引起误解，而且由于她借这个词所说明的问题，并没有多大的理论意义和实际意义。因为艺术形象是艺术家对现实生活进行加工改造而创造的，它并不是实际生活本身；艺术形象的塑造固然要借助于一定的物质材料，它和这种物质材料却不是一回事。这都是显而易见的问题。如果朗格的幻象说，仅仅是为了说明这些早已为大家所了解和清楚的问题，那是大可不必在名词术语上故弄玄虚的。

---

① 苏珊·朗格：《艺术问题》，滕守尧、朱疆源译，中国社会科学出版社 1983 年版，第 5—6 页。

② 同上书，第 142 页。

③ 同上书，第 78 页。

朗格的幻象说和她提出的艺术抽象的理论是联系在一起的。创造一种幻象，需要通过艺术的抽象；幻象在艺术中的作用，也就是要抽象出“有意味的形式”。所以，幻象的原则和艺术抽象的原则，在朗格看来实在是不可分的。朗格非常强调艺术抽象在艺术创造中的作用。她说：

> 一件艺术品就是一个符号，艺术家的任务自始至终都是制造符号，而符号的制造又需要抽象。……一件艺术品的意义只能包含在它提供给某一感官或全部感官的形式之中，而人对它的把握又必须借助于想象。而要做到这一点，一件艺术品就必须是从作为媒介的具体材料中抽象出来的“有意味的形式”。①

正是基于上述理由，朗格才认为“一切真正的艺术都是抽象的”②。“抽象”对理解任何关系和认识纯粹形式都是不可缺少的，所以不管是艺术家还是逻辑学家，同样都在自发地以同样熟练的技巧从事着“抽象”活动。

但是，朗格进一步指出，我们从一件艺术品中见到的抽象和科学、数学、逻辑中的抽象是不同的。艺术抽象和科学抽象是两种不同的抽象方式，“这两种根本不同的从具体体现物或范例中抽象出形式的方法要归结于艺术活动和科学活动之间的基本区别”③。艺术抽象是艺术直觉过程，科学抽象是科学推理过程。“既然艺术直觉过程和科学推理过程从起点上开始，即从逻辑直觉上开始就有了分歧，它们以后的整个智力发展过程也就必然不同，这就造成这两个领域内的‘抽象’活动的不同。”④ 科学抽象是依靠概括能力或普遍化能力，“通过这种概括，就为每一个事物赋予了名称，这种名称随之又把这一事物的种类加以确定。”⑤ 这就是科学和语言所具有的最基本的抽象功能，这种抽象的结果就是创造出推理性符号或概念，即帮助我们把握一般事实的理性推理形式。可是，艺术抽象却是另一种情况。一件艺术品是一种特殊的事物，而且永远保持着这种特殊性，它是“这一个”，而不是“这一类”，它是独特的，而不是样板性的。所以，艺术的抽象形式是从一种特殊的现象中直接抽象出来的，

---

① 苏珊·朗格：《艺术问题》，滕守尧、朱疆源译，中国社会科学出版社 1983 年版，第 168 页。

② 同上书，第 156 页。

③ 同上书，第 157 页。

④ 同上书，第 159 页。

⑤ 同上书，第 162 页。

它不需要先找出几个范例，然后从这些范例中抽象出一种一般的式样，最后再以符号对这一式样进行表现。在艺术中，仅仅是对其中的一个范例进行天才的构造，并给它赋予一种符号的特性和性能。据此，朗格对不同于科学抽象的艺术抽象的方式作了如下概括：

> 艺术家所面临的问题，就是对某种特殊的事物加以抽象地处理，使它以某种具体的形式呈现出来，而这一步骤又不像逻辑中使用的渐进式概括法那样，还要从某一类相似的事物中抽象出它们的共同形式。在艺术抽象中，通常要做的第一件事就是设法使得将要加以抽象处理的事物看上去虚幻，使它具有艺术品所应具有的一切非现实成分。……与此同时，还必须使这件由纯粹的形象构成的实体尽量简化，以便使人的视觉、听觉和构造性想象（如文学）在任何时候都能直接把握它的整体样式。①

朗格认为艺术抽象和科学抽象的不同，是由于艺术活动和科学活动、艺术认识方法和科学认识方法的不同，这说明她重视艺术和科学的区别。她指出艺术品必须保持特殊性、具体性，使事物的外观表象突出出来，这也是符合艺术本身的特点的。可是，朗格把艺术创造看作“抽象”活动，把艺术形象看作是艺术抽象的产物，这却是令人难以理解的。这种说法不仅与艺术品须创造特殊的、具体的、可感的艺术形象的特点相矛盾，而且也不符合作为现实生活的审美认识和表现的艺术创作的客观规律。朗格说：“不管是在艺术中，还是在逻辑中（逻辑把科学抽象发展到了高峰），‘抽象’都是对某种结构关系或形式的认识，而不是对那些包含着形式或结构关系的个别事物（事件、事实、形象）的认识。”② 这就是说，艺术抽象实质上只不过是一种对于形式的认识和创造，而根本不是对现实生活的一种反映形式。这样一来，艺术创造活动也就仅仅被当成了一种抽象出形式符号的活动，而不是对于现实生活的艺术认识和概括。这也显示出朗格的艺术理论的形式主义倾向。追求抽象的形式表现，是西方许多现代艺术流派的一个共同特点。和这种艺术实践相适应，不少艺术理论往往认为创造抽象形式，比反映现实生活内容，对于艺术是更为根本的、更重要的

---

① 苏珊·朗格：《艺术问题》，滕守尧、朱疆源译，中国社会科学出版社 1983 年版，第 169—170 页。

② 同上书，第 156 页。

目的。艺术抽象和再现生活因此也就被放在互相对立的地位。朗格在谈到艺术抽象时，认为艺术形式的创造一方面要尽量删去它的“现实成分”，另一方面又要尽量“简化”。这很容易使我们想起克莱夫·贝尔的形式主义美学理论。贝尔在《艺术》中同样认为“有意味的形式”是通过删除再现成分和采用简化手段而得到的。他说：“没有简化，艺术不可能存在，因为艺术家创造的是‘有意味的形式’，只有简化，才能把有意味的东西从大量无意味的东西中抽取出来。”① 这种看法可能就是朗格的艺术抽象说的一个来源。

关于欣赏问题，朗格提出了艺术知觉说。什么是艺术知觉呢？朗格说：“在我看来，所谓艺术知觉，就是对艺术品的表现性的知觉。”② 艺术的表现性形式或幻象，都是对知觉而存在的。对于形式及其所表现的意味，欣赏者不是通过推理性判断去感受它，也不能通过推理性的语言去表达它，而只能通过欣赏者的艺术知觉去把握它。在艺术作品中，“情感并不是再现出来的，而是由全部幻象，即由艺术符号排列和组合起来的幻象表现出来。它要么是被直接从艺术符号中把握到，要么是根本就把握不到，而发现或把握这种‘生命的意味’的能力，就是我所说的‘艺术知觉’，这是一种洞察力或顿悟能力。”③ 据此，朗格认为艺术知觉是把握艺术的表现性形式及其所表现的意味的一种特殊的能力，它不是一种推理性的思辨能力，而是一种“顿悟能力”。这种顿悟能力也就是“直觉”，所以“对艺术意味（或表现性）的知觉就是一种直觉”④。关于“直觉”，西方哲学中有多种解释。朗格反对把直觉看成是一种先验的神秘的活动或特殊的天赋。她根据洛克在《论人类理解力》中的论述，另外提出一种解释。洛克把直觉看作是一种“直接看到真理”的洞察力，“是一种无须借助于其他任何概念的知觉”。由此，朗格指出：“所谓直觉，就是一种基本的理性活动，由这种活动导致的是一种逻辑的或语义上的理解，它包括对各式各样的形式的洞察，或者说它包括对诸种形式特征、关系、意味、抽象形式和具

① 克莱夫·贝尔：《艺术》，周金环、马钟元译，中国文联出版公司 1984 年版，第 149—150 页。

② 苏珊·朗格：《艺术问题》，滕守尧、朱疆源译，中国社会科学出版社 1983 年版，第 56 页。

③ 同上书，第 57 页。

④ 同上书，第 62 页。

体实例的洞察或识认。”[①]

在西方现代美学中，强调艺术知觉是同强调艺术的形式联系在一起的。有的美学家甚至因此把艺术创作和鉴赏的规律仅仅归结为一个知觉的问题。如阿恩海姆便声称艺术是建立在知觉的基础之上的，并将艺术的分析变成了对知觉结构的分析。阿恩海姆认为事物和形式本身之所以具有表现性，是它们与被表现的内在情感在“力的图式”上具有结构上的一致性，而对这种以“力”作媒介的表现性的知觉，就是审美知觉。如果我们把阿恩海姆对审美知觉的看法和朗格的艺术知觉说稍加比较，就可以看出它们是多么相似。和阿恩海姆仅仅强调审美知觉与形式表现有关一样，苏珊·朗格也认为艺术知觉或直觉“只与事物的外观呈现有关”。但是，正如不能把艺术仅仅归结为符号形式一样，也不能把艺术欣赏仅仅看成是一个艺术知觉问题。艺术欣赏不能脱离对于形象和形式的感知，欣赏的心理过程也就不能不包含知觉。但是，艺术欣赏是一种很复杂的意识活动，它包含许多心理因素，各种心理因素之间又以特有的方式互相联系、互相作用。对于这种复杂微妙的心理活动，仅仅用艺术知觉或直觉是难以作出完整的科学说明的。总之，朗格煞费苦心地用许多含混难懂的名词术语构造的艺术理论，从欣赏到创造，以致对艺术本质的理解，都是从形式符号出发，并且以形式符号问题为中心的。这种艺术理论虽然包含着不少合理因素，但由于受到形式主义观点的制约，因而对于真正科学地阐明艺术的本质，正确地揭示艺术创造和欣赏的规律，是具有较大局限性的。

① 苏珊·朗格：《艺术问题》，滕守尧、朱疆源译，中国社会科学出版社 1983 年版，第 62 页。